厦门大学本科教材资助项目

"十三五"国家重点出版物出版规划项目
面向可持续发展的土建类工程教育丛书

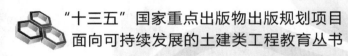

SUSTAINABLE

DEVELOPMENT

U0277475

建设工程管理
信息技术

◎主　编　周　红

◎副主编　韩　豫

◎参　编　乔志勇　杨立辉　吴晓雯　蒙立军

　　　　　宋　丽　蔡湖波　张　萌　郑志惠

◎主　审　骆汉宾

机械工业出版社

CHINA MACHINE PRESS

本书从信息科学与技术的基本理论出发，以全新的知识、技术体系和直观的工程案例，系统介绍了建设工程管理的信息技术及其应用，能够激发信息时代的学生对建设行业技术转型升级过程中与信息技术相关的思考。

全书按照建设工程管理全过程展开，共分为 12 章，主要内容包括：信息与信息技术概论，建设工程管理信息及技术，3S 技术及其工程应用，BIM 技术及其工程应用，无人机技术及其工程应用，3D 扫描技术及其工程应用，施工自动化及智能化，无线射频、二维条码与物联网技术，智慧工地，工程大数据环境下的建设工程信息管理，集成的建设工程项目管理信息系统，建设工程项目管理软件及其应用规划。

本书主要作为高等院校土木建筑类、工程管理与工程造价类及相关专业的本科生教材或研究生的教学参考书，也可作为建设工程相关专业技术人员和管理人员的参考书或业务培训教材。

图书在版编目（CIP）数据

建设工程管理信息技术/周红主编. —北京：机械工业出版社，2021.5
（面向可持续发展的土建类工程教育丛书）
"十三五"国家重点出版物出版规划项目
ISBN 978-7-111-67574-7

Ⅰ.①建… Ⅱ.①周… Ⅲ.①信息技术 – 应用 – 建筑工程 – 施工管理 – 高等学校 – 教材 Ⅳ.①TU71-39

中国版本图书馆 CIP 数据核字（2021）第 031604 号

机械工业出版社（北京市百万庄大街 22 号 邮政编码 100037）
策划编辑：冷 彬 责任编辑：冷 彬 高凤春
责任校对：高亚苗 封面设计：张 静
责任印制：李 昂
北京机工印刷厂印刷
2021 年 6 月第 1 版第 1 次印刷
184mm × 260mm · 19.75 印张 · 488 千字
标准书号：ISBN 978-7-111-67574-7
定价：55.00 元

电话服务   网络服务
客服电话：010-88361066   机 工 官 网：www.cmpbook.com
　　　　　010-88379833   机 工 官 博：weibo.com/cmp1952
　　　　　010-68326294   金 书 网：www.golden-book.com
封底无防伪标均为盗版   机工教育服务网：www.cmpedu.com

前　言

从 2009 年 BIM 技术引发建筑业信息革命的全球浪潮以来，BIM、GIS 和 CIM，3D 打印、数字孪生，及智慧工地、智慧城市等新兴技术及其应用，引发了建筑行业的头脑风暴，促进了建筑施工自动化、智能化的发展。然而，高校相关专业的课程设置却明显滞后于实践。一方面工程实践需要理论和方法的指导，另一方面行业的快速发展对高校专业人才的培养提出了知识和技能的新要求。而现有专业教学的课程和教材普遍集中于管理信息系统，并且缺乏对新技术的响应及知识更新。因此，需要一本教材系统地介绍建设工程管理的信息技术及其应用，以呼应行业对专业教育的需求，填补现有教材在信息技术方面的空白。

本书着眼于近年来建筑业信息技术的新发展及专业人才培养的新需求，并基于编者多年来领域研究与实践的积累和思考，期望能够满足目前相关专业本科及研究生的教学需求。

目前不少高校的土木工程、智能建造、建筑学等相关专业都开设了"建设工程管理信息技术"课程，由于该课程的主要内容属于信息技术与建设工程管理的交叉应用，因此要兼顾信息技术基础知识和应用软件，以及建设工程领域传统的管理实务，所以在教学过程中需要采用启发式、互动式、多媒体演示、设备实习等多种教学方法，才能保证学生掌握课程内容，具备并提高实际应用的能力。本书正是考虑了该课程的这些教学特点，因此书中的案例均来自编者的科研成果、智能建造龙头企业的技术研发成果和建筑施工企业的实际工程应用，希望能在满足基本教学需求的基础上，引发学生对建设管理信息技术的兴趣和创新思路。此外，也希望能为相关科研及企业管理提供较为系统的理论参考，或可以作为相关专业技术人员建设工程管理信息技术方面技术创新和业务培训教材。

本书由厦门大学周红担任主编，江苏大学韩豫担任副主编。具体编写分工如下：第1章、第2章、第5章、第10章、第11章和第12章由周红编写；第3章由乔志勇编写；第4章由周红、张萌和郑志惠共同编写；第6章由周红、吴晓雯共同编写；第7章由蒙立军、宋丽、周红、蔡湖波共同编写；第9章由韩豫编写；第8章由杨立辉编写。

研究生吴松榕、沈强、薛明、肖文韬、胡文强、洪娇莉进行了前期调研工作，王书钰、李惠平、黄文、邓方迪等协作完成了资料收集与整理及书稿的整理、校对等工作。在确定结构体系和完善编写大纲方面，蔡湖波教授都给出了非常好的建议，在此特别表示感谢。

编者很荣幸地邀请到华中科技大学骆汉宾教授担任主审，另外，本书在编写过程中参考了一些国内外前辈专家的经典论著（列于书后参考文献），在此对骆教授及有关文献的作者表示诚挚的感谢，并致以崇高的学术敬意！

锦江春色来天地，玉垒浮云变古今。由于对建设工程管理信息技术的研究和应用在学术界处于学术研究的热点和前沿，工业界也聚焦于施工自动化和智能化的转型升级，编者对本书所涉及的技术认识与实践尚具有这样或那样的局限性，因此书中不妥之处在所难免，敬请读者予以指正，并提出修改意见，以便我们修订完善。

本书的编写基于国家自然科学基金面上项目"基于 BIM 和多源数据集成的地铁施工精准风险评估与实时控制"（71871192）的研究成果，同时获得了福建省中青年教师教育科研社科 A 类项目"面向土木建筑大类专业链集成的 BIM 知识体系与课程开发"（JAS151231）和"厦门大学本科教材资助项目"的共同资助。

编　者

目　录

第1章
信息与信息技术概论

教学要求

通过本章学习，了解信息、信息技术、信息管理与信息管理系统的科学概念；从数据到信息技术以及信息管理等的学科基础知识，并掌握信息技术领域的发展历程与现状。

1.1 信息概论

1.1.1 信息的概念

人类生活的自然环境和社会环境由形形色色、特征各异的事物构成，这些事物通过一定的物质形态，如物理属性、化学属性、社会属性等，向人们展现为某种信息。通过识别和利用这些不同的信息，人类可以区别各种不同事物从而达到认识世界和改造世界的目的。信息在自然界、人类社会以及人类思维活动中普遍存在着。虽然人们每时每刻都在和信息打交道，但是很难对信息进行准确科学的定义。

1. 信息的定义

关于信息（Information）的定义多种多样。"信息"一词古已有之。信息经常会等同于消息、数据，到了20世纪尤其是中期以后，由于现代信息技术的快速发展及其对人类社会的深刻影响，通信领域的科学家首先开始探讨信息的准确含义。

各个领域对"信息"有着本领域的理解和定义。1928年美国科学家哈特莱在《信息传输》一书中提出消息是通信的代码、符号，是信息的具体方式。信息则是包含在消息中可度量的抽象量。哈特莱在此分开看待信息和消息，指出了信息和消息的区别，说明了信息和消息的逻辑关系。

信息是人们在适应客观世界，并使这种适应被客观世界感受的过程中与客观世界进行交换的内容的名称。1948 年，美国科学家奠基人仙农（C. E. Shannon）将数学统计方法移植到信息领域，提出计量信息的公式。同年，美国统计学家、控制论创始人维纳（Wiener）指出"信息就是信息，不是物质，也不是能量"。我国著名信息学家钟义信等评价维纳关于信息的理解，是对信息本质最具有原则性和最为深刻的宣示，也是把"信息、能量、物质"放在同样的地位上等量齐观的最早科学论断。各个专业领域对信息做了一些专业化通俗性的定义。例如，经济管理学家认为"信息是提供决策的有效数据"；物理学家认为"信息是熵"；电子学家、计算机科学家认为"信息是电子线路中传输的信号"。美国信息管理专家霍顿（F. W. Horton）给信息下的定义是："信息是按照用户决策的需要经过加工处理的数据"。

《辞海》将信息定义为：信息是指客观存在的消息、情况、情报等。《现代汉语词典》将信息定义为：通信系统传输和处理的对象，一般指事件或资料数据。这些定义是从信息的表现形式来定义的。信息的表现形式多样，包含于消息、情报、指令、数据、图像、信号等形式之中。从管理角度看，信息是按照用户决策的需要经过加工处理的数据，也就是说，信息是经过加工的数据。

钟义信教授指出"由于信息概念的复杂性，在定义信息的时候必须十分注意定义的约束条件，应根据不同的条件，区分不同的层次来给出信息的定义"。从信息的层次角度，本体论和认识论两个层次的定义，是信息理论对信息的定义。本体论层次定义的信息，就是事物存在的方式或运动的状态，以及这种方式或状态的直接或间接的表现形式。信息又是事物显示其存在方式或运动状态的属性，是客观存在的事物现象。这是最广泛意义的信息，最普遍层次的信息。但是，信息与认知主体又有着密切的关系，它必须通过主体的主观认知才能被反映和揭示。从主体认知的角度，信息又可定义为：信息就是主体所感知或所表述的事物运动状态及其变化方式，是反映出来的客观事物的属性。作为认识主体，具体表现在：首先，主体有感觉能力，能够感知信息的外在形式；其次，主体还有理解能力，能够理解信息的内在含义；再者，主体还具有目的性，能够判断信息对其目的而言的价值。美国信息系统专家 A. 德本斯（A. Debons）在 *Information Science：An Integrated View* 中指出，从人的整个认知过程的动态连续体中理解信息的重要观点。他们将认知过程表达为："事件—符号—数据—信息—知识—智慧"。

2. 信息的性质

信息的性质，从各个方面来分不一而足，本书总结为相互关联的几个方面，以便理解和掌握。主要包括：信息的客观性、普遍性和相对性、依附性和可存储性、可传输性和共享性、可加工性和价值性等性质，这些性质共同决定了信息的使用用途。

（1）客观性、普遍性和相对性

信息的客观性是由信息源的客观性决定的，信息一旦形成，其本身就具有客观实用性；信息的普遍性是指只要事物存在，信息就存在。无论是自然、社会和思维，普遍存在着信息。同时，信息又具有相对性。这是指认知主体的观察能力、理解能力和目的差异，因而从同一事物所获得的信息量会有差异。

（2）依附性和可存储性

信息的依附性是指信息必须依附于一定的物质载体（如声波、电磁波、纯化学材料、磁性材料等）进行存储和传播，但信息的内容并不因记录手段或物质载体的改变而发生变化；信息的可存储性是指信息可以通过各种载体存储和积累，以便后续使用。

（3）可传输性和共享性

信息的可传输性是指信息要借助于一定的物质载体实现信息的传递功能，信息传递过程包含信息的发出方、接收方、媒介、信息四个基本要素；信息的共享性是指信息能够在不同个体和不同时间内被共同使用，这也是信息不同于物质和能量的重要特征。

（4）可加工性和价值性

信息的价值性是指信息是经过加工并对生产经营活动产生影响的数据，是劳动创造的一种资源；信息的可加工性是指信息能够从一种形式变换成另一种形式，同时保持一定的信息量。信息的加工是为了一定的目的，也就是形成信息的价值。信息的使用价值与信息经历的时间间隔成反比：信息经历的时间越短，使用价值就越大。反之，经历的时间越长，使用价值就越小。

1.1.2　信息的构成与传递

信息一方面是客观世界的反映，另一方面必须借助一定的物质载体和渠道进行传递。信息通过传递，被人们感知、认识和利用，才能产生价值与效益。

1. 信息的构成

信息一般由信息载体、信息编码、信息内容与信息传递等构成。

（1）信息载体

信息载体是承载信息的物质。其载体按其作用和功能分为软载体与硬载体。软载体又称为第一载体或内载体。它包括语言、图画、文字、声音及电子符等信息符号。信息要能更有效地存储与传递，必须承载在物质材料上，也就是硬载体，或者称为第二载体。这些载体，从古到今，天然的如甲骨、树皮、石头；人工的如青铜、竹简、纸张；现代的如胶卷、胶片、磁带、光盘等。

（2）信息编码

信息编码是为了表达一定的信息内容，而将信息符号按照一定的语法要求与规则编排成信息符号系列的活动。信息符号是由信息符号的形式和信息符号的内容构成的。信息编码的活动，一般分为两个阶段：第一阶段将非符号的事物转化为符号，通过语言符号系统有序再现其表征的对象，或事物间结构的有序性；第二阶段是将一种形式的符号转变为另一种形式的符号。

（3）信息内容

信息内容是决定信息价值的根本所在，是信息转化为生产力、产生物质力量和经济效益的本源。信息内容可以是自然与社会的各种特征和状态，时间、地点、色彩、气味、质量、体积及其状态、发展趋势，与其他事物的关系。

（4）信息传递

信息只有通过各种途径，采用各种方式予以传递，才能被人们感知、接收，从而实现其全部功能，产生经济效益和社会效益；信息如果不通过传递，实际上也就不存在。因此，要针对用户的需要，选择有价值的信息，运用现代化的传递工具，以最快的速度，通过最短的渠道予以传递，以便产生最佳的信息效益。

2. 信息的传递

信息传递的中心问题是如何有效地把信息从发送者传递给接收者。信息传递的实质是信息脱离发送者而附着于信息载体，并通过信息载体将信息传递给接收者。信息论创始人仙农（C. E. Shannon）信息传递模型，被认为是信息传递的一般模型。这个模型把所有的信息传递都抽象成了一个统一的模型，如图 1-1 所示。

该模型是信息传递的最简模型，既简述了信息传递的构成，又描述了信息传递的过程。在信息传递模型中，都有一个信源（发出信息的发送端）；有一个信宿（接收信息的接收端），以及信道（信息流通的通道）。在信息

信源 ——→ 编码 ——→ 信道 ——→ 译码 ——→ 信宿
                        ↓
                       噪声

图 1-1　信息传递模型

传递的过程中不可避免地会有噪声，因此有一个噪声源。编码是把信息转换为信号或符号，译码是把信号或符号转换为信息。这个模型的各个要素和环节，成为信息科学与技术乃至信息技术应用到各个具体行业中的普遍的方法论。

1.1.3　信息的分类

信息按照分类的准则和方法会分为不同的类别，常见的分类方式不仅体现了实用性，同时也体现了该领域研究的需要。主要有按特征分类、表现形式分类、空间范围分类、加工的程度分类、信息来源分类和层次结构分类。

1. 按信息的特征分类

信息可分为自然信息和社会信息。自然信息是反映自然事物的，由自然界产生的信息又分为无生命世界的信息，包括天气变化、地球运动、天体演化等；以及生命世界的信息，包括动植物的信息交换、遗传信息等。社会信息是反映人类社会的有关信息，对整个社会可以分为政治信息、科技信息、文化信息、市场信息和经济信息等。

自然信息与社会信息的本质区别在于社会信息可以由人类进行各种加工处理，成为改造世界和发明创造的有用知识。

2. 按信息的表现形式分类

信息可分为文献型信息、档案型信息、统计型信息和图像型信息。文献型信息主要包括各种研究报告、论文、资料、刊物、图书及汇编等。文献型信息以文字为主，有明确的专业和学术领域，可以进行编目、分类等排序处理。档案型信息与文献型信息类似，以文字为主，内容结构比较清晰，但是主要反映历史的事实和演变过程，是经过整理筛选的文献，以时间序列排列。统计型信息是数字型信息的集合，以数字为基础，反映大量现象的特征和规律，包括情况分析和趋势分析。统计型信息以数据、图表为主要形式。图像型信息是集合声音、文字、图形为一体的多媒体信息。

3. 按信息的空间范围分类

信息可以分为宏观信息、中观信息和微观信息。一般地，把国家范围的信息划为宏观信息；关于行业范围的信息划为中观信息；关于企业范围的信息划为微观信息。

4. 按信息加工的程度分类

信息可分为原始信息和综合信息。原始信息是指从信息源直接收集的，未经加工的信息。综合信息是在原始信息的基础上，经过信息系统地综合、加工产生出来的新的信息。综合信息对管理决策更有用。如对原始信息进行一次加工处理后得到的二次信息，是有规则的和有序的信息，如书目、文摘、索引等。

5. 按信息来源分类

信息可分为内部信息和外部信息。内部信息是指在系统内部产生的信息。外部信息是指在系统外部产生的信息。对管理而言，一个组织系统的内、外信息都非常有用。

6. 按信息的层次结构分类

信息科学上，按照信息的层次结构分为语法信息、语义信息和语用信息。一般地，把外在形式因素部分，称为"语法信息"；把考虑内在含义因素部分，称为"语义信息"；把考虑效用因素部分，称为"语用信息"。从认识论层次上来研究信息问题时，必须同时考虑到语法信息、语义信息和语用信息。图 1-2 显示了语法信息、语义信息和语用信息的相互关系。其中，语法信息在传递和处理过程中永不增值。语法信息被研究得最为深入，语义信息次之，语用信息研究得最少。这也是人工智能和自然语言处理领域的前沿与热点领域。

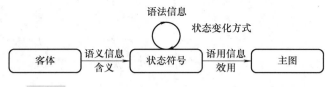

图 1-2　语法信息、语义信息和语用信息的相互关系

1.2 信息技术概论

对"信息"的不断认识，从而形成了关于"信息"的科学与技术。信息科学与技术带来了信息时代的新发展。新兴的信息技术正带来传统产业的变革和信息社会的跨越式发展。

1.2.1 信息论与信息科学

1. 信息论

信息论被认为是信息科学的前导，主要采用仙农的定义，也称为"通信论"。仙农信息论主要是针对通信系统（即信息的传递过程），研究通信系统中信息的传输和处理的共同规律。仙农在 *IEEE Transactions on Information Theory* 中指出"信息论的实质是一个数学分支，是通信工程师的有力工具。其他领域的人，则更要注意应用信息论的条件"。

信息论基础理论（又称为仙农基本理论）是应用概率统计的方法研究有关通信系统中的信息测度、信道容量以及信源和信道编码理论等问题。信息论中的"信息"，从信息的结构层次上来说，是语法信息，因此可以看作信息科学研究的"信息"的一部分。

2. 信息科学

信息科学作为一个独立的科学，是以信息为主要研究对象、以信息运动规律和应用方法为主要研究内容的科学，是由信息论、控制论和系统论组成，并不断充实，发展成计算机科学、人工智能理论等相互渗透的综合性的一门科学，使人类智能不断地强化。

2003 年康斯坦丁·科林把整个信息科学学科领域分成一个四行四列的矩阵，对信息科学的认识和技术发展来看，更为全面和清晰。其中，每一行对应于信息科学的一个主要研究方向，每一个研究方向都对相应的信息活动的类型进行处理研究。这四个研究方向的名称分别是技术信息科学、社会信息科学、生物信息科学和物理信息科学。每一行又对应于四个研究问题的水平层次，这四个层次是：基本信息元素、信息过程、信息系统和信息科学基础原理。在这些科学中，在社会信息科学的基础理论方面还几乎没针对性的研究，而且这四个研究方向需要进行交叉和综合的研究。

在各种对信息科学的描述上，仙农的经典信息科学理论模型，又称为通用的信息运动过程模型（图1-3），包含了从信息获取—信息传递—信息处理—信息再生—信息施效，从本体论信息获取和传递到认识论信息（策略）到最后产生控制行为的全部过程。这个模型不仅诠释了信息科学的研究内容和方法，也对应了每个过程对技术

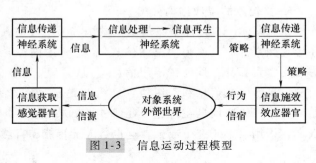

图1-3 信息运动过程模型

的需求，从而推动了信息技术的产生和发展。这个过程可以是"人"作为认识本体，信息运动的全过程；也可以随着信息技术的发展，表达从获取外部世界信息到智能决策的信息过程模型。

信息科学在信息论的基础上，逐渐被认识和发展，并形成了信息科学的方法论和方法体系，从开始的"语法"信息到研究信息的全信息，也就是包含语法、语用、语义在内的信息层次结构的全信息，并向智能系统和技术上发展。

1.2.2 信息技术

1. 信息技术的定义

从历史上看，各种信息活动都存在"信息技术"。例如，古老的"结绳记事""岩画"记录生产和生活，文字、印刷术、电话等现代技术手段和形式。这种技术区别于农业、工业、能源和商业技术。信息技术的概念，在不同的学科领域、不同的学者有不同的定义。

从社会历史的角度，信息技术是人类在生产和科学实验中认识自然和改造自然过程中所积累的获取信息、传递信息、存储信息、处理信息以及使信息标准化的经验、知识、技能和体现这些经验、知识、技能的劳动资料有目的的结合过程。这个定义更加具有方法论的意义。

国际标准化组织（ISO）的定义是："针对信息的采集、描述、处理、保护、传输、交流、表示、管理、组织、存储和补救而采用的系统和工具的规范、设计及其开发"。我国科学技术名词审定委员会关于信息技术的定义具有代表性。定义1：有关数据与信息的应用技术。其内容包括：数据与信息的采集、表示、处理、安全、传输、交换、显现、管理、组织、存储、检索等。定义2：利用计算机、遥感技术、现代通信技术、智能控制技术等获取、传递、存储、显示和应用信息的技术。上述定义涵盖了信息技术的对象，并罗列了涉及的具体技术。

因而，从信息应用来看，信息技术是指完成信息收集、存储、加工、发布、传送和利用等技术的总和。从使用目的来看，信息技术是用于信息操作的各种方法和技能，以及工艺过程或作业程序的相关工具及物质设备。

2. 信息技术的发展历程

信息技术经历了五次革命，进入 21 世纪，随着新兴信息技术的发展，信息技术的发展日新月异，推向新的智能化的阶段，逐步形成知识为基础的信息社会。

1）第一次信息技术革命是语言的使用。距今约 5000 年前，人类开始通过语言进行信息的交流，促进情感的表达，语言信息促进人类思维能力不断的发展，提高了人类的认识和对自然的改造能力。

2）第二次信息技术革命是文字的创造。大约距今 3500 年前，象形文字出现并使用，使人类对信息的保存和传播取得重大突破，超越了时间和地域的局限，推动了人类的发展和文明社会的进步。

3）第三次信息技术革命是印刷的发明。大约在公元 1040 年，我国开始使用活字印刷技术，至 15 世纪欧洲开始使用近代印刷术，使书籍、报刊成为重要的信息存储和传播的媒介。

4）第四次信息技术革命是电报、电话、广播和电视的发明和普及应用。在 19 世纪，这些发明和应用让人们的生活彻底向信息化社会发展，使人类进入利用电磁波传播信息的时代。

5）第五次信息技术革命是计算机与互联网的使用。以 1946 年计算机的问世为标志，使信息技术趋向多样化和综合化方向发展。现代通信技术慢慢走入人们的生活，信息技术得以快速发展。21 世纪以来，移动互联网、物联网技术、云计算、大数据、人工智能技术、信息物理系统、数字孪生、区块链技术等，新兴信息技术不断涌现和迅猛发展，正不断地改写传统产业，涌现新的经济模式和产业，并带来新一轮的社会变革。

3. 信息技术的分类

信息技术的分类，主要是着眼于是否能扩展和延长人类信息器官的功能。由于信息活动是普遍存在的，信息技术的分类在不同的学科领域、不同的学者中有不同的分类方法。本书仅介绍三个主要的分类。

（1）按照技术经济学中的关于技术的软、硬分类方法分类

信息技术可以划分为硬信息技术和软信息技术两大类。硬信息技术是指可以转化为实物形态的技术，比如信息工程建设、机器、设备、工具等制造技术；而软信息技术是指那些没有物质承担者的，侧重于软件、信息服务等服务技术。按照这种分类，具体信息技术可以分属到各个不同的行业。例如，服务技术等信息应用技术就划归到第三产业，而信息微电子技术、光电子技术就划归到信息物理技术的分类，归到第二产业。

（2）从信息功能上，不同学科从研究上也有不同的分类

图书情报学界把信息技术从信息功能角度划分为信息输入输出技术、信息描述技术、信息存储检索技术、信息处理技术、信息传播技术。从信息管理学上，杨善林等从信息科学的基本原理和方法指导下扩展人类信息处理功能的角度，将信息技术分为信息基础技术、信息处理技术、信息应用技术和信息安全技术。

1）信息基础技术。信息基础技术分为微电子技术和光电子技术。

2）信息处理技术。信息处理技术分为：①信息获取技术，如传感技术和遥感技术；②信息传输技术，包括通信技术和广播技术，作为主流的现代通信技术包括移动通信技术、数据通信技术、卫星通信技术、微波通信技术和光纤通信技术。③信息加工技术，包括计算机硬件技术、软件技术、网络技术和存储技术；④信息控制技术，现代信息控制技术的主体

为计算机控制系统。

3）信息应用技术。信息应用技术分为管理领域的信息应用技术，主要代表是管理信息系统技术（MIS）；生产领域的信息应用技术，主要代表是计算机集成制造系统技术（CIMS）。

4）信息安全技术。信息安全技术主要有密码技术、防火墙技术、病毒防治技术、身份鉴别技术、访问控制技术、数据库安全技术。随着新技术的应用和升级，信息安全技术日益重要，并且成为技术前沿。

（3）根据人的信息器官种类分类

该分类方法被认为是一种比较科学的分类方法，符合"信息"被认识和技术发展的历史轨迹。人工智能技术的发展，也说明了这种分类最符合信息技术的作用。

按照钟信义教授的分类，人的信息器官大致可分为四类：一是感觉器官，获取外界事物信息，包括视觉、听觉、嗅觉、味觉、触觉等；二是神经器官，包括导入神经网络、中间神经网络和导出神经网络，通过导入神经网络把感觉器官获得的信息传递给思维器官，通过导出神经网络把思维器官加工产生的信息传递给效应器官；三是思维器官，即人的大脑，它可以对传入其中的信息进行记忆、比较、运算、分析、推理并以这些结果为依据进行决策、指挥；四是效应器官，包括操作器官（手）、行走器官（脚）、语言器官（喉、舌、嘴）等。它们主要是执行思维器官发出的指令信息或是通过语言器官把大脑产生的信息表达出来以使这些信息对外发挥作用。

与此相对应的，信息技术可以分为感知技术、通信技术、智能技术和控制技术。感知技术延长的是感觉器官收集信息的能力，包括传感技术和测量技术，它可将人类的感觉延伸到人力不及的微观世界和宏观世界以从中获取信息；通信技术延长的是传导神经系统传递信息的能力，包括信息的空间传递技术和时间传递技术；智能技术延长的是思维器官处理信息和决策的能力，包括计算机硬件和软件技术、人工智能、专家系统、人工神经网络技术等，它的目的是更好地处理和再生信息；控制技术是效应器官的延长，包括一般的伺服调节技术和自动控制技术，其目的是更好地应用信息，使信息能够在改造自然的过程中发挥作用。

归纳上述的分类，本书从建设工程管理的应用技术的角度，吸收（2）和（3）的分类方法，把信息技术分为信息基础技术、信息获取技术、信息传输技术、信息处理技术、信息控制技术和信息安全技术。其中，信息基础技术属于基础研究领域，信息安全技术属于信息科学领域，建设工程管理领域中信息运动遵循经典信息运动模型，信息获取、传输、处理和施效。实践中，传感器技术、3S技术获取信息，IoT（物联网）技术传输信息，云计算技术处理信息，专家系统和AI技术进行信息的决策与智能终端的控制。

1.2.3 新兴智能信息技术

"互联网＋"和"大、智、移、云"为代表的新一轮信息技术革命，正在成为全球后金融时代社会和经济发展共同关注的重点。信息技术向智能信息技术发展，互联网＋与大数据、智能化（物联网）、移动通信和云计算的深度融合，催生了更多的新的创新技术，如网络信息系统、数字孪生和区块链技术，扩展了信息技术应用的空间，这些新技术也日益进入建设工程管理领域，下面逐一进行初步介绍。

1. 下一代互联网技术

下一代互联网与现代互联网有三个主要区别：更快、更大、更安全。下一代的互联网和移动通信技术的发展深度融合。互联网和通信技术殊途同归，可以总结为三个方面：基于 IPv6 的演进路线、宽带化发展和移动互联网技术。

（1）基于 IPv6 的演进路线

以 IPv6 为代表的下一代互联网技术采用了 128bit 地址，网络传输速度将比现在提高 1000～10000 倍以上，IPv6 地址协议几乎可以给家庭中的每个可能的东西分配一个自己的 IP，让数字化生活变成现实。

（2）宽带化发展

宽带化的需求促进了光纤通信技术进步。现在单纤容量已经做到 50Tbit/s。虽然光纤通信容量 20 年增长了万倍，但是光纤还有很大的发展空间。我国的宽带目前仍然落后于国际水平，一方面高端的光电子器件仍依赖国外的产品；另一方面，宽带化提速降费还面临很大的挑战。

（3）移动互联网技术

移动通信技术和互联网技术的有机结合催生出了移动互联网技术。移动互联网是以移动网络作为接入网络的互联网及服务，包括 3 个要素：移动终端、移动网络和应用服务。随着技术的发展，网络安全技术被称为移动互联网的第四个方面日益重要的技术。

1）智能终端和穿戴式产品的核心技术未来发展广阔。可穿戴设备核心技术作为应用融合入口的潜力，正在逐步得到发掘。举例来说，智能手机已经从通信公司做手机，到了计算机公司卖手机。现在的智能手机往往嵌入大量传感器，与云端的连接使手机具有部分人工智能，可以手势输入、语音搜索和语音翻译等。

2）人机交互技术是指移动用户通过信息输入和信息输出设备（如键盘、鼠标、手写笔、显示屏、喇叭等），实现移动用户与终端的对话交互技术。比较熟知的虚拟现实技术（Virtual Reality，VR）、增强现实技术（Augmented Reality，AR），都在发展新兴移动人机交互技术。

3）移动定位技术是指利用移动通信网络，对接收到的无线电波参数进行测量，通过特定算法对移动终端在某个时间的地理位置进行测定。主要技术分为 3 类：卫星辅助定位技术、网络定位技术和感知定位技术。具体实现上是在特定部位安装传感器，当移动终端进入传感器的感知区域时，测定出移动终端的位置信息，主要包括无线射频识别定位技术、红外感知定位技术、蓝牙感知定位技术等。

4）移动应用服务技术是指利用多种协议或规则，向移动终端提供应用服务的技术统称，分为前端技术、后端技术和应用层网络协议 3 部分。目前正在发展的应用服务关键技术主要包括 HTML 5、移动搜索、移动社交网络、Web 实时通信（Web RTC）、二维码编码、企业移动设备管理等技术。其中二维码编码技术，即以传统二维码技术为核心，通过移动终端对二维码进行识别、解码、译码等操作的综合性技术。

移动互联网技术应用到建设工程管理的诸多方面，人机交互技术、智能感知技术、移动互联网技术的日新月异，也不断应用到建设工程管理行业之中。

2. 物联网技术与 5G

物联网（IoT，Internet of Things）概念起源于 1995 年比尔·盖茨《未来之路》一书，

2005年国际电信联盟（ITU）发布了《ITU互联网报告2005：物联网》，正式提出了"物联网"的概念。物联网是通过无线射频识别（RFID）、红外感应器、全球定位系统、激光扫描器等信息传感设备，按约定的协议，把任何物品与互联网连接起来，进行信息交换和通信，以实现智能化识别、定位、跟踪、监控和管理的一种网络。

物联网概念的问世，打破了物理基础设施与IT基础设施分离的传统思维。传统的思维是：一方面是机场、公路、建筑物，而另一方面是数据中心、个人计算机、宽带等。而物联网技术把新一代IT技术充分运用在各行各业之中，钢筋混凝土、电缆将与芯片、宽带整合为统一的基础设施。物联网用途广泛，可运用于城市公共安全、工业安全生产、环境监控、智能交通、智能家居、公共卫生、健康监测等多个领域，让人们享受到更加安全轻松的生活。

物联网是继计算机、互联网与移动通信网之后的又一次信息产业浪潮，万物互联、万众互联，智慧地球，各国纷纷制定物联网发展战略。欧盟发布了《欧盟物联网战略研究路线图》；美国国家情报委员会（NIC）在"2025年对美国利益潜在影响的关键技术"报告中将其列为六种关键技术之一。IBM提出并开始向全球推广"智慧地球"的概念与设想。我国已经把"物联网"明确列入《国家中长期科学技术发展规划（2006—2020年）》和2050年国家产业路线图。物联网技术已经在智能汽车、智能建筑等领域进行应用。

5G发展将是物联网的主要推动力。在万物互联的场景下，机器通信、大规模通信、关键任务的通信对网络的速度、稳定性、延时等提出了更高的要求，自动驾驶仪、AR、VR、触觉互联网等新的应用迫切需要5G，5G移动通信技术将进一步提升用户网络体验，也将满足未来万物互联的应用需求。

物联网涉及目前已有的信息技术和相关产业的各个领域，涉及识别、数据处理、物联网架构等方面需要突破的关键技术，包括传感器件、无线通信、信息安全、海量数据分析、嵌入式系统和云计算等。物联网的发展能够成为业务优化和创新的平台，正在驱动新一轮全球信息产业的繁荣。

3. 云计算技术

Google提出了云计算。云计算是由网格计算发展而来的，前台采用用时付费的方式通过Internet向用户提供服务。云系统后台由大量的集群使用虚拟机的方式，通过高速互联网络互连，组成大型的虚拟资源池。这些虚拟资源可自主管理和配置，用数据冗余的方式保证虚拟资源的高可用性，并具有分布式存储和计算、高扩展性、高可用性、用户友好性等特征。

云计算的关键技术包括数据存储技术、数据管理技术、编程模式等。目前，云计算的主要应用在与移动互联网、科学计算、大批量数据传输相结合。云计算的研究仍处于发展阶段，从拓展云计算应用模式，解决内在的局限性等角度出发，围绕可用性、可靠性、规模弹性、成本能耗等因素，仍有大量关键问题需要深入研究。

4. 信息物理系统（CPS）

随着计算机、网络和控制技术的发展，以及现代工业控制要求的更高水平，物理设备的信息和网络，并满足物理设备的可控性、可靠性和可扩展性等要求，研究人员提出了基于计算机、通信和控制一体化的信息物理系统（Cyber-Physical Systems，CPS）。信息物理系统是综合计算、通信和物理环境的复杂系统。通过计算、通信和控制技术的有机融合与深度协作，实现大型系统的实时感知、动态控制和信息服务。CPS的核心是使物理资源和网络资源紧密结合，使其具有更快的计算、通信和控制协调，使系统自动控制功能，整个系统可以更强大、更可靠、更高效、更大规模等。

CPS技术已广泛应用于医疗及保健系统、智能楼宇、智能电网、智能交通、工业过程等多个领域，成为工业界和学术界的热点研究领域之一，也是许多国家/地区的战略重点研究领域。美国提出的"先进制造业"、德国提出的"工业4.0"以及我国提出的"中国制造2025"战略，其研究基础都是CPS理论和技术。随着传感器技术、通信技术和控制技术的发展，以及物联网、云计算、大数据技术的成熟，CPS将成为未来科技发展的热点。

5. 数字孪生（DT）

数字孪生（Digital Twin，简称DT）的概念一般认为是格里夫斯（Grieves）博士2002年在美国密歇根大学产品生命周期管理（PLM）中心向工业界所演示的幻灯片最初为"PLM的概念畅想"。其中已经包括了数字孪生的所有元素：真实空间、虚拟空间和从真实空间到虚拟空间数据流的连接，从虚拟空间流向真实空间和虚拟子空间的信息连接。高德纳（Gartner）公司将数字孪生定义为实体对象的虚拟副本，它可以是产品、结构、设施或系统。从根本上说，数字孪生是以数字化的形式对某一物理实体过去和目前的行为或流程进行动态呈现，其真正功能在于能够在物理世界和数字世界之间全面建立准实时联系。Bolton等人提出，数字孪生是物理对象在其整个生命周期中的动态虚拟表示，使用实时数据来实现对物理系统的理解、学习和推理。从这个解释上，CPS与DT正好是物理世界与数字世界的两边，完成数据到信息的闭合过程。在英国政府发布的《数字英国》中，数字孪生被认为是"对建筑或自然环境中资产、流程或系统的数字表示"。

由于数字孪生具备虚实融合与实时交互、迭代运行与优化，以及全要素、全流程、全业务数据驱动等特点，目前已被应用到产品生命周期各个阶段，包括产品设计、制造、服务与运维等，包括在卫星、空间通信网络、船舶、车辆、发电厂、飞机、复杂机电装备、立体仓库、医疗、制造车间、智慧城市等领域的应用。数字孪生商业潜力巨大，连续多年被著名IT咨询公司Gartner列为十大战略科技发展趋势之一。

6. 大数据技术

互联网、物联网、云计算技术的快速发展，各类应用的层出不穷，引发了数据规模的爆炸式增长，使数据成为重要的生产要素。大数据迅速发展成为科技界和企业界甚至世界各国政府关注的热点——"大数据时代"成为共识。*Nature* 和 *Science* 等相继出版专刊专门探讨大数据带来的机遇和挑战。

大数据已经成为一种数字经济与知识经济的新型产业。大数据是融合物理世界（Physical World）、信息空间（Information Space）和人类社会（Human Society）三元世界的纽带。物理世界通过互联网、物联网在信息空间（Cyberspace）中反映；人类社会则借助人机界面、脑机界面、移动互联等手段在信息空间中产生大数据映像。从社会经济角度来讲，大数据是第二经济（Second Economy）的核心内涵和关键支撑。美国经济学家Auther认为：100年前电气化以来最大的变化在于第二经济（不是虚拟经济），第二经济的本质是为第一经济附着一个"神经层"，使国民经济活动能够变得智能化。到2030年，以大数据为主要支撑的第二经济的规模将逼近第一经济。

国家拥有数据的规模和运用数据的能力将成为综合国力的重要组成部分，对数据的占有和控制将成为国家间和企业间新的争夺焦点。未来第二经济下的竞争将不再是劳动生产率而是知识生产率的竞争。

7. 区块链技术（Blockchain Technology）

区块链技术是将数学、密码学、计算机科学等跨领域的学科综合集成而形成的一种技术。区块链技术的核心优势是去中心化，能够通过运用数据加密、时间戳、分布式共识和经济激励等手段，在节点无须互相信任的分布式系统中实现基于去中心化信用的点对点交易、协调与协作，从而为解决中心化机构普遍存在的高成本、低效率和数据存储不安全等问题提供了解决方案。因而其成为比特币的核心技术。

麦肯锡研究报告指出，区块链技术是继蒸汽机、电力、信息和互联网科技之后，目前最有潜力触发第五轮颠覆性革命浪潮的核心技术。区块链技术仍然处于萌芽期，特别是在学术方面的研究相对滞后。但是区块链技术的迅猛发展已经引起了政府、金融机构的广泛关注。从政府层面上看，国家主要从战略部署方面对区块链的发展进行了政策引导和密切关注。据统计，截至 2018 年 3 月底，已有 24 个省级行政区发布了有关区块链技术的政策指导文件。

区块链技术还为社会发展给予了"平行社会"的期待。未来社会的发展趋势则必将从物理 + 网络的 CPS 实际世界（Cyber-Physical Systems，CPS）走向精神层面的人工世界，形成物理 + 网络 + 人工的人、机、物一体化的三元耦合系统，称为社会信息物理系统（Cyber-Physical-Social Systems，CPSS）。区块链的特性使其有望成为实现 CPSS 平行社会的基础架构之一，通过高度冗余的分布式节点存储，将数据掌握在"所有人"手中，能够做到真正的"数据民主"，从而为实现平行社会奠定坚实的数据基础和信用基础。

1.2.4 信息技术对建设工程管理的作用与趋势

传统的建设工程管理正在面临从劳动密集型到技术密集型的转变。信息时代对工业的智能再造，也席卷了建设行业。信息技术正在带来建设行业的革命。信息技术在建设管理领域应用经历了三个阶段。

1）第一个阶段：信息化。也就是管理信息系统、信息平台、信息门户。

2）第二个阶段：数字化。BIM 带来的从 CAD 到信息的转变，并一发不可收拾，BIM 技术从理念到全过程应用，全球方兴未艾；从建筑扩展到基础设施，基础设施再到数字城市。

3）第三个阶段：智能化。即移动互联网、工程大数据、物联网、云计算、区块链和数字孪生等的结合应用和集成应用。智能信息技术应用的场景，基于区块链的智能合约、BIM、物联网与区块链集成的智能资产管理、智慧工地、智慧建造和智慧城市的方方面面。

信息技术迭代更新的步伐日新月异，建设工程管理中的信息技术应用也是如雨后春笋，传统的建设行业的所有的工作都面临着信息技术的重新审视和改造升级，长期存在的建筑业信息问题有望透明化，效率得到空前的提升。传统的建设行业被升级更新的同时，也变成投资价值的蓝海。

BIM、物联网、大数据、移动互联网、云计算、CPS 和数字孪生，已经在建设工程管理中各个阶段有所应用，正在带来建设行业的自动化和智能化，本书将在后续的章节逐步介绍具体技术在建设工程管理中的具体应用。

1.3 | 数据与信息处理

1.3.1 数据

1. 数据的概念

数据（Data）是指按照一定规律排列组合的物理符号，它的表现形式可以是数字、文字、图像，也可以是声音或计算机代码。如果不对各数据项做出任何定义与解释，数据本身是无意义的，只有表达者与接收者用同样的方式理解数据，数据才能有效地传递信息。例如，"911""110"都是数据。"911"和"110"对于美国和我国分别都是一个含义。

在逻辑上，数据是一种抽象表示，是人类认识的客观表达，其核心是数据项、数据结构和数据内容的理解方式，即逻辑内涵。随着计算机技术的发展，多数情况下数据专指其逻辑内涵而非其物理形式。因此，当今的数据通常又被认为是计算机数据。

1）传统数据与大数据。传统数据的产生以"人"与"物"为主体，随着生产经营活动而产生。传统数据是以"大数据"的出现而言的。以抽样调查而获得的结构化的单维的数据被称为传统数据。随着互联网和物联网的快速发展，电子商务、微信、微博等社交网站的兴起，"数据"成为一种资源，规模越来越大，"大数据"产生了。数据的产生扩展到"人""机""物"以及三者的融合。

2）大数据与小数据。对"小数据"的认识，同样以"大数据"为分水岭。大数据和小数据均与信息技术的兴起有关。众所周知，大数据以大规模、多源异构、跨语言、跨媒体、跨领域、动态性为特征。2013年康奈尔大学的计算机科学教授 Deborah Estrin 第一个提出了"小数据"，以"个人"为核心，"your row of their data"。从这一点上，"小数据"的内涵不是传统数据。小数据的"小"和传统数据的规模小是不同的。以"人"为中心的小数据从时间尺度上，也具有"大数据"的"大"。小数据是通过各种方式，例如智能家电、计算机、手机、平板计算机、穿戴式产品等，收集个人的一举一动；通过数据整合，以可视化的方式让自己更了解自己。小数据的应用，比如运动手环、智能手表等收集身体信息，可以告诉用户每天的运动量是否达标。但是，小数据通过数据整合，能提供的信息就可以涉及个人的方方面面，也就是"量化的自我"，如饮食健康、阅读习惯及推荐、消费分析及个人财务等。

很显然，采用智能技术获得的"大数据"和"小数据"已经成为信息时代的数据主体，数据智能化是未来的方向。相应的，数据处理技术也朝着智能数据处理技术的方向发展。

2. 数据的分类及特征

数据分类（Data Classification）是对数据加以分类，为保证具有某类属性的数据的使用效率和效用。换句话说，数据分类是用一种基本的方法去存储计算机的数据，这些数据有可能是按照它的临界值或者是它需要被访问的频率来分类的。通过对数据进行一定的分类，可以使数据管理达到最优化，即技术最优化，管理最优化，合法最优化。

数据可以按照任何标准进行分类。可以总结为四个主要的分类方法：

1）数据按性质可分为两类：①定性数据：表示事物的属性；②定量数据：反映事物的

数量特征。

2）数据按表现形式可分为两类：数字数据和模拟数据，模拟数据又可以分为符号数据、文字数据、图形数据和图像数据等。

3）数据按状态可分为两类：静态数据和动态数据。数据从传统的静态数据向动态的数据流形式转变。

4）数据按规模也可分为两类：大数据和小数据。也就是"人"为核心的"小数据"和以"PB"为单位的大数据。小数据不"小"，数据的单位也可以是"PB"，以个人为核心的数据是动态的、多维的。小数据和大数据都有别于传统数据。

"大数据"和"小数据"既有区别又有联系。"大数据"具有异质性、整体性、动态性、多维性、场景化和长尾性等特征；而"小数据"具有同质性、局部性、静态性、单维性、非场景化和规模性等特征。"大数据"从全体多元异质数据上，分析相关关系，从近似结果得到对事物的全局认识；小数据从局部的单维抽样数据上，追求因果关系，属于还原论。毫无疑问，大数据具有成本低的特点，并依赖于高质量的小数据。在实践中，"大数据"和"小数据"同时存在。

在建设工程管理中，随着新兴智能技术、BIM 技术和智慧工地、智慧建造和智慧城市的技术于概念的普及，对大数据的认识更为普及和接受。小数据，随着对建设工程管理的精细化的深入，也开始进入研究视野。建设工程管理中同样存在小数据，例如利用智能手环采集的施工现场工人的健康数据。对建设工程管理中的大数据进行分析，对小数据进行研究，将是建设工程管理领域面临的问题和未来的发展趋势。

1.3.2 信息处理

1. 数据与信息的关系

信息和数据是密不可分的。从广义上讲，信息是经过加工的数据，挖掘数据中的信息，转化为知识，对接收者的行为产生影响，对接收者的决策具有价值。信息是数据记录的内容，对于同一信息，其数据表现形式可以是多种多样的。

数据是信息的载体，它所记录的事实包括了信息和噪声。人们对信息的获取需要通过对数据背景和规则的解读，背景是接收者针对特定数据的信息准备，而规则是加工、处理与解读数据的方法。因而数据与信息的关系可以表示为：数据 + 背景 + 规则 = 信息。

1982 年 H. Cleveland 提出原型，经 M. Zeleny 等扩展，2007 年由 J. Rowley 融会贯通的 DIKW（Data Information Knowledge Wisdom，DIKW）层级模型（或称为知识金字塔）是一个可以借鉴的概念，在该系统中，数据 D、信息 I、知识 K 和智慧 W 构成一个层级结构，如图 1-4 所示。

DIKW 层级模型中，数据是一种基础信息，去除噪声具有逻辑关系之后转化为信息，信息经过处理提炼后成为知识，知识的运用体现智慧。从信息科学的角度看，数据只是信息的一种；知识则是处理信息后获得的结构化、体系

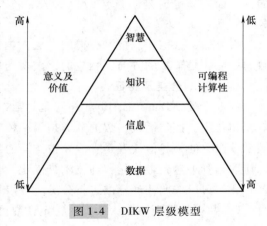

图 1-4　DIKW 层级模型

化的认识。数据可以作为信息和知识的符号表示或载体，但数据本身并不是知识。

尽管"信息"与"数据"之间有一定的差异，但在大多数时候它们内涵是相同的。创建数据的目的是有效地传递、传播信息，因此，数据创建者尽可能地选择更有效的数据形式表达传递信息或者用更少的数据传递更多的信息。对于数据的接收者而言，信息来源于数据，只有理解了数据的含义，对数据做出解释，才能提取数据中所包含的信息。以 BIM 为例，全信息模型在本质上是更具柔性、扩展性与兼容性的数据结构。因为信息处理的实质是对数据进行处理。加之，计算机技术的普及，信息处理和数据处理是可以不加区分的。

2. 信息处理

（1）信息处理技术

对信息或数据价值的挖掘并形成知识就是信息（数据）处理。传统的信息（数据）处理主要是获取、存储数据、文献翻译等信息，然后根据用户的需求向用户提供相关信息服务。传统数据的处理，人工为主，机器为辅。

随着信息技术的普及，计算机信息处理技术替代了传统意义上的数据处理。一般认为计算机信息处理技术是一项以通信、微电子、网络、远程传感等为主的综合性技术，它借助计算机对信息（数据）进行拾取、分析、应用、监测、鉴定、传输等，从而获得新的信息使用内容。

然而随着"大数据"不断彰显，2009 年《数据学》提出数据科学（Data Science 或 Datalogy），定义为研究探索赛伯空间（Cyber Space）中数据的理论、方法和技术。该专著认为数据科学主要有两个内涵：一个是研究数据本身，即研究数据的各种类型、状态、属性及变化形式和变化规律；另一个是为自然科学和社会科学研究提供一种新的方法，称为科学研究的数据方法，其目的在于揭示自然界和人类行为现象和规律。数据科学的发展对计算机科学而言是扩展边，对信息科学而言则是增加内涵。

数据科学相对新颖，信息科学较为成熟，技术方法则相互共通。以信息为主要研究对象的信息科学把信息运动规律及信息处理方法作为主要研究内容，以计算机等技术为主要研究工具，以扩展人类的信息功能为主要目标，能覆盖数据、信息、知识等的相关研究。计算机科学界正以强大的技术优势主导数据科学，信息科学涵盖数据科学也不失为理智选择。

计算机信息处理技术一般分为检索技术、信息系统技术、通信网络技术和数据库技术几种，一般在数据库管理中应用比较广泛，可以有效提高办公效率，增强数据处理能力。由于大数据、云计算的引入，信息处理技术正在发生巨大的变革，表现在数据处理理论、方法、具体分析和模式发生了根本性的变革，并正在形成新的体系。大数据分析则主要研究大数据的建模、分析、挖掘等技术。

传统数据处理理论建立在同质性的哲学基础上，研究的使用是描述性的，与研究过程密切相关，发现因果关系。而大数据是建立在复杂性科学理论基础上，异质性为哲学基础，是复杂性科学的有力工具，研究的使用是预测性的，与研究过程无关，发现相关关系。传统的数据处理方法依赖统计、观察和判断实验的方法。而大数据则是采用系统模拟、综合分析、数量分析和动态测定等方法。对于不同的数据特征，例如，批量数据、流数据、交互式数据、图数据、轨迹空间数据等，分别采用具体的数据分析技术，主要有两种数据分析方法：全数据分析法与相关关系分析法。新的数据处理理论，例如信息融合、专家系统和人工智能等，拓展了数据处理的理论基础和实现途径，这些方法不仅能够处理"大数据"的不确定性和非结构化数据，而且这些方法的并行分布处理对于大数据时代的信息智能处理是很好的途径。

数据时代，无论是大数据还是小数据，对计算机信息处理技术都带来了一系列的挑战：

1）对硬件要求高，也就是存储技术、存储空间、数据传输及资源损耗等的要求。

2）信息安全要求更高。不仅是小数据的个人信息隐私问题，而且海量的信息数据中也隐藏着很多企事业单位和个人信息及隐私等对信息安全技术提出了更高的要求。小数据的信息安全更加重要，例如，由 APP 收集到的个人隐私信息或者电子商务的画像信息等。

3）对人才的专业水平要求更高。大数据时代要求工作人员具备扎实的专业技术知识和良好的专业技能。

4）对服务供应商的要求相应提高，在"大数据"时代背景下，服务供应商、网络运营商自身的软硬件设备等，都会对海量数据的处理能力及成效产生影响。

5）计算机网络结构需要确保数据的高校存储和传输。

（2）智能数据处理

从传统数据到大数据，数据处理方法向智能数据处理的方向发展。智能信息技术通过将许多先进的技术结合起来实现一定的功能，如通信技术、网络技术、控制技术等。智能信息技术能够实现信息的智能化，智能地对信息进行采集和处理。智能数据处理的理论基础是大数据智能理论、类脑智能计算理论等新一代人工智能基础理论与计算智能，并可以分为智能信息处理和智能信息分析两大步骤。

信息处理的目的是将选择出来的信息集作为输入，通过各种信息处理以后，达到某事件的发生概率。当前智能信息处理的研究主要集中在动态贝叶斯网络、扩展的卡尔曼滤波、D-S 证据理论和粗集理论。基于动态贝叶斯网络的智能信息处理是从贝叶斯网络演变而来的。动态贝叶斯网络属于一个稍微复杂的动态空间模型，与之相似但较为简单的还有隐马尔科夫链和卡尔曼滤波模型。智能分析首要的是自然语言处理技术（Natural Language Processing），比较直接的应用是智能机器人、对文本信息的理解和对语言的识别与翻译。

如图 1-5 所示，智能信息处理的应用已经从单纯军事上的应用渗透到其他应用领域：医学图像处理与诊断系统、智能交通、智能建筑等。智能信息处理的应用范围日益广泛，在一些实际应用中也取得了相应的成效。随着人工智能技术的发展，智能信息处理在朝着智能化、集成化的趋势发展。

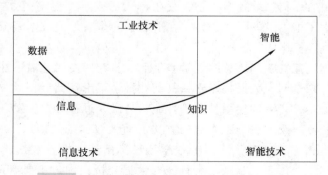

图 1-5　工业技术、信息技术和智能技术的集成

图 1-5 的数据、信息、知识，对应工业技术、信息技术和智能技术。在这个数据和信息激增而知识增进缓慢的时代，人工智能技术获得突破的新历程中，面向知识发展，从信息技术到智能技术是长期的趋势。

1.4 信息管理与信息管理系统

1.4.1 信息管理

1. 信息管理的概念

信息管理几乎与信息的产生同时出现。随着人们的交流日益频繁，计算机信息技术的发展，信息管理得到了发展。英国信息管理专家马丁（W. J Martin，1988 年）与霍顿（F. W. Horton，1985 年）认为，"信息管理"包括数据处理、文字处理、电子通信、文书和记录管理、管理信息系统、办公系统、图书馆和情报中心等技术和要素，涉及信息科学、管理学、计算机科学等多门学科和多种技术的领域。

代表性的定义是，信息管理是个人、组织和社会为了有效地开发和利用信息资源，以现代信息技术为手段，对信息资源实施计划、组织、指挥、控制和协调的社会活动。该定义较为全面地概括了信息管理的内涵，概括了信息管理的三个要素：人员、技术、信息，体现了信息管理的两个方面：信息资源和信息活动，反映了管理活动的基本特征：计划、控制、协调等。

随着以云计算、物联网、大数据和人工智能、区块链为代表的新一代信息技术蓬勃发展，先进计算、高速互联、智能感知等智能技术领域创新方兴未艾，机器视觉、虚拟/增强现实乃至无人驾驶、智能制造、智慧医疗等应用技术不断创新，全球信息技术迭代日益加快，因而信息管理进入了新时代。

2. 信息管理的对象与特征

信息管理的对象是信息资源以及与其相关的信息活动。信息资源包括信息人员、信息和信息技术三个要素，是信息管理的主要研究对象。信息活动是指信息的产生、采集、传递、存储、处理、分析、使用等形成和实现信息资源和满足社会需求的活动。

信息管理的目的在于控制信息，实现信息的效用和价值。信息管理的特征表现在以下五个方面：

1）管理特征。信息管理是管理的一种，具有管理的一般性特征。信息管理的基本职能也是计划、组织、协调、控制。

2）技术特征。现代信息技术是信息管理的主要手段和依托，离开了信息技术，信息管理就无法开展。信息时代，信息量暴增，信息处理和传播速度更快，信息技术迅速更新迭代。

3）系统特征。信息管理是人员、技术设施、信息、环境等构成的一个信息输入输出系统。通过不断从外部环境收集信息，进行可控性处理后向环境输出信息，以此来影响环境并维持系统的生存和发展。

4）过程特征。信息管理是一种过程管理，它涵盖了信息活动的全过程。信息管理的过程其实就是一个"信息生命周期"，是信息资源的形成和利用过程。

5）主体特征。"人"是信息活动和信息管理的主体，由人控制和满足人的信息需求是信息管理永恒的核心主题。在信息管理的各个环节（信息采集、加工处理、储存、传递、使用）中都包含了人的主观能动性的作用。

3. 建设工程信息管理

信息的运动一直贯穿在建设工程的生命周期里。对建设工程的各个阶段的信息资源，人员、信息和技术所进行的计划、组织、指挥、控制和协调的管理活动，就是建设工程信息管理。建设工程信息管理的目的就是通过有组织的信息流通，使决策者能及时、准确地获得相应的信息，满足使用者的需求。建设工程产生的信息数量巨大、种类繁多，为方便信息的搜集、处理、存储、传递和利用，对于信息管理应遵循以下原则：

1）标准化。在工程项目的实施过程中要求对有关信息的分类进行统一，对信息流程进行规范，过程控制报表格式化和标准化。

2）定量化。对建设工程产生的信息，采用定量工具对有关数据进行分析和比较。

3）有效性。项目信息管理者所提供的信息应针对不同层次管理者的要求进行适当加工，针对不同管理层提供经过加工的信息。例如为高层管理者提供的决策信息应力求精练、直观，尽量采用形象的图表来表达。

4）时效性。建设工程的信息都是为了保证信息产品能够及时服务于决策，应具有相应的时效性。

5）可预见性。建设工程产生的信息作为项目实施的历史数据，可以用于预测未来的情况，管理者应通过采用先进的方法和工具为决策者制订未来目标和行动规划提供必要的信息。

6）高效处理。通过采用建设工程信息管理系统，缩短信息处理过程的延迟现象，以便项目管理者将主要精力放在对项目信息的分析和控制上。

1.4.2 信息管理系统

1. 信息管理系统的简述

信息管理系统（Information Management System）是在传统的数据处理系统的基础上发展起来的，按照系统思想，以计算机为工具，为管理决策服务的信息系统。从系统论和管理控制论的角度，信息管理系统是存在于任何组织内部，为管理决策服务的信息收集、加工、储存、传输、检索和输出的系统，即任何组织和单位都存在一个信息管理系统。

综合起来，信息管理系统是由人和信息等组成，以计算机为手段，对信息进行收集、处理、存储和传递，为预测、决策和管理提供依据的系统。信息管理系统的目的是对信息进行综合处理，辅助管理。信息管理系统体现了管理现代化的标志，即系统的观点、数学的方法和计算机应用三要素的集合。

2. 建设工程信息管理系统

随着管理信息系统的发展和普及，人工处理信息显然无法满足项目实施的需要，信息技术引入建设工程，其应用的基本形式就是建设工程信息管理系统。

建设工程信息管理系统的作用在于：

1）集中存储、管理与项目有关的信息，并随时进行查询和更新。

2）准确、及时地完成工程项目管理所需要的信息的处理，比如进度控制中多阶网络的分析和计算。

3）满足决策需要，方便迅速地生成大量的控制报表。提供高质量的决策信息支持。

采用建设工程信息管理系统作为建设工程的基本手段，不仅提高了信息处理的效率，而且在一定程度上起到了规范管理工程流程、增强项目管理工作效率和目标控制工作有效性的目的。随着新兴信息技术的涌现，建设工程管理理论和管理思想也不断创新，建设工程信息管理系统所集成的功能也不断地扩大，与智能信息技术的不断集成和升级是长期的趋势。

复习思考题

1. 阐述信息与消息、情报、数据、知识的区别。
2. 信息的性质有哪些？如何理解？
3. 信息有哪几种分类方式？每一种方式下的具体分类结果如何？
4. 信息技术的发展经历了哪几个阶段？举例新的信息技术。
5. 简述新一代信息技术对建设工程信息管理的影响。
6. 传统数据与大数据信息处理的特征。

第 2 章
建设工程管理信息及技术

教学要求

　　本章从建设工程管理的全过程和美国项目管理知识体系定义的主要知识模块，系统梳理规划、设计、施工和运营的主要管理工作、建设工程的各个阶段的信息行为和与之相对应的信息技术分类与体系。

2.1 建设工程项目管理过程

　　根据美国项目管理知识体系（PMBOK）的十大知识模块、项目管理的五大过程以及建设工程项目各管理阶段，形成了建设工程项目管理的内容整体框架。

2.1.1 PMBOK 的管理过程

　　美国项目管理协会（Project Management Institute，PMI），是国际性的项目管理专业协会。1987 年，PMI 提出了项目管理知识体系（Project Management Body of Knowledge，PMBOK），每隔四年更新一次，目前 PMBOK 已成为全球普遍公认的知识体系。2018 年正式出版了第六版项目管理知识体系。

1. 项目管理过程

　　PMBOK 为项目管理知识体系制定了一个标准框架，定义了一般项目管理生命周期的概念，将项目管理分为起始、规划、执行、控制、收尾五个过程。

　　1）起始（Initiating）：开始执行一个项目或进入项目的下一个阶段。

　　2）规划（Planning）：定义项目目标，并制订计划和方案以顺利达成目标。

　　3）执行（Executing）：结合人力及其他资源共同履行计划。

　　4）控制（Controlling）：通过规律性的监督来评价与衡量执行计划过程中出现的偏差，并制定措施确保项目目标的达成。

5）收尾（Closing）：包含确定达到项目目标或未达成项目目标而决定终止项目，移交项目成果与技术，并整理形成记录和报告，以备日后追踪和参考。

2. 项目管理十大知识领域

PMBOK 规定了项目管理的十大知识领域，是一般项目管理中的专业工作，因而会产生对应的信息活动，应用相应的信息技术，展开信息管理工作。

1）范围管理（Scope Management）：在保证项目成功完成的条件下确定项目的工作范围，并对需要执行的工作进行规划，推动这些工作成功地完成，时刻对工作范围的变更加以控制。

2）时间管理（Time Management）：保证项目按预定时间完成而进行的各项管理活动，在建设工程项目中主要指进度控制。

3）成本管理（Cost Management）：保证项目完成时所消耗的费用在规定的预算内。项目成本管理是对项目产生的所有费用进行规划、估算和管控的整个过程。

4）质量管理（Quality Management）：保证项目达到预期的质量要求而确定质量目标与责任、进行质量计划与管控等相关的作业流程。质量管理必须明确与项目目标相关的质量标准，并规划如何达到此质量标准，在项目发展过程中，必须落实并控制质量目标的达成。

5）人力资源管理（Human Resources Management）：保证项目内的成员及其工作表现均能符合项目的需求，涉及所有人员组织及人员管理，比如领导、冲突协调、绩效评估等。

6）风险管理（Risk Management）：风险管理的重要内容包括确认哪些风险对项目造成影响，并将风险所造成的影响量化成项目结果的变化，并制定应对策略，以便降低风险的威胁，提高项目成功的机会。

7）沟通管理（Communication Management）：在项目实施过程中，会有大量的正式的和非正式的沟通行为，沟通管理的要点在于及时生成、收集、传播、存储、查询整个项目所需的信息。

8）采购管理（Procurement Management）：项目采购管理的目的在于获得项目需要的物品或服务。当项目团队无法产出某些产品或服务，或是外包给第三方在成本或时间上较为合适时，就必须针对这些产品或服务进行采购管理。

9）整合管理（Integration Management）：项目整合管理整合以上八项管理，对各项管理进行统筹规划。

10）干系人管理（Stakeholder Management）：识别能影响项目或受项目影响的全部人员、群体和组织，分析干系人对项目的期望和影响，制定适合的管理策略来有效调动关系人参与项目决策和执行。

2.1.2　建设工程项目各阶段的信息活动

建设工程项目属于项目管理的一种，同样遵从 PMBOK 中定义的管理过程和知识模块。因此，在 PMBOK 的项目管理思想下，从整体上分析了建设工程项目的生命周期的阶段划分，建立起工程项目全生命周期和 PMBOK 管理程序之间的联系，并对各阶段的管理过程进行分析。

美国项目管理协会（PMI）对建设工程项目全生命周期定义为：一个组织将项目划分为一系列的项目阶段，以便更好地将组织的日常运作和项目管理结合在一起，项目的各个阶段构成了一个项目的全生命周期。这里，建设工程项目全生命周期是指从提出投资机会，经过前期论证、投资决策、建设准备、建设实施、竣工验收直至投产使用的全过程，这里按照信息技术应用，分为 4 个阶段：决策阶段、设计阶段、施工阶段、运营阶段。

1. 决策阶段

这一阶段的主要工作包括：投资机会研究、初步可行性研究、可行性研究、项目评估及决策等。该阶段的主要任务是对工程项目投资的必要性、可能性、可行性，以及何时投资、在何地建设、如何实施等重大问题，进行科学论证和多方案比选。本阶段虽然投入少，但对项目效益影响大，前期决策的失误往往会导致重大的损失。该阶段的工作重点是对项目投资建设的必要性和可行性进行分析论证，并做出科学决策。具体而言，包含项目建议书和可行性研究报告阶段。

（1）编制项目建议书

项目建议书是业主单位向国家提出的要求建设某一项目的建议文件，是对工程项目建设的轮廓设想。项目建议书的主要作用是推荐一个拟建项目，论述其建设的必要性、建设条件的可行性和获利的可能性，供国家选择并确定是否进行下一步工作。

项目建议书的内容视项目的不同而有繁有简，但一般应包括以下几方面内容：

1）项目提出的必要性和依据。

2）产品方案、拟建规模和建设地点的初步设想。

3）资源情况、建设条件、协作关系等的初步分析。

4）投资估算和资金筹措设想。

5）项目的进度安排。

6）经济效益和社会效益的估计。

（2）编制可行性研究报告

项目建议书一经批准，即可着手开展项目可行性研究工作。可行性研究是对工程项目在技术上是否可行和经济上是否合理进行科学的分析和论证，主要完成以下工作内容：

1）进行市场研究，以解决项目建设的必要性问题。

2）进行工艺技术方案的研究，以解决项目建设的技术可能性问题。

3）进行财务和经济分析，以解决项目建设的合理性问题。

可行性研究工作完成后，需要编写出反映其全部工作成果的"可行性研究报告"。就其内容来看，各类项目的可行性研究报告内容不尽相同但一般应包括以下基本内容：

1）项目提出的背景、投资的必要性和研究工作依据。

2）需求预测及拟建规模、产品方案和发展方向的技术经济比较和分析。

3）资源、原材料、燃料及公用设施情况。

4）项目设计方案及协作配套工程。

5）建厂条件与厂址方案。

6）环境保护、防震、防洪等要求及其相应措施。

7）企业组织、劳动定员和人员培训。

8）建设工期和实施进度。

9）投资估算和资金筹措方式。

10）经济效益和社会效益。

按照国家现行规定，凡属中央政府投资、中央和地方政府合资的大中型和限额以上项目的可行性研究报告，都要报送国家发展和改革委员会审批。国家发展和改革委员会在审批过程中要征求行业主管部门和国家专业投资公司的意见，同时要委托具有相应资质的工程咨询公司进行评估。

2．设计阶段

（1）设计准备阶段

设计准备阶段是在可行性研究报告完成并报上级机关批准、做出投资决策、决定进行建设之后到确定设计单位进行正式设计之前的阶段，发生在工程项目设计与施工之前进行的一个阶段。设计准备阶段的项目管理由业主负责实施，也可以委托监理（咨询）单位负责。其管理任务是将决策阶段管理目标细化的过程，主要工作有以下五部分：

1）进行总目标的论证。

2）对方案设计进行比较分析。

3）确定设计方案。

4）委托设计单位。

5）编制管理规划。

（2）设计阶段的主要工作

该阶段的主要工作包括编制设计任务书，工程项目的初步设计、技术设计和施工图设计，工程项目征地及建设条件的准备，货物采购，工程招标及选定承包商、签订承包合同等。下面主要介绍以下几个：

1）初步设计。初步设计是根据可行性研究报告的要求所做的具体实施方案，目的是阐明在指定的地点、时间和投资控制数额内，拟建项目在技术上的可能性和经济上的合理性，并通过对工程项目所做出的基本技术经济规定，编制项目总概算。

初步设计不得随意改变被批准的可行性研究报告所确定的建设规模、产品方案、工程标准、建设地址和总投资等控制目标。如果初步设计提出的总概算超过可行性研究报告总投资10%以上或其他主要指标需要变更时，应说明原因和计算依据，并重新向原审批单位报批可行性研究报告。

2）技术设计。应根据初步设计和更详细的调查研究资料，进一步解决初步设计中的重大技术问题，如：工艺流程、建筑结构、设备选型及数量确定等，使工程建设项目的设计更具体、更完善，技术指标更好。

3）施工图设计。根据初步设计或技术设计的要求，结合现场实际情况，完整地表现建筑物外形、内部空间分割、结构体系、构造状况以及建筑群的组成和周围环境的配合。它还包括各种运输、通信、管道系统、建筑设备的设计。在工艺方面，应具体确定各种设备的型号、规格及各种非标准设备的制造加工图。

3．施工阶段

（1）工程施工

施工阶段的管理工作主要包括执行和控制两部分内容，如施工组织设计、材料采购规划等在项目实施过程中，要充分做好各项要素的管理和控制，如进度控制、成本控制、质量控制、安全控制、合同变更控制等。

（2）竣工验收

施工方完成施工承包合同规定的全部施工任务后，应联合业主、监理、设计等单位以及政府监督机构进行验收。验收之前项目部应编制竣工验收计划，并做好竣工验收的准备工作，保证工程顺利交付。

1）竣工验收的范围和标准。按照国家现行规定，所有基本建设项目和更新改造项目，按批准的设计文件所规定的内容建成，符合验收标准。

2）竣工验收的准备工作。建设单位的工程竣工验收准备工作，主要包括以下内容：

① 整理技术资料。技术资料主要包括土建施工、设备安装方面及各种有关的文件、合同和试生产情况报告等。

② 绘制竣工图。工程建设项目竣工图是真实记录各种地下、地上建筑物等详细情况的技术文件，是对工程进行交工验收、维护、扩建、改建的依据，同时也是使用单位长期保存的技术资料。

③ 编制竣工决算。建设单位必须及时清理所有财产、物资和未花完或应收回的资金，编制工程竣工决算，分析概（预）算执行情况，考核投资效益，报请主管部门审查。

3）竣工验收的程序和组织。根据国家现行规定，规模较大、较复杂的工程建设项目应先进行初验，然后进行正式验收。规模较小、较简单的工程项目，可以一次进行全部项目的竣工验收。

工程项目全部建完，经过各单位工程的验收，符合设计要求，并具备竣工图、竣工决算、工程总结等必要文件资料，由项目主管部门或建设单位向负责验收的单位提出竣工验收申请报告。

（3）工程保修

建设工程项目的保修期，自竣工验收合格之日起计算，在该阶段中需要进行定期回访、协调联系、界定缺陷责任、保修维修。

施工单位保修完成后，经监理单位验收合格，由建设单位或者工程所有人组织验收。涉及结构安全的，应当报当地建设行政主管部门备案。由于保修工作千差万别，监理单位应根据具体项目的工作量决定保修期间的具体工作计划，并根据与建设单位的合同约定具体决定工作方式和资料留存。

4. 运营阶段

对于经营性工程建设项目而言，生产准备是项目投产前由建设单位进行的一项重要工作。动用准备是衔接建设和生产的桥梁，是项目建设转入生产经营的必要条件。建设单位应适时组成专门班子或机构做好生产准备工作，确保项目建成后能及时投产。动用准备工作的内容根据项目或企业的不同，其要求也各不相同，但一般应包括招收、培训、组织、技术、物资准备。

运营阶段主要工作由业主单位自行完成或者成立专门的项目公司承担。对于经营性工程项目，如高速公路、垃圾处理厂等，其运营阶段工作较为复杂，包括经营和维护两大任务。对于非经营性工程项目，如住宅地产等，运营阶段主要通过鉴定、修缮、加固、拆除等活动，保证工程项目的功能、性能能够满足正常使用的要求。

2.2 建设工程信息及行为

2.2.1 建设工程信息的特点

建设工程信息具有建设工程特有的特点，如信息量大、形式多样、动态变化、多维性、多主体性、多源异质性、过程特征。根据信息的呈现方式、内容属性、所属的建设工程阶段以及组织来源，能将建设工程信息做如图 2-1 所示的分类。

1）信息量大。建设工程全生命周期内所产生的信息繁多，据测算，仅单个普通单体建筑所产生文档数量就达到了 10 的四次方数量级。

2）形式多样。建设工程信息产生的形式不同，存储的方式也不同，分类标准也有差别。建设工程项目管理人员常常需要在计算机辅助设计系统内查阅有关工程图，到造价控制系统中查询工程成本情况，到进度管理软件中查询工期信息，还可能要到资料室中调阅合同文件等。

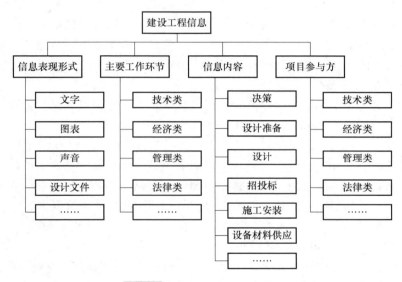

图 2-1　建设工程信息的分类

3）动态变化。信息的变动频繁，建设工程的实施环境恶劣，持续时间长，各类突发事件频繁出现，建设工程信息也因此变更频繁。

4）多维性。建筑信息从二维到三维，从 BIM 到 4D 和 5D，再到广义的 N 维信息模型。复杂工程信息相互存在着千丝万缕的联系，信息之间相互依存、相互转化、相互影响，往往是牵一发而动全身，如工程设计变更会引起建设工程进度信息、造价信息和合同信息的变化。

5）多主体性。在建设工程进程中，各个建设工程参与方甚至是各个利益相关者都需要创建和管理其需要的信息，各个组织内部还有多个管理层级和专业分工，以专业分工为例，建设工程结构工程师、设备工程师、成本管理工程师等，他们也会依据不同的目的进行信息创建和管理。

6）多源异质性。建设工程信息格式包括结构化数据文件、半结构化数据文件、非结构化文本数据文件、非结构化图形文件、非结构化多媒体文件等多种类型。其中结构化数据文件往往占建设工程整体信息的 10%～20%，其余是非结构化的信息。当前，建设工程信息管理着重关注结构化的数据类型，对建设工程中大量的半结构化和非结构化信息进行获取、共享和再利用缺乏有效手段。

7）过程特征。前文 2.1.2 中建设工程不同阶段具有不同的目标和信息活动，所产生和需求的信息不同，并具有明显的不同特征。但是，很多信息可以为多个阶段的工作所采用。

2.2.2 建设工程管理信息行为

1. 信息行为的概念

信息行为（Information behavior）是在 20 世纪 90 年代合成的概念，其根源可以追溯到 20 世纪 60 年代的"信息需求和信息使用"概念。克里克拉斯认为当一个人想要通过确认某一信息以此满足其需要时，所从事的活动便是信息行为。泰勒认为信息行为是使"信息"元素有用的一系列行为的总和。威尔逊认为信息行为是相关信息来源和渠道的总和，包括主动及被动的信息搜索和利用行为。我国学者卢太宏认为，情报行为就是通过查询、选择、搜集主体需要的信息活动。基于国内外学者的观点，信息行为是主体在有信息需要背景下发生的一系列行为过程的总和；同时与内在、外在环境相互作用。

2. 信息行为的类型划分

根据信息行为的发生环境和表现阶段，可以把信息行为分为以下几类：

（1）信息寻求行为（Information Seeking）

信息寻求行为是指用户为满足特定信息需求而进行的有目的寻找信息的行为。信息寻求行为从信息需求的形成开始，到需求得到满足结束，是一个不断重复的循环过程。信息寻求行为是有意识地获取信息的行为，是人感觉到知识需要或知识差距时而进行的行为过程，是人有目的地改变自己知识状态的过程。信息寻求与知识和问题的解决有着密切的关联，信息寻求行为的发生受时间及任务重要性的影响。

（2）信息检索行为（Information Retrieval）

信息检索行为是指发生在检索者与信息系统之间的交互行为，其行为空间和时间范围有着明确的界限，用户在与系统的交互过程中，通过原有认知结构的修正，调试信息需求的表达方式，以期获得满意的检索结果。

（3）信息使用行为（Information Usage）

信息使用行为是指将查询结果吸收到现有知识的结构中，并且在吸收过程中改变已有知识结构的生理和思想活动。

3. 信息需求分析

信息需求是指人们在社会实践活动过程中，为完成当前工作所需要的信息。或是当现有知识储备不足以解决问题时，因为信息不足而产生的需求。可以通过信息技术获取和感知信息来满足人们的信息需求。信息需求的特征包括广泛性、社会性、发展性和多样性等。

1）广泛性。信息需求与人类基本需要的所有方面都密切相关，因为人类的实践活动是广泛的、多对象的、多方面的，所以信息需求与之对应具有广泛性。

2）社会性。信息需求的产生和发展是由人们的社会环境和社会活动决定的。没有这种环境和活动，人类既不能满足已有的需要，也不会产生新的需要。人类信息活动的社会化趋势更表明了信息需求不仅是个体的特性，而且主要是一种社会性需要。

3）发展性。信息需求是在人类的社会实践活动中产生和发展起来的。早期人类社会的信息需求不明显，随着社会实践活动的发展，社会现象日趋复杂，信息需求也在日益增长，刺激了信息需求的发展。

4）多样性。影响信息需求的因素是复杂多样的，既有信息活动主体自身因素的作用，也有社会环境因素的制约。从主体自身看，个人的专业、地位、所承担的职责和工作性质的不同使得信息需求也会有很大的差异；从社会环境看，社会政治、经济、科技、文化等多种因素在宏观上制约着信息需求的运动方向，使社会信息需求具有明显的地域特点、民族特色和时代特征。

4. 信息需求的结构分析

信息需求是一个具有一定外部联系和内在结构的有机整体，信息需求的发展和进化必然要受到社会信息环境诸因素的影响。而信息需求的各种基本状态以及由此决定的不同表现形式，表明了信息需求内部结构的复杂性。这种复杂性包括信息需求的层次结构和内容结构。

（1）信息需求的层次结构

受人类自身特性及环境条件的制约，信息需求的产生和发展是一种十分复杂的现象。当个人在工作或生活中遇到问题，需要获得信息来支持该问题的解决时，即说明他出现了信息需求。当人们表达出自己的信息需求时，可以面向许多信息源提出这个需求。既可能向信息服务机构也可能向其他信息源提出要求。于是，常把用户向信息服务机构提出的具体要求称为信息提问。由此，形成了信息需求的层次结构。

（2）信息需求的内容结构

由于人类社会实践活动的复杂性，用户的信息需求也呈现出多样性特征，用户的信息需求主要表现为对信息的需求和对信息服务的需求。

1）对信息的需求。对信息本身的需求是用户信息需求的最终目标。根据用户对信息的需求以及信息的属性，将对信息的需求分为对信息内容的需求、对信息类型的需求、对信息质量的要求和对信息数量的要求。

2）对信息服务的需求。在当代社会信息数量急剧上涨、质量不断下降、内容交叉重复的情况下，用户个人满足自己信息需求的能力是十分有限的。所以，用户需要信息服务机构的帮助。机构通过开展各种各样的信息服务，把用户同特定信息源联系起来，从而极为有效地满足了用户对信息服务的需求。对信息服务的需求包括对服务方式的需求、对服务设施的需求和对服务质量的要求。

5. 建设项目干系人的信息需求分析

在建设工程管理领域，建设项目的干系人就是信息用户。根据所处的项目建设阶段和工作内容，可以从项目管理决策人员、工程技术人员两方面进行信息需求分析。

（1）项目管理决策人员的信息需求

管理决策人员是指在项目建设过程中负责战略规划与计划、组织、指挥、协调等工作的领导和上层管理者。管理决策工作的性质决定了管理决策人员的信息需求特点，如下：

1）信息具有全局性。项目建设阶段的每项决策都会给项目未来的发展情况带来广泛而深远的影响，因此，决策人员需要具有战略性、全局性和预测性的涉及决策对象内外各方面的信息。

2）信息数量和质量要求高。决策人员需要少而精、经过浓缩加工的信息，对信息的简明性、完整性、准确性和客观性要求都比较高。

3）信息具有准确性。这样能够避免因为信息不准确而导致的决策失误，以保证决策的科学化和民主化。

（2）工程技术人员的信息需求

工程技术人员在工程项目建设过程中从事发明、设计、试验、监控等工作。他们的任务是根据项目需要进行技术创新，设计新工艺，创造新工具，主要解决"怎么做"的问题。工程技术人员的信息需要特点如下：

1）工程技术人员需要有集中专业方向的相关信息。一个建设工程项目也需要多方面的知识，因此，在专业方向集中的前提下，他们需要涉及多种技术范围的信息。

2）工程技术人员需要具体的、经过验证的数据、事实和成熟的技术信息，例如专利、标准、技术报告、工程图、产品样本以及各种实用手册等。

6. 建设项目全生命周期的信息需求分析

建设项目全生命周期包括决策阶段、设计阶段、施工阶段、运营阶段，每一阶段都有不同的管理内容。通过集成化的建设工程管理信息系统使得项目各参与方能方便地进行信息交流，实现项目信息的共享，在信息透明的环境中协同工作。

建设项目信息可以重复利用，建设工程全生命周期信息的再利用包括纵向在其他各个阶段的再利用及横向在其他项目上信息的再利用。纵向再利用表现更多的是信息的特征，而横向再利用表现更多的是知识的特征。从全生命周期视角进行信息管理是充分利用信息价值的重要方法。建设工程全生命周期信息的再利用如图 2-2 所示。

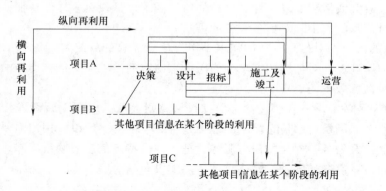

图 2-2　建设工程全生命周期信息的再利用

（1）决策阶段的信息需求分析

1）决策阶段的运作流程。在决策阶段，咨询方为主要责任和协调方，负责收集来自业主方、市场、政策、设计方、客户等的信息，并及时对收集的信息进行分析、处理，及时将信息处理情况反馈给业主和设计方；业主方根据自身资金力、核心竞争力等情况，综合考虑后给出最优方案，咨询方对最优化方案细化和论证，征求运营方和设计方意见，同时及时对各种信息进行分析和整理，并将处理过程和结果经相关参与方确认后提交信息集成中心。决策阶段项目运作流程如图 2-3 所示。

2）决策阶段的信息流分析。咨询方信息主要流向业主方、设计方、运营方、政府等。其信息主要包括项目地块区位条件、地址条件分析等；相关信息的调查报告，如各种专题报告、消费者调查资料、市场分析报告等；相关政府政策性文件，如规划限制条件、区域经济发展趋势、相关政策等。

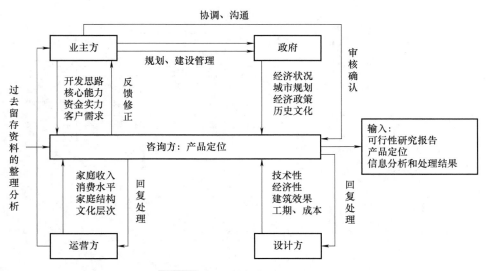

图 2-3　决策阶段项目运作流程

业主方信息流包括项目审批文件和前期技术信息。项目审批文件包括项目建议书、项目选址建议报告、项目总体规划及实施计划、项目初步可行性报告、项目建设资金筹措报告、向市政配套部门提出的有关申请、各种前期批文。前期技术信息包括项目前期策划技术资料、基地地理及市政资料、各种专题咨询报告、法规规定等文件、各种前期规划图、专业技术图、工程技术照片等。

（2）设计阶段的信息需求分析

1）设计阶段的运作流程。在设计阶段，设计方为信息行为主体，以可行性研究报告、概念性设计、规划要求为主要设计依据，确定符合政府规划的设计方案，在得到业主初步确定后，组织业主方、咨询方、施工方、运营方对设计方案进行讨论，各参与方从项目建设的技术性、经济性、实用性和后期运营、维修等方面及时对设计方案提出修改意见并反馈给设计方，设计方及时对各参与方提出的意见进行研究，并将研究结果提交给业主方，业主方在综合权衡后给出具体意见，由设计方按照业主意见进行设计调整，并将调整结果反馈给各参与方，经反复讨论和反馈形成一致意见后确认并执行。设计阶段项目运作流程如图 2-4 所示。

2）设计阶段的信息流分析。设计方信息主要来自对前阶段成果的分析处理意见和业主方提供的相关信息等。设计方信息主要流向业主方、地勘方、监理方、施工方、运营方等。其信息主要包括设计前期准备阶段信息和设计阶段信息。

设计前期准备阶段信息包括概算造价、功能需求等。设计阶段信息包括设计方关于项目规划、设计、勘察计划的文件，项目总体设计纲要，与设计方设计准备相关的图表、照片，项目建筑设计文件及图纸，项目结构设计文件及图纸，项目各专业工程设计文件及图纸等。

业主方信息包括方案设计任务书，扩初设计任务书，施工图设计任务书，对设计单位提出的设计要求，业主方签发的有关设计的文件函件、会议报批文件、各种设计图，业主方有关规划设计的图表、照片和其他相关技术资料等。

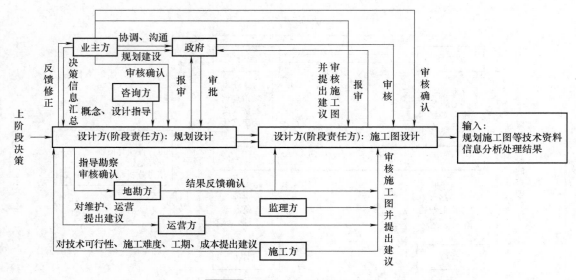

图 2-4　设计阶段项目运作流程

（3）施工阶段的信息需求分析

1）施工及竣工阶段的运作流程。在施工阶段，施工方为信息行为主体，按照审核后确认的施工图进行施工。在施工过程中，负责收集业主方、设计方、运营方、现场情况、天气等各方面信息，并及时反馈给业主方、监理方、设计方，由业主方、设计方在综合考虑后给出具体处理意见并由施工方、监理方向相关参与方进行反馈并讨论，在形成一致意见后确认并执行；在工程完工后，由业主方、运营方对工程进行验收。对不符合验收条件的，由施工方进行整改，直到整改并验收合格后才能交付使用。在本阶段，由施工方、监理方负责对工程资料、信息反馈和处理资料的整理和归档。施工阶段项目运作流程如图 2-5 所示。

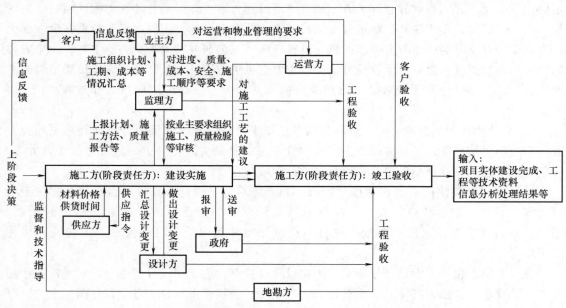

图 2-5　施工阶段项目运作流程

2）施工及竣工阶段的信息流分析。施工阶段信息主要流向业主方、设计方、监理方、材料设备供应方、运营方等，包括施工前期准备阶段、施工阶段、竣工阶段。

施工前期准备阶段信息包括结合现场情况、施工技术情况对设计信息的处理意见等。施工阶段信息包括施工方各专业工程项目管理细则，施工方主持召开的施工协调会议纪要，施工方签发的各种函件、请示报告及批文，施工方签发的各种申请检验及验收表，施工阶段管理控制情况的详细记载，施工过程中变更情况记录等。竣工阶段信息包括业主方、设计方、监理方、政府质量监督机构与施工方一起对项目进行的竣工验收，以及准备的相关竣工验收材料等。

业主方信息包括业主方签发的日常函件、通知、记录、备忘录，施工阶段的各种会议纪要，业主方在施工阶段的进度计划、投资规划、工程或材料款支付单等，以及对于质量管理、进度管理、成本管理、风险管理、安全管理等的计划、安排以及执行情况记录。

设计方信息包括设计方签发的日常函件、通知、记录、备忘录，施工阶段的各种会议纪要。

（4）运营阶段的信息需求分析

1）运营阶段的运作流程。在运营管理阶段，运营方负责收集设计、施工、报建等过程资料，根据项目建设完成后的实际情况和项目前几个阶段的相关信息，结合维修、物业管理情况进行项目建设后评价，并以评价结果作为后续合作的重要参考依据。运营阶段项目运作流程如图 2-6 所示。

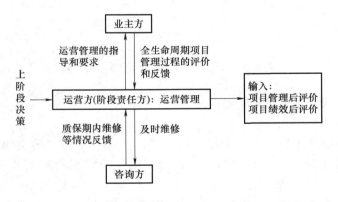

图 2-6　运营阶段项目运作流程

2）运营阶段的信息流分析。运营阶段信息主要是对设计阶段、施工阶段的各种技术资料和工程施工情况等资料的分析和汇总，以及运营阶段的管理信息等，主要流向业主方和施工方。

业主方信息包括业主方运营管理规划、业主对运营方要求的文件、业主自身参与运营工作的界定及运作规范文件、运营阶段业主方工作总结报告、业主方各种有关项目运营的图表及照片等资料。

施工方信息包括运营前各阶段信息的汇总和运营过程信息。运营前各阶段信息的汇总包括对业主信息、咨询信息、设计阶段各类信息、施工阶段信息在结合建设项目的实际完成情况和进行分析评价后，对各阶段信息的分析、处理和集成管理，形成建设项目全生命周期动态联盟信息管理库。运营过程信息包括建设项目运营情况、运营阶段的各种收入支出情况、各种维修情况等。

2.3 建设工程信息过程管理及信息技术分类

2.3.1 建设工程信息过程管理

在建设工程的各阶段都会产生大量信息，各阶段的有序运转也必须对获取的信息进行科学和系统的处理，有效处理信息是建设工程管理的必然要求。信息处理的科学化程序包括信息的获取、传输、加工和控制四大环节，每个环节在建设工程各阶段都有所体现，如图2-7所示。

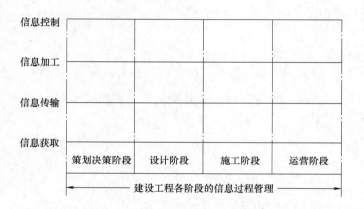

图2-7　建设工程各阶段的信息过程管理

1. 项目决策阶段的信息过程管理

（1）主要工作活动

决策阶段是决定建设项目是否能成功的关键。因此决策阶段的主要工作有项目调研，进行数据资料整理和分析，并编写相应的调研报告；投资机会研究，主要是确定投资方向；地块的获取；项目立项，进行建设项目可行性研究，编制相应的投资估算；筹措项目建设所需资金；把握市场的宏观形势；进行投资回报的分析；做好前期项目的营销推广。

（2）主要信息分析

由以上对决策阶段的主要工作活动的分析可知，策划阶段的信息主要有：相关的政策、法律法规、社会治安情况，地块周边交通、医院、学校等环境调查资料，产品市场占有率及社会需求情况，资金筹措的渠道、方式的信息；原材料、设备等供应情况；水、电、基础设施方面的信息，土地投标方案的制定，建设用地规划许可证及其他文件，划拨建设用地文件，国有土地使用证等资料，可行性研究报告包括项目概况、投资环境分析、市场研究等资料；新技术、新设备、新工艺以及其他专业配套能力及设施方面的信息。

决策阶段的信息框架如图2-8所示。

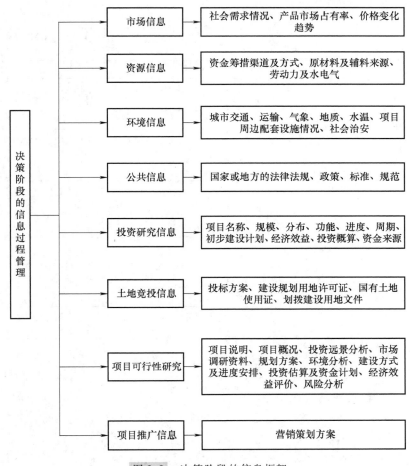

图 2-8　决策阶段的信息框架

2. 项目设计阶段的信息过程管理

设计阶段是将业主的建设意图，如对拟建项目的功能需求和标准转化为可以实施的模型。设计工作需要多专业协同工作，以保证业主的意图能够最大化实现。

（1）主要工作活动

建设单位组织设计招投标，并与勘察设计、咨询、监理、施工等单位签订招投标及合同文件；委托勘察设计单位进行水文地质勘察、编制设计任务书和相关的进度计划，编制建筑设计概算；进行初步设计、技术设计审核，组织施工单位、监理单位进行施工图审查；获取政府主管部门的施工图审批意见。

（2）主要信息分析

设计阶段的信息主要包括本阶段涉及的有关国家和地方政策、法律、法规、规范规程、环保政策等；招投标文件、合同文件、可供参考的工程、水文地质等勘察报告；新的勘察、测绘文件，如水文地质勘察报告、地形勘测文件；设计规范、规程和标准；设计方案审定和审查意见，政府有关部门对施工图设计文件的审批意见；劳动力、各种材料、构件等的价格信息；设计概算和施工图预算。

设计阶段的信息框架如图 2-9 所示。

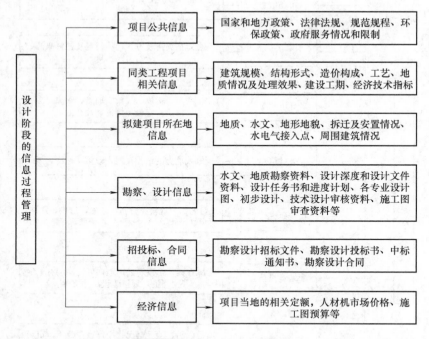

图 2-9 设计阶段的信息框架

3. 项目施工阶段的信息过程管理

施工阶段生产周期较长，涉及业主、设计单位、监理单位、总承包商、分包商、材料供应商、设备供应商、政府相关主管部门等众多参与方，还需要投入大量的人员、财力和物力等，工作活动复杂，因此在做出众多决策的同时也会产生大量的信息。

（1）主要工作活动

施工阶段是具体的建设项目的实现过程，可以细分为施工准备阶段、施工阶段、竣工验收阶段。施工准备阶段主要工作有：获取施工许可证等施工证书，获取相关的法律法规、技术标准等信息，选择施工监理单位，选择分包商，签订相关的施工合同，图纸会审，编制施工组织设计等文件；施工阶段的主要工作是建设项目的建造实施的管理，包括现场管理、资源管理、进度管理、成本管理、质量管理、安全及文明施工管理等等；竣工验收阶段的主要工作是项目的交付、设备设施的试运行、竣工资料的验收、相关的物业交接准备等。

（2）主要信息分析

由以上对施工阶段的主要工作活动的分析可知，施工阶段的信息主要有：工程概况；国家有关政策和法规；工程质量方面的信息，如国家有关质量控制标准、项目施工质量规划、质量控制措施、质量抽样检查结果等；工程成本方面的信息，如投资估算指标和定额；项目施工成本规划、工程概预算、建筑材料价格、机械设备台班费、人工费、运输费等；进度控制方面的信息，如施工定额、项目施工进度计划、分部分项工程作业计划、进度控制措施、进度记录等；安全方面的信息，如国家有关安全法规、项目安全责任、项目安全计划、项目安全措施、项目安全检查结果等；资源管理方面的信息，如人、材、机的投入计划、材料和设备的采购计划、各种资源的现场管理计划等；另外还需要关注外部的环境信息、外部市场的经济条件，如劳动力及材料价格信息等。

施工阶段的信息框架如图 2-10 所示。

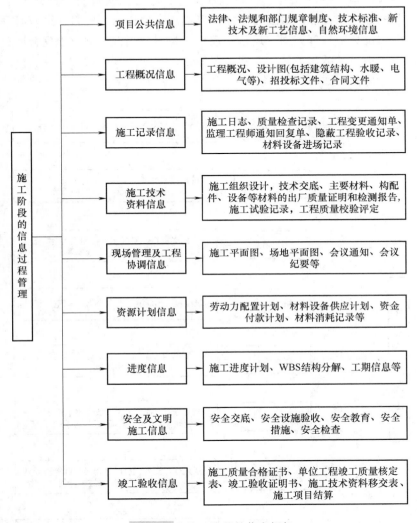

施工阶段的信息过程管理	项目公共信息	法律、法规和部门规章制度、技术标准、新技术及新工艺信息、自然环境信息
	工程概况信息	工程概况、设计图(包括建筑结构、水暖、电气等)、招投标文件、合同文件
	施工记录信息	施工日志、质量检查记录、工程变更通知单、监理工程师通知回复单、隐蔽工程验收记录、材料设备进场记录
	施工技术资料信息	施工组织设计，技术交底，主要材料、构配件、设备等材料的出厂质量证明和检测报告，施工试验记录，工程质量校验评定
	现场管理及工程协调信息	施工平面图、场地平面图、会议通知、会议纪要等
	资源计划信息	劳动力配置计划、材料设备供应计划、资金付款计划、材料消耗记录等
	进度信息	施工进度计划、WBS结构分解、工期信息等
	安全及文明施工信息	安全交底、安全设施验收、安全教育、安全措施、安全检查
	竣工验收信息	施工质量合格证书、单位工程竣工质量核定表、竣工验收证明书、施工技术资料移交表、施工项目结算

图 2-10 施工阶段的信息框架

4. 项目运营阶段的信息过程管理

运营管理主要是对建设项目进行运营维护，良好的运营管理不仅能为用户提供一个优雅舒适的环境，也能保证建筑设施的使用性能，实现可持续应用。

（1）主要工作活动

主要工作活动包括：建筑设施的维修管理；建筑设备（电气、供热、通风、空调、电梯等）的日常维护与管理；运营管理单位与用户签订合同；建筑周边环境的清洁与绿化；消防治安管理；使用人员的信息档案管理；相应的规章制度的制定；建筑设施的出租出售情况。

（2）主要信息分析

运营阶段的信息主要包括竣工验收资料；相关的国家法律法规；用于设施管理的楼层布局、设备布局和空间、房间的布置信息；设备参数、运行计划和性能、环境和气候信息；用于建筑维护的建筑规模、外观尺寸、材料性能信息；用于预防灾害的建筑各个部位空间信息，构件和设备的状态、性能，最佳逃生路线等信息；用户档案资料；运营管理单位的规章制度；运营管理单位日常管理计划；运营管理单位与用户签订的物业管理合同；建筑设施的使用率或控制率；用户缴纳相关的物业费情况等。

运营阶段的信息框架如图 2-11 所示。

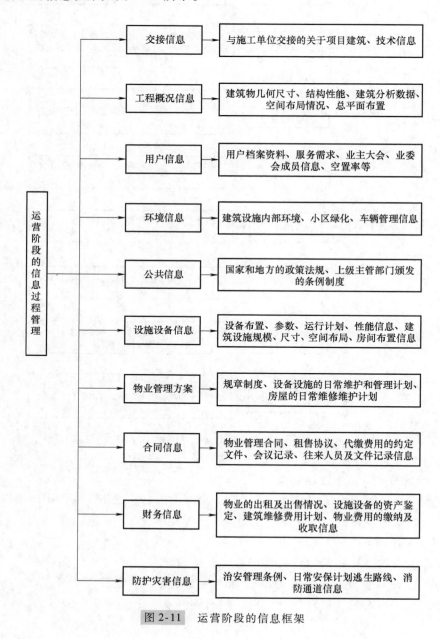

图 2-11　运营阶段的信息框架

2.3.2　建设工程信息技术分类

根据信息技术的分类，可以将建设工程各阶段应用的信息技术进行分类，见表 2-1。

表 2-1　建设工程信息技术分类

分类	信息获取技术	信息建模技术	信息处理技术	信息应用技术
平台及技术	RS、GNSS、GIS（3S） 物联网技术（IoT） 无线射频技术（RF） 二维码技术 条形码技术 3D 激光扫描技术 无人机航摄技术	CAD 技术 BIM 技术 GIS 技术	云计算技术 大数据处理技术 区块链技术 人工智能技术 边缘计算技术	移动互联网 数字孪生（DT） 建筑机器人 3D 打印 信息物理系统（CPS） 管理信息系统（MIS）

1. 建设工程信息获取技术

在建设行业应用的信息获取技术可分为非空间数据采集技术与空间数据采集技术两大类。对这些技术的定义和应用在后续的章节里具体阐述。

1）非空间数据采集技术。非空间数据采集技术一般主要包括 3S 技术（RS、GNSS、GIS）、物联网技术（IoT）、无线射频技术（RF）、二维码技术、条形码技术等。

2）空间数据采集技术。空间数据采集技术通常是指视觉测量技术与 Lidar 技术。视觉测量技术又包含摄像测量技术、录像测量技术和 3D 测距照相机。Lidar 技术主要为 3D 激光扫描技术和无人机航摄技术。

视觉测量技术中，摄像测量技术是从用照相机拍摄的 2D 图像照片中提取几何特征信息，并对相关构件进行三维创建的技术。录像测量技术和摄像测量技术原理相似，不同点在于录像测量技术用录像的帧代替了图像进行 3D 坐标的测量。3D 测距相机优势在于可对运动目标进行检测、跟踪和建模。基于计算机视觉的测量技术，标准化的摄像机或立体视频记录仪，已被用于施工监控。经过一定的模式识别与人工处理，可得到表达工程进度的主要数据，并且可对现场中关键材料进行定位。

2. 建设工程信息建模技术

建设工程信息建模技术主要包括计算机辅助设计（CAD）技术和建筑信息模型（BIM）技术。

计算机辅助设计（Computer Aided Design，CAD）技术是指利用计算机及其图形设备帮助设计人员进行设计工作的技术。CAD 通过交互式图形显示、实时构造、编辑、变换及修改并存储各类几何及拓扑信息，利用应用程序进行工程计算分析，并对设计进行模拟、优化，确定产品主要参数，利用图形处理和动画技术对模型进行仿真检验，计算机自动绘图并输出图样、数据等各种形式的设计结果，以及数据交换，并为 CAM（计算机辅助制造）、CAPP（计算机辅助工艺安排）、CAE（计算机辅助工程）、MIS（管理信息系统）等产业信息化系统提供基础数据。

建筑信息模型（BIM）技术能够有效地辅助建设工程领域的信息集成、交互及协同工作，是实现建筑生命期管理（BLM）的关键。BIM 的出现是为了区分下一代的信息技术

（Information Technology，IT）和计算机辅助设计（Computer Aided Design，CAD）与侧重于绘图的传统的计算机辅助绘图（Computer Aided Drafting and Design，CADD）技术。

BIM 概念具有广义和狭义两个层面。在广义层面上 Bilal Succar 指出 BIM 是相互交互的政策、过程和技术的集合，从而形成一种面向建设项目生命周期的建筑设计和项目数据的管理方法。Bilal Succar 强调了 BIM 是政策、过程和技术三方面共同作用的结果。从狭义层面，美国国家标准技术研究院对 BIM 做出了如下定义：BIM 是以三维数字技术为基础，集成了建设项目各种相关信息的工程数据模型，BIM 是对工程项目设施实体与功能特性的数字化表达。一个完善的信息模型，能够连接建设项目生命周期不同阶段的数据、过程和资源，是对工程对象的完整描述，可被建设项目各参与方普遍使用。BIM 具有单一工程数据源，可解决分布式、异构工程数据之间的一致性和全局共享问题，支持建设项目生命周期中动态的工程信息创建、管理和共享。

3. 建设工程信息处理技术

（1）云计算技术

云计算（Cloud Computing）是一种新的计算模式，是分布式计算（Distributed Computing）、并行计算（Parallel Computing）和网格计算（Grid Computing）进一步发展的技术。狭义云计算是指 IT 基础设施的交付和使用模式，指通过网络以按需易扩展的方式获得所需的资源；广义云计算是指服务的交付和使用模式，指通过网络以按需易扩展的方式获得所需的服务。

云计算是一个虚拟的计算资源池，它通过互联网提供给用户使用资源池内的计算资源。云计算的基本原理是通过使计算分布在大量的分布式计算机上，而非本地计算机或远程服务器中，企业数据中心的运行将更与互联网相似。完整的云计算是一整个动态的计算体系，提供托管的应用程序环境，能够动态部署、动态分配或重分配计算资源、实时监控资源使用情况。云计算按照运营模式可以分为三种：公共云、私有云和混合云。

云计算改变了服务模式。云计算服务可以是 IT 和软件、互联网相关的，也可以是任意其他的服务，它具有超大规模、虚拟化、可靠安全等独特功效。云计算有以下几种服务模式：SAAS（软件即服务）、实用计算（Utility Computing）、网络服务、平台服务、MSP（管理服务提供商）、商业服务平台、SAAS 和 MSP 的混合应用、互联网整合。

自 2010 年以来，云计算技术方兴未艾，各种规模的企业都已经意识到将应用软件迁移到云上所带来的价值，所节省的空间和管理上的优势，面对潜在的巨大市场，国际 IT 巨头纷纷进入云计算领域，包括基础设施、核心技术和应用服务的提供。Google 是云计算概念的提出者，Google 的三大核心技术，GFS（Google 文件系统）、MapReduce（分布式计算系统）、BigTable（分布式存储系统）构成了实现云计算服务的基础。Google 提供更多的是架构和平台层上的云计算，更高一层的云计算还提供许多应用服务。IBM 已经把重点放在帮助客户建立专有的云计算方面，不仅提供数据中心设计服务以及 IBM 的服务器、存储设备和软件，而且提供托管的云计算服务。微软提出"云-端计算"的平衡理念："云"和终端都将承担一部分计算和应用。终端性能、带宽的发展，永远也赶不上内容的增长速度，三者总是维持一个动态的最佳平衡。微软发布了更完整融入云计算的产品和策略，包括 Azure 系列云计算服务，网络传递、轻巧版的 Office 应用软件，和最新的 Live Mesh 中间件软件。全球最大的 x86 处理器厂商英特尔认为，越来越多的服务器芯片将专门用于云计算，英特尔 x86

处理器将构成这种新的云计算基础设施的基础。

就建筑业的软件提供商 AutoCAD 公司来说，就从销售软件逐步开发云计算服务。随着管理信息系统、BIM 技术、云监理等新的项目管理信息技术和项目管理模式的发展，云计算技术处理庞大的工程数据，成为必需的技术，并需要研究和克服实际应用中的问题。

（2）大数据技术

1989 年，Gartner Group 的 Howard Dresner 首次提出"商业智能"（Business Intelligence）的概念。随着互联网的发展，企业收集到的数据越来越多、数据结构越来越复杂，一般的数据挖掘技术已经不能满足需要，这就使得企业在收集数据之余，也开始有意识地寻求新的方法来解决问题。由此"大数据"的概念产生了。

多个企业、机构和数据科学家对于大数据普遍共识是："大数据"的关键是在种类繁多、数量庞大的数据中，快速获取信息的能力和技术。维基百科中将大数据定义为：所涉及的资料量规模巨大到无法透过目前主流软件工具，在合理时间内达到撷取、管理、处理，并整理成为帮助企业经营决策更积极目的的资讯。

一般认为，大数据带了三方面的困难和挑战：数据类型多样（Variety）、要求及时响应（Velocity）和数据的不确定性（Veracity）。大数据的数据类型多样，一个应用往往既要处理结构化数据，同时还要处理文本、视频、语音等非结构化数据，这对现有数据库系统来说难以应付；在要求及时响应方面，在许多应用中，时间就是利益。在数据不确定性方面，数据真伪难辨是大数据应用的最大挑战。

为解决大数据带来的数据复杂性、计算复杂性和系统复杂性，深度学习、知识计算、社会计算和数据可视化的大数据处理技术应运而生，并相辅相成地解决上述大数据带来的困难和挑战。以 Google、Facebook、Linkedin、Microsoft 等为代表的互联网企业近几年推出了各种不同类型的大数据处理系统，并向引擎专用化、平台多样化和计算实时化的方向发展。大数据处理和分析的终极目标是借助对数据的理解辅助人们在各类应用中做出合理的决策。

目前，大数据主要在商业、医疗、金融、制造业具有较多的应用。随着建设项目体量的扩张、工程技术复杂程度增加、建设参与方个数增加、建设全生命周期的延长，建设项目产生的数据量随之激增，大数据技术在建设工程领域的应用也逐渐增多。工程大数据的研究方兴未艾。

（3）区块链技术

区块链技术的特性使其能够应用在建设工程领域的某些方面，如区块链技术应用在工程数据采集与存储阶段，在勘察设计和施工阶段确保采集的数据不可篡改，永久可验真。再如，通过智能合约解决工程中的信用问题和工程价款的结算问题。

区块链的出现始于 2008 年末一个自称为中本聪（Satoshi Nakamom）的人或者团体发表在比特币论坛的一篇论文（Bitcoin：A Peer-to-Peer Electronic Cash System）。比特币系统是第一个采用区块链技术作为底层技术构建的系统，实现了去中心化、去信任化、安全、可靠的电子现金系统。区块链技术是构建比特币系统的基础技术，记录着所有元数据和加密交易信息，从而建立了一个完全通过点对点（P2P）技术实现的电子现金系统，此系统使得在线支付的双方不用通过第三方金融机构而直接进行交易。

区块链拥有去中心化、去信任化、开放、信息不可更改、匿名、自治的特性。区块链相关的基础技术有散列算法、Merkle 树、工作量证明机制、权益证明机制、P2P 网络技术、非对称加密技术。区块链分为公有链、私有链及行业区块链。区块链技术不仅可以成功应用于数字加密货币领域，同时在经济、金融和社会系统中也存在广泛的应用场景。区块链的主要应用笼统地归纳为数字货币、数据存储、数据签证、金融交易、资产管理和选举投票共六个场景。智能合约不仅为传统金融资产的发行、交易、创造和管理提供了创新性的解决方案，同时还能够在社会系统中的资产管理、合同管理、监管执法等事务中发挥重要作用。区块链的发展将推动智能合约从"自动化"到"智能化"的升级，区块链在建设管理中的智能合约的应用价值将会带来建筑业效率的突破，尤其是信用关系建立方面。

区块链与物联网等相结合形成的智能资产使得联通现实物理世界和虚拟网络空间成为可能，并可通过真实和人工社会系统的虚实互动和平行调谐实现社会管理和决策的协同优化。不难预见，未来现实物理世界的实体资产都登记为链上智能资产的时候，就是区块链驱动的平行社会到来之时。

（4）边缘计算技术

边缘计算是指在靠近物或数据源头的一侧，采用网络、计算、存储、应用核心能力为一体的开放平台，提供最近端服务。其应用程序在边缘侧发起，产生更快的网络服务响应，满足实时业务、应用智能、安全与隐私保护等方面的基本需求。边缘计算技术对物联网来说，意味着许多控制将通过本地设备在本地边缘计算层完成，大大提升处理效率。

为了将移动互联网和物联网技术深度融合，欧洲电信标准协会 ETSI 进而提出移动边缘计算（Mobile Edge Computing，MEC），它是基于 5G 演进的架构，并将移动接入网与互联网业务深度融合的一种技术。

4. 建设工程信息应用技术

建设工程信息应用技术可以大致分为两类：第一类是管理领域的信息应用技术，如管理信息系统技术（MIS 技术），第二类是应用在实际生产制造过程中的技术，如数字孪生（DT）、建筑机器人、3D 打印技术等。这里简单介绍管理信息系统和数字孪生（具体内容见第 7 章）。

管理信息系统（Management Information System，MIS）最早在 20 世纪 70 年代末 80 年代初诞生，该系统由人、计算机软件、硬件这三个部分组成，也就是所谓的人机系统。该系统具有存储数据、系统维护、分析处理的功能，随时掌控企业的运营状态，帮助企业增强市场竞争力，完成经营目标，帮助企业进行各项决策。管理信息系统具有网络化发展、集成化发展、智能化发展的三大发展趋势。随着建设工程信息技术的发展，如果将众多信息数据、各类子系统进行有效整合和使用，对管理信息系统的集成化功能提出了要求。

数字孪生是在智慧城市中比较热门的词汇，在国内外都有成功的工程案例。例如，欧盟的"智慧桑坦德"在城市中广泛部署传感器，感知城市环境、交通、水利等运行情况，并将数据汇聚到平台中的城市仪表盘，初步形成数字孪生城市雏形。国内的贵阳市于 2019 年提出从小型城市生态系统入手打造数字孪生城市；南京市江北新区也提出力争到 2025 年率先建成"全国数字孪生第一城"。数字孪生在智慧城市的商业价值将进一步呈现。

数字孪生作为解决智能制造的关键技术之一，虽然得到了学术界的广泛关注和研究，但是，数字孪生的应用有待更深层次的研究。

1）从仿真计算到大数据分析为特征的数据时代的建模与仿真。

2）可信性评估。建模与仿真可信性验证一直是仿真技术发展面临的主要挑战之一。数字孪生必须深入分析建模与仿真可信性评估的需求特征，研究更加有效的评估理论与方法。

　　3）管理集成和应用。数字孪生需要进一步集中管理和积极利用模型、数据、支撑环境等仿真资源，确定模型全生命周期开发应遵循的基本质量标准和规则（如语法、语义、词汇、标准等）的体系，以支持分析和决策。

　　建筑机器人、3D 打印等技术在第 1 章和本书的相应章节均有详细的介绍。

复习思考题

1. 美国项目管理知识体系（PMBOK）将项目管理分为哪几个阶段？
2. 按照 PMBOK，建设项目全生命周期中每个阶段的具体管理内容是什么？
3. 建设项目中的不同参与方的信息需求有哪些？
4. 建设项目可以采用的信息技术有哪几类？请简述每一种新技术在建设项目管理中的作用。
5. 请简要阐述《建筑业 10 项新技术（2017 版）》中关于信息技术的分类。
6. 谈谈你对 BIM 技术如何提高施工现场的管理水平的理解。

第3章
3S技术及其工程应用

教学要求

本章主要介绍在规划阶段和工程审计阶段通常采用的信息技术（GIS、RS、GNSS技术），并用规划和审计实例来说明各个信息采集需求和具体应用。

3.1 GIS、RS 和 GNSS 技术概述

3.1.1 3S 基本概念

1. 地理信息系统（GIS）

地理信息系统简称为 GIS，全称为 Geographic Information System，它是以空间数据为研究对象，以计算机为工具，通过人的参与进行一系列空间操作和分析，为地球科学、环境科学、灾害监测等工作提供规划管理的决策科学信息。地理信息系统是由计算机硬件、软件和不同的方法组成的支持空间数据的采集、管理、处理、分析、建模和显示，来解决复杂的规划、管理问题的系统。地理信息系统是集多门学科为一体的边缘学科。

地理信息系统是管理、处理空间数据的系统。空间数据是指用遥感和非遥感方式所取得不同数据源的数据，包括遥感图像、地图、统计数据等多种数据类型。地理信息系统主要由计算机硬件、软件、地理数据库和系统的管理操作人员四个部分组成。

地理信息系统应用于生态环境质量的监测和分析，通过数据采集，在系统中实现空间数据和属性数据的存储、查询、编辑和修改等功能，并借助地学模型等应用模型完成数据的分析和计算工作，以达到数据输出的目的。

2. 遥感（RS）

遥感简称为 RS，全称为 Remote Sensing，即是从远处探测感知体，它不同于遥测和遥控。遥感是指使用传感器在遥感平台上接收、记录并加工处理和分析来自地表的地物发射、反射的电磁波信息，探测和识别地物属性的技术。因为任何物体都具有反射、发射和吸收一

定波长的电磁波的性质，所以能够被遥感探测。但是即使是同一种类的物体，也会由于所处的自然状态和地理环境不同，表现出的电磁波的规律也不同，这就是我们常说的，同物异谱，同谱异物。遥感图像是按照一定比例尺缩小的能够记录地面景观物体的信息特征的立体模型。通过遥感图像，目标地物的各种信息都能被快速精确地获取，可以为生态环境动态评价提供大范围、动态、周期性的技术支持和高精度的成果保证。

遥感技术具有三方面的特点："宏观性"，居高俯视，探测范围大、信息丰富；"多时相性"，通过重复地获取同一地区的影像数据，实现动态监测；"实时性"，遥感获得资料速度快、周期短。因为遥感技术的这些特点，能动态、周期性地获取地物的信息，可以大大节省人力、物力和财力，特别适合用于各行业的监测、控制等工作。

遥感技术是 20 世纪 60 年代开始蓬勃发展的科学技术，虽然起步较晚，但是发展势头迅猛，它集中了当代空间科学、电子学、光学、计算机技术等学科的成就。随着遥感技术应用的发展更加广阔和深入，目前遥感技术已经被广泛地用于各行各业，比如测绘制图、气象预报、环境质量评价和自然灾害监测防治等领域。随着三维可视化技术的不断发展，动态仿真技术提高了监测精度，可提供可视化的成果载体，能减少环境工作者和决策人员花在野外调查的时间和经费，特别是人迹罕至的地方更具有现实意义。

3. 全球导航卫星系统（GNSS）

全球导航卫星系统简称为 GNSS，全称为 Global Navigation Satellite System。全球导航卫星系统是通过人造卫星作为导航台的星级无线电导航系统进行定位，为全球陆、海、空、天的各类军民载体提供全天候、高精度的位置、速度和时间信息，因此又称为天基定位、导航或授时系统。

全球导航卫星系统是指能在地球表面或近地空间的任何地点为用户提供全天候的三维坐标、速度以及时间信息的空基无线电导航定位系统。GNSS 定位是利用一组卫星的伪距、星历、卫星发射时间等观测量来实现的，同时还必须确定用户钟差。因此，若要获得一个地方精准的三维坐标（经度、纬度、高度），需要四颗卫星以完成准确定位。

全球导航卫星系统泛指所有的卫星导航系统，如美国的 GNSS、俄罗斯的 GLONASS、欧洲的 Galileo、我国的北斗卫星导航系统，以及相关的增强系统，如美国的 WAAS（广域增强系统）、欧洲的 EGNOS（欧洲静地导航重叠系统）和日本的 MSAS（多功能运输卫星增强系统）等，还包括在建和将要建设的其他卫星导航系统。每个覆盖全球的系统通常都是由 20 ~ 30 颗卫星组成的卫星集群，以中地球轨道分布在几个轨道平面上。实际的系统各自不同，但是使用的轨道倾斜角度都大于 50°，与轨道周期大约都是 12h（高度大约 20000km）。国际 GNSS 系统是个多系统、多层面、多模式的复杂组合系统。

3.1.2 3S 技术集成

"3S" 技术集成一体化是以 RS、GIS、GNSS 为基础，将 RS、GIS、GNSS 三种独立技术领域中的有关部分与其他高技术领域（如网络技术、通信技术等）有机地构成一个整体而形成的一项新的综合技术。"3S" 技术是目前对地观测系统中空间信息获取、存储、管理、更新、分析和应用的三大支撑技术，是现代社会持续发展、资源合理规划利用、城乡规划与管理、自然灾害动态监测与防治等的重要技术手段，也是地学研究走向定量化的科学方法之一。

"3S"技术集成一体化是把 GIS 强大的空间信息查询、分析和综合处理能力，RS 大面积获取地物信息特征的能力，GNSS 快速定位和获取数据准确的能力有机结合，取长补短，最终形成一个具有三种技术的优势的综合系统。GIS 具有对空间数据进行查询、分析和处理等强大功能，但数据获取困难；RS 能实时、高效地获取地物信息，但对目标定位和分类精度差；GNSS 能快速获取地物的位置，但无法同时获取地物的属性内容。

这三者在分别应用的时候，都有自身无法克服的缺点，当三者结合一起应用的时候，就能取长补短，发挥出最大的优势，三者的关系如图 3-1 所示。

RS 与 GIS 的结合主要体现在 RS 可为 GIS 动态地提供各种数据，并能实时更新，而 GIS 作为空间数据分析和处理的系统，可大大提高 RS 空间数据的分析能力及分析精度。

RS 与 GNSS 结合是两大数据源获取系统的结合。GNSS 为 RS 提供地物定位信息，有了 GNSS 的加入，RS 获取动态信息的同时能提供此信息的目标位置。两者的结合为数据源提供了更完美的信息内容。

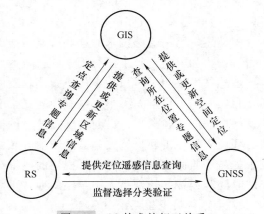

图 3-1　3S 技术的相互关系

GNSS 与 GIS 结合是通过 GIS 系统，可使 GNSS 的定位信息在电子地图上获得实时、准确、形象的反映及漫游查询。

3.1.3　3S 技术在城市规划中的应用

"3S"技术的发展，不断提供新的信息获取、处理、分析和利用手段，将在城市规划中得到日益广泛的应用，在更新城市规划的技术手段、提高工作效率、改变工作模式等方面发挥重要的作用。

1. 更新城市基本地图

城市规划的基本条件就是大比例尺地形图，但传统的线划地图不仅建立周期长、更新困难，而且比较抽象，已经从原始信息中筛去了很多环境成分。4D 产品包括数字线划地图（DLG）、数字高程模型（DEM）、数字栅格地图（DRG）、数字正射影像图（DOM），是新一代测绘产品的标志，有着现势性强、更新速度快、信息含量丰富等优点，将转变传统地图的观念，加快数据更新，丰富表现手段，也是对传统测绘方法的现代化改造。

2. 现状调查与数据管理

城市规划的初始阶段就是现状调查，往往要耗费大量的人力、物力、财力，又难以做到实时、准确。运用 RS 技术可以迅速进行城市地形地貌、湖泊水系、绿化植被、景观资源、交通状况、土地利用、建筑分布的调查；运用 GIS 技术则能将大量的基础信息和专业信息进行数据建库，实现空间信息和属性信息的一体化管理与可视化表现，提供方便的信息查询和统计工具，克服 CAD 辅助制图的局限性。

3. 现状评价与空间分析

利用多个时期的航空遥感影像图进行城市用地变迁动态研究，结合数理统计方法进行城市重心移动、离散度、紧凑度和放射状指数等形态测度评价，利用叠加分析、缓冲区分析、拓扑分析等工具进行商业服务设施和中小学的服务范围分析、交通可达性评价和建设条件适宜性评价。这有助于总结城市发展规律，发现存在的问题，增加空间分析的深刻性。

4. 交通调查与模拟分析

利用 GIS 进行城市交通小区出行分布的数据建库，可以对现状路网密度、出行距离和时间、交通可达性、公交服务半径进行合理性评价，结合专业软件能进行城市交通的规划预测、出行分布和流量分配，开展交通环境容量影响评价。利用遥感数据进行道路勘测设计，可以快速完成对路线所经区域的地形、地貌、河流、建筑以及交通网系的概要判读。利用虚拟现实技术和三库一体（影像数据库、矢量图形库、数字高程模型）技术可以进行道路方案的仿真表现和环境模拟，实现全方位、立体化、多层次的规划和评价新模式。

5. 方案评价与成果表现

针对规划方案，进行土地价格分布影响、土石方填挖平衡、房屋拆迁量计算等经济分析，结合专业模型进行城市外围用地建设适宜性评价、内部用地功能更新时序分析、发展方向与用地布局优化研究，可以预测和评价规划方案的社会效益和经济合理性。利用 GIS 丰富规划成果的表现形式。利用遥感、摄影测量和虚拟现实（VR）技术可以建立规划蓝图的动态模型，重现历史，展示未来，加强城市规划的宣传性。

6. 规划管理

基础信息和规划信息的集成建库将使规划设计与管理更紧密地结合起来，可以在 GIS 平台上建立城市规划设计、管理及信息建库 3 个环节衔接的电子报批系统。以"一书两证"为核心的城市规划管理信息系统，包括办公自动化系统及规划、分规、管线规划等各种规划信息系统，开展电子报批和网上报批，提高指标核算的科学性，避免地区规划的前后矛盾和土地批租的一地两租。

7. 执法监察

"3S"技术的集成还促进了土地利用动态监测和规划执法检查，可以利用遥感卫星数据与历史数据进行复合分析，主动发现土地利用的变化靶区。用 GNSS 技术精确测量土地利用的变化数据。再根据现场勘察资料，利用 GIS 技术进行准确详查，增加了监测的主动性、及时性和客观性。

3.2 建设工程规划与审计阶段信息采集需求

3.2.1 不同类型的建设项目的规划阶段信息管理需求

建设工程类型繁多、性质各异，归纳起来可以分为建筑工程、市政管线工程和市政交通工程三大类。这三类建设工程形态不一，特点不同，规划管理需有的放矢、分别管理。

建筑工程规划管理内容主要包括建筑审批管理、建筑设计的建筑管理和违章建筑管理。具体主要管理内容要素如下：①建筑物使用性质的控制；②建筑容积率的控制；③建筑密度控制；④建筑间距的控制（日照、消防、卫生、安全、空间等）；⑤建筑退让控制（退界、退红线、退铁路线、退电力线、退河道线等）；⑥建筑基地绿地率控制；⑦基地出入口停车和交通组织；⑧建筑基地标高控制；⑨建设环境的管理。

市政管线工程规划管理的对象是各类城市管线工程，根据其所输送的不同介质，主要有：电力线、有线通信线、给水管、燃气管、供热管、雨水管、污水管和其他特殊管线（如轨道交通的电网、输油管、输气管、化工物料等）。市政管线工程规划管理的内容包括以下几点：①管线的平面布置（水平排序、水平间距）；②管线的竖向布置（竖向间距、覆土深度）；③管线敷设与行车道、树、绿化的关系；④管线敷设与市容景观的关系。

市政交通工程规划管理的对象主要是指城市道路、公路及其相关联的工程设施，如桥梁、隧道、人行天桥等。市政交通工程规划管理的内容包括以下几点：①地面道路（公路）工程的规划控制（道路走向及坐标的控制、道路横断面的控制、城市道路标高的控制、道路交叉口的控制、路面结构类型的控制、道路附属设施的控制）；②高架市政交通工程的规划控制；③地下轨道交通工程的规划控制；④城市桥梁、隧道、立交桥等交通工程的规划控制。

3.2.2 政府的建设工程的规划管理

地方政府在建设工程的规划管理中的主要目的和任务是有效地指导各类建设活动，保证各类建设工程按照城乡规划的要求有序地进行建设；维护城市公共安全、公共卫生、城市交通等公共利益和有关单位、个人的合法权益；改善城市市容景观，提高城市环境质量；综合协调对相关部门建设工程的管理要求，促进建设工程的建设。

党的十八大以来，国家围绕空间规划体系改革推行了一系列方针政策，包括中央城市工作会议、《中共中央关于全面深化改革若干重大问题的决定》《生态文明体制改革总体方案》《省级空间规划试点方案》《全国国土规划纲要（2016—2030）》等，均对建设工程的规划管理提出了更加有针对性的管理要求。

2018 年 3 月，十三届全国人大一次会议表决通过了关于国务院机构改革方案的决定，批准成立中华人民共和国自然资源部，其中一项重要职能就是"建立空间规划体系并监督实施"，意味着空间规划体系改革将转向深入推进阶段，如何重构空间规划体系并有效实施监督，将成为各地方政府首要解决的关键问题。

同时明确要求，各地自然资源与规划主管部门，需建立国土空间规划体系，并逐步建立"多规合一"的规划编制审批体系、实施监督体系、法规政策体系和技术标准体系。

随着电子政务的建设，目前大部分城市的城乡规划主管部门均已建设以地理信息技术（GIS）为核心的二维、三维城市规划管理平台，少部分城市已经建成城市信息模型（City Information Modeling，CIM）平台，如图 3-2 所示，由大场景的 GIS 数据 + BIM 数据有机组合并构成。CIM 平台可实现向下兼容各类 BIM 模型与智能化系统数据接入，向上可支持智慧城市各类应用系统。

以厦门市自然资源和规划局颁布的《电子报建技术管理细则》为例，该标准明确了模型的数据源、数据内容、数据类型、制作要求、精度要求、检查验收、成果上交等内容，其中的制作要求可细分为几何数据要求、纹理数据要求、材质设置要求、命名要求、模型面数要求、模型后期处理要求。

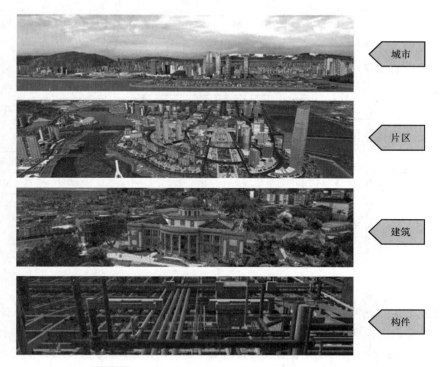

图 3-2　基于 CIM 平台实现从城市到构建的管理

2018 年 9 月，厦门市被住房和城乡建设部确认为 BIM（Building Information Modeling，建筑信息模型）规划报建试点城市，经过紧张地系统建设与联合调试，在 2019 年 6 月，启动了第一批 BIM 试点项目，涵盖办公楼、商住、酒店、医院等不同功能的房建项目，以及轨道交通、综合管廊等市政基础设施工程共 10 个。在充分考虑片区发展和片区项目成熟度的情况下，选取"一场两馆——新会展中心"、马銮湾新城为试点片区，试点片区内新建道路、市政管线等基础设施工程采用 BIM 报建。

建设方在进行建设项目报建时，不再需要提交繁多的二维设计图，而是通过启用 BIM 成果，直接提供集成全部信息的数字化建筑模型。

3.2.3　业主方的建设工程的规划与审计管理

业主方在建设工程的管理中，首要的任务是根据政府要求，邀请第三方设计单位进行工程的规划与设计，并提交相关的修建性详细规划。根据原建设部《城市规划编制办法》，修建性详细规划包括下列内容：①建设条件分析及综合技术经济论证；②建筑、道路和绿地等的空间布局和景观规划设计，布置总平面图；③对住宅、医院、学校和托幼等建筑进行日照分析；④根据交通影响分析，提出交通组织方案和设计；⑤市政工程管线规划设计和管线综合；⑥竖向规划设计；⑦估算工程量、拆迁量和总造价，分析投资效益。

设计单位最终提交成果，需包括规划说明书及设计图。其中规划说明书包括：①现状条件分析；②规划原则和总体构思；③用地布局；④空间组织和景观特色要求；⑤道路和绿地系统规划；⑥各项专业工程规划及管网综合；⑦竖向规划；⑧主要技术经济指标。设计图包括：①规划地段位置图，标明规划地段在城市的位置以及和周围地区的关系；②规划地段现状图；③规划总平面图；④道路交通规划图；⑤竖向规划图；⑥单项或综合工程管网规划图；⑦表达规划设计意图的模型或鸟瞰图。

业主方在项目建设中的规划与建设管理，可细分为图 3-3 所示的流程图。

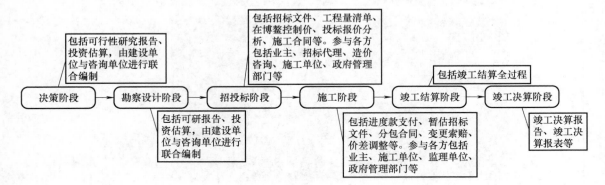

图 3-3　业主方在项目建设中的规划与建设管理

因此业主方在信息采集与管理中的系统建设，需要能满足各方的不同诉求。如图 3-4 所示，以施工单位为例，其需要系统可以支持快速的事项处理；监理单位则需要能支持灵活的函件管理；审计单位需要科学的档案管理及翔实的工作底稿以及海量的知识数据，并可在线便捷地调阅。对于大型建设项目，业主方则需要系统能支持动态的工作报表及直观的工作推进情况，并可全面地计划管理及实时监控与预警，监控预警内容包括合同、投资、采购、绩效等多个维度。

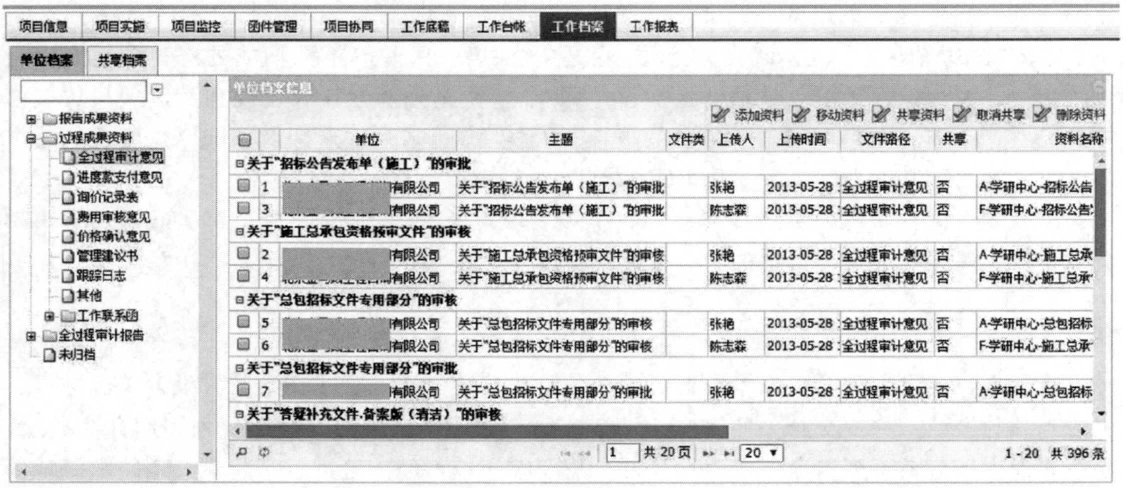

图 3-4　全过程审计支持

如图 3-5 所示，业主方在项目审计时，建设项目全过程审计系统需要能支持：①借助核心工作流引擎，实现跨企业、跨部门统一规范流程管理；②提供全面严密数据管理和数据统计功能，无须人工干预，自动生成底稿、台账和档案、报表；③借助于知识管理功能，为审计业务提供知识矩阵，快速指引识别风险、指引审计方向，快速查询法律法规，使审计有据可依，风险有迹可循。

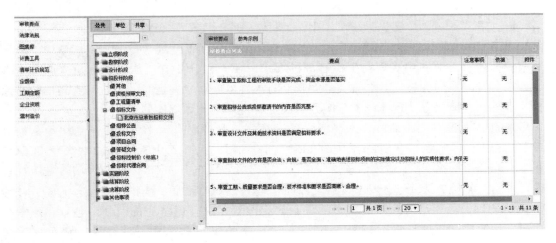

图 3-5　项目审计与审核要点支持

3.3 | GIS 技术及其应用

3.3.1　GIS 概述

GIS 中的"G"和"I"，分别对应的是"Geographic（地理）"和"Information（信息）"，而对于 GIS 中的 S，目前的主流观点给出了四个不同的解释，分别是系统（System）、科学（Science）、服务（Service）、研究（Studies）：

地理信息系统（Geographic Information System），是一种特定的十分重要的空间信息系统。它是在计算机硬件、软件系统支持下，对整个或部分地球表层（包括大气层）空间中的有关地理分布数据进行采集、存储、管理、运算、分析、显示和描述的技术系统。

地理信息科学（Geographic Information Science），于 1992 年由 Goodchild 提出，与地理信息系统相比，它更加侧重于将地理信息视作一门科学，而不仅仅是一个技术实现，主要研究在应用计算机技术对地理信息进行处理、存储、提取以及管理和分析过程中提出的一系列基本问题。

地理信息服务（Geographic Information Service），是指为了吸引更多潜在的用户，提高地理信息系统的利用率，可以建立一种面向服务的商业模式，用户可以通过互联网按需获得和使用地理数据和计算服务，如地图服务、空间数据格式转换等。GIS 正在从专业技术领域走向社会化地理信息服务，正在网络化、社会化、大众化，正在飞入寻常百姓家。早在 1993 年，美国一家研究中心便开发出了世界上第一个 WebGIS 的原型系统，是最早的网络地图服务雏形，但一直到 21 世纪初，随着 Web 服务概念及其软件架构思想的兴起，真正意义上的分布式地理信息服务才逐渐发展起来。

地理信息研究（Geographic Information Studies），研究有关地理信息技术引起的社会问题，如法律问题、私人或机密主题、地理信息的经济学问题等。

因此，GIS 是一种专门用于采集、存储、管理、分析和表达空间数据的信息系统，它既是表达、模拟现实空间世界和进行空间数据处理分析的"工具"，也可看作是人们用于解决空间问题的"资源"，同时还是一门关于空间信息处理分析的"科学技术"。

3.3.2　GIS 的发展沿革

20 世纪 50 年代，随着计算机科学的兴起和它在航空摄影测量学与地图制图学中的应用以及政府部门对土地利用规划与资源管理的要求，使人们开始有可能用计算机来收集、存储、处理各种与空间和地理分布有关的图形和有属性的数据，并通过计算机对数据的分析来直接为管理和决策服务，这才导致了现代意义上的地理信息系统的问世。

1956 年，奥地利测绘部门首先利用计算机建立了地籍数据库，随后各国的土地测绘和管理部门都逐步发展土地信息系统（LIS）用于地籍管理。1963 年，加拿大测量学家 R. F. Tomlinson 首先提出了地理信息这一术语，并于 1971 年建立了世界上第一个 GIS——加拿大地理信息系统（CGIS），用于自然资源的管理和规划。之后，美国哈佛大学研究出 SY-MAP 系统软件。由于当时计算机水平的限制，使得 GIS 带有更多的机助制图色彩，地学分析功能极为简单。与此同时，国外许多与 GIS 有关的组织和机构纷纷建立。例如，美国 1966 年成立了城市和区域信息系统协会（URISA），1969 年又建立起州信息系统全国协会（NASIS），国际地理联合会（IGU）于 1968 年设立了地理数据收集和处理委员会（CGDSP）。这些组织和机构的建立为传播 GIS 知识、发展 GIS 技术起了重要的推动作用。

20 世纪 80 年代，由于计算机行业推出了图形工作站和 PC 等性能价格比大为提高的新一代计算机，为 GIS 普及和推广应用提供了硬件基础。GIS 软件的研制和开发也取得了很大成绩，涌现出一些有代表性的 GIS 软件，如 Are/Info、Genamap、MGE、Ciead、System9 等。GIS 的普及和推广应用又使得其理论研究不断完善，使 GIS 理论、方法和技术趋于成熟，开始有效地解决全球性的难题，例如全球沙漠化、全球可居住区的评价、厄尔尼诺现象、酸雨、核扩散及核废料等问题。

进入 21 世纪以后，随着 GIS 系统功能的不断完善和优化，各行各业纷纷建立专业的 GIS 系统，GIS 的应用已遍及与地理空间有关的领域，从全球变化、持续发展到城市交通、公共设施规划及建筑选址、地产策划等方面，地理信息系统技术正深刻地影响甚至改变这些领域的研究方法及动作机制。

3.3.3　GIS 软件

1. GIS 的组成

从系统论和应用的角度出发，地理信息系统分为四个子系统，即计算机硬件和系统软件，数据库系统，数据库管理系统，应用人员和组织机构。

（1）计算机硬件和系统软件

这是开发、应用地理信息系统的基础。其中，硬件主要包括计算机、打印机、绘图仪、数字化仪、扫描仪；系统软件主要指操作系统。

（2）数据库系统

数据库系统的功能是完成对数据的存储，它又包括几何（图形）数据库和属性数据库。几何数据库和属性数据库也可以合二为一，即属性数据存在于几何数据中。

（3）数据库管理系统

这是地理信息系统的核心。通过数据库管理系统，可以完成对地理数据的输入、处理、管理、分析和输出。

（4）应用人员和组织机构

应用人员，特别是那些复合人才（既懂专业又熟悉地理信息系统）是地理信息系统成功应用的关键，而强有力的组织是系统运行的保障。

2. GIS 软件开发过程

GIS 软件开发过程可以概括为需求分析、概要设计、详细设计、编码、系统测试计划、验收等几个阶段，具体阶段如图 3-6 所示，各阶段主要任务如下：

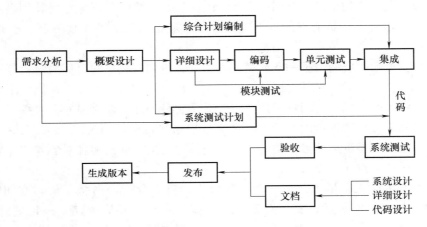

图 3-6　项目开发过程图

（1）需求分析阶段

需求分析是项目建设的基石，软件需求分析的目的是使软件设计人员和用户之间进行全面和深入的沟通，以明确用户所需的究竟是一种什么样的软件。通过需求分析产生的软件规格说明书是此后软件设计、编码和测试工作的基础，是软件评审和验收的依据之一。

（2）概要设计阶段

概要设计，即将软件需求转化为数据结构和软件的系统结构，一般包括数据设计和系统结构设计。其中数据设计侧重于数据结构的定义，系统结构设计定义软件系统各主要成分之间的关系。

（3）详细设计阶段

详细设计阶段的直接目标是编写详细设计说明书，指导代码编写人员顺利完成系统代码编写。详细设计阶段需要在需求分析和概要设计成果的基础上，分析系统各个层次、进行各个模块的设计考虑，详细编写各个模块实现的算法，测试要点，完成数据库结构设计，分析设计，确定每个模块的算法，用工具表达算法，写出模块的详细过程性描述并确定每一模块的数据结构。

（4）编码阶段

编码阶段需要完成数据建库和系统编码两部分工作。

（5）系统测试阶段

项目启动后，系统测试小组就开始介入，了解系统需求和设计，对软件的质量或可接受性做出判断，及时发现问题。会产生错误的阶段是在需求说明、设计和编程过程中，这些错误若不排除，均会遗传到测试阶段，甚至会遗传到使用阶段。利用测试用例测出问题，进行故障分类、故障隔离和故障消除等步骤，直到获得满意的测试结果为止。

（6）验收阶段

验收标志着系统开发工作的终结。由业主方组织对系统进行验收测试，测试通过后，由业主方组织对系统进行最终验收。系统验收通过后进入正式运行和维护更新阶段。

3. 空间分析

空间分析是对于地理空间现象的定量研究，其常规能力是操纵空间数据使之成为不同的形式，并且提取其潜在的信息。空间分析是 GIS 的核心。空间分析能力（特别是对空间隐含信息的提取和传输能力）是地理信息系统区别于一般信息系统的主要方面，也是评价一个地理信息系统成功与否的一个主要指标。

空间分析主要通过空间数据和空间模型的联合分析来挖掘空间目标的潜在信息，而这些空间目标的基本信息，无非是其空间位置、分布、形态、距离、方位、拓扑关系等，其中距离、方位、拓扑关系组成了空间目标的空间关系，它是地理实体之间的空间特性，可以作为数据组织、查询、分析和推理的基础。通过将地理空间目标划分为点、线、面不同的类型，可以获得这些不同类型目标的形态结构。将空间目标的空间数据和属性数据结合起来，可以进行许多特定任务的空间计算与分析。

常见的空间分析包括以下几类：缓冲区分析、叠加分析、网络分析和空间统计分析。其中，缓冲区分析是针对点、线、面等地理实体，自动在其周围建立一定宽度范围的缓冲区多边形；叠加分析是将有关主题层组成的数据层面，进行叠加产生一个新数据层面的操作，其结果综合了原来两层或多层要素所具有的属性；网络分析是运筹学模型中的一个基本模型，它的根本目的是研究、筹划一项网络工程如何安排，并使其运行效果最好，如一定资源的最佳分配，从一地到另一地的运输费用最低等；空间统计分析可以对整个区域的环境质量现状进行客观、全面的评价，以反映区域中受污染的程度以及空间分布情况，常用的空间统计分析方法有：常规统计分析、空间自相关分析、回归分析、趋势分析及专家打分模型等。

4. OGC 标准

目前主流的地理信息共享规范包括国际标准化组织 ISO/TC211 和开放式地理信息联盟（OGC 组织）制定的 OGC 规范、数字地理信息工作组（DDWG）制定的数字地理信息交换标准（DIGEST）、美国地质测量协会（USGS）制定的空间数据转换标准（SDTS）等，而最具影响力和最被 GIS 软件厂商支持的是 OGC 地理信息共享规范。

OGC，即 Open GIS Consortium（开放地理信息系统协会）于 1994 年成立，是一个非盈利的国际标准组织。OGC 致力于研究地学空间信息的标准化以及处理方法，促进采用新的技术和商业方式来提高地理空间数据以及地理信息系统的互操作，用通用的接口模板提供分布式访问地理数据和地理信息处理资源的软件框架。由 OGC（开放地理信息系统协会）制定并发布的一系列地理信息系统间的数据和服务互操作，包括 Web 地图服务（Web Map Service，WMS）、Web 要素服务（Web Feature Service，WFS）、Web 覆盖服务（Web Coverage Service，WCS）等。Web 地图服务（WMS）是利用具有地理空间位置信息的数据制作地图；Web 要素服务（WFS）可以支持对地理要素的插入、更新、删除、检索和发现服务；Web 覆盖服务（WCS）允许用户访问"Coverage"数据，如卫星影像、数字高程数据等，也就是栅格数据。

随着网络技术的发展，GIS 的网络化研究使得传统的地理信息系统软件模式从"系统与功能"演变为"服务与应用"。OGC 将 Web 作为建立服务的分布式计算平台，并制定了相应的针对高层服务模型的三个独立实现规范：WMS（OpenGIS Web Map Service）、WFS（OpenGIS Web Feature Service）、WCS（OpenGIS Web Coverage Service）。

OGC（开放地理信息系统协会）是一个参与一致进程以开发公开地理处理规格的 384 家公司、政府机构、大学和个人组成的国际行业联合会。由 OpenGIS 规格定义的开放接口和协议，支持可互操作的解决方案。让复杂的空间信息和服务在各种应用中可以被授权技术开发人员使用。开放地理联合会协议包括网络地图服务（WMS）和网络功能服务（WFS）。地理信息系统由 OGC 产品划分为两大类型，基于遵循 OGC 规格的完整准确的软件。地理信息系统技术标准促进 GIS 工具进行交流。兼容的产品是符合 OpenGIS 规范的软件产品。当一个产品经过测试，并通过 OGC 测试项目证明兼容时，这个产品就在这个地点自动注册为"兼容"。现实软件产品是实现 OpenGIS 规格但还没有通过兼容测试的软件产品。合规测试不可作用于所有的规格。开发者可以注册他们的产品为实施草案或经核准的规范，而 OGC 有权审查和确认每个条目。

3.3.4　GIS 在城市环境规划中的应用

1. 应用概述

城市环境规划是在城市层面开展的全要素、多领域、全覆盖的空间型规划探索，不仅要细化落实上位规划要求，又要与城市总体规划、土地利用总体规划等同级规划相衔接。基础地理信息数据的普及与发展，为国土、住建、环保等提供了统一的工作底图。GIS 强大的空间分析、数据处理及二次开发能力，结合遥感（RS）等技术能够满足城市环境规划的空间技术需求，实现城市环境规划空间基础数据处理与模型评价、标准化制图与空间信息表达、信息系统管理与展示平台、专业模型软件数据转换、与"多规合一"系统平台衔接等应用。

2. 应用案例：包头市多规融合系统建设成果

城乡规划多规融合信息系统建设以计算机硬件与网络通信平台为依托，以政策、法规、规范、标准、组织机构及安全体系为保障，以数据中心为枢纽，以 GIS、XML 等技术为支撑，结合企业总体架构（EA）的思想和面向服务架构（SOA）理念，基于一体化应用开发与集成框架进行开发，开发建设管理应用体系，为城乡规划领域内的多规融合应用提供服务。项目建设大体可以分为数据建库和系统研发两大内容。数据建库内容见表 3-1。

表 3-1　数据建库内容

类　　型	数 据 内 容	建库工作任务	应 用 效 果
基础地形数据库建设	基础地形（包括 1:1000 的基础地形图快速打散建库）	地形图数据仅做基础层次整合、建库，入 SDE 库不做加属性处理	支持按地名、道路、行政区划查询和定位在系统中直接调用，作为规划审批时的背景图使用

（续）

类　型	数 据 内 容	建库工作任务	应 用 效 果
规划编制成果数据库建设	总规、控规及修建性详细规划、战略发展规划、近期建设规划（需把用地规划和路网进行空间建库；其他资料档案建库）	以独立项目为单位，尽可能多地提取图形要素进行规整及属性录入，如：用地、道路、市政工程、设施等图形要素	在规划审批时能调取作为业务审批的依据
	规划控制六线（包括道路红线、绿线、文物紫线、河道蓝线、铁路轨道交通控制线、市政设施）、机场净空、微波通道、气象雷达等控制线	以独立项目为单位。提取规划范围整理及属性录入	
	专项规划和城市设计成果（如：中小学、医疗卫生、农贸市场、供水、供电、公交站、加油站、消防、市政管养、污水、水源地保护等规划）	以独立项目为单位。提取规划范围整理及属性录入，进行档案建库	—
近8年内规划审批管理数据库建设	包括选址红线、用地红线，如：选址、设计条件、建设用地、建设工程、规划方案、竣工放验线等类型项目的审批线。需要有电子资料的审批红线进行空间建库，其他档案建库	完成红线数据规整和转换，具体包括数据筛选、图层规范、图形要素规范、图形编辑、属性录入、质量检查等工作	—
遥感影像建库	影像数据校正，分割及金字塔建库		
法律法规建库	城乡规划、建设与管理相关的所有法律法规、规章制度、规范标准等入库		形成法律法规知识库，为审批提供法律参考

通过将 GIS 技术与城市规划管理业务相结合，形成一整套规划系统成果，具体包括规划业务协同类、规划资源管理应用类、安全保密类、公众服务类、移动服务类五大类系统，以及集群服务平台和系统接口等。分别介绍如下：

（1）规划业务协同类

规划业务协同平台需要满足全过程规划管理、图文信息全面掌控、多部门协同高效管理、全过程动态监督的基本要求，包含以下系统：

1）规划编制项目管理系统。实现规划编制任务管理业务的自动化，根据规划编制业务需求和业务管理流程，对编制任务的拟定、立项、审核、下达、审查、批复的全过程实现流程化管理，实时监控规划项目编制进度。系统提供针对规划编制业务的图形化流程设计工具，对规划编审业务的编制任务的任务拟定、审核、委托编制、中间方案审查、评审、公示、报批、归档等全过程实现流程化管理，提供发送、回退、督办、缓办等业务功能；并针对编审流程的特殊性实行特定的流程管理、时限控制、人员参与；提供表单报表的定制、人员权限的控制等功能。

2）窗口电子报建系统。窗口电子报建系统实现建设项目的电子报建，窗口人员可根据建设单位提交的报建文件实现业务系统的一键录入，避免信息的烦琐录入，实现并联、高效、透明、规范的审批目标。主要提供受理登记、材料管理、受理检测、打印表单、受理报盘等功能模块。

3）一书三证审批系统。实现建设项目从选址到竣工的全生命周期管理，尤其突出审批过程的"图文一体化"协同办理，以及"动态可视化"的监督监管，提高办件效率、实现办公透明化。引进"云存储"，解决存储空间难扩展问题，提高资料查阅效率，同时又利用WebGIS着重强化了图文融合，突出了项目信息在 CAD 和 GIS 两类空间载体的展现，使用户可以更直观、全面地掌握信息，科学审批。

4）CAD 图形编辑系统。实现规划审批红线的辅助绘制、检测、入库和红线标准化制图输出。可以叠加地形图、市政管线、规划编制成果、遥感影像等基础数据作为背景信息参考，可以查看在批项目周边的历史审批红线数据，通过红线数据的实时更新，实现规划审批红线数据的"动态一张图"管理。

5）GIS 规划辅助审批系统。实现各类规划空间数据的"一张图"集成管理，提供图形浏览、关联查询、统计分析等应用功能，为规划业务提供丰富的参考信息，提高业务办理的效率与质量。

6）规划实施电子报批系统。能够满足各类规划方案（总平面、建筑单体）、建设项目竣工类以及市政类各种方案的高效、准确审查要求，提供关于方案检测、图文参考、指标核算、快速审查等方面的智能服务，可以大大减少业务人员的重复性工作，减少由于疏忽造成的审查错误，提高方案审查的精确程度，大大提高审查效率。

7）规划批后管理系统。服务于规划项目的批后阶段，主要对包括规划工程许可后在建设过程中的批后管理（灰线检验、±0.00 等环节的现场管理信息的收集管理）、规划竣工验收许可等内容进行跟踪监督，确保规划与实施的一致性，有效查处违规、违法建设项目，节省社会资源。

8）规划会议审批系统。支持用户方便完成会议议程制定、会前资料准备、会议通知工作。会议会审系统支持在会商过程中，会议主持人可方便管理议题、向与会人员展示会审材料，提供分屏对比等辅助决策支持功能，提供便捷的方式完成会议记录；会商结束后，用户利用会议会审系统可自动生成会议纪要，并对会商成果进行归档和发布。

（2）规划资源管理应用类

1）基础地形图入库系统。对 AutoCAD 格式的基础地形图进行快速、自动、批量化建库，确保入库的地形数据具有准确性和现势性，满足规划编制、规划审批、规划监管等规划管理业务对基础地形数据的实时应用要求。

2）规划成果数据入库系统。规划成果入库面向各类规划编制成果管理，实现成果数据的检测、规整、入库、更新等全生命周期管理的空间数据建库软件。该软件在遵循国家和行业相关数据标准规范的前提下，通过数据规整、检测、入库、更新等各个环节的前后串接、环环相扣，保障规划编制成果入库数据的规范性、一致性和完整性，为规划实施、规划监管提供数据基础和参考依据。

3）三维规划辅助系统。为规划管理工作提供三维模式的辅助服务及技术支持，包括三维模式的规划方案浏览、查询、标注、量算、分析等应用功能。

4）规划一张图统计与评价系统。将多源、异构的各类规划信息资源集成在一张图上进行统一管理和应用。一方面，实现各类规划数据的集成展示，以提供信息参考。另一方面，主要提供浏览查询、统计分析、打印出图等相关应用，辅助指导业务人员完成各项业务管理工作。

5）规划一张图应用与分析系统。将多源、异构的各类规划信息资源集成在一张图上进行统一管理，提供浏览查询、统计分析、打印出图等相关应用，以业务工作的基本需求出发面向各个科室人员，通过各类图、文、表、档资源的一体化管理与一键式关联查询，指导业务人员完成各项业务管理工作。

6）规划档案管理系统。主要实现规划编制不同阶段提交的不同类别成果数据的版本管理，实现规划编制审批过程中产生的审批文档的浏览、入库、数据更新、数据显示与数据导出等管理及维护功能，做到元数据与实体数据的同步更新。实现多格式文档集成浏览，在同一界面中，浏览、查看不同格式的规划编制成果数据。负责所有规划编制档案、规划审批档案数据的整理入库与权限管理，实现各类规划档案资料的检测、档案建库，以及档案的管理、应用。

（3）安全保密类

基于物理水印技术，应用图纸保护和电子签章技术对报建的电子件和纸质件进行加密，确保电子图与纸质图一致性。

（4）公众服务类

1）门户网站。统一解决了用户在不同的系统之间的频繁切换、重新登录的烦恼，实现单一入口、统一认证、统一界面。门户着重优化了信息展示的效果以及模块调用的方式，门户内容更加融合，用户可以直观地掌握信息、更快捷地处理事务。信息门户是用户的"贴心小管家"。

2）短信服务系统。支持业务办理人员和报建单位人员的短信提醒功能，可支撑后续其他短信功能提醒。通过短信服务平台可对相关办理人员进行权限配置以及批量绑定短信接收号码，将短信服务平台集成到业务平台，办理人员进入业务平台，在办理规划业务电子报建、规划报批、审批等功能时，相关办理信息将由系统通过短信方式直接通知各归口办理人员，告知具体办理进度，短信发送提供短信发送模块，用于支撑业务办理人员主动短信提醒。短信查询用户可查询历史发送的短信内容，从而进行重新发送和编辑。

3）规划公示公告系统。规划管理工作中形成的相关信息，通过审批系统导出，并在外网发布，实现规划业务审批的进程和规划编制成果等需要向社会公众信息对外服务的衔接。实现和"规划局门户网站"等的对接，自动生成相关公示公布信息，完成各类规划数据在各类门户上的公告公示、资源展示、维护更新等功能。

（5）移动服务类

建立服务于规划管理的规划移动办公系统，摆脱时间和场所局限，支持管理人员实现远程进行事务处理，实现规划工作的实时管理和即时沟通。

1）规划信息推送。支持与现有规划审批系统的无缝集成，可将待审待办事项、会议提醒消息、局内新闻公告、重要项目信息经过后台挖掘、提取，汇集到移动终端，办公方式由被动查找转变为主动接收。

2）在线事务处理。支持与各类办公软件的无缝集成，实现对规划日常事务的在线办理，提供审核签批、公文流转、会议通知、日程安排等功能。用户可以不受时间与地点的限制，实时进行业务处理。

3）规划资源管理。梳理城市规划成果资源（图片、Word、PDF 等多种格式），借助移动终端集中展示，城市管理人员或规划管理人员可以随时随地调阅，为会议会商、管理决策提供展示友好、内容丰富的辅助素材。

4）移动地理信息服务。结合地理信息技术，为规划图形应用带来更加直观丰富的应用体验。产品除提供基本的 GIS 功能，如：放大、缩小、漫游、搜索、图层管理、分屏对比外，还包含特有的规划专题数据的叠加看看、图文互动、绘制标记、指标查询等应用。通过打造全市统一的多规融合平台，可以实现城市总体规划、控制性详细规划、建筑规划管理等数据的多维度、多层面集中，以推进城市规划的精细化管理。这是全面推进新型城镇化建设，推动城乡发展一体化、转变发展方式，推进规划体制改革的重要举措，对盘活和充分利用区域土地资源、整合优化建设项目行政审批流程、提高规划的科学水平与效率有显著的推进作用，为新型城镇化发展奠定了重要基础。

3.4 遥感（RS）技术及其应用

3.4.1 遥感概述

1. 基本概念

遥感（Remote Sensing，RS），泛指非接触、远距离的探测技术。遥感这一概念，最早由美国学者 Evelyn. L. Pruitt 在 1960 年提出，她将其定义为"以摄影方式或非摄影方式获得被探测目标的图像或数据的技术"。从现实意义来看，由于不同物体吸收、反射或发射的电磁波特性是不同的，遥感可以根据这一原理探测地表某一物体对电磁波的反射、发射特性，从而提取信息，完成对远距离物体的识别。遥感技术目前已经集合了空间技术、光学、电子、计算机、地学等多个学科的成果，未来也将随着各领域的发展得到进一步的提高。根据遥感的定义，遥感系统包括：被测目标的信息特征、信息的获取、信息的传输与记录、信息的处理和信息的应用这五大部分。

2. 发展简史

遥感作为一种空间探测技术，至今已经经历了地面遥感、航空遥感和航天遥感三个阶段。

广义地讲，遥感技术是从 19 世纪初期（1839 年）出现摄影技术开始的，1839 年达盖尔发明相机解决了这一问题，成功将物体记录在了胶片上。到 20 年后的 1858 年，G·F·陶纳乔用气球拍摄了巴黎的鸟瞰黑白照片，这可以视为现代意义上的航空遥感起源。而后摄影技术和搭载平台的发展，极大促进了遥感的进步。遥感平台开始使用飞机、无人机、人造卫星，传感器和记录器开始使用彩色胶片、彩虹外胶片、多光谱、合成孔径雷达等技术。1903 年飞机问世以后，便开始了可称为航空遥感的第一次试验，从空中对地面进行摄影，并将航空摄像应用于地形和地图制图等方面，可以说这揭开了当今遥感技术的序幕。

随着无线电电子技术、光学技术和计算机技术的发展，20 世纪中期，遥感技术有了很大的发展。多光谱摄影技术是航空遥感的重要发展，从 20 世纪 60 年代最早采用的多像机型传感器多光谱摄影，到之后的多镜头型传感器多光谱图像获取，人们把多光谱特征用到了地形、地物判别上。遥感器从第一代的航空摄影机，第二代的多光谱摄影机、扫描仪，很快发展到第三代固体扫描仪（CCD）。

卫星遥感把遥感技术推向了全面发展和广泛应用的崭新阶段。从 1972 年因第一颗地球资源卫星发射升空以来，美国、法国、俄罗斯、日本、印度、我国等国相继发射了众多对地观测卫星，现在，卫星遥感的多传感器技术，已能全面覆盖大气窗口的所有部分，光学遥感可包含可见光、近红外和短波红外区，以探测目标物的反射和散射，热红外遥感的波长可从 8μm 到 14μm，以探测目标物的发射率和温度等辐射特征，微波遥感的波长范围从 1mm ~ 1m，其中被动微波遥感主要探测目标的散发射率和温度，主动微波遥感通过合成孔径雷达探测目标的反向散射特征。微波遥感实现了全天时、全天候的对地观测，雷达干涉测量大大提高了自动获取数字高程模型的精度。

随着传感器技术、航空航天技术和数据通信技术的不断发展，现代遥感技术已经进入一个能动态、快速、多平台、多时相、高分辨率地提供对地观测数据的新阶段。

我国遥感技术的发展也十分迅速。20 世纪 30 年代，我国个别城市开展过航空摄影。新中国成立后，系统的航空摄影在原地质部开始研究，当时主要依靠飞机航拍获取可见光遥感数据。随着国外遥感技术的发展，从 20 世纪 70 年代改革开放以后，我国引进了西方先进的遥感地质技术，并在原地质部下成立了地质遥感中心，利用美国飞机进行了红外波段遥感。之后又开展了卫星遥感试验，并在 1985 年发射了第一颗国土普查卫星。陈述彭、王之卓、黄秉维等老一辈院士，对我国遥感技术的推动做出了巨大贡献。

目前，我国已形成资源、气象、海洋和环境四大遥感卫星系列，正在进行高分系统建设，届时将形成由五大民用遥感卫星系列构成的天基遥感卫星系统，并将逐步形成立体、多维、高中低分辨率结合的全球综合观测能力。

此外，我国先后建立了国家遥感中心、国家卫星气象中心、中国资源卫星应用中心、卫星海洋应用中心和中国遥感卫星地面接收站等国家级遥感应用机构。同时，国务院各部委及省市地方纷纷建立了一百六十多个省市级遥感应用机构。运用这些遥感应用机构广泛地开展气象预报、国土普查、作物估产、森林调查、地质找矿、海洋预报、环境保护、灾害监测、城市规划和地图测绘等遥感业务，并且与全球遥感卫星、通信卫星和定位导航卫星相配合，为国家经济建设和社会主义现代化提供多方面的信息服务。这也为迎接 21 世纪空间时代和信息社会的挑战，打下了坚实的基础。

遥感的陆地卫星未来将进一步向高空间分辨率和高光谱分辨率的方向发展，并与云计算、人工智能等领域得到结合。航天遥感的另一发展趋势朝微、小卫星方向结合。

3. 主要特点

遥感作为一门对地观测综合性技术，它的出现和发展是人们认识和探索自然界的客观需要，具有快速、准确、经济、大范围、可周期性地获取陆地、海洋和大气资料的能力，是获取地球信息的高新技术手段，更有其他技术手段与之无法比拟的特点。

遥感技术的特点归结起来主要有以下三个方面：

（1）探测范围广、采集数据快

遥感探测能在较短的时间内，从空中乃至宇宙空间对大范围地区进行对地观测，并从中获取有价值的遥感数据。这些数据拓展了人们的视觉空间，为宏观地掌握地面事物的现状创造了极为有利的条件，同时也为宏观地研究自然现象和规律提供了宝贵的第一手资料。这种先进的技术手段与传统的手工作业相比是不可替代的。

（2）能动态反映地面事物的变化

遥感探测能周期性、重复地对同一地区进行对地观测，这有助于人们通过所获取的遥感数据，发现并动态地跟踪地球上许多事物的变化。同时，研究自然界的变化规律，尤其是在监视天气状况、自然灾害、环境污染甚至军事目标等方面，遥感的运用就显得格外重要。

（3）获取的数据具有综合性

遥感探测所获取的是同一时段、覆盖大范围地区的遥感数据，这些数据综合地展现了地球上许多自然与人文现象，宏观地反映了地球上各种事物的形态与分布，真实地体现了地质、地貌、土壤、植被、水文、人工构筑物等地物的特征，全面地揭示了地理事物之间的关联性。并且这些数据在时间上具有相同的现势性。

3.4.2　遥感及遥感卫星的分类

遥感及遥感卫星的分类方式有以下几种：按遥感平台分类；按传感器的探测波段分类；按工作方式分类；按遥感的应用领域分类；按对地观测的领域分类；按传感器的工作波段分类；按卫星的运行轨道分类；按数据获取方式分类。不同的分类方式下又有不同的细分方式，具体分类详见表 3-2。

表 3-2　遥感及遥感卫星的分类

分 类 方 式	具 体 分 类	备　　注
按遥感平台分类	地面遥感	传感器设置在地面上，如：车载、手提、固定或活动高架平台
	航空遥感	传感器设置在航空器上，如：飞机、气球等
	航天遥感	传感器设置在航天器上，如：人造地球卫星、航天飞机等
按传感器的探测波段分类	紫外遥感	探测波段为 $0.05 \sim 0.38 \mu m$
	可见光遥感	探测波段为 $0.38 \sim 0.76 \mu m$
	红外遥感	探测波段为 $0.76 \sim 1000 \mu m$
	微波遥感	探测波段为 $1mm \sim 10m$
按工作方式分类	主动遥感	由探测器主动发射一定电磁波能量并接收目标的后向散射信号
	被动遥感	传感器仅接收目标物体的自身发射和对自然辐射源的反射能量
按遥感的应用领域分类	外层空间遥感	—
	大气层遥感	—
	陆地遥感	—
	海洋遥感	—
按对地观测的领域分类	陆地资源卫星	陆地资源卫星是指用于探测地球资源与环境的人造地球卫星，主要用于地球陆地资源调查、监测与评价。陆地资源卫星应用极为广泛，是对地遥感卫星中的主要类型
	气象卫星	气象卫星是指从太空对地球及大气层进行气象观测的人造地球卫星，主要用天气预报、气候预测、台风监测、洪涝灾害监测等
	海洋卫星	海洋卫星是指针对地球海洋表面进行观测的人造地球卫星，主要用于海洋温度场、海流、海浪、海盐等方面的动态监测

（续）

分类方式	具体分类	备　注
按传感器的工作波段分类	光学遥感卫星	光学遥感卫星是指采用从可见光到红外区的光学领域的传感器采集遥感信息的卫星
	微波遥感卫星	微波遥感卫星是指通过微波设备来探测、接收被测物体在微波波段（波长为1mm～1m）的电磁辐射和散射特性的卫星。微波遥感技术具有全天候昼夜工作能力，能穿透云层，不易受气象条件和日照水平的影响
按卫星的运行轨道分类	太阳同步轨道卫星	太阳同步轨道卫星，轨道倾角大于90°且在两极附近通过，所以也为近极轨卫星，它的轨道面与太阳的取向一致，所以称太阳同步轨道卫星
	地球同步轨道卫星	卫星在地球赤道上空约36000km处围绕地球运行的圆形轨道。因为卫星绕地球运行周期与地球自转同步，卫星与地球之间处于相对静止的状态，因此在这种轨道上运行的卫星被简称为"同步卫星"，又称为"静止卫星"或"固定卫星"
按数据获取方式分类	返回型卫星	返回型卫星是指在轨道上完成任务后，有部分结构会返回地面的人造卫星。返回型卫星最基本的用途是照相侦察。比起航空照片，卫星照片的视野更广阔、效率更高
	传输型卫星	传输型卫星通常利用电荷耦合器件（即CCD）、合成孔径雷达等先进的光电遥感器摄取地面图像，通过图像扫描、放大、读出变成电信号，再把电信号进行数字化处理，变成数字信号，利用数字通信技术把数字化的图像信息传回地面。这种卫星利用光电遥感器或无线电接收机等侦察设备，从轨道上对目标实施侦察、监视、跟踪，以搜集地面、海洋或空中目标的情报

3.4.3　遥感影像处理

1. 遥感分辨率解析

我们常提到"遥感时空大数据"，那么，这些数据所谓的"时""空"等性质，究竟是指什么，又是怎么度量的呢？"空间分辨率""时间分辨率""光谱分辨率"分别代表了什么含义呢？

（1）空间分辨率

空间分辨率就是指遥感器（或者其生成的图像）能够识别到的最小地面距离，或最小的地面物体。遥感器能识别的物体越小，那么其空间分辨率越高。最常见的是用像元（Pixel）大小来表示空间分辨率。像元又称为像素点，是组成数字图像的最小单元。

一般来说，空间分辨率越高，遥感系统识别物体的能力越强。不同的应用目的需要的空间分辨率不同，并不是每种应用的实现都需要极高的空间分辨率。并且，物体的识别，并不完全取决于遥感系统的空间分辨率大小。实际上，地面每个物体不同的形状、大小、与背景的差异程度，都会影响它的识别。空间分辨率值的大小能够很好地反映地面细节的可见程度，但具体到某一类物体识别的时候，还需要综合考虑很多环境、背景因素。当然，空间分辨率越高，对应的遥感数据量也越大，而空间分辨率的变化与其对应数据量的变化之间，并不是简单的线性关系。另外，地表物体的景观特征与对应的遥感图像之间有特定的空间关系，而受大气传输效应和遥感器成像特征的影响，遥感图像会有部分变形。

通常，人们提到的"高分辨率遥感数据"，指的都是"高空间分辨率"，而非"高时间分辨率"。

（2）时间分辨率

针对那些按一定的时间周期对同一区域重复自动采集遥感数据的遥感探测器，例如人造遥感卫星，人们将其获取遥感影像的最小时间间隔称为"时间分辨率"。对于人工控制采集频次的遥感器数据，例如航空拍摄、人们手中的照相机等，一般不会有"时间分辨率"一说。影响时间分辨率大小的主要因素有两个：遥感器所在平台本身的特点和遥感器的设计方式。

对于不同的时间分辨率数据，其遥感应用范围也不相同。

1）超短或短周期时间分辨率。以"小时"为单位，反映着一天内的变化。常见于极轨道或静止轨道的气象卫星，可应用于监测突发性灾害（地震、火山、森林火灾等）、污染源、大气海洋的物理现象等。

2）中周期时间分辨率。以"天"为单位，反映月、旬、年的变化。常见于对地观测的资源环境类卫星，可用于监测植被的季节性变化，以获得某一区域的农学参数，应用于农林牧业动态监测、作物估产、旱涝灾害监测，以及提供气候、海洋学的分析研究。

3）长周期时间分辨率。以"年"为单位，反映数十年乃至数百年的变化，如海岸线进退、河道变化、湖泊消长、沙漠化进程、城市扩展等。对于自然环境的漫长变迁，一般还需要参考历史考古信息，以正确恢复当时的地理环境。

（3）光谱分辨率

传统的卫星图像使用红色、绿色和蓝色光谱带以"自然色彩"来解译。但是像 World-View-3 这样的高级卫星（2015 年推出）为了更好地了解关于星球发生事件的细节，采用的是红外和短波红外（SWIR）传感器来收集可见光谱之外的信息。这种更深层次地探测地面物体信息的能力称为光谱分辨率，光谱分辨率指成像的波段范围，分得越细，波段越多，光谱分辨率就越高，地面物体的信息越容易区分和识别，针对性越强。

2. 遥感影像常用的处理方法

（1）几何校正

几何校正是指消除或改正遥感影像几何误差的过程，是为了实现对数字化数据的坐标系转换和图样变形误差的纠正。由于卫星的位置、姿态、轨道、地球的运动和形状等外部因素和遥感器本身结构性能等内部因素，会引起遥感影像的几何变形。遥感影像的总体变形（相对于地面真实情况而言）是平移、缩放、旋转、偏扭、弯曲及其他变形综合作用的结果。造成遥感影像几何变形的原因多种多样，而且不断变化，它们构成了遥感影像所固有的几何特性，大部分可以通过几何纠正加以消除或者减小。

（2）正射校正

正射校正是对图像空间和几何畸变进行校正生成多中心投影平面正射图像的处理过程，它除了能纠正一般系统因素产生的畸变外，还可以纠正地形引起的几何畸变。

正射校正是几何校正的一种，是"正射"处理级几何校正，它的校正模型考虑了成像过程引起的影像内部几何变形，同时考虑了影像的投影系统，先验的"系统数据"如卫星星历参数、姿态等，同时还使用外部数据（即少量的地面控制点 GCP），另外还使用数字高程模型（DEM）来消除因地形起伏导致的"视差"。

正射校正更多关注的是地形的影响，对于高分辨率影像，通常由于倾斜观测，地形畸形很大；而对于 TM 这样的影像，卫星视角近于天顶观测，地形的影响很小。正射校正的目的是通过消除影像的几何变形，通过采集地面控制点，结合数字高程模型 DEM 消除"视差"。

（3）影像配准

影像配准是指对不同时间从不同传感器所获得的两幅或多幅影像实施最佳匹配的处理过程。影像配准过程中，通常指定一幅影像为参考影像。另一幅影像为待配准影像，配准的目的是通过某种几何变换使待配准影像与参考影像的坐标达到一致。

配准算法主要有如下几类：基于灰度的配准，基于特征的配准，基于相位的配准。在具体选择配准方法时要根据图像数据的特点、具体应用的需求来考虑，选择以上其中一种或其组合。如常用的基于特征的方法是利用两幅影像上预先提出的点、线、面特征，然后对两个特征集进行匹配：先提取特征点，然后对特征点集进行匹配，最后对图像进行变换。

（4）辐射校正

辐射校正是指在光学遥感数据获取过程中，产生的一切与辐射有关的误差的校正（包括辐射定标和大气校正）。

进入传感器的辐射强度反映在图像上就是亮度值（或灰度值）。辐射强度越大，亮度值就越大。该值主要受两个物理量的影响：一是太阳辐射照射到地面的辐射强度，二是地物的光谱反射率。当太阳辐射相同时，图像上亮度的差异直接反映了地面反射率的差异。但实际测量时，发现辐射强度值还受其他因素的影响，这一改变的部分就是需要校正的部分，故称为辐射畸变。

（5）辐射定标

用户需要计算地物的光谱反射率或光谱辐射亮度时，或者需要对不同时间、不同传感器获取的图像进行比较时，都必须将图像的亮度值（或灰度值）转换为绝对的辐射亮度，这个过程就是辐射定标（Radiometric Calibration）。按照不同的使用要求或应用目的，辐射定标可分为绝对定标和相对定标。

（6）大气校正

大气校正是指传感器最终测得的地面目标的总辐射亮度并不是地表真实反射率的反映，其中包含了由大气吸收，尤其是散射作用造成的辐射量误差。大气校正就是消除这些由大气影响所造成的辐射误差，反演地物真实的表面反射率的过程。

大气校正的目的是消除大气和光照等因素对地物反射的影响，获取地物反射率、辐射、地表温度等真实物理模型参数，用来消除大气中水蒸气、氧气、二氧化碳、甲烷和臭氧等对地物反射的影响，消除大气分子和气溶胶散射的影响。大多数情况下，大气校正同时也是反演地物真实反射率的过程。

3.4.4　遥感技术的应用案例

遥感技术应用主要在火灾检测、洪涝灾害监测、地震灾害监测、工程测绘与警务管理等诸多方面。

1. 地震灾害监测

我国是一个地震多发的国家，因而准确、高效地开展地震预报、监测、救灾工作具有十分重要的应用价值及现实意义。遥感技术具有获取信息快、信息量大、手段多、更新周期短，能多方位、全天候地动态监测等优势，为地震预测、地震灾害调查及损失评估提供了一种新的高科技手段。

在 2014 年 8 月 3 日云南鲁甸县 6.5 级地震事件中，资源卫星应用中心紧急调动资源三号和高分一号等多颗高分辨率卫星对受灾区域进行连续观测。同时，相关部门开通了卫星数据应急共享通道，向社会各界共享受灾区域高分一号等多颗国产遥感卫星历史影像数据、最新影像以及最新判读解译成果图。判读解译成果图能客观、真实呈现受灾现状，精确定位地震造成的直接灾害与次生地质灾害，精确定位山体滑坡中断道路位置与山体滑坡阻断河流形成堰塞湖的位置，为国家搜救中心了解灾区灾情现状、疏通灾区中断道路以及消除堰塞湖等易造成次生灾害隐患区域提供参考信息。

2. 工程测绘

遥感技术具有测量范围广、环境适应性强、测量精度高、成本低、测量效率高等优点，可用于水利水电工程实施监测、城市规划测量和灾后重建等方面。

（1）水利水电工程

在水利水电工程实施管理工作中，基于遥感影像数据对水利水电工程动态监测以及水域环境监测，获得准确的监测数据信息，为后期水利水电工程管理工作提供科学的数据支持。遥感技术在水利水电工程动态监测以及水域环境监测中的应用，能够有效解决传统工程测量中无法解决的难点问题，不仅提高了定位的精准性，提高工作效率，在一定程度上还保证了工程测量的稳定性与安全性。

遥感技术在水利工程测量过程中，可以对区域图形进行实时监测，同时还能够实时获取区域水深的变化情况，为水利工程测量提供科学性的数据支持。经过该技术处理的监测图像，其图像信息的直观性更强，便于人们从感知上来理解数据信息的应用价值。另外，遥感技术可以和计算机技术进行串联，将采集到的数据信息进行转化处理或者分类处理，将初步处理的数据信息传输至地理信息系统当中，借助地理信息系统的分析功能对采集的数据信息进行综合处理，进一步提高数据信息的可视化，在实际应用过程中，可以对区域水资源的清澈度和变化规律进行探究，在洪灾过后，可以对受灾的基本情况进行初步了解，从而有效提升数据信息获取的可靠性。

（2）造城、造陆工程

由于造城、造陆工程区域的特殊性，工程地质和水文地质条件复杂，土壤本身特殊的结构特征和工程特性，同时又具有超大土石方量、高填方、建设环境复杂及相互影响因素多等特点，在水和外部荷载作用下极易导致土体湿陷变形，从而造成填方工程和地基的不均匀沉降甚至边坡失稳。对造城、造陆工程总范围、建筑工程的范围及分布、工程边坡的分布特征等进行详细解译，判断因压缩变形导致的大量地面沉降，实时掌握填方区的地表及深部变形、地下水、土压力、水压力等的基本量值及其发展演化特征及趋势，并及时通过调整优化原工程设计方案，避免和防治工程灾变的发生，实现信息化施工和反馈优化设计。进一步完善多元立体监测网络，实现对造城、造陆工程的长期持续观测，结合多元立体综合监测结果，持续分析研究地面沉降在内外动力作用下（降雨、外部荷载等）的动态演化规律，充分考虑工程建筑物的承灾能力，建立地面沉降时空预警模型及其相应的工程调控应对策略和机制。

3.5 全球卫星导航系统（GNSS）及其应用

GNSS 是个多系统、多层面的复杂组合系统。目前，全球系统层面有四大卫星导航系统，分别为美国的 GPS、俄罗斯的格洛纳斯（GLONASS）、欧洲的伽利略（Galileo）以及我国的北斗（Beidou），其中 GPS 是目前唯一覆盖全球的卫星导航系统。而区域系统则以日本的 QZSS（Quasi-Zenith Satellite System）和印度的 IRNSS（Indian Regional Navigation Satellite System）为代表，增强系统则包括美国的 WAAS（广域增强系统）、欧洲的 EGNOS（欧洲静地导航重叠系统）和日本的 MSAS（多功能运输卫星增强系统）等。

3.5.1 GPS 导航系统

GPS（Global Positioning System）导航系统，是利用 GPS 定位卫星，在全球范围内实时进行定位、导航的系统。GPS 导航系统是由美国国防部研制建立的一种具有全方位、全天候、全时段、高精度的卫星导航系统，能为全球用户提供低成本、高精度的三维位置、速度和精确定时等导航信息。

1. 系统组成

（1）空间部分

GPS 的空间部分是由 24 颗卫星组成（21 颗工作卫星，3 颗备用卫星），它位于距地表 20200km 的上空，运行周期为 12h。卫星均匀分布在 6 个轨道面上（每个轨道面 4 颗），轨道倾角为 55°。卫星的分布使得在全球任何地方、任何时间都可观测到 4 颗以上的卫星，并能在卫星中预存导航信息，GPS 的卫星因为大气摩擦等问题，随着时间的推移，导航精度会逐渐降低。

（2）地面控制系统

地面控制系统由监测站（Monitor Station）、主控制站（Master Monitor Station）、地面天线（Ground Antenna）所组成，主控制站位于美国科罗拉多州春田市（Colorado, Springfield）。地面控制站负责收集由卫星传回数据并计算卫星星历、相对距离、大气校正等数据。

（3）用户设备部分

用户设备部分即 GPS 信号接收机。其主要功能是能够捕获到按一定卫星截止角所选择的待测卫星，并跟踪这些卫星的运行。当接收机捕获到跟踪的卫星信号后，就可测量出接收天线至卫星的伪距离和距离的变化率，解调出卫星轨道参数等数据。根据这些数据，接收机中的微处理计算机就可按定位解算方法进行定位计算，计算出用户所在地理位置的经纬度、高度、速度、时间等信息。接收机硬件和机内软件以及 GPS 数据的后处理软件包构成完整的 GPS 用户设备。GPS 接收机的结构分为天线单元和接收单元两部分。接收机一般采用机内和机外两种直流电源。设置机内电源的目的在于更换外电源时不中断连续观测。在用机外电源时机内电池自动充电。关机后机内电池为 RAM 存储器供电，以防止数据丢失。各种类型的接收机体积越来越小，质量越来越轻，便于野外观测使用。其次则为使用者接收器，现有单频与双频两种，但由于价格因素，一般使用者所购买的多为单频接收器。

2. 发展历程

第一阶段，方案论证和初步设计阶段。从 1978 年到 1979 年，由位于加利福尼亚的范登堡空军基地采用双子座火箭发射 4 颗试验卫星，卫星运行轨道长半轴为 26560km，倾角 64°。轨道高度 20000km。这一阶段主要研制了地面接收机及建立地面跟踪网，结果令人满意。

第二阶段，全面研制和试验阶段。从 1979 年到 1984 年，又陆续发射了 7 颗称为 "BLOCK I" 的试验卫星，研制了各种用途的接收机。试验表明，GPS 定位精度远远超过设计标准，利用粗码定位，其精度就可达 14m。

第三阶段，实用组网阶段。1989 年 2 月 4 日第一颗 GPS 工作卫星发射成功，这一阶段的卫星称为 "BLOCK II" 和 "BLOCK IIA"。此阶段宣告 GPS 系统进入工程建设状态。1993 年底实用的 GPS 网即（21 + 3）GPS 星座已经建成，今后将根据计划更换失效的卫星。

3. 系统特点

（1）全球全天候定位

GPS 卫星的数目较多，且分布均匀，保证了地球上任何地方任何时间至少可以同时观测到 4 颗 GPS 卫星，确保实现全球全天候连续的导航定位服务（除打雷闪电不宜观测外）。

（2）定位精度高

应用实践已经证明，GPS 相对定位精度在 50km 以内可达 10 ~ 6m，100 ~ 500km 可达 10 ~ 7m，1000km 可达 10 ~ 9m。在 300 ~ 1500m 工程精密定位中，1h 以上观测时其平面位置误差小于 1mm，与 ME-5000 电磁波测距仪测定的边长比较，其边长较差最大为 0.5mm，较差中误差为 0.3mm。

（3）观测时间短

随着 GPS 系统的不断完善，软件的不断更新，20km 以内相对静态定位，仅需 15 ~ 20min；快速静态相对定位测量时，当每个流动站与基准站相距在 15km 以内时，流动站观测时间只需 1 ~ 2min；采取实时动态定位模式时，每站观测仅需几秒钟。因而使用 GPS 技术建立控制网，可以大大提高作业效率。

（4）测站间无须通视

GPS 测量只要求测站上空开阔，不要求测站之间互相通视，因而不再需要建造觇标。这一优点既可大大减少测量工作的经费和时间（一般造标费用占总经费的 30% ~ 50%），同时也使选点工作变得非常灵活，也可省去经典测量中的传算点、过渡点的测量工作。

（5）仪器操作简便

随着 GPS 接收机的不断改进，GPS 测量的自动化程度越来越高，有的已趋于简单化。在观测中测量员只需安置仪器，连接电缆线，量取天线高，监视仪器的工作状态，而其他观测工作，如卫星的捕获、跟踪观测和记录等均由仪器自动完成。结束测量时，仅需关闭电源，收好接收机，便完成了野外数据采集任务。如果在一个测站上需长时间的连续观测，还可以通过数据通信方式，将所采集的数据传送到数据处理中心，实现全自动化的数据采集与处理。另外，接收机体积也越来越小，相应的质量也越来越小，极大地减轻了测量工作者的劳动强度。

（6）可提供全球统一的三维地心坐标

GPS 测量可同时精确测定测站平面位置和大地高程。GPS 水准可满足四等水准测量的精度。另外，GPS 定位是在全球统一的 WGS-84 坐标系统中计算的，因此全球不同地点的测量成果是相互关联的。

4. 定位原理

该系统由空间部分（GPS 卫星星座）、地面控制部分（地面监控系统）、用户设备部分（GPS 信号接收机）三个部分组成。在 GPS 空间部分中，各轨道平面的升交点赤经相差 60°，一个轨道平面上的卫星比西边相邻轨道平面上的相应卫星升角距超前 30°，这种布局的目的是保障在全球任何地点、任何时刻至少可以观测到 4 颗卫星。

在 GPS 观测中，可测出卫星到接收机的距离，利用三维坐标中的距离工时，利用 3 颗卫星，就可以组成 3 各方程式，解出观测点的位置（X，Y，Z）三个未知数。考虑到卫星时钟与接收机时钟之间的误差，实际上有 4 个未知数，X、Y、Z 和钟差，因此需要引入第四颗卫星，形成四个方程式求解，从而可以确定某一观测点的空间位置，精确算出该点的经纬度和高程。

3.5.2 北斗卫星导航系统

北斗卫星导航系统（BDS）是我国着眼于国家安全和经济社会发展需要，自主建设、独立运行的卫星导航系统，是为全球用户提供全天候、全天时、高精度的定位、导航和授时服务的国家重要空间基础设施，是继 GPS、GLONASS 之后第三个成熟的卫星导航系统。北斗卫星导航系统（BDS）和美国 GPS、俄罗斯 GLONASS、欧盟 Galileo，是联合国卫星导航委员会已认定的供应商。

1. 系统组成

北斗卫星导航系统由空间段、地面段和用户段三部分组成。空间段由若干地球静止轨道卫星、倾斜地球同步轨道卫星和中圆地球轨道卫星组成。地面段包括主控站、时间同步/注入站和监测站等若干地面站，以及星间链路运行管理设施。用户段包括北斗及兼容其他卫星导航系统的芯片、模块、天线等基础产品，以及终端设备、应用系统与应用服务等。

2. 发展历程

我国高度重视北斗卫星导航系统建设发展，自 20 世纪 80 年代开始探索适合国情的卫星导航系统发展道路，形成了"三步走"发展战略：

第一步，建设北斗一号卫星导航系统。1994 年，启动北斗一号卫星导航系统工程建设；2000 年，发射 2 颗地球静止轨道卫星，建成系统并投入使用，采用有源定位体制，为我国用户提供定位、授时、广域差分和短报文通信服务；2003 年，发射第 3 颗地球静止轨道卫星，进一步增强系统性能。

第二步，建设北斗二号卫星导航系统。2004 年，启动北斗二号卫星导航系统工程建设；2012 年年底，完成 14 颗卫星（5 颗地球静止轨道卫星、5 颗倾斜地球同步轨道卫星和 4 颗中圆地球轨道卫星）发射组网。北斗二号卫星导航系统在兼容北斗一号卫星导航系统技术体制基础上，增加无源定位体制，为亚太地区用户提供定位、测速、授时和短报文通信服务。

第三步，建设北斗三号卫星导航系统。2009 年，启动北斗三号卫星导航系统建设；2018 年年底，完成 19 颗卫星发射组网，完成基本系统建设，向全球提供服务；计划 2020

年年底前，完成 30 颗卫星发射组网，全面建成北斗三号卫星导航系统。北斗三号卫星导航系统继承北斗有源服务和无源服务两种技术体制，能够为全球用户提供基本导航（定位、测速、授时）、全球短报文通信、国际搜救服务，我国及周边地区用户还可享有区域短报文通信、星基增强、精密单点定位等服务。

3. 系统特色

北斗卫星导航系统具有以下特点：一是北斗卫星导航系统空间段采用三种轨道卫星组成的混合星座，与其他卫星导航系统相比高轨卫星更多，抗遮挡能力强，尤其低纬度地区性能特点更为明显；二是北斗卫星导航系统提供多个频点的导航信号，能够通过多频信号组合使用等方式提高服务精度；三是北斗卫星导航系统创新融合了导航与通信能力，具有实时导航、快速定位、精确授时、位置报告和短报文通信服务五大功能。

4. 服务内容

（1）基本导航服务

为全球用户提供服务，空间信号精度将优于 0.5m；全球定位精度将优于 10m，测速精度优于 0.2m/s，授时精度优于 20ns；亚太地区定位精度将优于 5m，测速精度优于 0.1m/s，授时精度优于 10ns，整体性能大幅提升。

（2）短报文通信服务

我国及周边地区短报文通信服务，服务容量提高 10 倍，用户机发射功率降低到原来的1/10，单次通信能力 1000 汉字（14000bit）；全球短报文通信服务，单次通信能力 40 汉字（560bit）。

（3）星基增强服务

按照国际民航组织标准，服务我国及周边地区用户，支持单频及双频多星座两种增强服务模式，满足国际民航组织相关性能要求。

（4）国际搜救服务

按照国际海事组织及国际搜索和救援卫星系统标准，服务全球用户。与其他卫星导航系统共同组成全球中轨搜救系统，同时提供返向链路，极大提升搜救效率和能力。

（5）精密单点定位服务

服务我国及周边地区用户，具备动态分米级、静态厘米级的精密定位服务能力。

5. 定位原理

北斗卫星定位系统是由我国建立的区域导航定位系统，该系统由 4 颗（2 颗工作卫星、2 颗备用卫星）北斗定位卫星（北斗一号）、地面控制中心为主的地面部分、北斗用户终端三部分组成。北斗系统可向用户提供全天候、24h 的即时定位服务，授时精度可达数十纳秒的同步精度。

"北斗一号"卫星定位解析出用户到第一颗卫星的距离以及用户到两颗卫星距离之和，从而知道用户处于一个以第一颗卫星为球心的一个球面，和以两颗卫星为焦点的椭圆面之间的交线上。另外从中心控制系统从存储在计算机内的数字化地形图查询到用户高程值，又可知道用户处于某一与地球基准椭球面平行的锥球面上。从而中心控制系统可最终计算出用户所在点的三维坐标，这个坐标经加密由出站信号发送给用户。双星定位不同于多星定位，一代北斗用双星定位比 GPS 等多星定位投资小、建成快。

"北斗二号"定位原理和 GPS、GLONASS、Galileo 完全一样，采用无线电伪距定位。在太空中建立一个由多颗卫星所组成的卫星网络，通过对卫星轨道分布的合理化设计，用户在地球上任何一个位置都可以观测到至少 3 颗卫星，由于在某个具体时刻，某颗卫星的位置是确定的，因此用户只要测得与它们的距离，就可以解算出自身的坐标。

3.5.3　其他的全球卫星导航系统

1. 俄罗斯"GLONASS"系统

GLONASS 系统是由苏联国防部独立研制和控制的第二代军用卫星导航系统，该系统是继 GPS 后的第二个全球卫星导航系统。GLONASS 系统由卫星、地面测控站和用户设备三部分组成，系统由 21 颗工作星和 3 颗备用星组成，分布于 3 个轨道平面上，每个轨道平面有 8 颗卫星，轨道高度 19000km，运行周期 11h15min。GLONASS 系统于 20 世纪 70 年代开始研制，1984 年发射首颗卫星入轨。但由于航天拨款不足，该系统部分卫星一度老化，最严重曾只剩 6 颗卫星运行，2003 年 12 月，由俄国应用力学科研生产联合公司研制的新一代卫星交付联邦航天局和国防部试用，为 2008 年全面更新 GLONASS 系统做准备。在技术方面，GLONASS 系统的抗干扰能力比 GPS 要好，但其单点定位精度不及 GPS 系统。

2004 年，印度和俄罗斯签署了《关于和平利用俄全球导航卫星系统的长期合作协议》，正式加入了 GLONASS 系统，计划联合发射 18 颗导航卫星。项目从 1976 年开始运作，1995 年整个系统建成运行。随着苏联解体，GLONASS 系统也无以为继，到 2002 年 4 月，该系统只剩下 8 颗卫星可以运行。2001 年 8 月起，俄罗斯在经济复苏后开始计划恢复并进行 GLONASS 现代化建设工作，GLONASS 导航星座历经 10 年瘫痪之后终于在 2011 年底恢复全系统的运行。2006 年 12 月 25 日，俄罗斯用质子-K 运载火箭发射了 3 颗 GLONASS-M 卫星，使格洛纳斯系统的卫星数量达到 17 颗。

2. 欧洲"Galileo"系统

伽利略卫星导航系统（Galileo）是由欧盟研制和建立的全球卫星导航定位系统，该计划于 1992 年 2 月由欧洲委员会公布，并和欧空局共同负责。系统由 30 颗卫星组成，其中 27 颗工作星，3 颗备用星。卫星轨道高度为 23616km，位于 3 个倾角为 56° 的轨道平面内。2012 年 10 月，伽利略全球卫星导航系统第二批两颗卫星成功发射升空，太空中已有的 4 颗正式的伽利略卫星，可以组成网络，初步实现地面精确定位的功能。Galileo 系统是世界上第一个基于民用的全球导航卫星定位系统，投入运行后，全球的用户将使用多制式的接收机，获得更多的导航定位卫星的信号，这将无形中极大地提高导航定位的精度。

3.5.4　市场与应用

自从 GNSS 问世以来，就以高精度、全天候、全球覆盖、方便灵活吸引了全世界许多用户，元器件的微型化和大规模生产的技术趋势更是带来了低成本 GNSS 接收机元器件的激增。目前，世界范围内 GNSS 应用发展势头迅猛，短短几年间其应用已经从少数的科研单位和军事部门迅速扩展到各个民用领域，GNSS 接收机嵌入到了我们日常生活的方方面面，包括移动电话、PDA 和汽车等，应用的范围从为计算机网络提供同步的参考时间源到日常出行的导航定位，如图 3-7 所示。GNSS 的广泛应用改变了人们的生活方式，提高了工作效率，带来了巨大的经济效益，具有广阔的应用前景。

a) GNSS用于工程测量

b) GNSS用于汽车导航

c) GNSS用于应急救援

图 3-7　GNSS 在实际生活中的应用

1. GNSS 在测量技术中的作用

GNSS 技术给测绘界带来了一场革命。利用载波相位差分技术（RTK），是实时处理两个测量站载波相位观测量的差分方法，将基准站采集的载波相位发给用户接收机，进行求差解算坐标。这是一种新的常用的卫星定位测量方法，以前的静态、快速静态、动态测量都需要事后进行解算才能获得厘米级的精度，而 RTK 是能够在野外实时得到厘米级定位精度的测量方法，它采用了载波相位动态实时差分方法，是 GNSS 应用的重大里程碑，它的出现为工程放样、地形测图、各种控制测量带来了新的测量原理和方法，极大地提高了作业效率。

2. GNSS 在交通运输中的作用

出租车、租车服务、物流配送等行业利用 GNSS 技术对车辆进行跟踪、调度管理，合理分布车辆，以最快的速度响应用户的乘车或配送请求，降低能源消耗，节省运行成本。GNSS 在车辆导航方面发挥了重要的角色，在城市中建立数字化交通电台，实时发播城市交通信息，车载设备通过 GNSS 进行精确定位，结合电子地图以及实时的交通状况，自动匹配最优路径，并实行车辆的自主导航。民航运输通过 GNSS 接收设备，使驾驶员着陆时能准确对准跑道，同时还能使飞机紧凑排列，提高机场利用率，引导飞机安全进离场。

3. GNSS 在应急救援中的作用

利用 GNSS 定位技术，可对火警、救护、警察进行应急调遣，提高紧急事件处理部门对火灾、犯罪现场、交通事故、交通堵塞等紧急事件的响应效率。特种车辆（如运钞车）等，可对突发事件进行报警、定位，将损失降到最低。有了 GNSS 的帮助，救援人员就可在人迹罕至、条件恶劣的大海、山野、沙漠，对失踪人员实施有效的搜索、拯救。装有 GNSS 装置的渔船，在发生险情时，可及时定位、报警，使之能更快更及时地获得救援。

复习思考题

1. 根据本章内容，你认为，在城市规划管理、国土资源管理、建设施工管理和建设工程后期维护管理工作中，3S 技术分别可以如何应用？

2. 日常生活中 3S 技术有哪些应用场景？

3. 你认为 GIS 未来还可以应用在哪些方面？

4. GIS、RS 和 GNSS 如何进行集成互补？

5. 谈一谈 3S 技术应用中存在的问题。

第 4 章

BIM技术及其工程应用

教学要求

本章系统地介绍 BIM（建筑信息模型）技术的概念与基本理论，BIM 技术标准及 BIM 工具族；详细地介绍设计阶段、施工阶段、运营阶段的 BIM 技术价值点及应用实例解析；最后引入建筑信息技术绩效评估。供学习者对 BIM 技术形成全景式认识和技术应用效率的理解。

4.1 BIM 技术概述

4.1.1 BIM 技术的概念

BIM（建筑信息模型）作为一种全新的理念和技术，正受到国内外学者和业界的普遍关注。BIM 的概念最早起源于 20 世纪 70 年代，美国乔治亚理工学院（Georgia Institute of Technology）的查理·伊斯曼（Chuck Eastman）博士在其研究课题 "Building Description System" 中提到以下观点："互动地定义元素，从同一个有关元素的描述中，获得剖面、平面、轴测图或透视图，任何布局的改变只需要操作一次，就会使所有将来的绘图得到更新；所有从相同元素布局得来的绘图得到更新，所有从相同元素布局得来的绘图都会保持统一。任何算量分析都可以直接与这个表述系统对接，成本估算和材料用量可以容易地生成，为视觉分析和数量分析提供一个完整的、统一的数据库。在市政厅或建筑师的办公室可以做到自动的建筑规范核查。大项目的施工方也许会发现，在进度计划和材料订购上这个表述系统具有的优越性"。

BIM 的定义包括三方面：第一，BIM 是建造对象所有信息的数字化表达；第二，BIM 是在开放标准和互用性基础之上建立、完善和利用信息模型的行为过程；第三，BIM 是一个透明的、可重复的、可核查的、可持续的协同工作环境。1986 年，罗伯特·艾什（Robert

Aish）在发表的一篇论文中提出了"Building Modeling"的概念，"技术的应用，包括三维建模、自动成图、智能参数化软组件、关系数据库、实施施工进度计划模拟等"。2002 年，时任美国 Autodesk 公司副总裁的菲利普·伯恩斯坦（Philip G. Bernstein）首次提出了"Building Information Model"这一建筑信息技术名词术语。之后出现了一个词语的更替，即将 BIM 中的"Model"替换为"Modeling"，前者指的是静态的"模型"，后者指的是动态的"过程"。

2007 年年底，NBIMS-US V1（美国国家 BIM 标准第一版）对 Building Information Model 和 Building Information Modeling 做了具体定义：Building Information Model 是设施的物理和功能特性的一种数字化表达；Building Information Modeling 是一个建立设施电子模型的行为，其目标为可视化、工程分析、冲突分析、规范标准检查、工程造价、竣工的产品、预算编制和许多其他用途。

随着 BIM 的广泛应用及对其深入研究，关于 BIM 含义，从最初的 3D 模型，出现了从 3D 到 4D，再到 ND 的理论研究，具体如图 4-1 所示。4D 是在三维模型的基础上引入时间因素，最初是由 1996 年斯坦福大学集成设施中心提出的。之后国内外学者均进行了相关研究，如张建平等针对 BIM 在施工进度和资源配置中的研究，建立了四维的 BIM 模型。ND 是在 4D 的基础上进行更多维度的信息整合，在国际的研讨会中多次讨论过该概念，主要是对该概念如何实施和遇到的挑战进行探讨。通过理论研究的不断发展，BIM 软件也相应地加入了各种信息维度，如欧特克公司的 Navisworks 软件可以进行施工进度的模拟，广联达 5D 软件可以实现在模型中考虑时间和成本的信息维度。

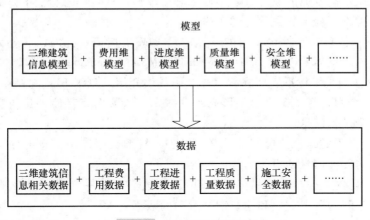

图 4-1　ND 建筑信息模型

4.1.2　BIM 技术的作用

1. 可视化

可视化是 BIM 技术最为直观的特点。在 BIM 软件中，所有的操作都是在三维可视化的环境下完成的，所有的建筑图、表格也都是基于 BIM 模型生成的。BIM 的可视化不仅可用于模型展示，如展示构件的几何信息、关联信息、技术信息等，更可以进行节能模拟、碰撞检查、施工仿真等，将建设过程中的信息动态地表达出来，为项目团队的一系列分析提供方便，从而提高生产效率、降低生产成本和提高工程质量。

2. 一体化

BIM 的技术核心是一个由计算机三维模型所形成的数据库,不仅包含了设计信息,还有从设计到建成使用到使用周期终结的全过程信息。BIM 的一体化主要体现在 Building Information Modeling 这一过程中。在这个过程中,BIM 可以持续提供项目设计范围、进度以及成本信息,这些信息完整可靠并且完全协调。BIM 能在综合数字环境中保持信息不断更新并可提供访问,使建筑师、工程师、施工人员以及业主可以清楚全面地了解项目。

3. 协调性

BIM 的协调性体现在两个方面:一是在数据之间创建实时的、一致性的关联,操作者对数据库中的任何数据进行更改可以立刻在其他关联的地方反映出来;二是在各构件实体之间实现显示,智能互动。BIM 的协调性使得同一数字化模型的所有设计图、图标均互相关联,避免了用 2D 绘图软件出图时的不一致现象,且在任何视图上的修改都视同为对数据库的修改。除此之外,BIM 模型中各个构件之间具有良好的协调性。对于关联起来的两个构件,改变其中一个,另一个也会做出相应改变。BIM 的协调性为建设工程带来了极大的方便,尤其是对设计师,能够方便地完成设计上的修改,避免造成返工与浪费。

4. 一致性

在建筑生命周期的不同阶段,模型信息是一致的,同一信息无须重复输入,而且模型对象在不同阶段可以简单地进行修改和扩展,而无须重新创建,充分保证了信息经过传输与交换以后的一致性。模型信息的一致性为 BIM 技术提供了一个良好的信息共享环境,项目不会因为参与方使用不同专业的软件或者不同品牌的软件而产生信息交流的障碍,在信息的交流过程中也不会发生损耗,导致信息的丢失。

实现 BIM 技术信息一致性最主要的一点就是 BIM 支持 IFC 标准,另外为方便模型通过网络进行传输,BIM 技术也支持 EML(Extensible Markup Language,可扩展标记语言)。关于 BIM 信息一致性的技术标准,将在 4.2.1 节中具体介绍。总结 BIM 的特点:

1)BIM 是一个由计算机三维模型形成的数据库,该数据库存储了建筑物从设计、施工到建成后运营的全过程信息。

2)建筑物全过程的信息之间相互关联,对三维模型数据库中信息的任何更改都会引起与该信息相关联的其他信息的更改。

3)BIM 支持协同工作。BIM 技术基于开放的数据标准——IFC 标准,有效地支持建筑业各个应用系统之间的数据交换和建筑物全过程的数据管理。

BIM 技术的三大特点改变了传统建筑业的生产模式,利用 BIM 模型,建设项目的信息在其全生命周期中可以实现无障碍分享,无损耗传递,为建设项目全生命周期中的所有决策及生产活动提供可靠的信息基础。CAD 技术和 BIM 技术对比见表 4-1。

表 4-1 CAD 技术与 BIM 技术对比

对象类别	CAD 技术	BIM 技术
基本元素	基本元素为点、线、面,无专业意义	基本元素如墙、窗、门等,不但具有几何特性,同时还具有建筑物理特征和功能特征
修改图元位置或大小	需要再次画图,或者通过拉伸命令调整大小	所有图元均为参数化建筑构件,附有建筑属性;在"族"的概念下,只需要更改属性,就可以调节构件的尺寸、样式、材质、颜色等

（续）

对 象 类 别	CAD 技术	BIM 技术
各建筑元素间的关联性	各个建筑元素之间没有相关性	各个构件是相互关联的，例如删除一面墙，墙上的窗和门跟着自动删除；删除一扇窗，墙上原来窗的位置会自动恢复为完整的墙
建筑物整体修改	需对建筑物各投影面依次进行人工修改	只需进行一次修改，则与之相关的平面、立面、剖面、三维视图、明细表等都自动修改
建筑信息的表达	提供的建筑信息非常有限，只能将纸质图电子化	包含了建筑的全部信息，不仅提供形象可视的二维和三维图，而且提供工程量清单、施工管理、虚拟建造、造价估算等更加丰富的信息

4.1.3 BIM 技术的发展趋势

目前，BIM 技术多应用于工程建设项目的设计阶段，而在施工阶段和运营阶段的应用还较少，业界正在致力于 BIM 的深度应用、全生命周期和全专业链的打通，以便充分发挥 BIM 技术的价值。

随着 BIM 技术的深入应用和研究，不远的将来，BIM 的应用将覆盖工程项目建设的全生命周期。从纵向来说，BIM 的全生命周期应用是从项目的策划、设计、施工一直延伸到运营，直到被拆除或者毁坏；从横向来说，BIM 的应用覆盖范围从业主、设计师、承包商到房地产经纪、房屋估价师、抢险救援人员等各行各业的人员。BIM 技术将进一步细化建筑业的分工，并能够实现三维环境下的协同设计、协同管理、协同运维，实现将空间模型与环境资源信息的深入整合，形成完整的建筑信息模型。

BIM 与新兴信息技术集成。在新技术集成方面，近年来，随着物联网技术（IoT）、点云技术、遥感技术、倾斜摄影技术、VR 技术、3D 打印技术、3D 激光扫描技术、地理信息系统技术（GIS）、无人机技术等新兴技术的兴起和发展，BIM 技术在自身不断发展的同时也在不断与这些先进技术进行集成与融合，应用方法也更加灵活。例如，现在可以把监控器和传感器放置在建筑物的任何一个地方，对建筑内的温度、空气质量、湿度进行监测。接着将供热信息、通风信息、供水信息和其他的控制信息一起通过无线传感器网络汇总给工程师，这样就可以对建筑的内部环境的数据实时监控。

BIM 软件集成化。为了实现 BIM 技术在项目全生命周期的应用，BIM 软件的开发正朝着软件平台集成化、信息标准统一化、用户界面一体化的方向发展。

4.2 | BIM 的相关标准与开发

4.2.1 BIM 技术标准

BIM 标准的发展是 BIM 技术推广普及的基础。BIM 模型在应用的过程中将存储大量的信息，这些信息往往贯穿于项目的全生命周期。建设项目在施工过程中有众多的参与方，这些参与方需要在同一个建筑信息模型下获取自己所需的信息，这也对信息的传递提出高要求。在信息的传递和读取的过程中，若没有一个完善的 BIM 标准体系，则信息的传递过程中往往会出现工作的重复和信息的缺失。现有的建筑信息模型（BIM）软件种类繁多，数据标准各异，软件之间的数据传递容易丢失信息，为解决不同软件之间的"信息孤岛"问题和互操作性问题，有必要建立统一的 BIM 标准，如传递标准、实施标准等。

建立 BIM 标准的关键是信息传递问题，明确信息传递的规则才能建立信息传递标准。建立 BIM 信息传递标准需要讨论几个问题，分别是信息最小粒度、信息属性、信息传递流程。信息最小粒度决定着在 BIM 模型创建过程中建立的最小单元，这决定着 BIM 模型的精细程度。信息属性是 BIM 模型里面单元的属性定义，保证单元的属性明确，不会在信息传递过程中对单元的性质产生歧义。解决信息交互过程问题，是为了在信息的传递过程中，规范各个阶段的 BIM 模型对不同属性的构件信息有准确的识别。总的来说，统一的 BIM 标准用于规定三方面的内容：①什么人在什么阶段产生什么信息——支付标准；②信息该采用什么格式——数据模型标准；③信息应该如何分类——分类编码标准。

1. 支付标准——IDM 标准/IFD 标准

在建筑工程项目中，BIM 信息的传递分为横向传递（不同专业间）与纵向传递（不同阶段间）两种。若要保证信息传递的准确性与完整性，需要对传递过程中涉及的信息内容、传递流程、参与方等进行严格的规定。由以上描述可知，IFC 是对建筑对象的信息总成，然而在信息传递的过程中，仅需要部分信息，而不需要所有的模型信息，如何筛选出需要的信息，这就需要支付标准。支付标准主要包括 IDM、IFD 两类标准，可以提高各参与方、各阶段间 BIM 信息传递的效率与可靠性。

IDM 的全称是 Information Delivery Manual，信息交付手册。IDM 能够以自然语言描述建筑工程项目的实施流程，明确用户在不同阶段进行不同工作时需要的信息，识别并描述对建筑工程项目实施过程的详细分解，为 BIM 应用软件中相关工作流程建立参考。

IFD 的全称是 International Framework for Dictionaries，中文可以叫"国际字典框架"。与 IDM 使用自然语言的描述不同，IFD 采用了概念和名称或描述分开的做法，引入类似人类身份证号码的 GUID（Global Unique Identifier，全球唯一标识）来给每一个概念定义一个全球唯一的标识码，不同国家、地区、语言的名称和描述与这个 GUID 进行对应，保证每一个人通过信息交换得到的信息和他想要的那个信息一致。

2. 数据模型标准——IFC 标准

数据模型标准规定了 BIM 模型中所有建筑信息的内容及其结构，是不同的建筑工程软件交换和共享信息的基础。IFC 标准是目前国际上普遍应用的一种数据模型标准。IFC 是 Industry Foundation Class（工业基础类）的缩写，由国际组织 building SMART International（bSI）（原 International Alliance for Interoperability，IAI）制定，是开放的建筑产品数据表达与交换的国际标准。IFC 的使命是定义、推广和出版一个基于对象的用于共享信息的标准，这个标准能满足全球可用、贯穿项目生命周期、横跨所有专业和不同应用软件之间互通。IFC 的目标是满足工程建设行业所有项目类型、所有项目参与方、所有软件产品的信息交换，是整个工程建设行业进行所有设施设计、施工、运营所需要的信息总成。目前，建设项目的每个阶段都有支持 IFC 标准的 BIM 软件及相关软件，IFC 标准可应用在从勘察、设计、施工到运营的工程项目全生命周期中。IFC 数据模型是一个不受某一个或某一供应商控制的中性和公开标准，是工程建设行业进行数据互用的面向对象的文件格式，是 BIM 最普遍使用的格式。

3. 分类编码标准——OmniClass 标准

国际上现有四种主流建筑信息分类与编码体系：ISO12006-2、Unifornat Ⅱ、Masterformat 和 OmniClass。其中，OmniClass 更为通用，Revit 默认该编码体系。OmniClass 参考了 ISO12006-2 和 Unifornat Ⅱ，直观简洁，并可以与 IFC 实现对接。OmniClass 标准涵盖了建筑全生命周期的各类信息，用于信息的组织、保存，便于建筑信息的利用；用于数据库建设，以代码代替类别名称保存在数据库中，以便用计算机进行高效处理，依据描述角度的不同划分为 15 张表。针对不同的表格，可依据分类对象的属性和特征建立不同的分类规则，从而对表格内容进行多层次细分。OmniClass 标准采用纯数字编码方法，表格中每一层级编码都为 2 位数值，取值范围为 01～99。例如，22-07 32 19 表示金属屋顶瓦，"22"为表 22 的"工作结果"；07 32 19 表示表 22 中的具体位置，07 表示第一层分类防水保温，32 表示第二层分类屋顶，19 表示第三层分类金属屋顶瓦。OmniClass 标准能够唯一地确定需要表示的对象。2018 年我国开始实行《建筑信息模型分类和编码标准》（GB/T 51269—2017）。

建筑全生命周期涉及大量的信息，有效地存储与利用这些信息是相关参与方降低成本、提高工作效率的关键，而实现信息有效存储与利用的基础是信息分类和代码化。鉴于建筑全生命周期的信息量非常大，种类也非常多，分类编码标准是开展信息分类和代码化工作不可缺少的工具。信息分类编码包括分类和编码两部分。分类的目的是区别具体的信息属于哪个类别，分类结果取决于分类的角度。编码是给分类后的条目编制的一个唯一代码，其目的是便于计算机处理，因为与实际名称相比，代码更适合计算机处理。

4. 三种标准的区别和联系

在全球化的今天，一个建设项目的参与方（业主、建筑师、工程师、总包、分包、预制商、供货商等）来自不同国家、不同地区、不同语言、不同文化背景的情况司空见惯，而在信息交换过程中，基于 IFC 标准，用自然语言描述某一事物时，这一语言能否被另一个 BIM 应用软件理解是不能确定的。例如，一名建筑师在给梁的组成材料设置为"混凝土"时，也能设置为"砼"，甚至可以设置为"concrete"。这对于人类来说理解起来很容易，但是计算机理解起来却很困难。对于这个问题，数据模型标准 IFD 能够对建筑工程项目全生命周期涉及的所有信息进行统一描述。但是在建筑工程项目的具体阶段，参与方使用一定的应用软件进行业务活动时，其信息交换需求是具体而有限的。如果对信息交换需求没有规定，即使两个软件支持同一数据模型标准（IFC），在两者之间进行信息交换时，很可能出现提供的信息非对方所需的情况。对于这一问题，IDM 标准能够明确用户在不同阶段进行不同工作时需要的信息，识别并描述对建筑工程项目实施过程的详细分解，为 BIM 应用软件中相关工作流程建立参考。

简单来说，为了使信息的横向传递和纵向传递顺畅无阻，三类标准在这个过程中都扮演了不同的重要角色。首先，分类编码标准（OmniClass）确定了信息的存储分类方式和计算机能识别的代码；其次，IFC 确定了信息交换的格式（其过程是，应用软件 A 生成基于 IFC 标准的建筑模型，并保存在一个符合 IFC 标准的中性格式文件中，然后应用软件 B 直接从该中性格式文件中读取数据，从而完成两者的数据交换），而 IDM 定义了每一次具体要交换什么信息。打个比方，IFC 相当于一座仓储中心，OmniClass 是这个仓储的分类方法，而 IDM 就是清单，IFD 是清单的唯一代码，确定所取的货就是清单上的那一个。

4.2.2 BIM 软件平台的开发

BIM 技术是一个 BIM Tools，也就是 BIM 软件族。BIM 技术几乎涵盖了每一个应用的方向、专业、项目的任何阶段，但是目前没有一个或者一类软件能涵盖一个项目的全生命周期。

1. BIM 软件的分类

按照 BIM 类软件的核心功能进行分类，可以分为 BIM 核心建模软件和 12 类衍生建模软件。BIM 核心建模软件组成 BIM 类软件的基础，由这类软件按照扩展出的功能可以衍生出 BIM 方案设计软件、与 BIM 接口的几何造型软件、可持续分析软件、机电分析软件、结构分析软件、可视化软件、模型检查软件、深化设计软件、模型综合碰撞检查、造价管理软件、运营管理软件、发布和审核软件 12 类。

可以将在市场上具有一定影响的 BIM 软件类型和主要软件产品一并考虑（见表 4-2），从中也可以看出国产软件在此领域内所处的位置。

表 4-2　BIM 主要软件产品

BIM 软件类型	主要软件产品
BIM 核心建模软件	ArchiCAD，Revit，Bentley，Digital Project
BIM 方案设计软件	Onuma Planning System，Affinity
与 BIM 接口的几何造型软件	Rhino，Sketchup，Form Z
可持续分析软件	Autodesk Ecotect Analysis，IES，Green Building Studio，PKPM
机电分析软件	Trane Trace，Design Master，IES Virtual Environment，博超，鸿业
结构分析软件	SATWE，PMSAP，ETABS，迈达斯，PKPM
可视化软件	3DS Max，Lightscape，Accurender，Artlantis
深化设计软件	Tekla Structure，Xsteel，探索者，BeePC
模型综合碰撞检查	Autodesk Navisworks，Projectwise Navigator，Solibri Model Checker
造价管理软件	Innovaya，Solibri，鲁班，斯维尔，广联达
运营管理软件	Autodesk Building Ops，Field Assets for InfraWorks 360，Archibus
发布和审核软件	A360 Viewer，BIM 360 Team，Navisworks Freedom，Design Review

目前，全球的 BIM 软件从研发的角度主要分为三大软件群，分别是 Autodesk 公司的 Revit 软件群、GRAPHISOFT 公司的 ArchiCAD 软件群以及 Bentley 的 Power civil 软件群，如图 4-2 所示。

（1）Autodesk 软件开发平台及其主要产品

Autodesk 公司是世界领先的设计软件和数字内容创建公司之一，业务主要涉及建筑设计、土地资源开发、生产、公共设施、通信、媒体和娱乐。Autodesk 创建于 1982 年，主要提供设计软件、Internet 门户服务、无线开发平台及定点应用，帮助了遍及全球 150 多个国家的四百多万用户推动业务，保持竞争力。Autodesk 公司是全球最大的二维和三维设计、工程与娱乐软件公司，为制造业、工程建设行业、基础设施业以及传媒娱乐业提供了卓越的数字化设计、工程与娱乐软件服务和解决方案。Autodesk 公司旗下的 Revit Architecture、Revit Structural、Revit MEP，在民用建筑市场借助 AutoCAD 的天然优势，有相当不错的市场表现。

（2）Bentley 软件开发平台及其主要产品

Bentley 公司致力于提供全面的可持续性基础设施软件解决方案，其核心业务是满足负

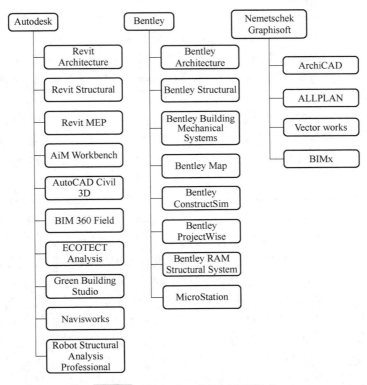

图 4-2　全球 BIM 软件厂商及软件

责建造和管理全球基础设施，包括公路、桥梁、机场、超高层、工业厂房和电厂以及公用事业网络等领域专业人士的需求。Bentley 在基础设施资产的整个生命周期内针对不同的职业，包括工程师、建筑师、规划师、承包商、制造商、IT 管理员、运营商和维护工程师的需求提供量身定制的解决方案，每个解决方案均由构建在一个开放平台上的集成应用程序和服务组成，旨在确保各工作流程和项目团队成员之间的信息共享，从而实现数据互用性和协同工作。Bentley 产品在工厂设计（石油、化工、电力、医药等）和基础设施（道路、桥梁、市政、水利等）领域有无可争辩的优势。

数据格式不统一是目前 BIM 面临的一大问题，而 Bentley 在自己的体系上很好地解决了这点。Bentley 软件最大优势在于不仅自己做平台，还开发专业工具软件；不仅自己开发，还到处收购，然后再把这些软件整合到 MicroStation 之上。MicroStation 是国际上和 AutoCAD 齐名的二维和三维 CAD 设计软件，第一个版本由 Bentley 兄弟于 1986 年开发完成，其专用格式是 DGN，并兼容 AutoCAD 的 DWG/DXF 等格式。MicroStation 是一个可互操作的、强大的 CAD 平台，是集二维绘图、三维建模和工程可视化于一体的完整的解决方案，其功能包括参数化要素建模、专业照片级的渲染和可视化以及扩展的行业应用。

（3）Nemetschek、Graphisoft

Graphisoft（图软）公司于 1982 年在匈牙利首都布达佩斯创建，现属于德国 Nemetschek 国际集团旗下品牌之一。图软公司致力于为建筑师、工程师以及施工人员提供专门的软件及技术服务。图软公司为建筑师打造了第一款 BIM ArchiCAD，结合其创新的 BIM 生态系统解决方案持续引领行业进步和 BIM 变革。

2007 年，Nemetschek 收购 Graphisoft。ArchiCAD 属于一个面向全球市场的产品，应该可以说是最早的一个具有市场影响力的 BIM 核心建模软件，但是在我国由于其专业配套的功能（仅限于建筑专业）与多专业一体的设计院体制不匹配，很难实现业务突破。Nemetschek 的另外两个产品，ALLPLAN 主要市场是在德语区，Vectorworks 则是其在美国市场使用的产品名称。

2. BIM 软件平台集成

BIM 软件是一个工具族，在项目全生命周期的不同阶段、不同专业、不同项目都有相对应的 BIM 软件，这就难免给不同软件间的信息传递造成困难。为了避免产生信息孤岛现象，未来，BIM 软件平台开发的 BIM 软件将朝着集成化、单一化、多功能化发展。

（1）接口集成

这里说的接口集成是指软件本身的狭义"接口"集成，也就是通常软件开发中常要提及的 API——Application Programming Interface（应用程序编程接口）。某一 BIM 软件的未来其实在很大程度上依赖于其软件接口的前景如何。但在我国软件业，开发人员在软件架构之初只是遵循为软件的最终使用者（用户）来设计软件，对于如何实现合理的软件 API 却只为少数人所重视，这也是我国建筑软件业所面临及需要解决的问题。目前，国内基于不同建筑领域与层面的软件都已基本成型，小到三五百元的建筑资料软件，大到几万元的设计计算软件，更大的到百万元甚至是千万元级别的应用集成信息化系统。多家软件公司的多个建筑软件分支共同为建筑软件使用者提供服务，多个软件需要互相之间的数据传递，提供合理的 API 来进行相关集成将是必不可少的，这也是建筑软件开发者所需要面对的问题。API 的存在与公开，意味着软件可扩展性是否能够得到提升，对于扩展的深度需参照 API 对于软件模块本身控制的操作接口是否达到一定的深度来界定。

（2）系统集成

系统集成在软件行业中算是个比较复杂的工程。多数能实现此种集成方案的软件很大程度上是基于软件开发初期具备合理的架构。但是，现阶段多数建筑软件在架构之初由于各种原因未曾考虑过集成架构，在此基础上发展出的软件只是以满足某一方面需求为目的的单独软件。而如需适用于 BIM 软件，必须考虑各种方法达到集成。下面仅以理论可行性进行相关探讨。软件集成一般包括用户界面集成、数据集成和代码集成三个方面的内容。

1）用户界面集成。集成中的用户界面是软件接口"广义"定义的人机接口，即人与软件之间的交互界面。这种人、软件之间的接口称为"用户界面"，也就是"UI"——User Interface。

2）数据集成。所谓的数据集成，是对所集成对象所使用的数据库底层进行集成，包含互相迁移和转换、访问调用和相互传输等。

3）代码集成。任何一种软件开发都离不了代码级别的过程参与。代码集成又可以分为不同开发平台的代码集成和同一种开发平台的代码集成两种。

4.3 BIM 技术及相关工具

4.3.1 BIM + GIS 技术

1. BIM 和 GIS 的区别和联系

GIS（Geographic Information System，地理信息系统）是在计算机硬件系统与软件系统的支持下，采集、存储、检索、管理、分析和描述空间物体的定位分布及其相关的属性数据的一类计算机系统，是一门集合计算机科学、测绘学、地理学、环境科学、空间科学、城市科学、管理科学和信息科学等学科，且快速发展起来的新兴边缘学科。我们生活中使用的智能导航系统便是基于 GIS 系统。GIS 侧重于室外的信息表达，为城市的建设提供基础框架。

GIS 数据是空间信息的基础，GIS 技术集成了三维城市模型的信息，为城市建筑规划数据提供了有效的存储、管理和维护手段。目前很多城市空间管理系统都是基于 GIS 技术研发而成的。GIS 通过三维建模技术展现设施的地理位置以及建筑外观，GIS 通过对海量三维地理空间信息数据进行获取、存储、管理、分析，能够真实呈现大范围的地理空间。

BIM（建筑信息模型）侧重于单体建筑的精细化表达，具有可视化、一体化、参数化、仿真性和可出图性这五大特点。它可以帮助实现建筑信息的集成，从建筑的设计至运营全过程管理，将各种信息始终整合到一个三维模型中，各参与建设的单位人员均可从模型中输入或者调取自己所需信息（几何信息、专业属性、状态信息等），即协同工作。BIM 的数据库是动态变化的，在应用中不断修改、更新、完善。

BIM 的实现基于 3D 技术，它可以将现实世界中的建筑物全生命周期的各个阶段不同类型的信息以精确的数字化虚拟建筑模型的形式呈现出来，建立项目信息功能和实体一体化的可视化数字化模型。BIM 与 GIS 的功能比较见表 4-3。

表 4-3 BIM 与 GIS 的功能比较

功能比较	BIM	GIS
规划功能	主要用于室内规划	主要用于室外规划，如工地选址、物流服务和紧急疏散设计等
空间关系	建筑构件之间的空间关系不是以连接关系的形式存储	GIS 系统用来收集、存储、分析、管理和呈现与位置有关的数据，但对于建筑信息只能描述其外形
拓扑结构	拓扑结构工具不成熟，既不能分析空间关系，也不能应对不同的数据集	拓扑结构工具十分成熟，可用来存储和模拟不同行业的空间关系数据
分析功能	提供便捷的分析功能，例如布尔运算、实体造型、交叉分析、长度测量以及数量统计等	提供基于矢量和栅格的空间分析、最短路径分析、网络分析、表面积计算和属性分析等
坐标体系	直角坐标系统	可以使用任何坐标系统或投影
本质区别	新设施在建设时可以与设计的形状、大小、空间关系属性信息相比较	侧重于数据库管理系统功能，可在一个通用的平台上查询、显示空间属性数据

GIS 的出现为城市的数字化发展奠定了基础，BIM 的出现加载了城市建筑物的整体信息，而 GIS 平台在其强大功能的支撑下可以毫无限制地打开浏览 BIM 模型，两者的结合创建了一个附着了大量城市信息的虚拟城市模型，而这正是智慧城市的基础，对实现智慧城市建设发挥了不可替代的作用。

2. BIM 和 GIS 集成应用——智慧城市建设

智慧城市是非常复杂的系统工程，是通过整合整个城市各领域、各行业的信息资源及信息化成果，实现城市规划、建设、管理、服务以及城市经济、社会、生活等全方位的智慧化。智慧城市包括了智慧基础设施、智慧治理、智慧民生、智慧产业、智慧人群、智慧环境等几个部分，这是一个系统的、生态的发展体系，如同人一样，具有感知、行动、思考能力及鲜明的个性特征。智慧基础设施如同人的腿和脚一样，是智慧城市发展的基础；智慧治理和智慧民生如同人的双手一样，是智慧城市运营的关键，要一手抓管理，一手抓服务，协调发展；智慧产业如同人的躯干一样，是支撑智慧城市持续发展的重要力量；智慧人群如同人的大脑一样，是智慧城市运营的主体，是智慧城市健康发展的指挥中枢；智慧环境如同人的生存环境一样，是智慧城市发展的基本载体和重要支撑。

在 21 世纪，GIS 和 BIM 的结合越来越紧密，而它们更成为智慧城市发展的助推剂。BIM 技术和 GIS 技术的集成，实质上是建筑设施室内微观模型信息和室外宏观信息的关联整合，最终完成真正意义上的三维数字城市的建立。BIM 中的大量高精度模型数据可作为 GIS 模型中的重要数据来源，包括建筑设施内部的几何模型数据及所属的多维信息数据，如设施的材料信息、造价信息、成本信息、设备信息等，并可以利用虚拟现实技术实现建筑设施内的高精度仿真，实现室内空间功能布置、家具摆放、装修效果预览、室内通风采光模拟分析等功能。两者的集成，使多领域的协同深化应用成为可能，BIM 和 GIS 的融合应用在以下 3 类领域中将起到重要作用：

（1）智慧交通

运用 BIM 和 GIS，可以建立一个区域完整的交通系统模型，模型中附着道路的详细信息，如设计单位、施工单位、建设时间、通车时间、使用年限、道路现状、建造材料、断面形式、服务车型、与哪些道路相连接等。在规划设计交通时，可以给设计好的道路建立模型，置入现状交通系统模型中，模拟车流、客流情景，检测道路设计的合理性，根据模拟的结果优化道路设计。在交通系统模型中载入传感信息技术，能有效掌握实时交通信息，合理调配交通资源，减少资源浪费，实施绿波交通，提高道路通行能力，缓解道路拥堵的状况，从而提高交通运输效率。

（2）城市灾害模拟

相较于使用 GIS 模拟城市救援和疏散路线，BIM 的加入为应急管理部门增加了精确的室内路线、各类灾害模拟和震后重建模拟等功能，提高了救援的精确定位和应急响应效率，并使得城市多种灾害的救援和震后重建方案趋于合理。

（3）城市可持续发展规划管理

如何对城市进行合理规划并高效率利用城市空间是 BIM 和 GIS 融合应用的初衷，也是两种技术结合最成熟的领域。通过分析城市人群分布、城市空间形态、建筑群功能和时间波动等信息来合理规划城市中心和副中心以及各类职能中心的位置，可在保证居民生活质量的前提下，实现城市人口的合理分流，减缓城市中心的压力，提高空间使用效率。将 BIM 对单体建筑的日照、噪声、风场等技术模拟分析整合到 GIS 的城市布局中，得到准确的城市空间能耗数据，并基于此进行合理规划，这为城市可持续发展奠定了基础。

4.3.2 BIM + 点云技术

点云技术是一种空间位置信息获取技术，其通过激光、拍照等技术获取所扫描物体的离散点信息，用空间物体的离散点信息来表达一个物体的空间形态。因其使用大量点的位置信息，所以称为点云。点云技术的具体介绍详见第 6 章。

利用点云技术自动创建 BIM 模型是一个复杂的过程，涉及对象识别、点云处理、参数化建模等多个领域的知识。其基本过程可以概括为点云数据获取、原始点云数据初步处理、点云模型构建几个步骤，具体流程如图 4-3 所示。

点云数据创建三维BIM模型		
点云数据获取	原始点云数据初步处理	点云模型构建
步骤 利用激光式扫描仪获取点云数据 或 利用拍照式扫描仪获取点云数据	去噪处理 → 空间坐标转换 → 冗余处理	利用相应软件建立点云三维模型
具体内容 激光式扫描仪通过连续的激光读取物体表面特征点的位置信息，并将其存储在空间坐标系下，形成点云数据。拍照式扫描仪基于光学三角测量原理，通过特殊的算法获取点云数据，进行非触式测量	利用专业软件或人工方式对扫描中出现的失真点和噪点进行必要相关的处理，以方便后期点云模型构建。扫描仪测量到的点云数据是在测量坐标下的测量值，需要进行坐标转换，将测量坐标转换为项目需要的空间坐标。在原始点云中，会存在大量的冗余，冗余使原始数据的体量非常的庞大，普通的计算机不足以运算如此数量巨大的数据，合理地处理这些冗余数据，不仅能使建模的过程更加快捷，也能节约资源	目前常用的基于点云数据的三维建模软件有Cyclone、GeomagicStudio等，此外其他针对三维建模作为辅助软件的有3D MAX、PCL、Photoshop、Sky Line等

图 4-3　点云数据创建三维 BIM 模型流程

点云技术的成熟，为 BIM 技术的发展提供了一条新思路。在建筑的全生命周期中 BIM 技术的基础是模型。人工建模的种种不便与误差性让点云技术的应用前景可观。以旧楼改造为例，手动建立的旧楼信息模型必然存在大量误差，而且模型建立周期长。但结合了三维激光扫描仪，能够快速准确地获取建筑的三维点云信息，将这些信息进行逆向建模，导入到 BIM 软件中，将能大大节约项目成本，帮助设计师更加快速高效地完成改造设计任务。

点云 BIM 模型的实质就是重建已存在建筑物的实际 BIM 模型，其包含的是这类模型的全部数字信息。点云技术在辅助 BIM 建模方面有着巨大潜力，在面对大规模工程以及批量产品的要求时，可利用点云技术实体建模促进 BIM 产品库的构建。点云技术与产品库相结合，能准确掌握产品信息，帮助建筑全生命周期中的所有相关方更好地利用 BIM 完成计划任务与工程目标。

4.3.3　BIM + 无人机技术

无人驾驶飞机简称"无人机"（Unmanned Aerial Vehicle，UAV），是利用无线电遥控设备和自备的程序控制装置操纵的不载人飞行器。无人机因其在局部地区数据采集快速、不受天气影响、可近距离采集等优点，在各行业都有突飞猛进的发展，尤其是测绘行业，无人机影像采集数据建模技术也在不断发展。目前的建模软件也比较方便、稳定、快捷。利用无人机进行项目周围场地建模，具有速度快、时效性高、清晰度高等优点，能够反映项目周围环境的实时变化及影响。如果将无人机建模与 BIM 模型结合起来，利用无人机技术进行 BIM 模型的场地部分制作，就可以丰富 BIM 模型场地部分的信息，从而进一步推广 BIM 技术，增强 BIM 技术的应用。

无人机能够通过超低空航空摄影测量获取现势性强的数字表面模型（DSM）和数字高程模型（DEM），以此来真实地反映工程项目在拍摄时刻的实际场景，既能保证高度的时效性，又能保证现场场景的真实性。而 BIM 可以提供基于设计参数的工程构筑物的三维设计模型，工程结构内部的位置关系和数据是准确细致的。"无人机 + BIM"的融合，可以实现将设计构筑物镶嵌在工程实际场景中的构想，使得 BIM 技术的虚拟现实功能更加真实，彻底改变了 BIM 模型场地部分弱化、立体度不够的问题，实现了 BIM 场景的真实化。

1. 无人机数据实景三维建模

基于无人机倾斜摄影技术的实景三维建模主要包括数据采集、数据预处理、空中三角测量、密集匹配、模型构建、模型修饰及模型精度检验等环节，其技术流程如图 4-4 所示。

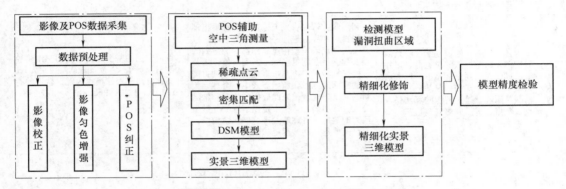

图 4-4　无人机实景三维模型建模过程

无人机采集现场数据的过程是先根据测区信息设置航带坐标，根据项目需求选择合适的飞行区域，设置好相关参数，然后制订飞行计划，并完成飞机设置及其他各项准备工作；按正确方式放飞无人机，利用地面控制软件观察飞机的飞行姿态和任务进展，确保无人机的安全和任务的顺利进行，完成数据采集。然后利用后期软件，对无人机采集的数据进行处理，与地面控制点数据进行匹配后，形成目标地区的数字影像或模型等成果。无人机数据建模的缺点是，只能获取地形表面的数据信息，对于建筑物或构筑物内部的结构关系及尺寸无法涉及，这对于建筑的使用者和建造者来说都是无法接受的。但是使用无人机采集的数据进行工程建筑物周围的场地建模是可行的，而且可以根据需要及时更新。

2. 无人机实景三维模型和 BIM 模型进行融合

BIM 建模完成后，为了与无人机场地模型进行融合，首先要进行模型的转换，让无人机模型与 BIM 模型有结合到一起的可能，然后需要对 BIM 模型进行一些调整：①在无人机模型中插入工程线路坐标，将 BIM 模型按坐标导入到无人机模型中，以此实现 BIM 模型与无人机模型位置的精确匹配；②通过调整各部分结构模型的比例，使得 BIM 模型与无人机影像数据比例保持一致，最终实现 BIM 模型与现场无人机模型的高精度叠加融合，既保证了BIM 模型的精度，又保证了工程项目场景的丰富信息。经过对 BIM 模型与无人机模型的不断调整和分析及现场比对，最终实现两者的完美融合。

3. 无人机实景三维数据模型和 BIM 模型的关系

在通过无人机创建的倾斜摄影实景三维模型的过程中，可得到地形表面的 DEM 数据，从而为创建 BIM 模型准备了相应的地表信息，融合后的 BIM 模型又为实景三维模型的信息预分析提供了保障。结合两种模型的特点，两者之间的联系具体可以表述为：

1）在融合模型中，BIM 提供了目标建筑的全部信息，包括建筑内部结构、表面纹理等信息；实景三维模型提供了建筑所处的场地信息，可为场景分析提供足够精准的数据。

2）倾斜摄影得到的 DSM 数据经过滤波、修整等手段处理后，可以提取出 DEM 数据。DEM 数据在 BIM 模型的创建过程中能够提供地表信息，对于工程中的填挖方计算等起到至关重要的作用。

4.4 BIM 技术在工程建设各阶段的应用

4.4.1　BIM 技术在设计阶段的应用

从 BIM 的发展史可以知道，BIM 最早就是应用在建筑设计方面，然后扩展到建筑工程的其他阶段。BIM 在建设设计的应用范围很广，无论是在设计方案论证，还是在设计协助、协同设计、建筑性能分析、结构分析，以及在绿色建筑评估、规范验证、工程量统计等许多方面都有广泛的应用。

1. 可视化设计过程

在方案和施工图设计过程中，BIM 的成果是多维的、动态的，可以较好地、充分地就设计方案与各参与方进行沟通，对项目的建筑效果、机电设备系统设计及各类经济指标的对比等都可以更直观地进行展示与交流。利用 BIM 技术，可以使设计工作的重心回归到设计本身，设计工作者能够更全面地投入建筑体量的推敲、平面的组合等工作，从而更好地解决复杂形体设计、复杂部分深化优化、出图难的问题。同时，方案阶段的 BIM 模型可作为设计条件转移到施工图设计阶段，应用于施工图设计阶段的模型和基于模型的施工图，从而更直观地指导现场施工。

2. 参数化与协同设计

BIM 模型的建立使得设计单位从根本上改变了二维设计的信息独立问题。传统二维设计模式下，建筑平面图、立面图以及剖面图都是分别绘制的，如果在平面图上修改了某个窗，那么就要分别在立面图、剖面图上进行与之相应的修改。这在目前设计周期普遍较短的情况下，难免会出现疏漏，造成部分施工图已修改而其他施工图没有修改的低级错误。而 BIM 的数据是采用唯一、整体的数据存储方式，无论平面图、立面图还是剖面图，其针对某一部位采用的都是同一数据信息。这使得修改变得简便而准确，不易出错，也极大地提高了工作效率。

3. 性能分析

在设计初期，管理者就可以利用与 BIM 模型具有互用性的能耗分析软件，为设计注入低能耗与可持续发展的理念，大大降低了修改设计以满足低能耗需求的可能性。除此之外，各类与 BIM 模型具有互用性的其他软件都在提高建设项目整体质量上发挥了重要作用。

4.4.2　BIM 技术在施工阶段的应用

目前工程项目施工管理在技术革新、管理模式创新和项目流程梳理上都有了质的飞跃，行业内的企业已普遍拥有一套适合企业和社会发展的管理体系。但是，理想的项目施工管理体系执行难度仍非常大。工程项目数据量大，各岗位间数据流通效率低，团队协调能力差，项目施工管理各条线获取数据难度大，项目施工管理各条线协同、共享、合作难度大，工程资料保存难度大，设计图碰撞检查与施工难点交底难度大等问题成了制约项目管理发展的主要因素。而随着 BIM 技术的出现，上述问题得到了突破性解决。

1. 碰撞检查

BIM 技术强大的碰撞检查功能十分有利于减少进度浪费。项目施工中，因各专业的设计冲突会导致工程进度拖延，甚至会导致大量废弃工程，造成返工的同时，也造成了巨大的材料和人工的浪费。当前的产业机制造成设计和施工分家，设计院为了效益，尽量降低设计工作的深度，交付成果很多是方案阶段成果，而不是最终施工图，里面充满了很多深化下去才能发现的问题，需要施工单位的深化设计，由于施工单位存在技术水平有限和理解上的问题，特别是在工程较多的情况下，专业冲突十分普遍，返工现象常见。在我国当前的产业机制下，利用 BIM 系统实时跟进设计，第一时间发现问题，解决问题，带来的进度效益和其他效益都是十分惊人的。

2. 加快招投标组织工作

设计基本完成后，要组织一次高质量的招投标工作及编制高质量的工程量清单，这需要耗时数月。一个质量低下的工程量清单将导致业主方巨额的损失，利用不平衡报价很容易造成更高的结算价。利用基于 BIM 技术的算量软件系统，可大大加快计算速度和计算准确性，加快招标阶段的准备工作，同时可提升招标工程量清单的质量。

3. 过程模拟

BIM 技术将与 BIM 模型具有互用性的 4D 软件，项目施工进度计划与 BIM 模型连接起来以动态的三维模式模拟整个施工过程与施工现场，能及时发现潜在问题和优化施工方案，包括场地、人员、设备、空间冲突、安全问题等。同时，4D 施工模拟还包含了临时性建筑（如起重机、脚手架、大型设备等）的进出场时间，为节约成本、优化整体进度安排提供了帮助。在 BIM 模型上进行的过程模拟，能精确、直观地分析问题、解决问题，避免现场施工过程中出现的交叉作业施工"打架"带来的工期延误、投资浪费、质量安全隐患等，使管理者更好地掌控工程总体进度，实现项目各项目标。

通过将二维的进度计划导入 BIM 模型，可以展示动态的四维施工组织与施工进度模拟，可视化地将工程进度计划与模型融合在一起，更加直观地管理、控制好工程进度。同时可以分阶段、分专业统计主要材料的工程量，及时安排好材料采购计划，对投资进行精细化管理，避免各种浪费。对于施工的重点、难点，提前在模型上面进行施工模拟，可以更好地控制工程质量和安全性。

4. 预制化加工

细节化的构件模型可以由 BIM 设计模型生成，可用来指导预制生产与施工。由于构件是以 3D 的形式被创建的，因此便于数控机械化自动生产。当前，这种自动化的生产模式已经成功地运用在钢结构加工与制造、金属板制造等方面，用于生产预制构件、玻璃制品等。这种模式方便供应商根据设计模型对所需构件进行细节化的设计与制造，准确性高且缩减了造价与工期；同时，消除了在利用 2D 图施工时由于周围构件与环境的不确定性导致构件无法安装甚至重新制造的尴尬境地。

4.4.3　BIM 技术在运营阶段的应用

建筑运营阶段是从项目竣工验收交付使用开始到建筑物最终报废的阶段。因此，项目运营管理是整个建筑运营阶段生产和服务的全部管理，主要包括：①经营管理，为项目最终的使用者、服务者以及相应建筑用途提供经营性管理，维护建筑物使用秩序；②设备管理，包括建筑内正常设备的运行维护和修理、设备的应急管理等；③物业管理，包括建筑物整体的管理、公共空间使用情况的预测和计划、部分空间的租赁管理，以及建筑对外关系等。而BIM 技术可以和运营管理阶段过程中的各个工作流程相结合，从而建立基于 BIM 技术的运营管理平台，如图 4-5 所示。

图 4-5　BIM 运营管理平台

BIM 在建筑运营管理阶段的具体应用有以下几个方面：

1. 资产管理

基于 BIM 的可视化数据模型，可以加强对资产管理对象设施信息的有效管理。BIM 模型中含有大量的数据信息，可以将建设项目的二维、三维信息及材料设备、价格、厂家等信息全部包含在模型中，为全面维护管理提供基础信息，全面与现实相匹配，避免了信息分离及丢失。

同时，企业或组织可以将所有资产建立起三维信息模型，通过对模型中所有资产信息的统计，及时更新，汇总出资产盘点情况表，从而便于对资产的统一经营与管理，形成战略规划，提高资产利用率，使资产增值，创造更大的效益。

2. 设备维护保养计划

设施管理大部分的工作是对设备的管理。随着智能建筑的不断涌现，设备的成本在设施管理中占的比例越来越大，因此在设施管理中必须注重设备的管理。通过将 BIM 技术运用到设备管理系统中，使系统包含设备所有的基本信息，可以实现三维动态地观察设备的实时状态，从而使设施管理人员了解设备的使用状况，也可以根据设备的状态提前预测设备将要发生的故障，从而在设备发生故障前就对设备进行维护，降低维护费用。将 BIM 运用到设备管理中，可以查询设备信息，自助进行设备报修，也可以进行设备的计划性维护。计划性维护的功能是让用户依据年、月、周等不同的时间节点来确定设备的维护计划，当达到维护计划所确定的时间节点时，系统会自动提醒用户启动设备维护流程，对设备进行维护。

3. 应急疏散与安保管理

火灾是人们生命财产安全的重大威胁，要做好消防管理工作，不仅需要排除隐患，还要在火灾发生时能够做到有效控制灾情，疏散人群。因此，首先要有完善的应急预案，其次要有可靠的温度和烟雾颗粒监测技术，最后将这些即时信息反映在 BIM 信息集成平台上，使管理者能够对灾情发展有较好认知，从而有效引导疏散人群至安全区域。现如今高层、超高层建筑越来越多，发生火灾时营救和逃生都比较困难，消防人员所要承担的风险越来越大。通过 RFID 技术与 BIM 的结合，可以精准定位被困人员和消防人员的位置，引导消防人员进行搜寻，有效提高营救效率，降低营救风险。

4.4.4 BIM 与管理平台集成

将 BIM 与项目管理平台集成是基于 BIM、互联网及云技术开发集成的管理平台，能够将不同的 BIM 模型在管理平台中整合，同时将整合族库平台、安全质量管理平台、物资管理平台及进度管理平台，从而制定统一的数据标准，开发统一的数据双向接口，能实时同步各模块修改的业务数据，实现 BIM 模型和各业务数据集成显示在同一界面。项目人员能通过统一的入口切换到各子平台，做到了统一的用户、项目信息、文档及模型管理，方便项目人员随时随地地通过移动端进行信息查询、数据采集和二维码等操作。将建筑本身及内部设备的能源、空间、资产、维护、安全及环境等的管理由二维模式拓展到三维模式，是基于 BIM 与互联网＋云技术结合对公共建筑管理的一次革命性创新。

BIM 与项目管理平台集成具有以下优势：

1）整合企业平台系统，提高工作效率。BIM 项目集成管理系统平台基于 BIM＋云技术，开发出文档项目管理系统，通过整合企业已有的族库平台、安全质量管理平台、物资管理平台及进度管理平台，具备了信息可视化和集成化的优势，缩短了信息检索的时间，减少了信息传递的丢失率，且基于完整的信息集成更易实现各类信息的智能化关联，从而提高了工作效率。

2）数据的集中管理。在 BIM 集成管理平台前，各平台需要进行用户和权限的管理。基于 BIM 的项目集成管理平台，能够进行统一的用户和权限管理，从而减少了各平台的用户权限管理，减少了数据的冗余。

3）模型及业务数据集中管理。BIM 模型数据能在 BIM 集成管理平台中整合和集成，从而实现各平台模型数据的共享，减少模型数据存储的冗余。同时，各子平台的业务数据在 BIM 集成管理平台中统一集中管理和显示，呈现给用户，可以方便用户在同一平台中查看各平台的业务数据，且能够和各平台直接的业务数据修改进行实时更新。

4.4.5 工程实例

1. 项目基本概况

马銮湾医院为综合三甲医院，医院整体工程建成后将成为服务本地及周边地区的集医疗服务、科研教学、疾病防治为一体的重要公共卫生基地。新建建筑物包括门诊医技楼、病房楼、值班公寓、教学、科研及办公综合楼、报告厅、门卫、液氧站、污水处理站等。该工程除病房楼、教学、科研及办公综合楼、值班公寓为高层公共建筑外，其余均为多层公共建筑，高层公共建筑建筑类别为一类，耐火等级为一级，多层公共建筑耐火等级为二级，具体项目概况和设计方案如图 4-6 所示。

图 4-6　马銮湾医院项目概况

该项目的特点有：

1）建设规模大，结构形式复杂。项目总用地面积为 101700.89m²，总建筑面积为 307960m²，具有多处超高超重梁板结构，并配有飘带型钢结构。

2）空间复杂，专业要求高。建筑包括门诊医技楼、病房楼、值班公寓、教学、科研及办公综合楼、报告厅、液氧站、污水处理站等。

3）设计施工协调难度大，工期紧张。不同医疗专项区域多，各施工方介入时间晚且参与方多，施工界面难以明确，增加施工风险。

4）机电管线优化需求大。管线系统设计复杂，专业性强，机房数量多且空间有限，专用通道净高要求大。

2. 搭建基于 BIM 技术的管理机制

马銮湾医院的管理模式定位为"建设单位主导、参建单位共同参与的基于 BIM 技术的精益化管理模式"。为了达到上述目标，在工程最初招标时，建设方就将 BIM 的工作要求一起写入了总包招标文件，并确定了 BIM 的实施目标。

目前建筑业信息化技术应用水平较为低下，其主要瓶颈便是信息的共享。BIM 技术的出现为建筑相关信息的及时、有效、完全共享提供可能，为构建信息的无缝管理平台提供了相对可靠的手段。相比于传统的建造模式，马銮湾医院项目工程应用 BIM 技术参与工程的建设，包括项目的设计、施工，可以更好地促进各专业间的协同合作，避免了前期设计阶段的碰撞问题，并且通过成立 BIM 管理组，可以更好地协调各部门，指导施工。因此，本项目构建了BIM 项目管理框架，制定了详细的 BIM 实施流程（图 4-7），以及 BIM 人员架构（图 4-8）。

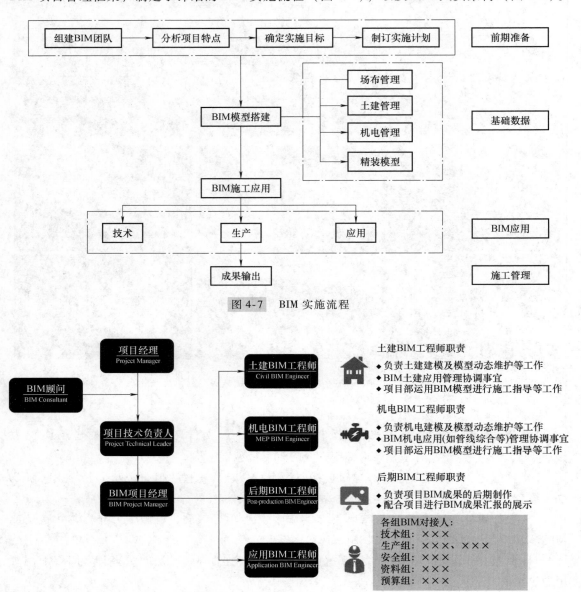

图 4-7　BIM 实施流程

图 4-8　BIM 人员架构

另外，马銮湾医院项目为更好地开展 BIM 工作，制订了相关进度计划管控表。项目部根据 BIM 进度计划管控表（图 4-9），制订 BIM 应用点汇总表（图 4-10），明确需要解决的问题和相关配合人员，以此推进项目精细化管理。

BIM进度管控表

作业时间：2018/7/1-2021/××/××

方案名：马銮湾医院项目

项次	项目	时间排定				工作计划		主办人员	协办人员	项目对接人
		预定开始	预定完成	实际开始	实际完成	本周计划	下周计划			差异天数
一	基础模型搭建	2018/7/1	2018/7/23	2018/7/1	2018/7/25			×××	×××、×××	×××
1	地形模型搭建	2018/7/1	2018/7/23	2018/7/1	2018/7/20			×××	×××、×××	3
1-1	依等高线绘制地形模型	2018/7/1	2018/7/23	2018/7/1	2018/7/20	等高线及高程点	地形模型的搭建	×××	×××、×××	3
2	基桩及桩胎膜的搭建	2018/7/1	2018/7/23	2018/7/1	2018/7/25			×××	×××、×××	2
2-1	基桩模型的搭建	2018/7/1	2018/7/23	2018/7/1	2018/7/25	基桩图拆分及阅读	基桩模型的搭建	×××	×××、×××	2
2-2	桩胎膜的搭建	2018/7/1	2018/7/23	2018/7/1	2018/7/25	桩胎膜模型的搭建	桩胎膜模型的搭建	×××	×××、×××	2
二	场布方案优化	2018/7/26	2018/8/10	2018/7/26	2018/8/10			×××	×××	×××
1	场布模型的搭建	2018/7/26	2018/8/10	2018/7/26	2018/8/10	场布图的阅读	场布模型的搭建	×××	×××	0
三	地下室深化应用	2018/8/1	2018/9/1	2018/8/1	2018/9/1			×××	×××、×××、×××	×××
1	地下室结构模型搭建	2018/8/1	2018/8/18	2018/8/1	2018/8/15			×××	×××、×××、×××	3
1-1	地下室主体柱模型搭建	2018/8/1	2018/8/5	2018/8/1	2018/8/5	地下室主体柱模型搭建	地下室主体柱模型搭建	×××	×××、×××、×××	0
1-2	地下室主体梁模型搭建	2018/8/6	2018/8/9	2018/8/6	2018/8/9	地下室主体梁模型搭建	地下室主体梁模型搭建	×××	×××、×××、×××	0
1-3	地下室主体墙模型搭建	2018/8/8	2018/8/10	2018/8/8	2018/8/10	地下室主体墙模型搭建	地下室主体墙模型搭建	×××	×××、×××、×××	0
1-4	地下室主体板模型搭建	2018/8/8	2018/8/15	2018/8/8	2018/8/11	地下室主体板模型搭建	地下室主体板模型搭建	×××	×××、×××、×××	0
1-5	地下室车道模型搭建	2018/8/11	2018/8/15	2018/8/11	2018/8/15	地下室车道模型搭建	地下室车道模型搭建	×××	×××、×××、×××	0

图 4-9　BIM 进度计划管控表

应用点	合同要求	解决项目难题	配合人员
模型创建	多专业BIM模型构件建立，并实现良好的上下游数据交换	通过BIM技术的可视化建模，提供项目可视化的设计成果表达，辅助现场施工人员快速准确理解施工图	BIM组、技术组、设计院
碰撞检查	通过BIM技术协调解决施工图问题；根据变更修正BIM模型并核查相关施工图问题	二维图不直观，空间难以想象，施工图中隐性问题通常难以发现，利用BIM技术整合各专业模型，提前发现二维图难以发现的空间使用、设计等问题，为项目提供可视化的设计参考，辅助现场施工	BIM组、技术组、设计院
重要节点交底	未具体	本项目复杂，地下室等区域标高复杂，针对项目施工重要节点，通过模型进行现场交底，通过BIM的信息处理能力开展项目应用	BIM组、技术组、生产组
二次结构深化	未具体	根据传统CAD排砖效率低，不直观，工程量统计难，采用BIM软件出具砌体排布方案并优化排版，指导现场施工，可有效控制砌体使用量，减少现场垃圾堆放，提高砌体施工质量	BIM组、技术组、生产组
预埋件及预留洞口深化	未具体	设计院出的机电预留洞未充分考虑各专业关系的排布问题，使后期施工过程中预留洞需要做新的调整。通过对管线的综合优化，调整预留洞口的位置，提高了预留洞口利用率，减少了二次开洞	BIM组、技术组、机电组
净空分析	未具体	根据项目业主、设计、规范等要求，确定各区域、空间的净高要求，BIM组组织各专业人员进行综合分析，解决了碰撞问题并优化了净高	BIM组、技术组、生产组、机电组、设计院
工程量清单应用	根据模型自动生成工程量清单及报表，为预算清单提供数据参考	传统工程量需要通过二维施工图进行繁琐的计算得出，通过准确的BIM模型，可快速地得出相应的工程量，为现场下料、项目预算清单提供数据参考	BIM组、商务组
BIM 5D的质量安全动态管控	利用移动设备对现场质量安全进行管理控制并进行统一可追溯管理	施工过程中，质量安全为施工现场管理的重要工作，针对施工的质量安全问题发现、收集过程中存在的混乱且不可追溯情况，使得现场施工的每一个问题都责任到人，并形成解决问题的闭环。方便现场管理人员发现、解决问题，并形成质量安全管理数据，为管理决策在项目过程中的纠偏控制提供了依据	BIM组、技术组、生产组、资料组、质量组
重点难点工艺模拟	未具体	本工程高大模板分为超高模板体系、超重模板体系、超大超重模板体系和超高超大超重模板体系及超大超重模板体系，分布在教学、科研及办公综合楼门厅以及病房楼门厅；超重模板体系主要分布于地下室一、二层顶板；超大超重模板体系用于龙穿路上空大平台；超高超大超重模板体系用于报告厅的多功能厅。结合BIM技术，对重点难点进行了BIM优化，保证了施工方案的可实施性，进行了施工可视化交底	BIM组、技术组、生产组
施工场地布局应用	未具体	在场地布置规划阶段，应用BIM技术对施工场地进行了三维、综合、科学的规划和布置。通过在现场模型上合理布置办公区、生活区、钢筋车间、钢结构加工区、现场材料堆放场地、现场道路等现场位置，直观地反映施工现场实际情况，以达到减少施工用地、保证现场运输道路通畅、方便施工人员管理的目的，有效避免了材料的二次搬运，减少了安全事故的发生，实现绿色施工	BIM组、技术组、生产组
放样机器人及三维激光扫描仪	未具体	本项目土方开挖体量大，项目各专业复杂，利用三维激光扫描技术激光测距的原理，三维点云模型，为后续的内业处理、数据分析等工作提供了准确依据	BIM组、技术组
BIM机电管综深化应用	通过BIM技术协调解决施工图问题；根据变更修正BIM模型并核查相关施工图问题		BIM组、技术组、机电组

图 4-10　BIM 应用点汇总表

3. BIM 项目准备工作

BIM 项目的顺利开展与 BIM 软件的应用、各 BIM 应用方协同工作、BIM 技术人员的水平有很大关系。因此，马銮湾医院项目配备了大量相关的 BIM 软硬件，设置了合理的 BIM 协同环境，并投入了大量的时间对工人们进行 BIM 应用培训（图 4-11）。

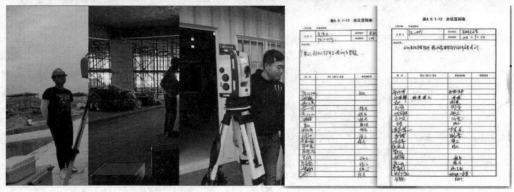

图 4-11　BIM 应用培训

4. 设计阶段的 BIM 应用

在马銮湾医院项目的设计和施工过程中，BIM 技术发挥了重要作用。从项目的前期设计、专业施工图碰撞检查，到施工过程的质量管理、安全管理，BIM 技术极大地促进了项目的进展。

（1）可视化设计

基于 3D 数字技术所构建的"可视化"BIM 模型（图 4-12），为建筑师、结构工程师、机电工程师、开发商乃至最终用户等利益相关者提供了"模拟和分析"的协作平台，各参与方可以直观地了解设计方的设计意图，从而使各参与方对项目的理解达成统一，消除误差，提高工作效率。

（2）优化设计过程

找出设计图问题并进行汇总（图 4-13），并第一时间反馈给业主与设计院，及时修改，可以使各专业设计图问题提前解决，减少施工过程中的变更，有利于保证施工工期与施工质量。

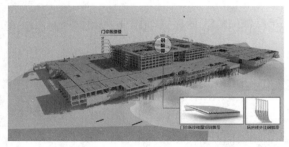

图 4-12　BIM 模型创建

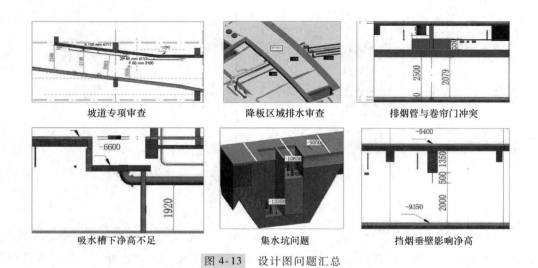

坡道专项审查　　　　降板区域排水审查　　　　排烟管与卷帘门冲突

吸水槽下净高不足　　　　集水坑问题　　　　挡烟垂壁影响净高

图 4-13　设计图问题汇总

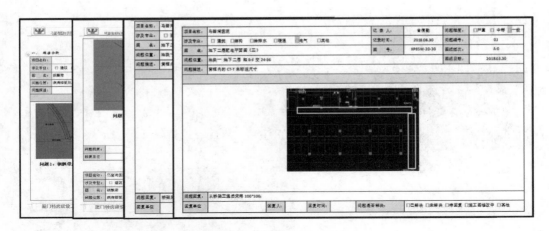

图 4- 13　设计图问题汇总（续）

（3）结构深化设计

位于病房楼和门诊医技楼之间的异形钢飘带，结构形式复杂，是本工程的设计重点和施工难点。采用 BIM 技术可以在设计阶段进行设计图核对、结构深化设计，施工阶段可以指导预埋构件定位，模拟吊装安装，从而提高钢飘带的施工精度，如图 4-14 所示。

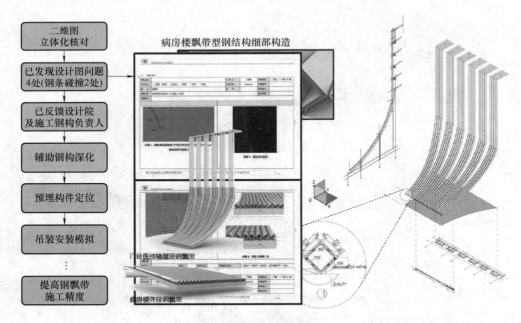

图 4- 14　钢飘带结构深化设计

（4）机电深化设计

如图 4-15 所示，在马銮湾医院项目的机电设计中，BIM 技术也发挥着重要的指导作用。例如管线布置时，在保证功能的情况下，通过管线翻弯、平移、合并等措施，使管线排布合理有序、美观简洁，以提高施工质量和生产效率，保证施工工期。

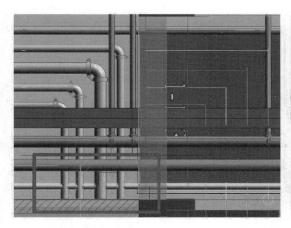

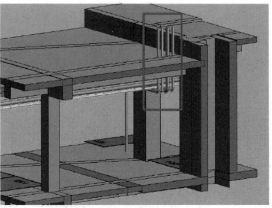

a) 管线优化

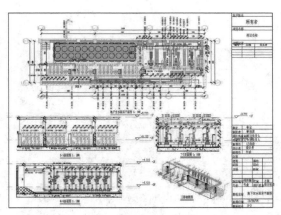

b) 地下室机电设计出图

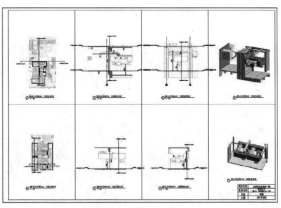

c) 机房设计出图

d) 外幕墙设计

e) 大型设备运输路线

图 4-15　BIM 模型的机电深化设计和优化

5. 施工阶段的 BIM 应用

　　如图 4-16a～e 所示，BIM 在施工管理阶段的应用主要体现在质量管理、成本管理和施工管理中，另外通过构建 BIM 施工项目管理平台（图 4-16f）能够上传汇总施工阶段产生的各种信息，上传施工计划和施工日志，方便施工现场管理人员进行查看，同时根据标准建立精细化 BIM 模型，定义不同施工流水段，从模型中提取对应施工区域混凝土工程量。

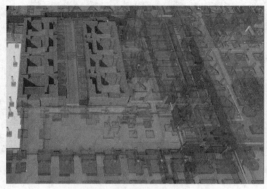

a) 直线加速区域防洪构件预埋及工艺模拟

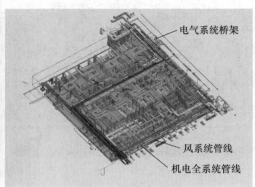

b) 机电施工模拟

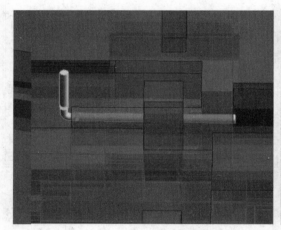

c) BIM 模型指导现场施工(左为模型图，右为现场施工图)

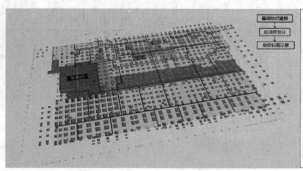

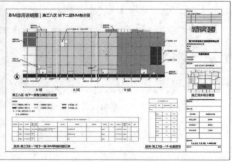

d) BIM 模型标高控制

图 4-16　施工阶段 BIM 应用

e) 成本复核

f) BIM 施工项目管理平台

图 4-16　施工阶段 BIM 应用（续）

4.5 | BIM 项目绩效评价

4.5.1　项目绩效评价的概念

绩效的概念最先来自于人力资源管理、工商管理和社会经济管理方面，是指组织和其子系统（部门、流程、工作团队和员工个人）的工作表现和业务成果。在不同学科中，绩效有着不同的含义：

1）从管理学的角度看，绩效是组织期望的结果，是组织为了实现其目标而展现在不同层面上的有效输出。

2）从经济学的角度看，绩效与薪酬是员工和组织之间的对等承诺关系，绩效是员工对组织的承诺，而薪酬是组织对员工所做的承诺。

3）从社会的角度看，绩效意味着一个社会成员按照社会分工所确定的角色承担他的职责。

关于绩效的定义，主要有三种不同的观点：

1）绩效是结果。Bernadine 等人（1995 年）将绩效定义为工作的结果。该观点认为绩效应等同于工作的结果，因为绩效与企业的战略目标、顾客满意度及企业投入的资金有非常密切的关系。绩效是员工工作行为过程的产出，是员工最终的行为结果。该观点注重的是产出成果，表达直观，便于绩效的量化研究，但过于强调结果导致忽视重要的行为过程，导致工作成果的不可靠性。

2）绩效是行为。Cambell（1990 年）提出"绩效是行为而非结果"的观点，因为结果会受到一系列系统因素的影响，而行为不会。Borman 和 Motowidlo（1993 年）认为，结果会受到多种因素的影响，而不仅仅取决于员工个人，绩效考核恰恰是针对员工的，因为绩效指的是员工的行为，而不是结果。该观点注重与组织目标有关的行动或行为，考虑了员工的主观能动性，在一定程度上减少了客观因素对绩效评价结果的影响，但缺乏必要的目标激励。

3）绩效是素质。Brumbrach（1998 年）提出"绩效是行为和结果。行为由从事工作的人表现出来，将工作任务付诸实施，行为不仅仅是结果的工具，行为本身也是结果，是为完成工作任务所付出的脑力和体力的结果，并且能够与结果分开进行判断"。这种观点综合考虑了过程和结果对绩效的影响，即认为绩效不仅取决于结果，而且取决于管理者和员工主观努力的程度，对绩效有一个比较完整的认识。

随着项目管理实践应用不断加深，项目管理绩效逐渐被定义为"过程＋结果"，从原来单一地表示"结果"或"过程"向"结果与过程的统一体"进行转变。"绩"是项目预期目标是否实现，侧重于量上的建设成果，"效"是项目整体实施过程的效率，侧重于质上的管理水平。两者皆是对项目结果的评价标准。

4.5.2　BIM 项目绩效评价理论

BIM 技术作为新兴信息技术，在工程项目中的运用具有建设目标高、影响范围广的特点。为了推动 BIM 技术更好地实施落地，量化 BIM 技术对工程项目的推进作用，对 BIM 项目管理实施过程中的效益变化情况进行全面分析，及时发现问题并反馈信息，使得项目管理实施实时修正，保证项目预期目标得以实现，应有适合的项目管理绩效评价模型实现对 BIM 的绩效评价。

BIM 技术在建筑业的应用在世界范围内迅速普及，并成为常规设计、施工实践以及信息化集成的主要工具，随着 BIM 技术应用的日益深入，研究重点也从如何在工程项目中应用 BIM 技术向如何在项目中成功地实施 BIM 技术实现了转变。BIM 应用对于工程项目而言，不仅在决策支持、可视化辅助、仿真优化等方面有显著效果，更多成果还体现在信息协同平台中所集成的工程资料、模型数据库等无法估量的无形资产。因此，仅仅依靠财务方面的指标进行 BIM 应用绩效评价，无法得到客观准确的项目管理绩效评价结果。当前被广泛接受和应用的项目绩效评价理论主要有平衡计分卡理论、关键绩效指标理论和 BIM

成熟度模型。

1. 平衡计分卡理论

平衡计分卡（Balanced Score Card，BSC）是罗伯特·卡普兰和戴维·诺顿于 1992 年首先提出的一种新型的综合评价模式，可以更加科学全面地对企业进行绩效评价。平衡计分卡理论从财务、工程利益相关方、内部业务流程、学习与成长四个维度来关注企业绩效，如图 4-17 所示。平衡计分卡从四个角度出发，采用了衡量未来业绩的驱动因素指标，弥补仅仅衡量过去业绩的传统财务指标的不足，使企业对企业的愿景和战略进行评价，其目的就是要建立基于企业战略的绩效管理系统，并通过绩效管理来确保战略的有效执行。

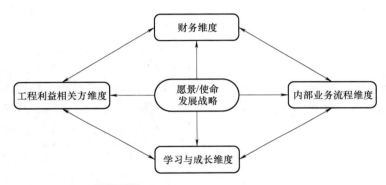

图 4-17　平衡计分卡评价的四个维度

财务维度的含义实际上指的就是施工过程中的施工成本以及施工进度，以这两个方面为基础建立财务维度，以成本、进度的具体控制率作为衡量财务维度的指标。工程利益相关方维度主要包含业主方、参建方以及使用方，应当以项目的各利益相关者作为建立基础，以 BIM 技术为各方带来的利益为指标。内部业务流程维度在工程的决策阶段、招投标阶段、设计阶段、施工阶段、竣工阶段以及后期维护阶段有不同的作用。比如在决策阶段，BIM 能够结合虚实并计算出相应数据对决策起到帮助作用；在招投标阶段，能对投标数据进行有效分期，帮助企业做出正确选择；在设计阶段，BIM 能够减少设计失误，提高设计效率；在施工阶段能够对施工安全和施工质量进行有效控制等。学习与成长维度是所有项目建立的基础，以 BIM 在不同环境下的分类作为建立基础，以不同环境下的合格率作为学习与成长维度指标。

2. 关键绩效指标理论

关键绩效指标（Key Performance Indicators，KPI）是衡量个人工作绩效和组织绩效的量化工具，有针对性的 KPI 可以用于对建设行业的项目绩效和组织绩效进行测量和评价。关键绩效指标的目的在于鼓励业主、承包商、供应商等工程项目参与方准确地评价自己的绩效表现，以便采取积极的措施，建立持续改进的文化氛围。KPI 体系的构建主要包括客观绩效指标和主观绩效指标，具体指标如图 4-18 所示。其中，工期、成本、利润、健康和安全等指标可以根据项目的客观数据计算而得，环境绩效通过对比 ISO14000 进行环境影响评估及环境投诉数量等来确定。质量、功能性、使用者的预期和满意度、项目参与者满意度等指标可以通过主观量表来定性测量。

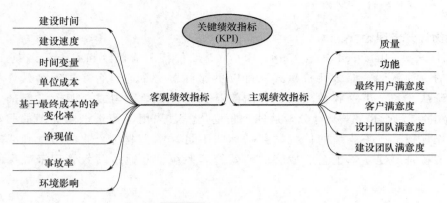

图 4-18　关键绩效指标

上述的指标相当于一个模板，业主和承包商在进行项目绩效评价时可以根据实际需要进行筛选，筛选的标准是衡量哪些指标对于自己的组织很重要，哪些指标对于自己的客户很重要。确定关键指标后，合理选择与每一个 KPI 评估值相对应的基准值，将两者做比较后可得每个 KPI 评估值相对于最佳绩效的一个比值，该比值显示出相对于业内最佳绩效而言，某项目在一个特定方面绩效表现的相对优劣程度。图 4-19 所示为某项目的 KPI 雷达图范例。

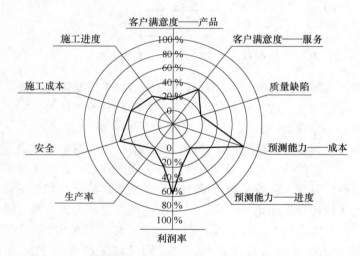

图 4-19　某项目的 KPI 雷达图范例

得到 KPI 雷达图后，可以进一步加以分析，以发现项目绩效表现的强项和弱项。如果是以业内最佳绩效作为基准值，关键绩效指标与基准值的比值越接近100%，则说明本项目在这个方面的绩效表现越接近业内的最佳水平。反之，关键绩效指标与基准值的比值越接近0，则说明本项目在这个方面的绩效表现越接近业内的最差水平，越需要采取相应的措施进行绩效改进。至于判断绩效水平不可接受的标准，可以将业内同类项目或所有项目的平均绩效作为临界值，一旦绩效水平低于这个临界值，必须采取相应的绩效改进措施。

3. BIM 成熟度模型

BIM 成熟度模型可以衡量 BIM 在项目中的应用程度和应用效果以及带来的效益，以确定最适合用户特征的改进方法与实施策略，可以作为 BIM 技术绩效评估的模型。目前 BIM

成熟度模型越来越多，但对于 BIM 成熟度的评估研究仍处于初级阶段，行业内对此尚未建立统一标准。从起源上看，BIM 成熟度模型深受软件工程研究所（SEI）能力成熟度模型（CMM）的影响。CMM 模型最初主要针对软件项目能力的成熟度评估，而后经过不断丰富拓展，也开始在其他行业作为衡量成熟度的框架之一。

国外 BIM 起步较早，发展迅速，在 BIM 成熟度的研究方面开发了多种测量 BIM 用户应用成熟程度的工具。BIM 成熟度模型可分为两大类，即针对项目团队的 BIM 技术及应用水平的成熟度模型和针对单个 BIM 项目效益的定量化评价的成熟度模型，具体如图 4-20 所示。

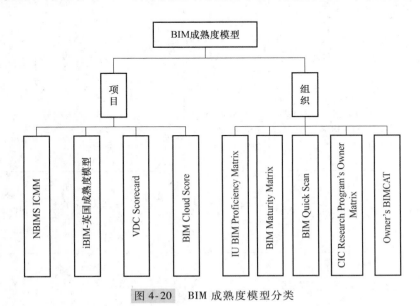

图 4-20　BIM 成熟度模型分类

BIM 成熟度模型之间最大的不同在于各自测量指标的设置与评价，每个模型都设立了独特的一套指标体系框架，在此基础上通过相应的评估方法与计算模式得到确定的成熟度级别。众多的 BIM 成熟度模型由于各自测量范围、角度的不同，具有特定的优缺点。九种 BIM 成熟度模型的关键指标选择、评估方式、成熟度级别设置、评估对象优缺点见表 4-4。

表 4-4　九种 BIM 成熟度模型对比

成熟度模型	关键因素/指标	评估方式	评估对象	优　点	缺　点
NBIMS ICMM：Minimum BIM	数据丰富度、生命周期视图、角色或学科、变更管理、业务流程、及时性/响应性、交付方式、图形信息、空间能力、信息准确度、互操作性/IFC 支持	自我评估，评分项的权重没有统一规定	项目	在 BIM 功能的评估上较为详细	太过依赖业主的主观因素，缺乏客观性
iBIM（英国成熟度模型）	技术、标准、指南、分类、交付的行业	自我评估	项目	模式简单，易于理解	适用于英国的行业标准；不能衡量组织绩效或市场成熟度

（续）

成熟度模型	关键因素/指标	评估方式	评估对象	优　点	缺　点
IU BIM Proficiency Matrix	模型物理准确性、IPD方法、计算方法、位置感知、创建内容、施工数据、竣工建模、H-FM数据丰富度	每个指标得分［0，1］，指标具有相同权重	设计方、承包方	评估内容详细	太过依赖业主的主观因素，缺乏客观性
BIM Maturity Matrix	包括流程、技术、政策三方面的12个度量指标	通过平均所有度量分数计算BIM成熟度水平	设计方、承包方、业主	度量措施解释全面，减少了不一致性，更加客观	用于评估客户组织时，需要根据个体情况进行修改
BIM Quick Scan	组织和管理、心态和文化、信息结构和信息流、工具和应用程序	关键绩效指标的分数乘以相应权重	设计方、承包方	调查群体涉及广泛，涵盖了多数参与者	问卷发放基数大，操作较为烦琐
VDC Scorecard	规划、采用、技术、性能	提供多种类型的评估	项目	功能比较齐全，建立置信水平，使结果更客观、权威	在评估冲突检测、调度和估算时存在限制
CIC Research Program's Owner Matrix	战略、使用、过程、信息、设施、个人	自我评估	业主	评估客户组织BIM成熟度的最有效的评估模型之一	需根据国情调整相应标准
Owner's BIMCAT	运营能力、战略能力、行政能力	自我评估	业主	衡量措施多，测量范围广泛	实施复杂，需要评估大量细节
BIM Cloud Score	生产力、有效性、模型质量、准确性、实用性和经济性	提供多种类型的评估	项目	自动化程度高	侧重检查建模和模型质量，对其他BIM应用情况并不适合

4.5.3　BIM 项目绩效评价指标设计

由于 BIM 项目绩效评价涉及的指标较多，且随着评价对象、评价目的和评价方法的不同，制定的各指标体系差别很大。BIM 项目绩效评价指标体系的建立也不是指标的简单拼凑，而是要遵循一定的原则，综合考虑各方面的因素。应按照 BIM 工程建设项目的特点，结合指标本身的性质、适用范围和评价要求来构建 BIM 项目绩效评价指标体系。

BIM 工程建设项目从最初的规划设计阶段、招投标阶段，进入设计及施工阶段，到最后的竣工验收阶段，是一个完整的生命周期，所以可将其分为三个重要阶段，即规划设计阶段、项目实施阶段、运营维护阶段，三个阶段的绩效评价指标由于参与方的不同而有所差别。BIM 工程建设项目在各阶段的内容不同，侧重点也不同，应建立不同的绩效评价指标，这样不仅可以对项目的整个生命周期进行绩效评价，还可以只单独评价一个阶段，如只评价项目实施阶段，比较灵活。同时，一个 BIM 工程建设项目的参与方很多，不同的参与方评价项目绩效时会采用不同的评价指标体系，评价结果自然不尽相同，比如承包商的项目绩效评价与业主的项目绩效评价就会有很大差异。

综合考虑所有项目参与方的角度，并结合 4.5.2 节中介绍的平衡计分卡理论，可以从平衡计分卡的四个维度对 BIM 项目的绩效指标进行分类。通过构建每个阶段每个维度的单项评价指标，形成工程建设项目的全过程指标体系，最后通过绩效指标的评价清楚地知道是项目哪个阶段的哪个方面出现了问题，以便及时采取措施进行改进和决策。整个体系的指标设置以时间（即项目阶段）为纬度，以平衡计分卡的四个维度（即财务、工程利益相关方、内部业务流程、学习与成长）为评价经度，列出 BIM 技术在工程项目全生命周期中的所有指标，各指标见表 4-5。

表 4-5　基于平衡计分卡的 BIM 项目建设全过程指标体系

评价经度	时 间 纬 度		
	设计规划阶段	项目实施阶段	运营维护阶段
财务	BIM 算量造价 BIM 合同包划分管理	BIM-5D 成本管控	BIM 工程量结算
工程利益相关方	BIM 优质品牌工程	BIM 优质品牌工程	BIM 优质品牌工程 建筑运营维护率
内部业务流程	BIM 虚实结合技术 BIM 虚拟仿真 BIM 辅助决策 BIM 性能分析 BIM 三维设计 BIM 巡航漫游 BIM 算量造价 BIM 合同包划分管理 BIM 质量管理	BIM-4D 进度控制 BIM-5D 成本管控 BIM 质量与安全管控 BIM 可视化施工辅助 BIM 信息资料集成 BIM 绿色建筑 BIM 工作协同 BIM 竣工验收辅助 BIM 风险预警	BIM 工程量结算 BIM 系统及工程移交 BIM 运营维护管理
学习与成长	BIM 人员能力值 BIM 人员数比 BIM 应用平台投入比 BIM 合同条款制定 BIM 制度条例制定 BIM 软件成熟度 BIM 数据交互性 BIM 系统及工程移交	BIM 人员能力值 BIM 人员数比 BIM 应用平台投入比 BIM 合同条款制定 BIM 制度条例制定 BIM 软件成熟度 BIM 数据交互性 BIM 系统及工程移交	BIM 人员能力值 BIM 人员数比 BIM 应用平台投入比 BIM 合同条款制定 BIM 制度条例制定 BIM 软件成熟度 BIM 数据交互性 BIM 系统及工程移交

从表 4-5 可以看出，整个建设项目的绩效评价可以从横向和纵向进行分析。

（1）纵向

以时间纬度为主线，以工程建设项目三个阶段的项目工作为评价对象，例如以设计规划阶段为对象进行绩效评价，分别从财务、工程利益相关方、内部业务流程和学习与成长四个维度对阶段的项目绩效进行分析评价。以此类推，可以对项目的每个阶段进行绩效评价，从而对整个项目每一阶段有一个整体的评价。

（2）横向

以评价经度为主线，例如评价项目的财务绩效，可以配合时间维度，分别分析项目设计规划阶段、项目实施阶段、运营维护阶段三个阶段中各个 BIM 指标的情况，从而可以对项目各阶段的财务绩效进行总体评价。以此类推，可以从工程利益相关方、内部业务流程和学习与成长三个层面对项目不同阶段进行评价，从而对整个项目全过程各个层面的绩效有一个整体的评价。

对工程建设项目的绩效评价不仅仅是对整个项目的项目工作分析，也可以是针对项目中的某个阶段，或者某个层面，甚至是某个阶段的某个层面或某个层面的某个阶段进行绩效评价。同时，若工程项目建设过程中出现了某方面的问题，也可以根据问题出现的评价经度、时间维度进行横向和纵向的分析，便于对问题进行解剖，从而有针对性地提出解决措施。

4.5.4　BIM 项目绩效评价的意义

BIM 工程项目各阶段的 BIM 实施都有不同的目标，既有控制和节约成本，也包括提高项目实施效率、优化设计与施工等多方面要求。因此 BIM 工程项目绩效不能仅从单一方面进行评价，还需要考虑项目本身结合 BIM 技术引起的项目组织结构、合同体系、管理流程等方面的变化。

通过量化 BIM 项目绩效评价指标并分析，可以对建设项目各个阶段进行绩效分析，为项目绩效改善提供客观依据。定量化研究 BIM 技术对提高项目绩效的影响，能够促进 BIM 技术对项目效益的全方面提高。BIM 技术应用于工程项目中，通过在统一的信息协同平台中集成项目资源，可有效且全面地进行项目资源整合以及项目实施过程管控，发现资源投资和具体成本控制方面的矛盾冲突，进行针对性的改善，保障资源供给，提高项目绩效。

复习思考题

1. 如何理解 BIM 技术的发展趋势是集成化？
2. BIM 的相关标准有哪些？分别起什么作用？
3. BIM 技术在项目的各个阶段有哪些应用？哪些技术可以与 BIM 技术共同发挥作用？
4. BIM 项目绩效评价方法有哪些？如何选取一个 BIM 项目中的关键绩效指标？

第5章
无人机技术及其工程应用

教学要求

　　本章介绍无人机系统和应用技术一般原理。针对建设项目选址、规划的信息采集需求，施工阶段质量、进度和安全管理需要，详细介绍无人机技术的具体应用。

5.1 无人机系统概述

5.1.1 无人机的定义

　　无人机，也称为"空中机器人"，图 5-1 所示为大疆"悟"INSPIRE 1 无人机。关于无人机的定义，目前主要存在两种说法：从狭义上看，无人机是一种不载人的无人驾驶的飞行器，既可以自主导航，也可以接受控制，通常情况下可以将无人机简称为 UAV（Unmanned Aerial Vehicle）；从广义上看，无人机不只是一个飞行器，且是由飞行器、地面站以及其他要素综合组成的系统，因此美国联邦航空管理局也习惯性地将无人机简称为 UAS（Unmanned Aircraft System）。无人机技术是使用无线

图 5-1　大疆"悟"INSPIRE 1 无人机

电遥控设备直接控制或者通过系统提前进行程序设定间接操纵的、可携带设备从而实现任务执行的一种先进技术。

5.1.2 无人机的类型

1. 按机体结构进行分类

根据机体结构进行分类，可将无人机分为固定翼无人机、旋翼无人机、无人直升机以及其他小种类无人机。

1）固定翼无人机。固定翼无人机通过空气与机翼的相对流动形成机翼上下表面的大气压强差，进而形成固定翼无人机的升力。固定翼无人机的机翼固定，抗风能力较强，载荷较大，飞行速度较快，续航时间较长，且较容易实现遥控控制和预设程序控制，是军用和多数民用无人机的主流平台。固定翼无人机的起飞方式包括滑行、弹射和车载等，降落方式包括滑行、伞降和撞网等。受限于现有的起飞和降落技术，固定翼无人机在起飞和降落的时候要求场地较为空旷，适合农林业、矿山资源、海洋环境、国土资源、水利水电等领域的应用，特别是监测方面的应用。

2）旋翼无人机。旋翼无人机通过独立电动机驱动旋翼轴上的螺旋桨产生上升动力，在飞行的时候具有垂直起降和自由悬停的特点，不需要借助于滑行道、弹射器或者发射架即可实现飞行。旋翼无人机以多旋翼（多轴）无人机为主，其中最常见的是四旋翼无人机。旋翼无人机具有体积小、质量轻、操纵简单、成本较低、机动性较强等特点，其灵活性介于固定翼无人机和无人直升机之间，能进入建筑物、隧道内等复杂环境下执行任务，可以实现对细小环节的侦察，是消费级和部分民用用途的首选平台。

3）无人直升机。无人直升机通过电动机驱动螺旋桨形成升力，在飞行的时候具有定点起降、垂直起降和空中悬停等特点，使用较为灵活。无人直升机的起降便利性、载荷和续航时间均介于固定翼无人机和旋翼无人机之间。由于其结构相对复杂，维修成本较高，再加上其操控难度较大，一般应用于对突发事件的调查中，如大气监测、山体滑坡勘察等。

4）其他小种类无人机。主要包括伞翼无人机、扑翼无人机、无人飞船等。

2. 按使用领域进行分类

根据使用领域进行分类，可将无人机分为军用无人机、民用无人机和消费级无人机。

1）军用无人机。军用无人机的飞行高度范围和飞行速度范围较广，且其灵敏度、智能化程度较高，是现代空中军事力量的重要组成部分，主要包括侦察、诱饵、电子对抗、通信中继、靶机和无人战斗机等机型，具有避免人员伤亡、使用限制少、隐蔽性好和费效比高等特点。

2）民用无人机。民用无人机对飞行高度、飞行速度和飞行航程的要求较低，但对人员操作培训和综合成本的要求较高，需要形成一套成熟的产业链，以提供尽可能低廉的零部件和支持服务。目前民用无人机主要以政府公共服务为最大市场，如警用、消防、气象，新增的需求则包括农业植保、空中无线网络、数据获取、城市规划、电力巡检等。

3）消费级无人机。消费级无人机一般采用成本较低的多旋翼平台，一般具有自动跟随、绕避障碍物等功能，主要用于航拍、娱乐、竞技等休闲用途。

3. 按续航时间或作业半径进行分类

对于无人机而言，续航时间是指无人机在起飞后中途不另外进行动力供应下的连续不中断的飞行时间，航程是指无人机在一次续航时间内所能飞行的最大距离，而作业半径则是指无人机顺利完成指定任务的最大距离，一般是航程的 25% ~ 40%。根据续航时间或者作业半径进行分类，可将无人机分为近程无人机、短程无人机、中程无人机和远程无人机。

1）近程无人机。一般情况下，续航时间为 2 ~ 3h，作业半径在 30km 以内。

2）短程无人机。一般情况下，续航时间为 3 ~ 12h，作业半径在 30 ~ 150km 以内。

3）中程无人机。一般情况下，续航时间为 12 ~ 24h，作业半径在 150 ~ 650km 以内。

4）远程无人机。一般情况下，续航时间超过 24h，作业半径在 650km 以上。

5.1.3　无人机系统的组成

通常情况下，无人机系统主要包括飞行系统、任务系统和地面控制系统三个部分，具体如图 5-2 所示。

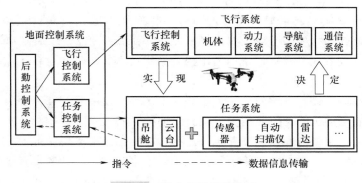

图 5-2　无人机系统的组成

1. 飞行系统

飞行系统主要由动力系统、导航系统、通信系统和飞行控制系统等飞行子系统，以及无人机机体共同组成，无人机机体在各飞行子系统的有机协作下实现机体的飞行与任务的执行。

（1）动力系统

动力系统为无人机在飞行及任务执行过程中的动力供应提供保障，无人机由于类型不同、尺寸不同等原因，其动力装置类型、动力储存容量也不同，进而导致其续航能力的不同。目前无人机所装置的动力能源以油、电为主，而传统的锂电池技术较难突破更大的储存容量是制约无人机续航能力的重要因素。

（2）导航系统

导航系统在无人机飞行及任务执行的过程中提供参考坐标系的位置、速度和飞行姿态等信息，为无人机沿着指定航线的飞行提供保障。无人机需要高抗干扰性能，以减少飞行路线的偏差，进而保障任务定点执行的精度，而导航系统的不同是影响无人机飞行系统抗干扰能力的重要因素。

（3）通信系统

通信系统主要实现数据、图像等信息的传输功能，由发射机、接收机和天馈线组成，在飞行系统和地面控制系统中均有配置，信息通过在地面模块与机载模块之间的发送与接收，以实现远距离的遥控与传输。通信系统应当具备较好的实时性、稳定性和抗干扰能力，以保障稳定可靠的数据、图像等信息的实时传输。

（4）飞行控制系统

飞行控制系统通过接收通信系统传输的飞行指令信息和接收导航系统所获取的机体飞行信息，实现对机体飞行及任务执行的操控，对无人机的飞行性能及任务功能起着决定性作用。

2. 任务系统

目前，常见的任务系统构成主要有吊舱和云台两种形式。

（1）吊舱

吊舱是无人机搭载任务载荷的重要辅助平台之一，可以搭载光电、激光、合成孔径雷达等任务设备，在固定翼无人机、旋翼无人机和无人直升机上均能安装，使用范围较广。由于吊舱直接搭载于无人机机身、机腹或者机翼上悬挂式的短舱体上，无人机机体飞行时的滚动、振动都会影响各任务设备的抖动，进而影响相应任务的执行精度（以光电吊舱为例，光电传感器视轴的抖动将可能造成图像模糊或定位不准的现象），故通常情况下，吊舱在配置任务设备的同时也会配置稳定设备，利用视轴稳定技术保障任务设备工作时的稳定。

（2）云台

云台是无人机搭载任务载荷的另一个重要辅助平台，主要安装在多旋翼无人机上。云台通过其配置的无刷电动机的伺服隔离无人机机体的摇摆和振动，以维持所搭载的任务设备在任务执行过程中的稳定，进而保证任务执行过程中数据信息的采集精度。

无论是吊舱，还是云台，两者除了需要同步保证空间方位转动和自身飞行稳定之外，也需要实现对相应任务设备的控制，进而实现与地面控制系统的对接。通过搭载不同的任务设备执行不同的任务，可以提供高清晰度的静态照片、动态影像、空间数据等实时信息，而随着科学技术逐渐匹配任务需求，无人机任务系统所搭载的任务设备也逐渐多元化，目前常见的任务设备主要包括相机、传感器、激光雷达和自动激光扫描仪等。

3. 地面控制系统

地面控制系统主要由飞行控制系统、任务控制系统和后勤控制系统组成。后勤控制系统作为地面控制系统的总指挥，根据不同的任务需求，由飞行控制系统向飞行系统发送飞行指令，由任务控制系统向任务系统发送任务指令；任务系统中的任务执行结果将由任务控制系统反馈回后勤控制系统进行处理。飞行指令由任务系统下不同的任务目标决定，而任务指令则依托飞行系统的操作得以实现。以无人机三维影像技术为例，即通过无人机携带云台相机，由设置的飞行路径采集影像信息并反馈回地面控制系统，最后由后勤控制系统完成三维模型的合成。

5.2 无人机技术概述

5.2.1 无人机技术的发展

1. 军事无人机的发展

无人机最早起源于军用领域，旨在携带炸药向制定目标投掷炸弹以实现攻击。在 20 世纪 70 年代，GPS 的研发以及高清摄像技术、通信情报技术的升级助力了军用无人机的跟踪定位精度，使得军用无人机的能力得到了提升。再加上无人机成本低、控制灵活，其在军事侦察方面的优势逐渐突显，并在 20 世纪末经历了三次发展浪潮，从师级（大型）战术无人机系统的研发到中高空长航时军用无人机的研发，再到旅团级（中小型）固定翼和旋翼战术无人机系统的研发，军用无人机功能日益强大，军用无人机技术的发展步入了黄金时代。随着军用无人机体积小型化、种类多元化、自主飞行智能化、生产应用规模化，其用途越来越广，目前包括靶机、侦察、攻击、诱饵、通信中继、反潜、军事后勤补给和军事新闻等多种类型。

21 世纪以来，国外关于军用无人机的研究更多集中在多架无人机团队协同工作系统的研发，包括通过自主协作、整合资源来满足不同任务需求的构想，通过与成熟的软件进行集成解决军事场景建立、执行和分析的环境需求，通过自组织范式设计有效的无人机中继网络来支持军事行动等。此外，Park 等人（2014 年）则编制了一个标准化的军用无人机飞行操作标准，对使用者、使用任务和运营者的适用规则进行提案。

2. 无人机技术民用化

随着无人机技术的快速发展，性能逐渐稳定而多样，无人机开始进入批量生产产业化，制造成本大大下降，并逐渐民用化。

以警用无人机为例，由于其具备现场快速展开能力和较好的隐蔽能力，并且具有较高的集成度、较强的通用性和较高的安全可靠性，再加上多样化的种类，适应公安战线多警种、公安工作突发性、隐蔽性等的需求，在警用领域得到了广泛应用，参与到了侦察、抢险救灾、消防、突发性事件管控、搜救、交通巡视等多项工作中。

除了警用无人机以外，无人机技术也渗透到了工程建设、国土资源、医疗救援、农林业、商业等领域中。例如，在农业领域中，无人机可以应用于农情遥感监测、喷洒农药、农产品电子商务等；在环境保护方面，朱京海等人（2011 年）提出了无人机遥感技术在建设项目环保管理与验收、环境监测与监察、环境应急与生态保护等方面的具体应用；在国土资源领域方面，刘洋等人（2014 年）在分析无人机航摄系统特点的基础上，分析并总结了无人机航摄技术在国土地籍测量、土地利用变更监测与核查、地质灾害监测等方面的应用优势；在工程建设领域，Metni 和 Hamel（2007 年）也就无人机系统在桥梁结构监测与维护方面的应用问题展开了研究，提出了一种基于计算机视觉的新型控制方法。

民用无人机技术的应用研究发展主要分为以下三个阶段（图 5-3）：第一，关于无人机性能的研究，包括飞行控制、续航等，以满足无人机投入应用的自主飞行、智能控制等基础需求，该方面研究工作主要集中在航空航天学科中；第二，当无人机自身性能足够支撑应用的基础需求时，从自然地理学和测绘学等学科开始，开展针对与倾斜摄影测量、遥感和图像处理等技术结合的研究，民用无人机技术进入技术初步交叉融合的阶段，并逐渐推广到信息采集、测绘工作等应用中，以解决工程施工和管理过程中出现的人力所不及或者不足的问题；第三，随着无人机技术与以上应用需求匹配度的提高，民用无人机进入了广泛生产阶段，成本得以降低，这使无人机技术得到诸如电力、水利、建筑工程、交通运输等工程建设领域学科的更大关注，应用研究开始向与点云、BIM、智能识别等技术及其组合的结合进行拓展，进入技术广泛交叉融合的阶段，以供实景建模、变形监测、施工管理、消防救援等方面的应用，在降低施工作业危险的同时，提高工作效率，例如：当电力架线、巡线工程遇到跨江段或者陡峭的山区地形时，可采用无人机代替人工，但相关的三维模型合成、变形监测、智能识别等算法还处于不断完善的阶段。

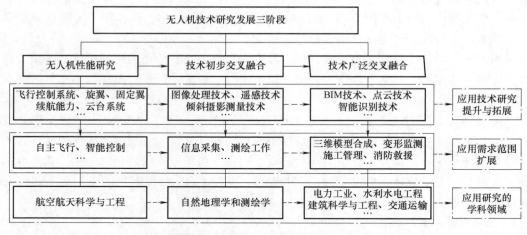

图 5-3　无人机技术研究发展三阶段

5.2.2　无人机应用关键技术

无人机的任务执行需求是无人机应用的核心要点。根据任务执行需求的不同，可以将无人机应用关键技术分为基于影像遥感信息采集的无人机技术、基于非影像遥感信息采集的无人机技术和基于非信息采集的无人机技术等三个类型。

1. 基于影像遥感信息采集的无人机技术

基于影像遥感信息采集的无人机技术是目前无人机技术在工程建设的应用研究要点，可以通过搭载云台相机、前视红外仪等影像遥感信息采集设备予以实现，主要包括基础的无人机航摄技术，结合图像处理技术、图像识别技术的无人机智能识别技术，以及结合倾斜摄影技术和点云技术的无人机三维影像技术等。

（1）无人机航摄技术

无人机航摄技术，即在无人机飞行的过程中，通过无人机搭载的影像遥感信息采集设备对目标对象进行图片、视频的实时采集，具备简便性和实时性，在对于低空环境下的目标对象的宣传资料制作、实时影像记录等方面具有一定的优势。

（2）无人机智能识别技术

无人机智能识别技术，即在利用无人机航摄技术获取图片、视频等影像信息的基础上，利用图像处理技术对相关影像信息进行畸变纠正、平滑处理，利用图像拼接技术进行影像信息的配准、融合以拼接成大区域全景，利用图像识别技术进行特征提取与匹配，进而实现对目标对象影像信息的智能识别。由于不同目标对象的影像特征信息各不相同，故通常都需要针对性地对需求特征信息展开研究与分析。以利用无人机智能识别建筑物表面裂缝为例，首先需要对典型裂缝图像的灰度特征、灰度分布、几何特征、像素点占比、裂缝像素边缘特征等进行研究分析，形成后期裂缝特征识别和提取的基础特征判断依据，接着通过图像处理技术（如基于自适应滤波和改进 SFC 的图像预处理方法）提高图像质量，最后通过图像识别技术（如基于改进 Canny 算子的特征提取方法）即可实现对建筑物表面裂缝信息的提取与识别。

（3）无人机三维影像技术

无人机三维影像技术在传统的无人机航摄技术上进行了优化，可以进行低空自由航摄，通过增加 4 个倾斜相机对原本 1 个垂直相机的摄影获取进行了补充，可以获取目标对象的多视角图像，包括下视图像、倾斜图像等，并得到图像所对应的三维地理空间坐标信息。因此无人机三维影像可以规避测点遗漏、效率低下、投入成本高等一系列问题。

三维影像技术分析包括影像数据采集、数据处理及应用三个过程。无人机三维影像技术利用点云技术采集目标对象的三维数据，然后通过相应的后处理软件（如 ContextCapture 软件）对获取的信息进行空中三角测量，处理图像与地表之间的空间几何关系，进而形成目标对象的三维模型，最后可将三维模型用于测绘工程、智慧工地、建筑运营等方面。例如，在施工阶段，无人机三维影像技术可以直观呈现施工现场实时布置情况、获取实际工程的施工进度信息、通过实景模型和 BIM 模型的对比来发现实际工程与设计模型的出入点等。

2. 基于非影像遥感信息采集的无人机技术

基于非影像遥感信息采集的无人机技术在工程应用中也具有较大的潜力，其中包括搭载激光发射器的无人机遥感测量技术、搭载复合气体监测仪的无人机环境监测技术等。

（1）无人机遥感测量技术

遥感技术，即不接触物体本身，利用传感器对目标对象的电磁波信息进行采集、处理与分析，实现对目标对象的识别，获取目标对象的几何、物理性质和相互联系、变化规律等。无人机遥感测量技术，即通过无人机搭载遥感测量设备（如激光、雷达等，有时也常用摄影设备），利用遥感技术获取目标对象的几何、物理性质等信息，进而完成对目标对象几何特征的测量，在辅助定线定位、获取几何信息等方面具有一定的优势。

（2）无人机环境监测技术

无人机环境监测技术，即通过无人机搭载环境监测设备，在无人机飞行过程中，实现飞行路径上的环境信息实时监测，由于无人机操作灵活，有利于实现对目标环境的无死角监测。

3. 基于非信息采集的无人机技术

非信息采集任务主要通过直接搭载相应装置或设备，并依托于无人机动态调度技术予以实现。无人机动态调度技术主要包括对多无人机系统工作系统中无人机个体的动态调度和对无人机携带设备的动态调度，旨在通过上述动态调度对有限的资源进行有效分配，得到较为实用的动态调度方案。以无人机巡检技术为例，该技术是无人机动态调度技术的一种拓展应用，即以无人机作为飞行载体，通过搭载可见光照相设备、红外热像仪、紫外探测仪等任务设备，利用无人机动态调度技术对指定区域或指定对象进行经常性检查的路线规划，进而对潜存的破坏、危险等可能性一一进行排查。

5.2.3　无人机技术工程应用特点

无人机技术作为一种新兴信息技术手段，在工程建设领域的应用中具有"快、小、易、广、全"等特点。

1）快，即快速高效。使用无人机搭载遥感设备采集信息，并基于网络技术实现数据的同步传输，在短时间内实现信息采集和同步共享、记录，可供实时监测或备案以便日后追溯。

2）小，即机身小巧。无人机无须载重驾驶员及相应的驾驶设备、救生设备等，体积不大，机身轻便，占用空间较小。而且无人机一般为低空飞行，对工作面的影响不大。

3）易，即操作简便。通过网络飞行控制平台可以自定义无人机工作模式，包括飞行路径、飞行参数、拍摄参数等，进而实现自动飞行，如图 5-4 所示。

a) 工作模式设置1

b) 工作模式设置2

图 5-4　利用 Altizure APP 控制"Inspire 1"无人机的工作模式设置

4）广，即视角较广。无人机的视角取决于相应遥感技术的发展，以无人机搭载云台相机为例，一般可以实现 360°无死角拍摄，进而实现大范围监测，并覆盖盲点、危险区域等。

5）全，即功能较全。除了本身的飞行、搭载功能之外，无人机的绝大部分功能取决于其搭载的设备，通过搭载不同遥感设备，实现与物联网（IoT）的融合，进而拓展功能覆盖面。

5.3 | 无人机技术的工程应用现状

5.3.1　无人机技术工程应用概况

随着无人机制造成本的降低及相关技术的快速发展，其应用前景逐步显著，无人机越来越多地应用到工程建设项目全生命周期中，包括规划、施工、运维、审计等阶段，如图5-5所示。

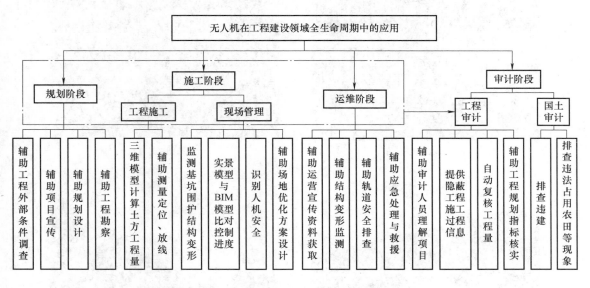

图5-5　无人机在工程建设项目全生命周期中的应用

以工程建设过程的信息采集为例，大体可以总结为三个阶段：①通过人工直接采集；②出现直升机、无人机等半自动方式采集；③通过物联网下的传感器等方式自动实时采集。而与人工直接采集方式和直升机采集方式相比，利用无人机采集的信息更具时效性、共享性，采集更为便捷，同时对资金成本和使用空间的要求也相对较小，具有较高的灵活性。

5.3.2　规划阶段的无人机应用

无人机具有高空、视野开阔的优势，在规划阶段，主要集中应用在项目宣传、规划设计、工程勘察等方面。无人机航摄技术在楼盘前期的概念设计及宣传推广上的应用相对较多，图5-6a即为某建筑项目开发场地的航拍视角，从未建成建筑的角度制作宣传材料，可以更加直观地呈现方案的潜在视野效果；快速获取大面积范围内的影像信息是无人机应用于规划设计的一大优势，如图5-6b所示，通过航拍城市的建筑物、道路等，可以辅助拟定规划设计方案或计算规划指标，相比于传统的测量方式，该方式具有较强的时效性和较高的便捷度，但是目前受限于图像分割技术、智能指标计算的既有水平，人工交互较多，相关算法有待优化，以进一步提高效率；利用无人机三维影像技术构建工程勘察高精度实景模型，可以辅助地形测绘、地质识别和滑坡体估算等工作的开展，可以有效提高工作效率，特别是在藏川滇等地形、地质条件极其复杂的地区中，同时也可以降低勘察人员的安全风险，如图5-6c、d所示；而通过航拍工程周边环境的高精度影像，也可以快速获取周围既有建筑物信息（包括道路、水利设施等），从而提高工程外部条件调查工作的效率。

a) 未建成建筑视角

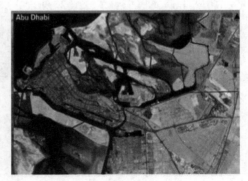

b) 辅助选址规划

c) 地形测绘

d) 排查滑坡体

图 5-6　无人机在规划阶段的应用

5.3.3　施工阶段的无人机应用

无人机搭载电力缆线沿着既定放线路径飞行，可以有效助力电力放线工作的开展（见图 5-7a）。除了辅助放线工作，无人机也可以通过获取影像信息、采集点云数据、创建三维模型，应用于辅助施工阶段的工程施工和现场管理上，进而促进施工模式向信息化、智能化方向发展。

随着无人机三维影像技术的不断发展，无人机三维实景模型开始应用到工程施工过程中的大范围变形监测和工程量计算（图 5-7b）上，实现了变形监测、工程量计算的自动化。

无人机在施工现场管理过程中的应用及相关研究比较分散，分别集中在安全、质量、进度等方面：在安全管控中，如图 5-7c、d 所示，无人机可以提供施工现场实时影像、位置信息，实现人员远程互动，保障人机安全，也可以实时监控现场，及时排查危险源、获取施工动态并反馈整改方案；在进度管控上，Lin 等人（2015 年）提出了一种应用于施工现场自动化进度监控的框架；在质量管控中，以日本 Avionics 的无人机用红外热成像相机为例，可以代替传感器，用于桥梁、建筑物外墙施工过程的监测诊断，更为高效、简单。随后 Zhou（2018 年）等人也从生命周期、管理对象、潜在角色和利益相关者参与等角度出发探索应用于建设项目管理的无人机系统多维框架，但无人机系统的研究大多处于系统框架搭建层面上，真正实现无人机多功能一体化的系统开发还处于研究阶段。

a) 电力放线

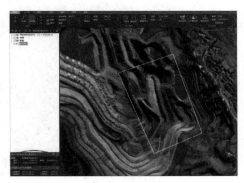
b) 土方工程量计算

c) 工地巡查

d) 识别监控

图 5-7　无人机在施工阶段的应用

5.3.4　运维阶段的无人机应用

　　无人机在运维阶段的主要应用如图 5-8 所示，除了常见的利用影像信息辅助运营宣传（图 5-8a）以外，也可以自定义飞行路线，结合智能识别技术，辅助维护维修、日常安全巡视和应急处理等工作的开展，包括：自动化识别、定位、监控和检测管道、道路等结构，提高对投入使用后的工程结构的监测效率，以日本 Chugoku 电力公司和千叶大学联合研制的基于故障自动检测和三维图像监测的无人机电力巡线系统为例，该系统可以自动排查塔材锈蚀、裂纹等结构缺陷，也有学者正着手研究将 BIM 模型与无人机点云模型的结合成果应用到古建筑测绘、桥梁结构变形监测中，目前桥梁结构变形监测研究水平可以提取结构一阶模态，进一步研究集中在二阶模态的提取；无人机也可以代替人工执行高危险任务，例如搭载洒水设备实现高空救火（图 5-8d），在提高救援效率的同时降低消防人员安全风险。

5.3.5　审计阶段的无人机应用

　　工程建设项目审计贯穿整个项目建设期，无人机也在其中发挥作用，主要包括辅助施工审计过程中的竣工验收数据的核实，以及国土审计中排查违章、违法建筑等工作。

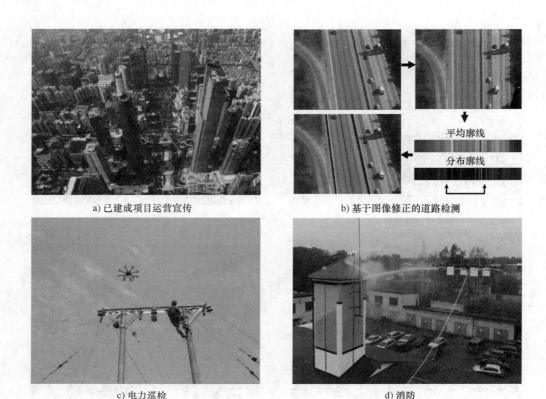

平均廓线

分布廓线

a) 已建成项目运营宣传　　　　　　　　　　b) 基于图像修正的道路检测

c) 电力巡检　　　　　　　　　　　　　　d) 消防

图 5-8　无人机在运维阶段的应用

　　结合无人机航摄技术和三维影像技术，可以获取建筑工程竣工全景图、竣工模型及其竣工测绘数据。通过数据与图片或者模型之间的匹配，可以直观地呈现竣工验收效果（图 5-9a），进而方便有关部门审批管理。

　　在开展违建整治与取证工作时，通过无人机先后获取的城市影像数据的对比可以快速识别可能存在的违章建筑及其位置信息，进而提高违建排查整治效率，如图 5-9b 所示。

a) 核实竣工验收数据　　　　　　　　　　b) 违建整治与取证

图 5-9　无人机在审计阶段的应用

　　除此之外，无人机在规划阶段、施工阶段及运维阶段中获取的数据信息也可以作为工程审计的依托材料，帮助审计人员理解项目，提供隐蔽工程施工过程信息，有助于未来工程审计工作的高效开展，未来审计工作信息采集的方式将发生变化。

5.4 无人机技术的工程应用实践

5.4.1 无人机三维影像技术施工场地建模实践——以厦门地铁 3 号线车站为例

1. 工程概况

　　采用明挖法施工的厦门地铁 3 号线车站，施工场地长度约 360m，宽度约 140m，具有占地面积大、空间开阔的特点。当无人机飞行高度高于门式起重机时，飞行范围内无遮挡，该车站具备无人机在飞行过程中要求环境无障碍的工作条件，故以该工地为背景，开展无人机三维建模工作，验证将无人机三维影像技术应用到施工阶段的现场管理工作中的技术可行性。

2. 无人机三维建模工作的实施

　　本次实践设备、软件及平台选用见表 5-1，通过手机 APP 软件 Altizure 控制大疆"悟" INSPIRE 1（型号参数信息见表 5-2）的飞行和照片采集，在 ContextCapture 中进行数据处理和模型生成。

表 5-1　设备、软件及平台选用

选型	大疆"悟" INSPIRE 1	Altizure 软件	ContextCapture 软件
性质	无人机	数据采集助手	三维模型合成平台
特点	携带可拆式三轴云台系统，可以实现 360°无遮挡拍摄 可以一键起飞、降落和智能返航 可以手动控制起飞、飞行与回航	可以同时规划一条正射航线和四条倾斜航线 可以自动调整云台和自主拍摄 可以记录未完任务进度，以供任务的保存与加载 可以设置拍摄重叠度、频率、倾斜角、飞行速度等	可以实现自动空中三角测量 可以根据普通照片自动创建三维模型 可以实现整座城市三维模型的创建

表 5-2　大疆"悟" INSPIRE 1 型号无人机参数信息

参 数 类 型	参 数 信 息	
飞行器	型号	T600
技术参数	质量（含电池）	2935g
	起飞质量	3400g
	悬停精度	垂直：0.5m　　水平：2.5m
	旋转角速度	俯仰轴：300°/s　　水平：150°/s
	俯仰角度	35°
	上升速度	5m/s

（续）

参 数 类 型	参 数 信 息	
技术参数	下降速度	4m/s
	水平飞行速度	22m/s
	飞行高度	4500m
	可承受风速	10m/s
	飞行时间	约18min
	动力电机型号	DJI 3510
	螺旋桨型号	DJI 1345
	室内定位悬停	标配
	工作环境温度	-10～40℃
	轴距	559～581mm
	外形尺寸	438mm×451mm×301mm
云台	型号	ZENMUSE×3
技术参数	功耗（含相机）	静态：9W　　动态：11W
	角度抖动量	±0.03°
	云台安装方式	可拆卸
	可控转动范围	俯仰：-90°～30°　　水平：±320°
	结构设计范围	俯仰：-125°～45°　　水平：±330°

（1）第一次建模

本次飞行设置拍摄航高12m，拍摄方式为"U"形路线垂直俯拍，如图5-10所示。该方案没有通过 Altizure 软件对拍摄重叠率进行严格控制，最终获取114张照片进行合成，合成效果如图5-11所示，可以看出本次采集中，对于颜色鲜明的物体，在整体和细节上都处理得很好，如黄色履带机、绿色植物、红色支撑等；而场地道路及建筑轮廓的建模相对容易实现，如钢筋棚、场地道路、混凝土支撑、集装箱等。

图5-10　"U"形路线垂直俯拍方案

然而，模型也存在一些问题，如："U"形路线规划不合理，场地中部存在大量残缺；照片重叠度不够导致物体细节模糊；弱纹理、特征点不明显的区域漏洞较多，无法形成模型等。对此，可以通过合理调整拍摄方案来改善建模效果。

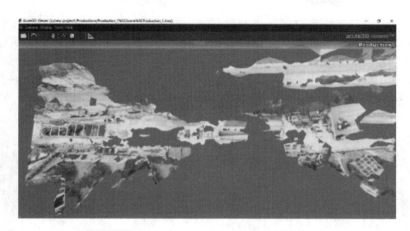

图 5-11 "U" 形路线垂直俯拍方案建模效果

（2）第二次建模

根据对第一次建模结果的分析，对拍摄方案进行调整。本次采用 "S" 形路线垂直俯拍（图 5-12），飞行高度 60m，并通过 Altizure 软件设置飞行及拍摄参数，包括飞行速度 7.0m/s、航向拍摄重叠率 70%、旁向拍摄重叠率 85%、拍照间隔 4s 等。通过约 12min 的飞行采集时间，最终获取 150 张照片进行合成，合成效果如图 5-13 所示。

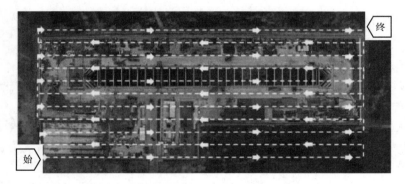

图 5-12 "S" 形路线垂直俯拍方案

图 5-13 "S" 形路线垂直俯拍方案建模效果

本次拍摄方案可以保证照片之间的重叠率，可以看出，相比于第一次建模方案，本次建模效果能较好地还原真实场景，如泥水分离站、现场办公区、材料库、车站施工现状、若干堆场等都得到了较好的呈现，基本满足施工平面布置管理的需求。

继续挖掘建成模型细度，如图 5-14 所示，发现存在模型立面信息不够完整，门式起重机、履带式起重机吊臂信息缺失等情况，主要有以下原因：

a) 实际门式起重机　　　　　　　　　　　b) 门式起重机模型

图 5-14　实际图片与三维模型效果图对比

1）本次拍摄方案视角选取的是垂直俯拍，没有加入倾斜拍摄视角下的信息，在 60m 高空下所拍摄的照片无法获取充足的立面信息，进而导致门式起重机、水泥站等高耸结构信息缺失。

2）履带式起重机等吊装器材在拍摄过程中处于移动状态，不同时间下拍摄的照片所处状态不同，无法进行有效合成，故导致吊臂缺失。

3. 无人机三维建模结果的分析

对第二次建模结果进行分析，发现模型能较好地还原现场（图 5-13），可以实现以下工作：

1）实现施工现场实时布置情况监控管理。模型可以呈现包括材料及机械堆场等现场实时平面布置情况，虽然门式起重机等移动机械信息缺失，但是大致的轮廓及位置信息的呈现是满足的。

2）实现实际工程的进度信息的实时监控。模型可以呈现拍摄时间下的车站施工现状，通过实时施工现状的呈现可以获取施工进度信息，而通过对比不同时间下的施工状态则可以了解工程推进情况，进而实现施工进度的实时监控。

3）初步实现与 BIM 模型的比对来发现实际工程与设计模型的出入点。该模型通过人工识别方式肉眼比对与 BIM 模型之间的出入点，可以初步判断当下施工情况未明显存在与设计不相符的地方。

本次建模结果大体上满足无人机三维影像技术在施工阶段中的现场管理的应用要求，具备技术可行性，但模型的清晰度、完整度有待进一步提高；而实现与 BIM 模型之间的对比由人工识别向智能识别转化则有望进一步提高进度纠偏工作效率。

4. 无人机三维建模工作优化的建议

（1）信息采集建议

无人机三维建模的效果仰赖于合理的信息采集方案，根据两次建模结果的对比和分析，显然，通过 Altizure 软件控制下的"S"形路线垂直俯拍相比于"U"形路线而言，可以更好地保证照片之间的重叠率，从而获取较为全面的信息；而单一的垂直俯拍视角获取的信息仍然比较有限，可以通过倾斜视角的补拍来补充立面信息。

关于移动的机械、设备的建模，可以选择在白天机械、设备开工前对照片进行采集，避免因为移动导致本该重叠的照片之间的不匹配，也可以选择在夜间停工时进行采集，但这样就对关于夜间照片的图像处理技术有较高的要求。

（2）系统支撑建议

目前无人机大多采用智能电池动力供应方式，效率较低，以大疆专用电池为例，可供飞行时间一般不超过30min，采用的大疆"悟"INSPIRE 1 型无人机的最大飞行时间仅能供15min 左右的飞行。而在第二次建模中，无人机飞行采集时间共计12min 左右，当需要采取"'S'形路线垂直俯拍 + 倾斜拍摄"方案时，就需要多次重新充电。显然无人机的续航不足以满足大体量信息采集任务下的需求，需要开发诸如电动机、太阳能等动力供应方式，来满足续航需求。

5.4.2 无人机巡检技术安全检查实践——以厦门同安嘉湾 B1-2 地块为例

1. 工程概况

嘉湾 B1-2 地块工程项目位于厦门市同安区，总建筑面积约 18 万 m^2，项目由 13 栋高层建筑组成，共有 8 台塔式起重机和 13 台施工升降机，设备多、范围广的同时项目采用铝合金模板和附着式升降脚手架技术，对设备的安全管理也带来一定的难度。

在启用无人机检查技术之前，项目现场大型设备的日常巡检与维护主要由人工完成，工作量大，危险性极高，特别是嘉湾项目位于沿海区域等台风多发地区，检查者都是冒着生命危险进行安全检查。无人机技术具备对工作环境要求低、覆盖范围广，并具备高空、远距离、快速的能力，搭载摄像头，可满足航拍功能，使用者在地面就可以对起重设备进行全方位的检查，既安全又能及时发现安全隐患。因此项目部决定从 2018 年 9 月开始，将无人机巡检技术应用到对嘉湾 B1-2 地块塔式起重机的安全检查中。

2. 无人机巡检工作的实施

本次实践通过手机 APP 软件 DJI Go 4 控制大疆精灵 4 Pro（型号参数信息见表 5-3）的飞行和照片采集，在 Photoshop、PPT 和 Word 等软件中进行数据后处理。

表 5-3 大疆精灵 4 Pro 型号参数信息

参 数 类 型	参 数 信 息	
飞行器技术参数	产品类型	四轴飞行器
	产品定位	专业级
	悬停精度	垂直：±0.1m（视觉定位正常工作时），±0.5m（GPS 定位正常工作时） 水平：±0.3m（视觉定位正常工作时），±1.5m（GPS 定位正常工作时）
	旋转角速度	最大旋转角速度：250°/s（运动模式）；150°/s（姿态模式）
	升降速度	最大上升速度：6m/s（运动模式）；5m/s（姿态模式） 最大下降速度：4m/s（运动模式）；3m/s（姿态模式）
	最大水平飞行速度	72km/h（运动模式）；58km/h（姿态模式）；50km/h（定位模式）

（续）

参 数 类 型		参 数 信 息
飞行器技术参数	飞行高度	≤6000m
	飞行时间	约30min
	轴距	350mm
云台技术参数	角度控制精度	俯仰：-90°~30°
	可控转动范围	±0.03°
	控制转速	俯仰：90°/s

（1）前期准备

在利用无人机巡检技术进行塔式起重机安全检查之前，需要提前做好无人机信息采集过程中的相关设置、人员配置和检查计划安排等准备，具体如下：

1）操控无人机的APP设置。通过手机APP软件DJI Go 4对无人机的飞行进行控制，在无人机飞行时，手机需打开GPS，与遥控器连接，传导相机数据。因飞行器与遥控器采用频率连接，GPS信号良好时，无人机可以实现精准定位；GPS信号较差但光照良好时，无人机利用视觉系统实现定位，但悬停精度会变差；GPS信号较差并且光照条件也差的时候，无人机不能实现精确悬停，仅提供姿态增稳。因塔式起重机无人机安全检查特殊性，所以嘉湾无人机飞控设置采用GPS模式。打开飞行器和遥控器，连接手机，单击右上方菜单，选择P模式，即GPS模式。

2）飞行设置。考虑到GPS信号、光照条件等对无人机定位精度的影响，无人机飞行航线应设置为直线，尽量避开高大树木及建筑物，防止信号中断，飞行高度最高为120m，随项目起重机机械高度，调整飞行高度。最大上升速度为6m/s，最大下降速度为4m/s，最大水平飞行速度为20m/s。在起飞过程中，若遇大风，GPS信号弱时，需及时调整天线，注意GPS信号强弱，当信号中断时，通过单击手机左上方自动返航，当返航途中，信号恢复时，应及时退出自动返航，避免撞击障碍物。

3）采集设置。当飞行器进入飞行模式时，单击手机APP软件DJI Go 4右上方菜单栏，选择拍照模式，在天气良好，光线充足时，无须设置光线亮度，系统默认即可，当夜间飞行时，打开夜间模式。如需拍摄视频，选择录像模式，退出设置后，单击手机屏幕右侧拍摄圆点开始拍摄，拍摄结束再次单击拍摄圆点。设置完成后，检查手机屏幕上方的光线、GPS信号等状态是否就位，无警告出现，即可起飞。

4）人员配置。如图5-15所示，现场配置安全员或机管员1名，负责监视地面，以及利用专业知识发现安全隐患，并做好截图与记录工作，同时配置无人机操作员1名，正常为项目部实习

图5-15　无人机检查人员

生，先由公司专业技术人员，对其进行操作培训，培训合格后方可操作无人机。

5）检查计划的制订。检查计划主要包含日常检查、维修保养检查和专项检查三项，具体见表5-4。

表5-4　检查计划

序号	检查类型	工作内容
1	日常检查	项目每个月前三周周日上午8点至11点，检查项目范围所有塔式起重机，下午3点至6点检查项目范围所有施工升降机
2	维修保养检查	每个月25日，项目一体化单位会组织专业人员对所有设备进行检查及维修保养，项目部的无人机会参与其中，对一体化单位的维修保养情况进行抽查，发现维修保养不到位的，会要求一体化单位及时整改，对一体化检查的问题和无人机检查的问题进行比对
3	专项检查	公司和上级主管部门要求的检查，项目根据上级文件要求进行的各类专项检查

6）安全检查表。安全检查表用于过程信息的记录，见表5-5。

（2）无人机安全检查过程

利用无人机巡检技术对塔式起重机进行安全检查的具体操作过程如下：

1）塔顶部检查：操作员操作无人机悬停在塔式起重机顶部，距离塔尖2m的距离，利用摄像头传回的影像检查塔顶金属构件是否连接良好，开口销是否打开，滑轮是否转动灵活、可靠、无卡塞现象，起重力矩限制器、起重量限制器、回转限制器是否被人为损坏。

2）塔机后臂处检查：操作无人机飞往塔机后臂处，检查压重、配重是否按照说明书要求安装，钢丝绳排列是否整齐，润滑是否到位，制动片磨损是否超过规范要求，制动器有无漏油等。

3）驾驶室检查：操作无人机至驾驶室位置悬停，检查驾驶室有无灭火器，机械性能牌是否设置。

4）附着装置检查：操作无人机检查附着装置，附着装置和塔机连接是否可靠，附着框、锚杆、拉杆、锚固端等连接螺栓、销轴是否齐全可靠，垫块、楔块是否齐全可靠。（注：从最上一道附着检查至最底部附着）

5）塔机大臂处检查：操作无人机从驾驶室轴线位置至大臂末端进行检查，重点检查各部件、附件、连接结构是否齐全，位置是否正确，有无变形、开裂，小车断绳、断轴装置是否有效设置，钢丝绳润滑和磨损能否满足使用需求。各滑轮是否转动灵活，无异响。

6）吊钩检查：操作无人机，与塔式起重机吊钩位置平行，检查吊钩磨损程度，保险装置是否可靠。

7）标准节及连接螺栓检查：利用无人机逐个检查标准节，检查标准节连接螺栓是否松动，标准节是否存在变形、开裂情况。

8）顶升装置检查：检查顶升横梁防脱装置是否完好可靠，油缸、油管是否破损漏油。

9）悬臂高度检查：操作无人机悬停在大臂铰点高度，利用无人机测距技术，检查塔式起重机悬臂高度是否满足规范要求。

10）基础的检查：操作无人机飞至上方2m处，检查塔式起重机基础是否有积水，地脚螺栓螺母是否松动，防雷装置是否可靠。

11）安全距离检查：机管员通知地面指挥人员，将 2 台塔式起重机大臂运行至交叉点，操作无人机测量 2 台塔式起重机之间的安全距离，能否满足安全使用需求。

表 5-5　塔式起重机无人机安全检查表

工程名称			嘉湾 B1-2 地块工程			
塔式起重机	型号		设备编号		起升高度/m	
	幅度	m	起重 力矩/kN·m		最大起 重量/t	塔高/m
	与建筑物水平附着距离/m			附着道数		
验收部位	验收要求					结果
塔式起重机结构	部件、附件、连接件安装齐全，位置正确					
	螺栓拧紧力矩达到技术要求，开口销完全撬开					
	结构无变形、开焊、疲劳裂纹					
	压重、配重的质量与位置符合使用说明书要求					
机构及零部件	钢丝绳在卷筒上面缠绕整齐、润滑良好					
	钢丝绳规格正确，断丝和磨损未达到报废标准					
	钢丝绳固定和编插符合国家及行业标准					
	各部位滑轮转动灵活、可靠，无卡塞现象					
	吊钩磨损未达到报废标准、保险装置可靠					
	各机构转动平稳、无异常响声					
	各润滑点润滑良好、润滑油牌号正确					
	制动器动作灵活可靠，联轴节连接良好，无异常					
附着锚固	锚固框架安装位置符合规定要求					
	塔身与锚固框架固定牢靠					
	附着框、锚杆、附着装置等各处螺栓、销轴齐全、正确、可靠					
	垫铁、楔块等零部件齐全可靠					
	附着点以上塔式起重机悬臂高度不得大于规定要求					
环境	与架空线最小距离符合规定					
	塔式起重机的尾部与周围建（构）筑物及其外围施工设施之间的安全距离不小于 0.6m					
使用单位检查意见：（盖章） 日期：					总包单位检查 人员签名	
结论	同意继续使用		限制使用		不准使用，整改后二次验收	

（3）数据后处理

在利用无人机采集图片（图5-16）等资料之后，需要对采集的资料信息进行数据后处理，主要通过 Photoshop、PPT、Word 等软件进行。通过数据线连接飞行器和计算机，将存储在飞行器中的图片传输到计算机中查看，筛选适当的图片进行保存。当图片所处拍摄环境较暗或者过亮时，通过 Photoshop 软件对图片曝光度、色阶或者饱和度等进行调整，进而完成对采集图片的修复，或者直接圈出隐患重点。在后期，则采用 PPT、Word 等形式将安全隐患公示。

3. 无人机巡检工作效益分析

以嘉湾 B1-2 项目 12 月实际检查为例，对无人机巡检工作效益进行分析。

（1）无人机检查效率分析

2018 年 12 月项目组织对现场 8 台塔式起重机开展塔式起重机无人机巡检 4 次，检查发现现场塔式起重机安全隐患 17 条，平均每次检查用时 1.5h，投入人力 2 人（安全员、机管员各 1 人），无人机一台。该项目开工之前未引入无人机安全巡检技术，2018 年

a)

b)

图 5-16　无人机现场检查照片

12 月 25 日由租赁单位开展一次人工塔式起重机安全月检，投入人力 4 人（均为一体化单位专业检测人员），用时 8h 发现安全隐患 6 条。不同巡检方式巡查效率如图 5-17 所示。

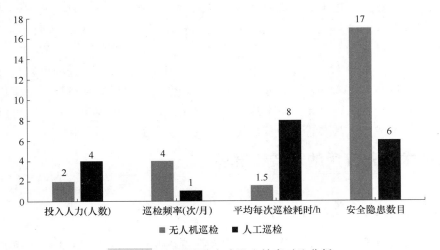

图 5-17　不同巡检方式巡查效率对比分析

综合上述数据可以看出，利用无人机巡检技术代替传统的人工巡检方式进行现场塔式起

重机安全隐患的排查工作，具有明显的优势，在保证检查质量的同时，可以有效节约时间，提高巡查效率。

（2）无人机巡检技术经济效益分析

嘉湾 B1-2 项目起重机每年检查总次数为 36 次。不同巡检方式经济效益的对比分析见表 5-6。

表 5-6　不同巡检方式经济效益对比

类别	人 工 成 本	平均每次巡检耗时	每年检查总次数	总人工成本	总耗时
无人机巡检	专业检查人员 2 人 18000 元/年 + 无人机 8000 元/台（折旧率 0.5）	1.5h	36	22000 元	54h
人工巡检	一体化单位专业检测人员 4 人 32000 元/年	8h	36	32000 元	288h

从表 5-6 中的数据可以看出，在同等巡检条件下，采用无人机巡检技术代替传统的人工巡检方式，可以有效节约大量的时间成本和人工成本。

4. 无人机巡检技术优势

相比于传统的人工巡检方式，利用无人机巡检技术将无人机应用在日常巡检工作中，具备以下优势：

1）不受时间限制。使用无人机可以在夜间对设备进行排查，避免夜间登高作业，造成安全事故。

2）提高工作效率。无人机搭载高清摄像头，通过拍摄高清照片可以快速有效地对现场各个角落进行检查，特别是塔式起重机的检查，如采用人工巡查，一个现场管理员检查一台塔式起重机需 35min，而采用无人机巡检技术只需 15min，而且检查人员无须登高作业，既高效又安全。

3）提高工作质量。无人机巡检拍摄的照片，为广大管理人员带来了很多便利，以往人工巡检拍摄的照片受制于地形和安全考虑，很多照片不能充分体现检查者的意愿，对存在的隐患描述也不够清晰，采用无人机巡检技术拍摄的照片不仅精度高而且是全方位多角度的拍摄，可以说极大地提高了塔式起重机巡检人员的工作质量，也为整改人员明确了整改方向，节约了工作时间。

通过使用塔式起重机无人机巡检技术，项目部管理人员在日常管理中可以只花费少量时间和费用，就可以掌握现场各台塔式起重机安全运转情况。对于这种塔式起重机日常管理中存在一定的危险性较大工程，无人机巡检技术也提供了极大的便利和安全性。可以说，随着无人机技术的日益成熟，其必将成为日后现场管理者手中的一把利器。

5.5 | 无人机技术工程应用的可持续发展

5.5.1　无人机技术工程应用潜力

显然，无人机技术已经在工程建设应用中发挥着重要作用，在各个细分领域的自动化方面都有很大的发展潜力，具体见表 5-7。以无人机三维影像技术为例，其在施工阶段的应用研究也得到了很大的关注度，无人机三维影像技术具备快速全景拍摄、三维模型合成、先后影像数据对比等功能。基于无人机三维影像技术具备的功能及无人机特点，无人机三维影像技术在施工阶段的现场管理中有较大的应用发展空间，例如可以直观呈现施工现场实时布置情况、获取实际工程的施工进度信息、通过实景模型和 BIM 模型的对比发现实际工程与设计模型的出入点等。

表 5-7　无人机应用关键技术及其应用潜力

关 键 技 术	搭载任务设备	应 用 阶 段	用　　　途
无人机航摄技术	云台相机或红外热成像仪	规划阶段、施工阶段	采集图片、视频等信息，可应用于规划阶段的宣传、施工阶段的施工监控与工地巡查
无人机智能识别技术	云台相机或红外热成像仪	运维阶段、审计阶段	结构变形监测违章建筑排查
无人机三维影像技术	倾斜测绘仪（1 个垂直相机 +4 个倾斜相机）	施工阶段、审计阶段	土方调配；施工进度实时控制辅助竣工验收
无人机遥感测量技术	激光发射器	施工阶段	定线定位、测距离、测角度、测高度等
无人机环境监测技术	复合气体监测仪	施工阶段、运维阶段	监测扬尘等大气污染物
	摄影机 + 洒水器	施工阶段、运维阶段	辅助扬尘控制；辅助高层建筑火灾监测与灭火
无人机动态调度技术	摄影机 + 施工缆线等	施工阶段	辅助施工缆线架设（特别是危险地段）
	探测仪 + 急救物品	施工阶段、运维阶段	辅助紧急搜救

5.5.2　无人机技术未来发展

　　智慧建造仰赖于新兴信息技术应用的发展与成熟。无人机作为建造行业的一种新兴技术手段，可以为工程建设项目全生命周期的规划阶段、施工阶段、运维阶段、审计阶段等提供实时的过程数据信息，为建筑信息模型进行有效补充，是实现智慧建造，推动信息化、智能化建设的重要工具。虽然无人机具有飞行高度低（可低于云层）、人员危险小、操作简单快捷、成本低等优点，无人机技术在工程建设领域有着比较广阔的应用前景，但是就目前而言，无人机在使用过程中，其系统稳定性、续航能力、配套技术水平和飞行管理措施等方面仍然存在一些问题，要使无人机在工程建设项目全生命周期的应用得以推广，就需要相关研究的进一步深入与发展、相关体系的建立与完善等，以解决目前无人机在使用过程中所面临的问题。

1. 飞行关键技术的发展

　　要实现无人机技术的应用价值，最重要的是无人机飞行关键技术的稳定与发展。目前在无人机飞行关键技术方面，无人机的续航能力、飞行控制能力、导航与抗干扰能力、自主避障能力等都亟须提升。

　　（1）续航能力的提升

　　以电力动力无人机为例，目前主要以锂电池作为动力供应方式，续航时间短而充电耗时长。进一步提高无人机的续航能力，以满足无人机在大体量信息采集下的动力需求，即为无人机技术在工程中得到广泛应用提供动力保障。而锂电池的能量密度为 $150 \sim 200 \mathrm{W} \cdot \mathrm{h/kg}$，进一步提升的空间较小，传统的锂电池技术难以突破更大的容量，无人机长航时可寄托在新介质电池、太阳能、氢能等新能源，以及发动机的结构机械技术的创新开发等方面，例如应用石墨烯材料制作新型电池，可以以较小的尺寸和质量获得较大的能量储存密度，并且相比于传统锂电池需要耗费数小时的充电时间，则仅仅需要不到 $1\mathrm{min}$，随着无人机的批量化生产与广泛应用的逐步实现，其体积、能量储存能力以及充电时间等方面的优势，将为无人机大尺寸、短续航等难题的解决提供一大助力。

（2）飞行控制能力的提升

无人机飞行控制能力是无人机得以安全可靠地在不同环境下接收不同指令并完成不同任务的基础。从 2009 年 10 月到 2014 年 8 月底，美国联邦航空管理局（FAA）共收集到了 274 起民用无人机系统事故/事故征候事件，当无人机飞行失控时，极易对人员生命、财产安全产生影响，因此需要进一步提高无人机的飞行控制能力，其中保证无人机飞行控制的地理信息准确性是保证无人机安全可靠地实现多任务执行的基础。

（3）导航与抗干扰能力的提升

以四旋翼无人机为例，作为小型飞行器，多用于低空作业，当地理环境复杂、地表干扰多等情况发生时，会在很大程度上影响无人机的导航效果，特别是多机协同工作。因此，在实际使用过程中，无人机的导航和抗干扰能力是一个亟须深入优化的技术壁垒。

（4）自主避障能力的提升

目前，当无人机在自主飞行过程中遇到障碍物时，一般会利用无人机自带的悬停功能，在一定程度上避免无人机发生碰撞危险。但当无人机飞行速度过快或者无人机飞行控制系统出现故障时，传统的悬停机制则往往无法有效地发挥作用。提升无人机的自主避障能力，有利于提高无人机对不同环境的适应能力，如增强无人机在大风、磁场、极端温度、障碍物密集等环境下的适应性，进而减轻无人机使用过程中对环境的依赖性。

2. 应用关键技术的发展

无人机技术的有效应用，则有赖于无人机应用关键技术的稳健成熟。对于无人机应用关键技术的发展而言，提升基于信息采集的无人机技术需要提高信息采集与信息后处理的质量，而提升基于非信息采集的无人机技术则需要就任务载荷为出发点，实现任务载荷的集成。

（1）信息采集质量的提高

提高信息采集质量，可以通过提高任务设备的工作精度和工作效率实现。例如：通过开发适应不同环境的自稳云台、设计全高清大广角专业相机、集成多角度相机等方式，可以有效提高影像信息的采集精度；而通过提高用于环境监测的传感器的测量精度，则可以有效提高环境信息的监测精度。

（2）信息后处理质量的提高

目前，受现有的信息后处理技术的限制，无人机智能识别技术、无人机三维影像技术、无人机遥感测量技术、无人机环境监测技术等都有待进一步发展。以无人机智能识别技术为例，相应的图像处理技术需要进一步探究与优化，特别是优化针对夜间或雨天航拍影像的图像处理技术，这样可以使得夜间或者雨天操作成为可能，也将成为减轻无人机使用过程中对环境依赖性的一个重要措施。而对于无人机三维影像技术而言，其三维实景模型的合成技术也需要进一步完善，例如优化影像信息识别与合成算法，降低模型合成对采集的信息以及操作水平的依赖，使之简单化、通用化。

（3）任务载荷的集成

要丰富无人机的应用价值，除了多无人机协同工作模式的发展以外，无人机个体多任务执行能力的开发也很重要，解决无人机任务载荷的集成问题，将成为提升无人机应用潜力的一个重要途径。

3. 法规和标准化体系的建立与完善

要规范无人机技术的应用，就需要建立和完善相关法规和标准化体系，严格把关无人机生产管理、使用管理与飞行管理。例如：完善无人机生产、销售和使用过程中涉及的人员、供应链、无人机机体、地面控制站、任务载荷、数据链等各分项技术标准，保障无人机生命周期内各环节的有效管理；出台针对无人机产品认证、产品与使用者注册、空域划分与临时报批、飞行识别与监管等法律和规范，以解决目前存在的"黑飞"问题等。

4. 专业化飞行员的培训与管理

要实现无人机在工程中的有效应用，除了完善无人机关键技术以及相关法规条例以外，还需要进一步提高飞行员的专业性。而专业化飞行员的培训，除了要提高飞行员的操作水平专业度以引导无人机的安全飞行操作以外，还需要提高飞行员对无人机相关知识（如无人机基础知识、无人机系统原理、相关软件的功能与使用、无人机的维修保养等）的理解与熟悉度，以保障紧急情况发生时，飞行员能具备一定的应急能力。

5. 现场管理观念转型

无人机在工程应用的过程中，会对周围工人、环境等产生一定的影响：第一，无人机飞行过程中产生的噪声在一定程度上会影响周围环境质量；第二，无人机在飞行过程中，会吸引周围工人的注意力，影响工人的工作效率，严重的话可能会导致失足等事故风险的发生；第三，当无人机飞行失控时，可能会导致与周围建筑物碰撞事故的发生，有一定的财产安全风险，甚至有可能发生与周围工人、路人或者居民等的碰撞，有一定的生命安全风险。因此，在工程建设各阶段中应用无人机时，需要转变现场管理观念，严格把关无人机对工人工作注意力、对周围环境等的影响，发现问题及时处理，同时提高现场人员与管理人员对无人机下的新监管模式的接受度，缩短转换适应期。

目前，民用无人机正向着实用化、智能化、多功能化的方向发展，未来新一代民用无人机将与通信、计算机、人工智能、新材料等技术协同发展，在工程建设领域中将逐渐得到推广应用，在不断提高作业效能的同时扩大其应用范围，全面改变未来建造行业的建造模式，逐步实现建造方式由传统模式向智慧建造的转型。

复习思考题

1. 对比分析固定翼无人机、旋翼无人机和无人直升机三者的异同之处。

2. 简述无人机系统的工作原理。

3. 列举一个无人机在工程中的应用实例，并简述当中所涉及的无人机关键技术。

4. 根据无人机技术的发展趋势，展望无人机在工程建设中可行的应用。

第6章
3D扫描技术及其工程应用

教学要求

　　本章介绍3D扫描技术及进展，并从工程实践应用效果的角度论述3D扫描技术的主要应用范围，3D扫描技术应用面涉及建筑、古建筑保护、土木工程，本章逐一用实例讲解具体应用技术。

　　随着科技的日益发展，3D扫描技术（又称为三维扫描技术）也得到不断的发展和丰富。三维扫描技术把传统的单点式采集数据转变为自动连续获取数据，由逐点式、逐线式、立体线式扫描逐步发展成为3D激光扫描。3D激光扫描技术又称为"高清晰测量（HDS）"，也称为"实景复制技术"。随着建设行业的信息化和工业化发展的不断加速，3D激光扫描技术在建设工程施工领域的应用也不断加深。本章介绍3D扫描技术及进展，并从建筑、古建筑保护、土木工程等方面，逐一阐释3D扫描技术的具体应用。

6.1 3D扫描技术概述

　　3D扫描技术是测绘领域继"GPS定位技术"后的又一项技术革新，该新型技术利用激光扫描系统快速、自动、实时获取目标表面真实的三维数据。近年来，随着扫描设备和应用软件的不断发展与完善，该技术的应用已从初期的测量领域，拓展到建筑、土木工程、工业制造、社会治理以及安全监管等多个方面，被广泛认为是"大数据"时代基础数据获取的重要技术之一。

　　随着科学技术的精进，作为3D扫描技术实施载体的三维扫描仪，不论是在效率还是便携性上都有了很大的提高。总体来说有两大特点：首先是便捷度更高，主要体现在三维扫描仪器（图6-1）的更新升级，比如从开始的接触式三坐标测量仪，逐步发展成现在的"非接触式、拍照式三维扫描仪"或"手持式三维扫描仪"，工作效率也相应大大提升；其次是测绘的精准度更高，运用机载、车载三维扫描仪，能够完整地呈现彩色空间的数字化彩云，并且实时传输三维图像。与传统的用照片拼接还原成三维模型的方法相比，不仅便捷，而且更为精准。

a) 地面固定式   b) 地面移动式

c) 机载型   d) 手持型

图 6-1 各种类型的三维激光扫描仪

目前国内外主流的地面固定式三维激光扫描仪的参数、配套软件及其特点见表 6-1。

表 6-1 主流地面固定式三维激光扫描仪的参数、配套软件及其特点

仪器型号	测程/m	测距精度	扫描视场	配套软件	仪 器 特 点	测量原理
Optech（加拿大）ILRIS-3D	3 ~ 1700	3 ~ 4mm@ 100m	360 × 110	PolyWorks	Z 型扫描模板，可实现无控制点自动拼接	基于脉冲
I-Site（澳大利亚）I-Site8810	2.5 ~ 2000	8mm@ 200m	360 × 80	I-Site Studio	内置高分辨率 CCD 数码相机	基于脉冲
Riegl（奥地利）VZ-6000	2 ~ 2000	10mm	360 × 80	Riscan 系列	具有多重回波识别与分析功能，适合雪地、冰川测量	基于脉冲
Leica（瑞士）P30/P40	270	0.5mm@ 50m	360 × 290	Cyclone&Cloud worx	带全站仪功能，全站仪视场角无限制，测速快	基于脉冲
FARO（美国）Focus[3D]	< 153.4	2mm@ 25m	360 × 305	FARO SCENE	小巧灵活，配套处理软件多	基于相位差
Z + F（德国）IMAGER5010	0.3 ~ 187.3	0.8mm@ 50m	36 × 320	LFM&LaserControl	具有防爆功能，适合煤井、矿山等危险环境	基于相位差

6.1.1 3D 扫描技术原理和技术特点

3D 扫描技术于 20 世纪 90 年代中期出现，又称为 "高清晰测量（High-Definition Survey-ing，HDS）"，也称为 "实景复制技术（Terrestrial Laser Scanning，TLS）"。3D 扫描技术是一种先进的全自动高精度立体扫描技术，通过测量空间物体表面点的三维坐标值，得到物体表面的点云信息，并转化为计算机可以直接处理的三维模型。其集光、机、电和计算机于一体，作为获取空间数据的有效手段，能够快速地获取反映客观事物实时、动态变化、真实形态特性的信息。

1. 机器视觉理论

20 世纪 60 年代，MIT 的 Roberts 教授将二维图像的统计模式识别扩展到以理解三维场景为目的的研究，标志着机器视觉（Machine Vision）的产生。20 世纪 70 年代，MIT 智能试验室的 David Marr 教授提出了由早期视觉处理直到最终进行 3D 描述的机器视觉三阶段理论框架。21 世纪以后，伴随计算机科学的发展和数据采集设备分辨率的不断提高，机器视觉相关的三维重建和特征识别、点云的快速及精确处理等成为该领域研究的热点。

机器视觉检测技术建立在计算机视觉理论基础上，利用配备光学检测仪器、感测器、相机等感测视觉仪器，获取目标产品表面的二维或三维信息，通过特定的算法对特征处理后，提取出产品缺陷或进行物体识别、尺寸测量等工作，继而结合预设的阈值或相关条件进行质量判断，实现智能识别功能。机器视觉系统一般由计算机、光源、传感器、控制系统等模块构成，是激光技术、自动控制技术、计算机技术等技术的集成。图 6-2 所示为机器视觉系统的一般构成。

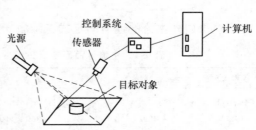

图 6-2 机器视觉系统的一般构成

由于机器视觉检测技术具有提高产品识别和检测的效率、自动化程度，减少企业劳动力成本和人员在危险环境的作业时间，以及易于实现信息集成等优点，在工业 4.0 的进程中，机器视觉将会更广泛地用于工业生产中的成品检验、质量控制，建筑工程中的工况监视、病害检测等领域。

从检测手段来看，基于机器视觉技术的目标对象表面检测主要包括基于二维视觉的检测和基于三维视觉的检测。二维视觉检测只获取目标图像信息，在无法采用特殊光源使目标表面特征变得明显的时候，裂缝等病害的识别变得非常困难。三维视觉检测，即利用三维视觉测量技术获取目标对象表面的三维点云，对点云坐标分析处理后，通过点云坐标间的偏差或与标准模型间的偏差判断是否有裂缝等病害，以及具体的几何特征量。由于三维视觉获取的点云拥有更多的信息量，理论上更容易提取出裂缝等病害信息。

3D 激光扫描是机器视觉的一种具体形式。3D 激光扫描仪配备激光发射器、激光接收器等主要感测设备，把传统的单点式采集数据转变为自动连续获取数据，通过对目标物体进行高速激光扫描，大面积、高分辨率地快速获取目标物体表面各个点的三维坐标（x，y，z）、反射强度（Intensity）、色彩（RGB）信息。其中，坐标信息、反射强度信息基于激光测量原理，由激光 LIDAR 系统获取；色彩信息基于摄影测量原理，由相机采集的图像获取。通过数据处理，建立一定分辨率、由空间点组成的三维点云模型，来表达目标物体表面的采样结果。3D 激光扫描技术具有快速性、高精度、智能化水平高的独特优势。其采用的激光不受光线的影响，可以消除物体边缘拖影现象，使物体的几何边界更加精确。图 6-3 所示为 3D 激光扫描仪的系统组成。

目前，需通过两种类型的软件使 3D 激光扫描仪发挥功能：一是扫描仪的控制软件；二是数据处理软件。前者通常是扫描仪随机附带的操作软件，既可以用于获取数据，也可以对数据进行相应处理，如徕卡 ScanStation P30/P40 扫描仪附带的 3D 激光扫描系统。后者多专用于扫描得到的点云数据的处理，如徕卡 ScanStation P30/P40 扫描仪附带的 Cyclone 软件。

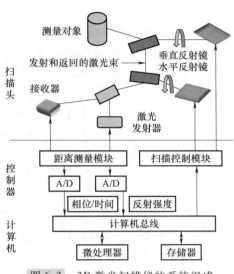

图 6-3　3D 激光扫描仪的系统组成

2. 测量原理和技术特点

三维激光扫描技术测量原理主要分为：测距、测角、扫描、定向四个方面。

（1）测距原理

主要分为：三角法、脉冲法、相位法、脉冲-相位法测距。三角法利用激光发射器发射到目标表面的激光与反射到 CCD 感光元件的激光之间的夹角、激光发射器与 CCD 感光元件之间固定的基线长度构成的三角关系，求得激光发射点到被测目标点的距离，测距原理如图 6-4 所示。三角法测距精度随距离的增大迅速下降，采用三角测距的扫描仪测程一般为几米到几十米，主要用于工业测量，如法国 MENSI S10 三维激光扫描仪。

脉冲法通过记录激光脉冲信号前后的时间差（Time of Flight），间接获得激光发射点到目标点的距离，测距原理如图 6-5 所示。由于激光脉冲瞬时功率极大，持续时间极短，且受环境光线影响较小，因而测程可达几千米。脉冲法适用于范围较大的室外测量，如古建筑数字化、城市测绘、地形测量、工程结构变形检测等。瑞士 Leica HDS3000 和 ScanStation P30/P40、奥地利 Riegl LMS-Z210、加拿大 Optech ILRIS-3D 等三维激光扫描仪均采用脉冲法测距。

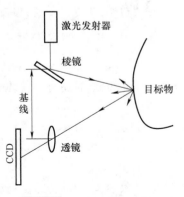

图 6-4　三角法测距原理

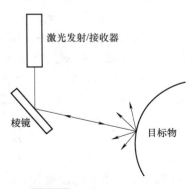

图 6-5　脉冲法测距原理

相位法通过测定调制激光束往返传播所产生的相位差并记录发射与接收的时间差，进一步计算采样点的距离。该类扫描仪扫描速度较快，扫描精度受光线影响较大，主要用于扫描范围较小的科研、刑侦、考古等。美国 FARO、日本 Minolta VIVID 三维激光扫描仪均采用相位法测距。

脉冲-相位法将相位法和脉冲法结合，有效地对距离实现精确测量。目前大多数手持型激光测距仪都采用脉冲-相位法测距，主要用于医疗、室内装修等，如美国 Trimble CPW8000 手持型三维激光扫描仪。

（2）测角原理

测角方法分为：角位移测量、线位移测量。角位移测量是通过改变三维激光扫描仪的激光光路，获得扫描角度；线位移测量是通过记录激光束形成的线性扫描区域的线位移量，获得扫描角度。三维激光扫描系统内置的伺服电动机，可精密控制激光测距系统在水平方向、垂直方向的转动，从而影响并记录激光束的出射方向。

（3）扫描原理

通过改变激光束出射的方向，实现激光束对目标表面的扫描。三维激光扫描仪内置的伺服电动机，可精密控制多面扫描棱镜的转动。

（4）定向原理

将三维激光扫描仪扫描的点云坐标统一到大地坐标系下的过程，称为三维激光扫描仪的定向。

测绘领域应用最广泛的是基于脉冲测距的 3D 激光扫描仪。以基于脉冲测距的 ScanStation P40 3D 激光扫描仪为例，进行测量原理的详细说明。

3D 激光扫描仪记录的是目标对象表面上离散点的空间坐标信息和某些物理参量。3D 激光扫描仪发射的激光束，由目标对象表面反射后被扫描仪接收，通过激光信号从发出到返回的时间差或相位差计算发射中心至目标点的距离 S。扫描仪内置精密时钟编码器自动记录每条脉冲的水平角 φ 和竖直角 θ，如图 6-6 所示。根据式（6-1）可计算出目标点的三维坐标 $P(x, y, z)$。3D 激光扫描系统内置的步进电动机，可稳步、精确地控制激光测距系统的转动，从而影响并记录激光束的出射方向。通过改变激光束出射的

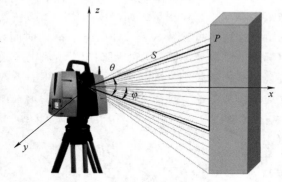

图 6-6　地面 3D 激光扫描仪的测量原理

方向，实现激光束对目标表面的全面、精密扫描。此外，同时记录的还有扫描点的反射强度信息，色彩信息则通过扫描仪内置相机拍照获得。

$$\begin{cases} x = S\cos\theta\cos\varphi \\ y = S\cos\theta\sin\varphi \\ z = S\sin\theta \end{cases} \qquad (6\text{-}1)$$

3D 激光扫描技术不需借助反射棱镜，不需接触目标对象表面，能快速、高密度、高分辨率地获取目标对象表面的海量点云数据，同时受环境光线、温度的影响都非常低。主要的

技术特点概括如下：

1）非接触式。3D 激光扫描技术不需要布设反射棱镜，不需要接触目标表面或对目标表面做标记，可以通过激光扫描直接获得目标表面点云数据。

2）速度快。3D 激光扫描技术能在一秒内采集数百万个样本点，高密度、高分辨率地获取目标对象表面海量点云数据。

3）高精度。3D 激光扫描技术采用激光扫描方式，其每秒百万级的采集速度决定了高精度的测量。点云采样点间的距离可达亚毫米级，每平方米的点云数量可达几千万个，可以精确地表达目标对象表面的几何信息。

4）对环境光线、温度要求低。3D 激光扫描技术受环境光线、温度影响很低，即便是在阴暗的地下隧道环境中，也能通过自身发射的激光获得目标对象的表面几何信息。

5）扩展性强、数字化程度高。3D 激光扫描技术将目标物体的表面信息全部用数字表示，可以通过多种软件和平台进行数据处理和数据共享。

6.1.2　点云数据的采集与三维模型构建

1. 点云数据的形式、分类和特点

（1）点云数据的形式

点云（Point Cloud）是以离散、不规则方式分布在三维空间中的点的集合。三维激光扫描仪扫描得到的点云数据，在进行拍照的状态下单个点包含的信息有 7 项："x""y""z"坐标信息，"R（Red）""G（Green）""B（Blue）"色彩信息以及"Intensity"反射强度信息。其中，坐标信息、反射强度信息基于激光测量原理，由激光扫描仪内置的激光 LIDAR 系统获取；色彩信息基于摄影测量原理，由激光扫描仪内置相机采集的图像获取。因此，三维点云与二维图像的数据组织形式和处理算法不同。为了更好地对裂缝几何信息的提取展开研究，需要明确点云数据点间的空间拓扑关系和邻域信息。

以 Lecia P40 三维激光扫描仪获取的点云数据为例，图 6-7 是其数据组织形式及所包含的信息示例。图 6-7 中，Column 1 ~ 3 为坐标信息，Column 4 ~ 6 为色彩信息，Column 7 为反射强度信息，Sample 部分每一行代表一个目标点。

	Column1	Column2	Column3	Column4	Column5	Column6	Column7
Value Type	x	y	z	Red	Green	Blue	Intensity
	Decimal	Decimal	Decimal	Integer	Integer	Integer	Decimal
Sample	x	y	z	Red	Green	Blue	Intensity
	1	1	1	1	1	1	1
	1000	1000	1000	12	12	12	1000
	1.23458	1.23458	1.23458	123	123	123	1.23458
	−1.23458	−1.23458	−1.23458	214	214	214	−1.23468
	0.00123	0.00123	0.00123	105	105	105	0.00123
	−0.00123	−0.00123	−0.00123	36	36	36	−0.00123

图 6-7　点云数据的组织形式

（2）点云数据的分类

点云数据可根据点云疏密程度或空间分布进行分类。根据点云疏密程度可分为稀疏点云、稠密点云。根据点云空间分布，可分为以下四类：线式点云，即按某一特定方向分布，如图6-8a所示；矩阵式点云，即按某种顺序有序分布，如图6-8b所示；网格式点云，即分布在多个平面，将分布在同一平面内的点顺序连接后呈网格状，如图6-8c所示；散乱式点云，即分布无序杂乱，本文通过 ScanStation P40 采集得到的是此类点云，如图6-8d所示。

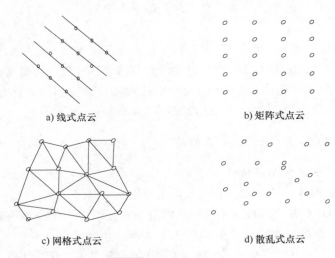

a) 线式点云　　　　　　　　　　b) 矩阵式点云

c) 网格式点云　　　　　　　　　d) 散乱式点云

图 6-8　点云数据的分类

（3）点云数据的特点

三维激光扫描仪采集的点云数据具有以下特点：

1）三维激光扫描的对象是物体表面，从目标表面反射回来的回波脉冲得到物体表面信息，因此点云仅反映目标表面的信息。

2）点云采样点间的距离可达亚毫米级，每平方米的点云数量可达几千万个，可以精确地表达目标对象表面的几何信息。

3）通过软件直接在点云上量取点的坐标、两点的距离等信息。

4）数据点之间形式上相互独立，无一定的拓扑关系，不能表示物体表面的连接关系。

5）三维激光扫描仪通过接收反射光的强度，使扫描获得的点云具有反射强度信息。配备相机的扫描仪还可同时获得点的色彩信息。

由于点云数据存在以上特点，使得三维激光扫描技术的应用领域变得很广，但点云数据的后期处理也相应更加复杂和困难。

2. 点云数据采集

扫描前需要准备的工作主要包含两部分：一是控制网布设；二是扫描站点布设。而控制网的布设主要考虑到控制点之间的通视性和控制网的几何图形，同时要结合实地不同的情况需要进行合理的选点。在布设好的控制网基础上，可以设立站点，站点的设计既要保证能够完全采集所需要的对象的数据，还要能和控制网联立起来，以便整体距离影像配准及坐标转换。外业数据扫描就是通过实际的扫描站点布设，根据特征合理的扫描点间距和范围，采集多个视角、多个位置的数据构成完整的目标对象。对于不同的扫描目标，可分别采用标靶扫描方法、特征点方法和全站仪方法进行扫描，获取点云数据。

三种采集方式的过程简要说明如下：

（1）标靶扫描方法

将若干标靶置于待扫描对象的外围，将仪器架设在最佳距离对目标物进行扫描，完成该站的目标物扫描任务以后，对标靶进行编号。完成该测站的扫描任务以后将仪器迁至下一个测站直至完成全部的扫描任务，且相邻两站之间至少有 3 个公共标靶。扫描任务完成后，利用标靶点云数据进行拼接。

（2）特征点方法

在设站点架设仪器，对扫描对象进行扫描，以球形标靶作为特征点使用，扫描完成后迁至下一个测站直至完成全部扫描任务。后期数据处理时找出相邻测站至少 3 个公共点以进行点云拼接。

（3）全站仪方法

在场地内根据需要布设若干控制点，在一个点架设仪器，在前后相邻的控制点上同时架设标靶，按照全站仪模式的外业操作流程操作。

3. 点云数据处理

点云数据处理一般包含下面几个步骤：点云去噪、数据拼接、数据精简、曲面重构。

（1）点云去噪

三维激光扫描获取的原始点云不可避免地包含大量的噪声，点云去噪是指除去点云数据中扫描对象之外的数据。噪声来源有多种，比如超出扫描范围的点，不属于目标对象本身的点，周围振动、风、温度等外界环境引起的噪声，激光的离散性影响等。这些噪声点不仅增加了点云的数据量，而且影响点云的质量和点云的数据处理、分析，使点云分析精度降低。因此，为了得到目标对象表面信息的精确采集，需要对扫描得到的原始数据中妨碍后期数据处理及分析的噪声进行剔除。

根据点的分布情况，可将噪声分为四类：①漂移点：明显远离目标点云主体，漂浮于目标点云上方的稀疏、散乱点；②孤立点：远离目标点云中心区，小而密集的点云；③冗余点：超出预定扫描区域的多余点；④混杂点：和目标点云混杂在一起的点。

对于①、②、③类噪声，通常可用现有的点云处理软件，通过可视化交互方式直接删除，降低分析数据的范围和数据量；对于④类噪声，必须借助点云去噪算法才能剔除，以确保后续曲面拟合、网格构建等分析工作的精度。

在点云去噪算法方面，根据扫描方式的差异，点云数据结构不尽相同，去噪方式也不同。总体上，可将点云类型概括为两大类：有序点云、散乱点云。其中，有序点云包括：线式点云、矩阵式点云、网格式点云。有序点云组织有规律，结构清晰，主要通过中值、均值、滤波法、全局能量法、弦高差法等进行去噪。散乱点云去噪的关键在于建立点与点之间的拓扑关系，再在拓扑关系的基础上，利用相应算法进行去噪计算。通常是根据点的三角格网模型，建立点与点之间的拓扑关系，再根据点的拓扑关系构建三角面，并计算其曲率与纵横比。对点云中的每一点都进行计算，将结果与整体点云的平均值进行比较，通过设定阈值对其进行判别，将数值较大的点或者不满足阈值要求的点剔除。

（2）数据拼接

三维激光扫描仪可以获取目标对象的表面点云数据，但受限于视场角、扫描距离、扫描精度等影响，获取目标对象整个表面的点云数据需要从不同视场角、不同站点对物体进行多次测量完成，因而需要对多次测量的点云数据进行配准。将不同站点的点云数据统一到同一个坐标系中的过程，称为点云的拼接。对于扫描数据来说，点云的拼接不存在扭曲和缩放，而是进行平移和旋转等刚体变换。为建立扫描对象整体的点云模型，对扫描对象进行分站式扫描，点云数据的拼接是首要的数据预处理工作。

点云拼接把多个不同站获取的数据拼合在一起，生成一个单一的坐标系统。初始的坐标系统是由指定的其中某一个独立的基站位置和方向决定的。当拼接完成后，多个 Scanworld 就被合并到一个新的 Scanworld 中。

如图 6-9 所示，视点 1 和视点 2 分别对同一实体 P 进行扫描，每一站数据相应的坐标系为 Scanworld 1 和 Scanworld 2，以这两站数据为参考进行配准。

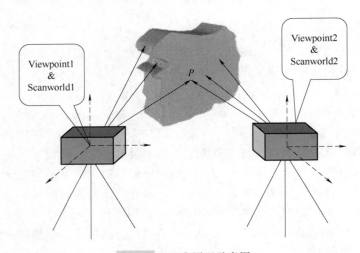

图 6-9　配准原理示意图

以 Scanworld 1 作为基准，实际上就是求 Scanworld 2 到 Scanworld 1 的变换参数，反之亦然，即由三个角元素（Ω、σ、k）组成的旋转矩阵 $\boldsymbol{R}$ 和 3 个平移量（Δx，Δy，Δz）组成的平移向量 $\boldsymbol{T}$。变换条件满足：

$$\begin{Bmatrix} x_P^1 \\ y_P^1 \\ z_P^1 \end{Bmatrix} = \boldsymbol{R} \begin{Bmatrix} x_P^2 \\ y_P^2 \\ z_P^2 \end{Bmatrix} + \boldsymbol{T} \tag{6-2}$$

由式（6-2）就可以将 Scanworld 2 转换到 Scanworld 1 的坐标系中，完成两站数据的拼接。

点云拼接的方法，主要分为基于标靶的拼接、基于测量点的拼接、混合拼接三种。

1）基于标靶的拼接是在目标对象表面布设一定数量的标靶或贴附标记点，通过标靶或标记点中心坐标，计算各测站待拼接点云坐标系间的拼接变换参数。拼接精度受标靶或标记点中心坐标获取的精度影响。

2）基于测量点的拼接是采用全站仪或 GPS 测量仪等专用测量仪器配合实现测量数据的拼接。该方法拼接精度受测量仪器测量精度的影响，且系统通常复杂、昂贵，不能满足任意视角测量。

3）混合拼接根据点云拼接算法将不同坐标系下的点云数据拼接到一起，受拼接算法优劣的影响。混合拼接算法主要有基于点信息的拼接算法、基于几何信息的拼接算法和基于影像拼接算法。

基于点信息的拼接算法中，ICP（Iterative Close Point）算法是运用最广泛的解决三维点云数据拼接问题的方法。其实质是基于 LMS 算法的收敛匹配算法，不断进行最优刚体的匹配，直至某种拼接满足预先定义的收敛准则。基于几何信息的拼接算法根据扫描对象曲率、轮廓线等明显的形状特征参数进行拼接，是一种点云数据粗略拼接的方法。基于影像拼接算法是计算机视觉研究的核心问题，其将同名点在两幅或多幅影像之间进行自动识别、匹配，确定出同名像点。点云拼接实质上是刚体变换。

（3）数据精简

数据精简是点云数据处理过程中不可缺少的环节。一般直接由三维扫描设备获得的点云密度比较大，有时点云数量高达数十亿，而往往点云数据密度越高并不代表点云数据的质量越好，并且点云数据的密度越大，后续点云处理过程中的计算量将越大，处理过程变得相当费时。因此，需要在不影响曲面重构和保持一定精度的情况下对数据进行精简。

针对空间散乱点云而言，由于点云数据中没有建立点与点之间的拓扑连接关系，所以，在点云精简处理之前，需要先建立空间点云数据中点与点之间的拓扑连接关系，然后再进行点云精简操作。

目前，空间散乱点云数据的精简方法主要分为两大类：基于三角网格模型的空间点云精简方法和基于数据点的空间点云精简方法。

1）基于三角网格模型的空间点云精简方法。基于三角网格模型的空间点云精简方法需要先对点云数据进行三角剖分处理，建立其相应的三角网格拓扑结构，然后再对该三角网格进行处理，并将区域内那些形状变化较小的三角形进行合并，最后删除相关的三角网格顶点，从而达到点云数据精简的目的。

2）基于数据点的空间点云精简方法。基于数据点的空间点云精简方法依据点云数据点之间的空间位置关系来建立点云的拓扑连接关系，并根据建立的拓扑连接关系计算点云数据中每个数据点的几何特征信息，最后根据这些特征信息来对点云数据进行点云精简处理。相比基于三角网格模型的空间点云精简方法，由于基于数据点的空间点云的精简方法无须计算和存储复杂的三角网格结构，使得其精简的效率相对较高。

第一种方法需要对点云数据建立其相应的三角网格，该过程比较复杂，且因为需要存储网格数据，故需要消耗大量的计算机系统资源，并且该方法的抗噪能力较弱，对含有噪声的点云数据，构造的三角网格可能会出现变形等情况，因此精简后的点云数据经过曲面重构后的模型与原始点云经过曲面重构后的模型可能大不相同。因此，目前基于数据点的空间点云的精简方法成为点云数据精简方法的主流。

（4）曲面重构

曲面重构是指为了真实地还原扫描目标的本来面目，将扫描数据用准确的曲面表示出来。经过曲面重构后，就可以进行三维模型构建。曲面重构是点云数据可视化的重要环节和核心技术，近几年来得到国内外许多学者的重视。

基于空间散乱点云的曲面重构技术是数字几何处理的一个重要问题，通过曲面重构可以构造出物体的几何模型。其中，物体的几何模型由表明物体形状信息的数学表达式来描述，是对物体的数字几何模型进行分析、绘制、计算的依据以及研究其曲面性质的重要工具。根据重构曲面的表示形式，通常将曲面重构方法分为四类：基于参数曲面的重构方法、基于网格曲面的重构方法、基于隐式曲面的重构方法以及基于细分曲面的重构方法。

1）参数曲面重构。参数曲面是通过连续的基函数表示曲面元。随着 20 世纪 80 年代非均匀有理 B 样条（NURBS）的出现，参数曲面逐渐成为工业界采用的主要曲面造型技术。NURBS 将有理 Bezier、非有理 Bezier 以及非有理 B 样条曲线曲面统一在其框架之下，成为工业界产品数据交换的标准。于是，基于参数曲面的散乱点云曲面重构技术应运而生。它具有计算简单、能精确描述物体形状等优点，但参数曲面是张量积曲面，单张参数曲面只能表示在拓扑结构上等价于一张纸或一张圆柱面的曲面。随着计算机图形学的发展，人们所要求描述的物体形状越来越复杂，为了描述复杂拓扑结构的实体，首先需要将实体进行分片造型处理，然后完成曲面之间的拼接，从而形成整个模型曲面，可以看出该方法的主要问题在于分片曲面之间的拼接，如果拼接光滑，则模型整体比较光滑，相反，则模型可能比较粗糙，甚至出现孔洞。

2）网格曲面重构。在逆向工程、数字娱乐、计算机图形学等领域中，网格曲面是一种最为常见的曲面表示形式。它通过一些基础的图元，如点、线、面等描述物体的表面，它是物体的一种离散曲面表示形式，并且能够表示具有丰富几何特征和具有复杂拓扑结构的物体，而且表示形式简单直观。由于它具有数学原理上的简单性、视觉直观、绘制容易、交互方便等优点，已经被广泛应用于三维多媒体，且网格曲面重构方法已经得到研究者的极大关注。但是网格曲面重构技术获得的网格曲面一般存在面元过多、需要维护拓扑结构与存储冗余等问题。

3）隐式曲面重构。随着散乱点云规模的日益庞大，传统的基于参数曲面和样条曲面的曲面重构方法已不能满足具有丰富表面细节的模型表面重构要求，基于隐式曲面的曲面重构方法是点云曲面重构的较好方案。隐式曲面通过一个隐式函数来表示物体的表面，它适合光顺的封闭模型，而且由于两个隐式曲面相交的结果仍为隐式曲面，因而易处理两个实体相交的问题，但对于具有凸出尖锐特征的物体，它并不是最佳的选择。

4）细分曲面重构。为了解决具有复杂拓扑结构的空间点云曲面重构问题，出现了曲面细分重构方法。细分曲面使用组成曲面的多边形网格的基本元素（包括点、线、面）等信息完整地描述曲面。该方法从初始网格开始，按照某种细分规则，递归地计算新网格上的每个顶点坐标值，其中这些顶点都是原始网格上相邻的几个顶点的加权平均。随着细分过程的不断进行，初始网格被逐渐磨光，在一定的细分规则下，无穷多次细分之后初始网格将收敛成光滑曲面。细分曲面方法的最大优点是算法简单，并且几乎可以描述任意复杂拓扑结构的物体，在动画角色设计和复杂的雕塑曲面重构中得到了大量的应用。

4. 三维模型构建

客观世界中，扫描对象一般可以归纳为两大类：一类是形状结构规则的实体，如建筑物；另一类是形状结构复杂且不规则的物体，如文物、雕像、器皿等。数字城市建设中的大量建筑物和文物保护中大型古建筑，它们的形状结构都是相对规则的，一般情况下可以提取出它们的特征信息，进而采用线、面、体等规则形状进行三维模型重建。对于结构形状不规则的雕塑、文物以及小型古建筑等，无法采用常规的点、线、平面、规则曲面来建立它们的数字三维模型。目前，都是基于点云构建一系列三角形来表示物体的真实形状，完成数字建模。如何高效、准确地建立大数量三角网一直是数字三维模型重建研究的热点。

目前常用的基于点云数据的三维建模软件有 Cyclone、Geomagic Studio 等，此外其他针对三维建模做辅助的软件，如 3D MAX、PCL、Photoshop、Sky Line 等。

6.1.3 厦门地铁 3 号线 3D 扫描实例

1. 工程概况

厦门地铁 3 号线刘五店—东界站区间采用土压盾构法施工，隧道管片设计采用通用楔形管片环，每环管片采用"3 +2 +1"型式（即 3 块标准 B 型、2 块邻接 L 型、1 块封顶 F 型），管片内径为 5500mm，外径为 6200mm，宽为 1200mm，混凝土采用 C55，抗渗等级 ≥ P10。隧道内部遮挡物较少，属于单空间隧道管片。盾构管片衬砌三维模型如图 6-10 所示。

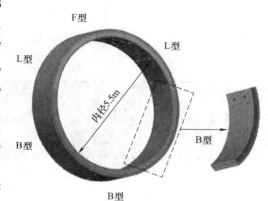

图 6-10 盾构管片衬砌三维模型

2. 点云数据采集

（1）基于徕卡 ScanStation P40 的点云数据采集

数据采集选用厦门大学建筑与土木工程学院数字化设计试验室徕卡 ScanStation P40 三维激光扫描仪，共配有 3 个徕卡 4.5″黑白标靶。徕卡 ScanStation P40 三维激光扫描仪基于脉冲测距原理，并内置 HDR 图像技术的相机。其融合了高精度测角测距技术、低噪声 WFD 波形数字化技术、Mixed Pixels 混合像元精准扫描技术，具有较高的性能和稳定性，能满足特征点较少、光线不足、施工振动等影响下隧道衬砌结构的三维扫描需求。徕卡 ScanStation P40 主要技术参数见表 6-2，其扫描仪采样间隔最小可达 0.08mm。

表 6-2 徕卡 ScanStation P40 技术参数

单次测量精度		最大范围及其反射率			
距离精度	$1.2mm + 10 \times 10^{-6}$	扫描范围和反射率	120m	180m	270m
角度精度（水平/垂直）	8″/8″		8%	18%	34%
点位精度	3mm@ 50m 6mm@ 100m	扫描速率	1000000 点/s		
标靶获取精度	2mm@ 50m	范围噪声	0.4mm rms@ 10m 0.5mm rms@ 50m		

（2）扫描方案

在测站间距、扫描分辨率的选取方面，结合现场踏勘情况，为便于设站，测站间距取 5 个管片宽度，即 6m。扫描分辨率根据实际需要，设置为测点间距 $x = 2.5mm/m$。

在标靶布设方面，隧道是超长线状结构，不同测站数据相似度高、特征明显的目标较少，因此为保证拼接的效率和准确度，采用基于标靶的全局拼接方法。将待扫描的 36m 长的隧道区间分为区段 1 和区段 2 两个区段，每个区段长度 18m。每个区段的两端共布设 3 个标靶，作为该区段内 3 个测站点云共用的拼接控制点；位于两个区段交界区域的 2 个标靶，作为两个区段点云的拼接控制点。每个测站间距取 5 个管片宽度，即 6m。考虑到场地内标靶布设的便捷性，以及后续 Cyclone 对两测站点云拼接所需共同标靶数不少于 2 个的要求，具体测站、标靶布设及拼接方案如图 6-11 所示，现场数据采集作业如图 6-12 所示。

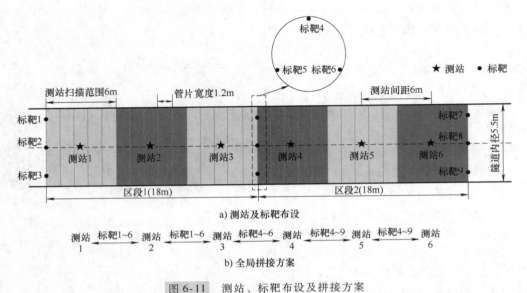

图 6-11　测站、标靶布设及拼接方案

a) 测站及标靶布设

b) 数据采集

图 6-12　现场数据采集作业

3. 点云数据处理

此次隧道内业数据预处理采用与 Leica 三维激光扫描仪配套的数据内业处理软件 Cyclone 9.0。Cyclone 9.0 数据处理软件是由 Leica 公司开发的一套与 P40 配套使用的数据处理软件，其基于数据库模式管理和调度点云，可以高效地处理工程测量、制图及各种改建工程中的海量点云数据。依次通过数据库的创建与导入、点云数据拼接、点云数据去噪等工作，具体如下：

（1）数据库的创建与导入

Cyclone 以数据库的形式对各个扫描任务进行独立管理，单个数据库软件显示界面可加载百亿级点云且不会出现卡顿现象。创建以本次扫描内容为标题的数据库，然后将扫描的原始数据导入 Cyclone 中。

（2）点云数据拼接

如上所述，单次扫描不足以获取超长线状结构隧道的点云数据，将采集得到的 6 个站点扫描数据成果，利用基于公共标靶的拼接方式对数据进行自动高精度的拼接。单测站点及拼接后的点云数据如图 6-13 所示。

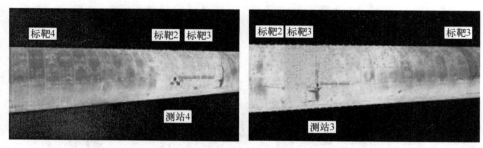

a) 单测站点云数据

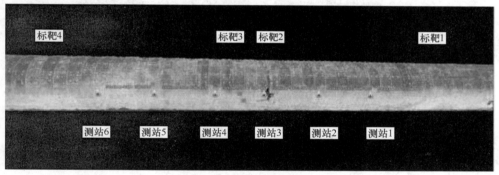

b) 拼接后的点云数据

图 6-13　单测站点及拼接后的点云数据

拼接的同时，可以记录测站之间的拼接精度及地理坐标的配准精度，让整个拼接都在控制之中，避免出现数据在拼接中的精度超预期损失的情况。

（3）点云数据去噪

点云拼接完成之后，得到了隧道区间点云模型，在这份数据中有很多计算时的无用数据，如操作人员、现场设备、钢轨以及管壁上的复杂输电线路、消防水管、照明系统、支架等。对于小范围、明显的噪点，通过现有的点云处理软件，采用人机交互方式手动选择噪点数据直接删除处理；对于混杂点，需要采用一定的算法保证精度，图 6-14 所示为隧道点云去噪前后的对比图。

最后利用 Cyclone 进行点云数据的具体导出，属性的设置由 ModeSpaces 中的点云信息决定。选择设置好文件数据的属性信息，对各个目标裂缝的 (x, y, z) 坐标进行导出，实现 xyz 格式文件到 txt 格式文件的转换。

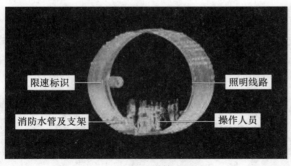 

a) 去噪前   b) 去噪后

图 6-14   隧道点云去噪效果

4. 三维模型构建

点云数据拼接后，通过贴图处理，建立隧道三维点云模型。图 6-15a 所示为重建后的某段隧道三维点云模型，图 6-15b 所示为粘贴纹理后的三维模型。

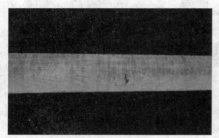 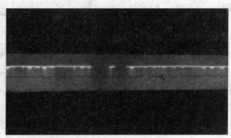

a) 三维点云模型   b) 粘贴纹理后的三维模型

图 6-15   隧道三维模型

6.2 | 3D 扫描技术应用范围

6.2.1   3D 扫描技术应用领域

近几年，3D 扫描技术不断发展并日渐成熟，3D 扫描设备也逐渐商业化。作为当前研究的热点之一，其在建筑、文物数字化保护、土木工程、工业测量、制造业、自然灾害调查、数字城市地形可视化、城乡规划等领域有广泛的应用。

1）测绘工程领域：大比例尺地形图、大坝和电站基础地形、公路、铁路、河道、建筑物地基等测绘，矿山、土方测量及体积计算。

2）结构测量方面：隧道、大坝、桥梁结构检测，海上平台、电厂等大型工业内部设备的测量，工厂、石化、船舶等数字化管理和改造，管道、线路、各类机械制造安装，改扩建工程。图 6-16 所示为 3D 激光扫描技术应用于桥梁的变形检测，图 6-17 所示为 3D 激光扫描技术应用于机械加工件的精密测量。

3）地质工程领域：地质研究、地质滑坡与灾害治理、工程地质编录、油气勘探。

图 6-16　桥梁变形检测

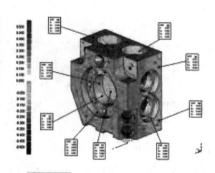

图 6-17　机械加工件精密测量

4）建筑、古迹测量方面：建筑物内部及外观的测量保真，古迹（古建筑、雕像等）的保护测量，文化遗产、考古挖掘等数字化存档和修复保护，遗址测绘，建筑施工、安装、装修和竣工验收。

5）紧急服务业：陆地侦察和攻击测绘，灾害估计，交通事故正射图，犯罪现场正射图，森林火灾监控，滑坡泥石流预警，灾害预警和现场监测，核泄漏监测，刑侦、事故、安全等调查取证。

6）娱乐业：3D 游戏开发，虚拟现实。

7）其他领域：矿业、林业、数字城市、海洋工程等。

6.2.2　3D 扫描技术发展趋势

1. 应用现状

3D 扫描技术在各领域的应用比较成熟，尤其在文物保护、古建筑物修缮、医疗等领域的应用。工程方面，由于 BIM 技术的发展，3D 激光扫描技术在施工阶段得以初步应用。

在建设工程施工阶段，将 BIM 模型用于现场管理需要集成有效的技术手段作为辅助。3D 扫描技术可以高效、完整地记录施工现场的复杂情况，与设计 BIM 模型进行对比，为工程质量检查、工程验收带来巨大帮助。所以，3D 扫描技术是连接 BIM 模型和工程现场的有效纽带。3D 扫描技术与 BIM 模型的集成在项目管理中的主要应用包括：工程质量检测与验收、建筑物改造、变形监测以及工业化精装修等。

在 3D 激光扫描的产品研发上，对于施工阶段，主流的 3D 扫描仪包括美国 Trimble 公司的天宝 TX5 和 GX200，加拿大 Optech 公司的 Real-work 系列，瑞士 Leica 公司的 ScanStation 激光扫描系列等。除此之外，还包括我国武汉大学自主研制的"LD 激光自动扫描测量系统"以及北京天远三维科技股份有限公司的 OKIO 系列等。

2. 发展趋势

2017 年 5 月底，第二届 3D 激光扫描技术国际论坛上，发布我国已经成功掌握了"机载三维扫描技术"，标志着我国在三维扫描领域跻身国际一流水平。美国市场调研公司 Markets and Markets 预测，到 2022 年 3D 激光扫描仪市场预计将达到 37.4 亿美元，2017—2022 年的复合年增长率为 8.18%。3D 扫描技术将主要在 5 个行业的应用升级中起到变革性的作用：

1）城市及建筑测量领域。通过 3D 激光扫描仪器的测绘可以获得三维建筑模型，与此同时也可以实现对建筑工程质量的监测。比如，企业在对新建的建筑验收时，通过对建筑物扫描得到精确详细的三维模型，从而通过计算或比对来完成施工的质量监测。

2）地形测绘领域。与传统测绘手段相比，3D激光扫描在成果形式方面有很大的优势。比如通过一次测量，可同时获取三维及二维数据的资料。此外，对于采矿行业来说，3D激光扫描仪在效率方面的提高，为操作人员减少了在恶劣环境中的工作时间。

3）工业制造业领域。首先，3D激光扫描系统可以提供真三维、真尺寸的工厂改造数据模型，从而可以加快设计的进度，为企业获得最佳的设计方案。其次，大型工业装备的安装和生产方面，3D激光扫描仪可以助力完成在设计前期的基础数据的搜集，在大部件的加工完成后，还能进行尺寸的扫描检查。以外，这项技术可以提高相关行业的安全性。比如对于电力设备领域，因为变电站和电力输送系统往往结构复杂，同时所处工作环境危险，如果利用传统测量手段，很难搜集到完整的基础数据信息，但是通过3D激光扫描仪可以短时间实现全面的数据采集。

4）服务业领域。比如一家芬兰的轮胎制造商 Nokian 公司在 2017 年 12 月公布了旗下的 SnapSkan 服务：采用全 3D 扫描仪来检查用户的轮胎磨损情况，即便在轿车行驶时也能照常检查。

5）医疗领域。比如通过三维扫描技术和 3D 打印技术来做私人订制的医疗护具，能够与人的骨骼肌肉完美契合。

此外，机载三维扫描技术还能够到达人难以到达的危险区域，比如矿难、地震等突发灾害，都可以通过三维扫描对危险源的运动趋势做出准确的判断，有利于救援与搜救的进一步行动，对安防与军工业等都具有深远的意义。

总的来看，3D 扫描技术的升级给相关产业带来了重大的革新改变潜力，尤其在制造业和服务业中应用更为广泛，给智能制造带来了重大改变的可能，也为人们的生活带来超乎想象的个性化和便捷服务，将成为推动下一步产业革新的重要技术动力。

6.3 | 3D 扫描技术在古建筑保护中的应用

历史建筑是中华民族宝贵的文化遗产，凝聚劳动人民的智慧，蕴含着丰富的历史价值、艺术价值和文化价值，历史建筑的保护是当代我国重要的一项工作，测绘是历史建筑管理保护、修缮等工作开展的基础。三维激光扫描技术因其准确高效的特点，近年来越来越广泛地运用于历史建筑的测绘工作中。

6.3.1 利用三维激光扫描技术进行历史建筑测绘的特点

传统的历史建筑测绘利用直尺、卷尺、铅垂等工具直接接触被测物进行测量，存在不同测量者操作的人工误差，以及单次误差的累积。一些不易接近的建筑部位测量难度大，有时候需要搭设脚架才能进行测量，外业操作难度大，而且易对历史建筑造成危害。

三维激光扫描仪利用激光对被测对象表面与测量原点之间的角度和距离进行测量，取得被测对象表面点的位置信息，得到的数据通过对应的空间点云来表达。利用三维激光扫描技术进行历史建筑测绘，可以快速获得被测对象准确的表面三维信息，对比传统接触式测绘方式，获取信息的速度快、效率高，采集的信息量大、数据准确，非接触式的测量方式操作简便，利于保护被测对象。

在测量方式上，对比传统接触式测量方法三维激光扫描有以下特点：

1）测量速度快，相比传统的测绘方式极大地提高了工作效率。

2）操作简便，三维激光扫描为非接触式测量方式，不需要贴近被测对象，三维激光扫描仪发射的激光能到达的被测对象表面都可以被测量。

3）方便测量不易贴近的建筑部位，测量作业中减少搭架攀爬等物质投入、工作量及作业的危险性，同时也保护了被测对象。

利用三维激光扫描技术获取的历史建筑点云数据有以下特点：

1）数据准确，如徕卡 ScanStation P30/P40 超高速三维激光扫描仪的噪声精度为 0.5mm@50m，即距离扫描仪 50m 处误差不大于 0.5mm。

2）数据信息量大，包含被测对象表面各点的坐标信息和激光反射强度信息。结合三维激光扫描仪内置相机采集的图像信息，点云数据还能携带被测对象的纹理色彩信息。

3）数据展示直观，三维激光扫描仪每次测量的数据不仅包含 x、y、z 三维坐标信息，还包括 RGB 颜色信息，同时还有物体反色率的信息，这样全面的信息能给人一种物体在计算机里真实再现的感觉，是一般测量手段无法做到的。

简而言之，三维激光扫描的特点可以说是"所见即所得"，能将扫描仪所发射的激光所能到达的被测对象表面的信息采集下来，导入计算机，方便后续处理。三维激光扫描技术极大地提高了历史建筑测绘的效率和准确性。

6.3.2　实施三维扫描前的准备工作

在具体实施三维激光扫描前，需要先对历史建筑进行初步的现场勘察，然后根据测绘成果的精度要求、被测历史建筑的复杂程度以及现场的扫描仪作业条件拟订初步的扫描计划，包括扫描站点的位置、数量以及扫描的时间顺序，需要注意以下几点：

1）依照测绘成果要求完整采集所需信息。根据建筑性质和测绘成果应用需求的不同，测绘的要求也有不同，如历史建筑保护工程前的测绘需要精细测绘，需要详细准确地记录建筑的内外空间形态、构造细部做法、雕刻彩绘纹样等，历史建筑与现代建筑相比，通常形体比较复杂、细节比较多，特别是中国古建筑具有露明的梁柱、斗栱等木构架体系，以及各种雕刻、泥塑、彩绘等繁多的细部装饰。一般为了得到相对完整的信息，通常建筑的每个立面至少需要进行两个方向的扫描。历史建筑的每处细节的每一个面都需要扫描到才能得到完整的数据，这就需要相对地增加扫描的站点，根据需要一些重点局部增加精细扫描。此外，对屋面信息的采集则需要寻找周边合适的高点位置架设站点，如需利用相邻建筑平台屋顶等处则需要提前联系沟通，扫描现场的遮挡物需要提前移除或拟订计划在每站扫描前移除。正式扫描作业开展前需要先了解历史建筑的特点和现场情况，根据建筑的复杂程度和测绘成果的要求合理布置扫描站点，确保扫描结果符合测绘精度的要求。

2）确保与被测对象间合适的距离和测量角度。三维激光扫描仪的工作需要在一定的距离和角度内才能保证数据的完整性和准确性。三维激光扫描仪都有适用的测量距离，另外过小的角度会影响激光反射信号的准确性。现场工作条件有时候不是特别理想，特别是一些在历史街区内的历史建筑，扫描时需要在狭小的空间中尽力找到最佳的站点位置，必要的时候需要增加扫描站点。

3）满足站点间数据拼接的需要。一个被测对象的完整点云数据需要多个站点的数据进行拼接得到。站点间的点云数据拼接有多种方式，常用的有利用标靶拼接和利用对象特征点拼接两种方式。利用对象特征点拼接时需要两站之间有一定量的数据重叠，采用这种方式在站点布置时要注意满足这一需要。

4）扫描作业时日照及照明条件的影响。激光扫描本身不受光线强弱的影响，日照及照明条件主要影响被测对象表面的色彩和纹理信息的采集。有条件时应避免被测对象表面强烈的阴影对比，特别是需要利用扫描成果制作历史建筑正射影像图时，对照片质量要求相对比较高。另外进行室内扫描加拍照作业时，由于曝光时间的需要室内光线的强弱对扫描仪作业时间的长短影响非常大，光照条件不好的情况下，往往会成几倍地增加作业时间，需要合理安排才不至于影响整体扫描作业的进度。

5）控制数据量。虽然三维激光扫描仪数据采集速度快，但是过于庞大的数据量影响后期数据处理时的设备运行速度。扫描时需要注意合理布置站点，减少不必要的相同部位重复扫描和现场的工作量。

6）避免遮挡和人工补测。扫描时应注意避开或移除遮挡物，扫描作业时需要引导行人和车辆避开仪器作业范围。对一些因建筑自身造型特点造成遮挡严重的死角需要进行人工补测。对点云识别度较差的建筑细部需要结合照片和现场手绘记录图完成测绘工作。

7）在平面草图上标注实测站点位置及编号。方便后续内业的点云数据整理、拼接。

6.3.3 点云数据的基本处理

现场采集回来的点云数据需要经过一些简单的基本处理才能得到满足需要的相对完整的点云数据，包括对点云去噪、点云拼接、统一坐标系统、三维建模、纹理映射等步骤，最后通过点云优化生成被测建筑物完整的点云数据文件。

1. 点云导入

利用不同扫描仪配套的点云处理软件可将扫描仪采集到的点云数据导入计算机。导入时可以选择采样或者全部导入、自动查找黑白标靶、自动对齐、将照片获取的色彩信息赋给点云、记录法向量信息、移除反射强度不在正常范围之内的数据、移除混合在一起的数据等，不同的点云处理软件有所不同，图6-18所示是对厦门大学上弦场进行激光扫描的点云图像，其中图6-18a所示为显示激光反射强度的单测站的点云数据，图6-18b所示为显示对象纹理色彩的单测站的点云数据。点云数据导入的时间和计算机性能、扫描数据量大小、是否有拍照等相关。

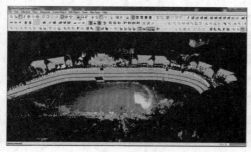
a) 激光反射强度点云

b) 纹理色彩点云

图6-18　厦门大学上弦场激光扫描点云数据

2. 点云去噪

由于扫描仪工作时采集了设定范围内所有激光可达的物体表面信息，扫描过程中不可避免地会采集到一些无关数据，包括一些植物、不可以移动的遮挡物、远处不需要测量的建筑等物体以及现场控制不到的车辆、人员移动等信息。另外，扫描仪激光发射至玻璃面、水面等反光物体表面也会反射形成一些悬浮的噪点。在对点云进行拼接前需要先将这些噪点去除。

3. 点云拼接

要得到历史建筑完整的点云数据需要对多站点获取的数据进行拼接。常用的点云拼接方法有基于标靶的拼接方法和基于视图对齐的拼接方法两种。

1）基于标靶的拼接方法。标靶拼接的方式，可实现标靶自动配准中心，需要每两站数据之间有若干个共同的标靶，利用共同标靶作为拼接的约束条件，软件可以实现自动拼接。这种点云拼接方式内业操作简单，但需要外业操作时耗费较多时间用以获取标靶。

2）基于视图对齐的拼接方法。该方法需要更多的操作步骤，添加需要拼接的两站的点云数据进行虚拟对齐后；再手动利用两站数据的重合区域，用平移旋转的办法将点云进行初步的对齐；再由软件计算拟合、优化。这种拼接方式内业操作步骤较多，但节省了外业操作识别标靶的步骤和时间。该方法适用于肉眼能够轻松识别两站之间公共区域的点云数据，两站数据间有足够多的公共点参与计算的情况。基于视图对齐的拼接方法与基于标靶对齐的拼接方法都能精确的对点云进行拼接。

6.3.4　点云数据应用

利用三维激光扫描技术对历史建筑进行测绘、建档，是历史建筑后续保护工程、研究的基础。通常数据的利用方式有以下几种：

1）转化为传统的二维线图。二维线图是工程图的主要形式，也是传统的建筑测绘表达方式，适合纸质存档，也适应广大建筑从业人员的读图识图习惯。将点云数据转译为传统二维线图，可以利用扫描仪配套的软件对点云进行"切片"处理，生成建筑物的点云立面、平面、剖面等，再绘制二维线图。也可以利用插件将点云数据导入 CAD 软件，在 CAD 软件里进行描图。将点云转化为传统的二维线图，可以人为补齐一些三维扫描未读取到的数据，但同时存在一定的人工误差和人为干扰。

2）对点云数据进行网页发布。点云数据通常数据量大，需要专业的软件进行查看和处理。利用特定的专业软件，将点云数据制作成用网页浏览器读取的文件格式，可以方便数据读取和一般人员查看，并且可以将点云数据发布于网上，让远端用户通过互联网查看，图 6-19 所示为利用网页发布读取点云数据。网页发布的点云数据不仅可以实景查看历史建筑，还能很方便地进行量测、标注等操作。

3）创建三维信息模型。结合 BIM 技术，创建历史建筑信息模型（HBIM），HBIM 模型可以记录历史建筑的现状、不同时期的历史信息，以及日后对历史建筑的日常监测、保养维护及修缮信息，利于历史建筑的研究、保护、

图 6-19　利用网页发布读取点云数据

管理、展示。

4）保存原始点云数据。点云数据有多种利用方式，但是其本身就是历史建筑重要的数据保存方式之一。经过拼接、去噪等基本处理的点云数据，记录了历史建筑最原始最真实的信息，避免各种转译过程中的人工干扰因素，适合作为历史建筑的原始数据加以保存。

6.4 | 3D 扫描技术在建筑工程施工阶段的应用

BIM 应用从设计阶段转向施工阶段的过程中，会出现"信息衰减"的现象，而 3D 扫描技术与 BIM 的集成能较好地弥补这一不足。

3D 扫描技术对现场实际数据进行采集，经过处理，与 BIM 设计模型校核，消除设计与施工现场的误差，提供可使用可交付的 BIM 模型。3D 激光扫描仪在工程建设中最本质的应用就是现场数据的获取。区别于传统的点测量，它是建筑工程的"大数据"，任何测量、施工节点对比、模型校正、竣工交付、数据留存、质量检查等都是依托于这一"大数据"，也就相应衍生出很多的应用。

6.4.1 土方和体积测量

土方作为众多工程项目的重要组成部分，为了合理安排工程进度，准确计算工程费用，提高工程质量，通常需要高效、准确地计算土方量。土方量计算的目标在于求取地表物质体积差，而其关键在于对现状地形和改造后地形的表述。改造后的地形是人为设计的结果，能准确表述，而原始地形则需要用有限的离散数据来近似表述由无数个点组成的表面。

基于三维激光扫描技术的土方测量，即利用激光测距原理，通过计算脉冲或者相位差，推算出扫描中心距离目标的斜距，再配合同时记录下的激光束的水平角、垂直角解算物体表面激光点的三维坐标，同时记录激光点的反射强度值，实现全自动阵列式高速、实时扫描。基于获取的目标表面海量点云数据以及设计的地形，采用一定的数学计算方法，即可求取工程的土方填挖方量。另外，在基坑挖方和强夯施工过程中对未填方，填方、强夯后，土方的体积与夯实度进行直观的对比分析。

图 6-20 所示为点云模型土方量计算。采用三维激光扫描的方式采集数据，效率高、劳动强度小、成本低，采集的点云数据满足土方测量精度要求且能实时显示，能更加真实地反映现场的

图 6-20 点云模型土方量计算

地形地貌。此外，还得到了该技术在土石方量计算应用中的相关定量指标，可为相应工程应用提供参考。

6.4.2 质量管理

1. 碰撞检查

点云数据与 BIM 模型的综合及碰撞检查是 3D 扫描最基本的应用。通过将点云数据导入

到 Revit/Navisworks 软件中，与未开展施工的幕墙、机电、装饰各专业 BIM 模型进行综合，验证深化设计的成果，避免因现场误差或对现场操作空间预估不足而导致深化设计成果无法实施的情况。三维激光扫描与 BIM 模型的结合可进行模型的对比、转化和协调，从而达到辅助工程质量检查、快速建模、减少返工的目的。

图 6-21、图 6-22 所示是对某工程项目每层的施工质量进行检查，主要采用的方法是利用三维激光扫描仪对已完成的施工主体进行扫描，采集实际施工后的点云数据，然后与最初设计的 BIM 模型进行比较分析，最后得出成果。具体步骤是：首先，用第三方自动化三维检测软件导入三维激光扫描仪采集到的且经格式转换后的数据，接着导入 BIM 数据，由于格式转换之前已经做好坐标转换，因此，点云数据和模型数据是统一在同一坐标系下的。其次，利用第三方自动化三维检测软件进行 3D 比较。最后，生成施工偏差报告。

图 6-21　点云数据与 BIM 模型综合

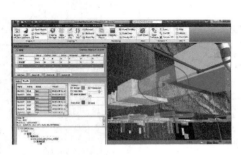
图 6-22　点云与 BIM 的碰撞检查

2. 预制构件检测

随着经济的发展，我国的基础设施建设和工业建设也发展迅猛，而且施工的方法也发生很大的变化，其中一些大型工程和工厂设备工程的预制大型刚体构件越来越多地出现，大型刚体构件的测量应用也越来越多地在工程中应用，目前的技术自动化程度很低，精度也相对较低，很难适应工程项目的需求，所以迫切地需要通过三维激光扫描仪，快速获取大型刚体构件的三维点云数据，将数据进行逆向检测分析，提取相关测量信息以及分析数据，确定其准确性以及可用性。

图 6-23 所示是对钢结构利用 3D 扫描进行点云预拼装。大型钢结构建筑有很多巨型桁架、不规则弯管，或者更加复杂的异形钢构件，在工厂预拼装检查费时费力且成本较高。利用 3D 扫描技术把异形钢构件分别进行扫描，然后再在计算机里进行预拼装。预拼装合格，再把钢构件运到施工现场进行焊接与吊装。确保构件在现场一次吊装、焊接到位，避免返厂修理引起的损失。

图 6-23　通过 3D 扫描进行点云预拼装

3. 基坑维护监测

相对于传统的全站仪、水准仪监测技术来说，基于 3D 扫描技术的基坑监测在数据采集效率、监测的难易程度、数据的处理速度、变形分析的准确度方面，特别是对于复杂形状的基坑以及基坑中危险区域的监测具有很大的优势。此外，可通过第三方的软件对采集得到的前后两期点云数据进行分析，通过颜色可以直观、简洁地显示出结构的变形量。

图 6-24 某基坑支护结构的 3D 点云图

图 6-24 所示是利用徕卡 ScanStation C10 对某基坑施工现场墙面的墙体变形进行监测。根据基坑的形状（口形），在基坑中央采用标靶拼接（Station 1-Station 3），采用 10cm@100m 的中等密度扫描，以减少外业工作量和扫描时间。在不干扰现场施工作业情况下，利用标靶布置若干监测点，并用全站仪测出这些监测点坐标。用三维激光扫描仪对这些监测点以及墙体进行扫描，一段时间后进行复测，获得两次基坑墙面的点云数据。再通过仪器自带的数据处理软件 Cyclone 和第三方软件 Geomagic 对点云数据进行处理，两次数据对比，就能获取墙体变形数据。诚然，三维激光扫描技术作为一项全新的测量技术，其相关的精度评定和误差理论等都还在探索过程中，将三维激光扫描技术应用到变形监测领域具有良好的应用前景，是未来发展的趋势。

4. 主体结构监测

建筑主体结构施工完成之后开展 3D 扫描工作，获取完整的结构点云数据。利用点云数据与 BIM 模型相结合，通过专业软件形成误差分析报告，用于主体结构的质量校核和整体品质把控。其中，可以利用 Geomagic Control 软件来比较实际物体和理论设计之间的差异，并能自动生成检测报告，使得整个检测分析过程简单、快捷。将设计模型与采集的点云模型或两期采集的点云模型导入 Geomagic Control，通过其自动对齐功能，自动匹配对齐后，进行 3D 对比分析，形成色谱差图，也可设置偏差合格范围，以绿色区域为准。根据需要，最终生成检测报告。图 6-25、图 6-26 所示分别是 Geomagic Control 软件主体结构整体偏差色谱图，以及主要偏差分布情况。

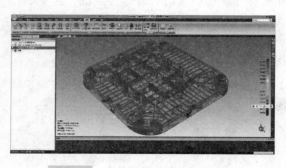

图 6-25 主体结构整体偏差色谱图

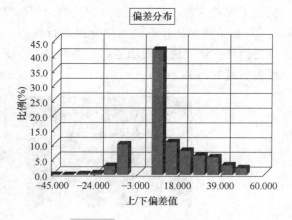

图 6-26 主要偏差分布情况

5. 裂缝、渗水等缺陷信息

对于过海通道工程施工、运营过程中主体结构的裂缝、渗漏水等缺陷的监测，传统方法以现场巡查和少量的监测断面数据为主，主要手段为人工拍照和现场记录，该方法效率低、数据质量差，并且无法形成基准数据库，也很难对探查数据对比，只能对少量的监测断面数据进行变形分析。尤其是在过海通道工程运营阶段，对于定期监测数据的采集时间，往往只允许在列车夜间不通车的短短几个小时内完成十几公里的数据采集，对于数据采集的效率、完整度要求非常高。

3D 扫描技术作为一项新方法应用在该领域，其快速高效、高分辨率特性是传统探查方法不可比拟的，用该方法探查混凝土表面缺陷（图 6-27）、渗漏水（图 6-28）信息的同时，还可得到混凝土表面的三维坐标信息，建立隧道主体结构施工、运营期间健康检查基准数据库。继而为进一步动态分析混凝土出现的裂缝长度及宽度和数量是否增加、表面渗水面积变化趋势、结构附近土体、岩体是否稳定等问题提供参考。

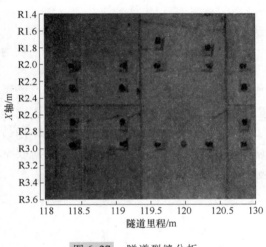

图 6-27　隧道裂缝分析

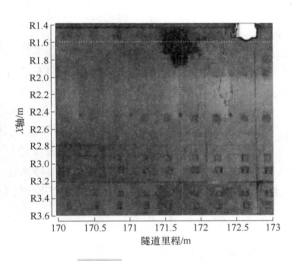

图 6-28　隧道渗漏水分析

6.4.3　进度管理

准确的施工进度测量是一个建设项目成功的关键。然而，往常方法评估建设项目的进度是费时的，而且需要专业人员进行。自动进度控制可以降低人力、成本和时间消耗，减少意见分歧，并增加工程管理的整体效率。但是，通常的自动化施工进度测量的方法因为不完整的数据集，而存在一定的局限性。

伴随着智能识别、建筑信息技术、激光扫描技术的发展，众多学者正探究基于多学科融合的建筑施工进度管理研究。

6.4.4　平面管理

建筑施工过程中现场错综复杂，与设计 BIM 模型相比，现场物料、人员、机械等的位置关系变动频繁。通过 3D 扫描技术，可以每天获取现场实际情况，将点云数据与设计 BIM 模型结合，对场地管理、施工组织规划、物流进场计划、施工进度计划具有充分的指导意义。

图 6-29 所示是厦门地铁 3 号线五缘湾站施工斜井场地点云模型，图 6-30 所示是厦门地铁 3 号线五缘湾站施工风井场地点云模型。在场地点云模型建立的基础上，可探究施工作业面、机械站位、材料堆场等的平面管理。

图 6-29　厦门地铁 3 号线五缘湾站
施工斜井场地点云模型

图 6-30　厦门地铁 3 号线五缘湾站
施工风井场地点云模型

6.4.5　安全管理

安全生产需要预防为主。一些工程在设计施工时就隐含安全隐患。如果能从源头上保障安全，将大大降低事故发生率。

3D 扫描技术在安全管理中的应用也在不断拓展。例如，巴陕高速米仓山隧道是目前国内最长的公路隧道，总长 13.8km。为了防止隧道塌陷，需要对其进行喷浆处理。隧道壁喷浆厚度一般能保证，但受重力影响隧道顶的厚度却不容易达标。3D 激光扫描可以获得隧道任意断面的数据，且速度非常快，能很好地指导施工。虽然只是简单的一道工序，但对安全生产却至关重要。如果煤矿巷道的喷浆处理都达标的话，将会大大降低事故数量。

6.4.6　验收与交付

1. 竣工验收

施工单位以点云文件为基础来修改竣工模型，在每个模型修改部分承包方需要明确每一个模型变更的点云依据，并有相应存档文件。监理单位可以直接拿施工单位的点云数据，抽样考核验收，提高验收组织效率和验收文件的无纸化。图 6-31 所示为点云模型与竣工模型分析。

2. 竣工交付

3D 扫描形成的点云数据"所见即所得"，是工程竣工阶段验收、交付的宝贵的一手资料。与 BIM 模型结合，便于存档和追溯。

图 6-31　点云模型与竣工模型分析

6.4.7　运营和维护

3D 扫描技术用于建筑物的变形监测、运营、维护具有一定的应用前景。比如在桥梁工程领域，桥梁变形监测（图 6-32）是运营期间维护桥梁正常使用必不可少的措施。传统的桥梁变形监测一般采用全站仪、水准仪等。3D 扫描技术用于建筑物的变形监测的应用思路、方法和理论都已成熟，形成了相应的技术理论体系和行业规范标准。高精度 3D 激光扫描仪在桥面平扫工况下，能够反映出 3mm 以上的竖向挠度变形。这一精度基本可用于柔性桥梁的挠度监测，以及部分大跨径梁桥荷载试验条件下的挠度监测。

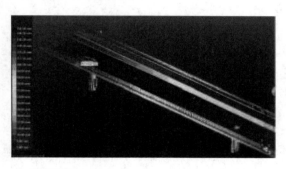

图 6-32　点云模型应用于桥梁的维护监测

6.5 | 3D 扫描技术在工程设计阶段的应用

随着信息化的发展，工程设计不再局限于以计算机图形学为基础的计算机绘图，在建筑、城乡规划等相关领域，三维激光扫描、参数化建模、算法生成设计等数字技术的运用已深入到行业的各个环节。尤其是以 3D 扫描为代表的逆向工程技术可以将建筑物、地形等扫描为点云，构建点云模型，在前期对基础信息进行采集、分析、模拟，更精准、高效地完成设计。

6.5.1　规划设计

城市规划中长期以来把地形图作为底图，但由于传统测绘调查耗时、费力，限制了地形图的更新周期，经常会出现地形图与实际情况不符的情况，而且存在精度不够、信息量有限的问题。3D 扫描技术能提供高精度的三维扫描数据，建筑物、立交桥、电力线等城市三维信息。获取的三维数据，经过相关软件处理后生成高精度的数字地面模型、等高线图及正射影像图，通过将点云数据获取的物体模型与影像配准，得到高精度的三维模型，为规划设计提供准确依据。图 6-33 所示为某城市街区的三维激光扫描俯视图。

6.5.2　建筑设计

数字化技术在建筑设计领域中的运用成为未来的发展趋势。目前，国内外学者正在进行基于三维激光扫描技术和点云模型的设计实践，完成了从场景再现化、地表肌理可视化到区域尺度模拟化的实践，并日趋成熟。点云作为数字化设计的工具之一，拓展了设计的维度，在三维空间的基础上，引入场景再现、动态流线、感官体验、水文洪涝模拟等功能，使设计师在前期充分感知与理解场地，从而从感性到理性，从定性到定量，进行构思，最大限度地焕发出场地潜能和活力。基于三维激光扫描技术和点云模型的数字化设计将引领规划设计的未来向精准化、科学化、高效化、定量化和功能化方向发展。

以日本京都的诗仙堂（Shisendo）为例，吉鲁特教授的团队为了再现日本园林的诗情画意，以声音为媒介再现专属场景的空间与行为活动。首先他们用三维激光扫描仪对整个庭院进行扫描，获得点云数据，构建点云模型，然后标识出这个庭院的声音点位，如图6-34所示。在各声音点位上用录音设备将诗仙堂中的声音以数字的方式记录下来，构建有声的点云模型，如图6-35所示。点云模型的最终成果不仅精细到能反映物体材质和空间形态，更能再现出庭院中的声音和行为，随着模型视角的转变，所到之处均有不同的空间专属音响：鸟声、脚步声、风吹树叶声、推门声等恰如其分地嵌入不同的空间

图 6-33　某城市街区的三维激光扫描俯视图

场景中，将三维空间与人的参与、感官体验相融合，逼真地再现出庭院的行为场景。

图 6-34　日本诗仙堂声音点位图

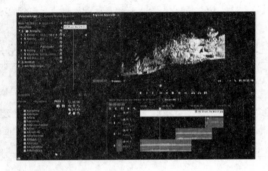

图 6-35　日本诗仙堂点云模型操作界面

复习思考题

1. 三维激光扫描技术相对二维 CCD 摄像技术有什么优势、局限性？
2. 以学校图书馆为例，选择一款扫描仪，制定一项三维激光扫描方案。
3. 举例说明三维激光扫描技术在某一领域、某一方面的具体应用。
4. 三维激光扫描技术有哪些局限性？
5. 实地调研三维激光扫描技术在工程施工中的应用。
6. 在工程施工过程中，应用三维激光扫描技术进行施工管理的效益如何？
7. 三维激光扫描在设计阶段能够创造哪些价值？
8. 实地调研三维激光扫描技术在设计阶段的应用。

第7章
施工自动化及智能化

教学要求

本章引入施工自动化、智能化和数字孪生的概念，施工自动化和智能化是建设行业的未来趋势，施工自动化和建筑机器人是目前行业技术升级的方向。本章系统梳理建筑机器人的发展与国内外应用现状，介绍 3D 打印技术及相关应用实例。

7.1 施工自动化及智能化概述

以机械代替人工，实现建筑施工自动化与智能化，是建筑施工领域的发展趋势。自1760 年起，随着蒸汽动力的应用，人类进入了机械制造时代，这之后，人类便一直在自动化与智能化的道路上不断地摸索与前进。如今，随着大数据、云计算、物联网等技术的兴起与应用，建筑施工的自动化与智能化在实际生产中发挥着更大的作用，提高了施工效率，降低了建筑施工的劳动强度和对人力的依赖。

7.1.1 施工自动化

自动化是指机器设备、系统在没有人或较少人的直接参与下，按照人的要求，经过自动检测、信息处理、分析判断、操纵控制，实现预期的目标的属性。在建筑领域，自动化技术主要应用于测量仪器和建筑机械中，其主要设备包括平地机、推土机、起重机、装载机、挖掘机、基础工程机械、路面铺设机械、凿岩机、道路检测与维护机械等。自动化设备一般具有以下几点要求：

1）能够在工地中对自身所处的方位进行辨别。

2）在施工时能严格按照预定路线前行。

3）能够精准地辨别砂、土、岩石等施工对象。

4）避免与施工区域中的其他车辆、设备发生碰撞。

5）具备与其他车辆和机械设备配合开展工程作业的能力。

7.1.2 施工智能化

智能化是指事物在互联网、大数据、物联网和人工智能等技术的支持下，所具有的能动地满足人的各种需求的属性。同其他行业一样，建筑行业利用信息系统进行信息收集、传递、统计、分析、计算、加工处理等，以满足具体的业务、管理及决策需求。从管理的角度看，信息系统主要起工具的作用，可以帮助人们提高工作效率。智能化的目的是使这些工具具有知识和智力，从而部分甚至完全取代人。因此，建筑施工智能化意味着使建筑施工阶段应用的信息系统具有知识和智力。其意义在于，一方面可以通过减少对人的需求，使人得到帮助，获得解放；另一方面，对于需要高层次人才的工作，智能化可以解决高层次人才供不应求的问题。智能化技术的基础是人工智能技术，其相关技术包括云计算、大数据、物联网、移动物联网等。智能化技术使信息系统能够感知、认知、学习、推理，甚至进行专家水平的决策。建筑施工智能化技术一般包括以下四个部分：

（1）信息智能化

该部分的功能主要是能够集成不同应用软件开发商开发的系统，并开始应用功能更加全面、更加强大的集成化系统。具体到建筑施工阶段，其特征是，系统的集成度更高、功能更强，系统之间的数据传递不再依赖人的介入，而是依据数据模型和数据标准自动进行。例如，从设计系统得到的设计模型可以直接导入到成本预算系统进行成本预算，其结果再导入到施工项目综合管理系统进行项目管理。为此，施工管理人员和作业人员的工作效率可以得到进一步提高，信息孤岛基本消除。

（2）建造智能化

该部分主要是利用智能化机械设备来取代人工生产，实现少人或无人化生产，例如各种建筑机器人。

（3）办公智能化

另一个主要组成部分便是办公智能化，其中包括了物业智能化管理，人事档案智能化管理、智能化处理，财务智能化管理，仓库智能化管理等，借助一系列先进技术，实现办公的智能化、现代化、科学化，提高办公效率。

（4）安保智能化

安保智能化系统具体包括门禁系统、巡视系统、停车监管系统等，同时也增加了报警系统、电梯系统、一卡通系统、监控系统等，这些系统结合在一起，形成了开放的网络系统。

7.2 建筑机器人的发展与应用

7.2.1 机器人的定义

机器人（Robot）是自动执行工作的机器装置。它既可以接受人类指挥，又可以运行预先编排的程序，也可以根据以人工智能技术制定的原则纲领行动。

根据国际标准化组织（ISO）对机器人的定义，机器人具有以下四个特性：功能性、通用性、智能性、独立性，如图7-1所示。

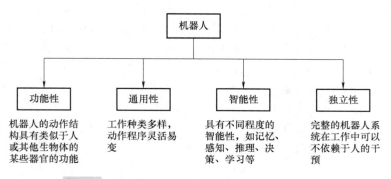

图 7-1 国际标准化组织（ISO）对机器人的定义

从应用环境来分类，机器人可以分为工业机器人和特种机器人。工业机器人是面向工业领域的多关节机械手或多自由度的机器装置，主要应用在工业领域；特种机器人是指工业机器人之外的，应用非制造业并服务于人类的各种机器人。

7.2.2 建筑机器人的发展背景

随着工业机器人技术的发展，机器人技术进入建筑业领域。与传统的建筑工程相比，建筑机器人有效提升了建造效率，缓解了社会上人力资源日益短缺的困境，保障了行业中施工人员的安全。

劳动力短缺，是全球每一个国家都必须要面对的问题。波士顿咨询集团（BCG）和世界经济论坛的一些研究显示，通过研究 25 个主要经济体的"劳动力供求形势"发现，供需平衡正在迅速被改变，预计 2020—2030 年，全球劳动力供需不平衡，劳动力缺口现象将加重。

随着人口红利的消失、建造技术提升，我国的建筑业面临着巨大的人工成本压力，以及现代建筑的高危性工作量增大、生产效率低下等一系列难题。近百年来，虽然自然科学、物理化学领域与工程技术领域的革新不断，建筑本身的形态和功能也大不相同，但建筑施工的业态形式却始终没有出现显著的变化。从全球来看，建筑业是世界上数字化程度最低、自动化程度最低的行业之一。在既有的现代化技术体系中，最有可能承担起建筑业革新重任的便是机器人技术。

7.2.3 国内外建筑机器人研究与开发现状

1982 年，日本清水公司的一台名为 SSR-1 的耐火材料喷涂机器人被成功用于施工现场，被认为是世界上首台用于建筑施工的建筑机器人，之后，越来越多的建筑机器人不断问世。早期，欧美等发达国家的机构对建筑机器人的研究从未中断，如法国的国立机器人人工智能研究所和建筑科学技术中心、英国的布里斯托尔工科大学和诺丁汉大学、以色列的工科大学建筑研究所等，但遗憾的是这些设备一直未能投入应用。直到近几年，才陆续有一些系统走出试验室。目前应用的领域有混凝土预制大板生产线、钢筋骨架成型、模板组合与拆卸、焊接及喷漆、外墙饰面检查等领域。

根据国际机器人联合会（IFR）发布的《2018 年全球服务机器人行业报告》（IFR 将建筑机器人归属于服务机器人领域）：2016—2018 年包括专业清扫、拆除和施工机器人、检查和维护系统、救援和安全应用、水下系统和移动设备等其他各类专业服务机器人，年均销售量在 100 台以下。其中建筑机器人 2016 年为 700 台；2017 年为 900 台；2018 年上升至 1100 台；机构预测 2019—2021 年销量合计为 4200 台左右，如图 7-2 所示。

我国在建筑机器人领域的研究起步较晚，主要集中在大学和一部分研究所。如哈尔滨工业大学研究的遥控壁面机器人，具有移动快、吸附可靠、适应各种墙壁表面、噪声低、结构紧凑、控制方便灵活等特点；山东矿业大学研究的一种煤矿井下喷浆机器人，喷射均匀、工程质量高，且成像美观，完全满足混凝土喷射工艺要求，可用于矿山（煤矿、金属矿等）井下巷道的喷浆支护；在 863 计划下，河北工业大学与河北建工集

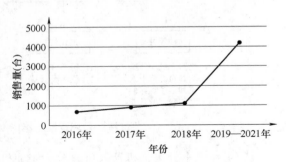

图 7-2   全球建筑机器人销量

团共同研发的板材安装建筑机器人，可以满足大型场馆、楼堂殿宇、火车站与机场等装饰用大理石壁板、玻璃幕墙、顶棚等的安装作业需求。

我国拥有世界上最大的建筑市场。未来，建筑机器人一旦进入市场，对于房地产企业来说无疑又多了一种新的竞争形式。如何将人工智能等科技创新成果运用于建筑领域，破解建筑业面临的瓶颈，近年来许多企业正在进行积极探索，其中又以碧桂园最为突出。

碧桂园集团创始人杨国强曾公开表示："机器人建房子的时代一定会到来，我们绝对要做出来，做出来我们就是最先进的房地产企业，这是我们未来强大竞争力的源泉。"据了解，碧桂园在建筑机器人上的投入将至少达到 800 亿。这足以看出碧桂园对于建筑机器人市场必争的决心。

7.2.4   建筑机器人分类及典型建筑机器人

按施工过程分类，建筑机器人分为拆除机器人、建筑测绘机器人、挖掘机器人、预制板机器人、施工机器人、钢梁焊接机器人、钢丝机器人和碳纤维编织机器人、混凝土喷射机器人、装修机器人、地面铺设机器人、清洗机器人、建筑服务机器人等；按建筑后期使用分类，建筑机器人分为安保机器人、物业管理服务机器人、清洁服务机器人、管家型服务机器人、智能建筑管理服务机器人等；按具体性能分类，建筑机器人分为坑道作业机器人、主体工程施工机器人和建筑检查机器人。

1. 砌砖机器人

总部位于澳大利亚的建筑技术公司 FBR 开发出了 Hadrian X，一种砌砖机器人（图 7-3），可以在没有任何人员参与的情况下完成工作。Hadrian X 看起来像一辆安装在卡车上的典型的起重机，但它由复杂的部件组装而成，包括一个控制系统、砖块输送系统和动态稳定性系统。该机器人工作时，会将砖块加载到机器上，系统就会识别出每个砖块并确定它的去向，在需要时该机器还可以将砖块切割成四分之一、一半或四分之三的大小，储存起来使用，然后这些砖块就被送入吊杆传送系统并传送到砌砖头，砌砖头根据逻辑方法和编程到机器中的图案把砖块放在预定的位置。该机器人采取一种数据处理方式，从数据中只要得到了砌砖方案，就可以知道砖块的数量和黏合剂的数量。

图 7-3 砌砖机器人

2. 板材安装建筑机器人

板材安装建筑机器人（图 7-4）系统主要是针对室内大尺寸、大质量板材干挂安装工艺而开发的。此机器人系统进行板材安装作业时无须搭建脚手架，由两名操作工人即可完成大范围的移动作业。

该机器人系统在安装作业中采用结构光视觉对待安装板材与已安装板材之间的位置关系进行检测，通过动态视觉伺服导引操作机械手完成安装。同时机器人系统还设置了超声波、激光测距、双轴倾角等多种传感器，完成车体避障、机械手定位、板材姿态检测以及安全保护等功能。目前，该板材安装建筑机器人样机已通过实际板材安装施工的测试，各项性能达到预期指标。

3. 支持建筑废料回收的拆除机器人

爆破拆解常被应用于建筑的拆除中，然而这种方式不仅复杂，而且不利于部分资源的回收。对于这种情况，瑞典的大学设计了一款混凝土拆除机器人（图 7-5），可以使拆除过程更加环保。机器人队伍进入建筑物内部后，会使用一套全方位跟踪系统，确保多台机器之间的协调工作。对于单个机器人来说，它会先扫描整个墙面，算出清除路径，然后开始相应的拆除工作。机器人使用高压水枪把混凝土破坏和粉碎，最后剩下钢筋，整个过程看起来墙体像被逐层擦掉一样。与此同时，机械头还有强大的吸力回收装置，能够在击穿墙面的同时把废水废料吸到体内。随后这些废水废料会被机器的离心系统分类，水泥废料会被包装起来。

图 7-4 板材安装建筑机器人　　　　　图 7-5 混凝土拆除机器人

4. 3D 打印建筑机器人

目前应用在建筑领域的 3D 打印技术主要有三种：D 型工艺（D-Shape）、轮廓工艺（Contour Crafting）和混凝土打印（Concrete Printing）。本书将在 7.3.5 节具体介绍上述 3 种工艺。

然而上述工艺用于 3D 打印建筑还存在着诸多问题，例如所能打印的建筑尺度，受到打印机大小的限制。随着建筑结构以及规模的改变，设备的制造、安装和运输难度将随之增加，整个系统的可移动性变差，造价也随着提高。故上述工艺只适用于小型建筑或大型建筑局部结构的作业。

在这个基础上，研究者提出了 3D 打印设备附着于既有建筑物之上的方案，其中以西班牙加泰罗尼亚先进建筑研究所（IAAC）提出的 Minibuilders 系统（图 7-6）最具代表性。Minibuilders 系统中体积最大的仅为 $42cm^3$，目前有三种型号：Base、Grip、Vacuum，每种型号都有自己特定的功能，能完成特定的任务，同时三种机器人还能互相协作，在中央计算机的控制下，共同完成总的任务目标。首先，利用 Base 机器人实施地基打印，完成后由 Grip 机器人附着于墙体顶端打印墙体，最后由 Vacuum 机器人（配备真空吸盘）附着于墙面实施平整作业。这一作业特性赋予了 Minibuilders 系统极大的施工灵活性，理论上通过多机协作，该系统能够打印任意尺度的建筑物。

图 7-6　Minibuilders 系统 3D 打印建筑机器人

7.2.5　建筑机器人的研发

在建筑机器人的正向设计中，必然是先分析做该工艺的工人动作，如何可以完成该工艺的功能需求，然后根据人的动作按照机械设计的原理进行分解再组合，逐步完成建筑机器人的功能机设计。由于人体构造不同于建筑机器人，所以功能机研发完成后必然会存在需要调试的工作。在这个工作中，人工智能 AI 通过进行机器学习，不断地调整以达到最佳效果。而在这个过程中，由于工艺操作的工人工作习惯并不相同，且工效不相同，所以需要大量的实际跟踪观察记录数据，据此测算最优工效，以最优工效规划最佳动作组合，并以最佳动作组合作为研发依据。

在建筑机器人的逆向设计中，则是一个以终为始的过程，即以机械设计能达到的极限倒逼建筑施工工艺，以动作级的精细化管理倒逼粗放式的现行项目管理模式，不仅可以加速工艺工序的标准化，也可以使每一个工效更加有效，从而将数据装入大的调度系统时才可保证整个施工组织计划有序执行运转。

建筑机器人是将机器人技术和建筑业进行交叉融合而产生的一个新领域，其应用范围涉及建筑物生命周期各个阶段。建筑业的专业性使得对于建筑机器人的发展要求具有明确的针对性：高精度、轻量化、智能化。要实现以上这些目标要从以下六个关键技术取得突破：

（1）结构设计

现有的建筑机器人普遍存在体积大、质量重等问题，其功能也受到一定影响。为了减少或避免功能受损，可通过简化机械结构的方式或替换为轻量化材料的方式来解决。

（2）传感器技术

传感器技术用于感知未知工作环境，由于建筑业分工明确，研发具有针对性的建筑机器人需要使用不同功能的传感器，如压力传感器、视觉传感器、声控传感器。同时，在工作环境中建筑机器人必须使用多种类型的传感器，其中最重要的传感器是安装在手爪上的模式识别器和接近传感器。

（3）导航定位技术

移动建筑机器人根据遗传、蚂蚁等算法给出路径规划，通过相应的传感器辅助，安全移动到目标位置。而导航定位技术是实现建筑机器人能否跳出死角、避开障碍物、精确定位的关键所在。实现建筑机器人更好的移动性，就需要复杂的导航定位技术，还包括在脚手架上和深沟中的移动作业、避障、意外事件传感器和意外事件控制算法、机器人视觉系统、新的控制系统和处理单元等。

（4）控制技术

控制系统相当于人的"大脑"，是决定机器人功能和性能的主要因素，如何实现建筑机器人稳定、安全、高效地作业关键在于控制系统，而智能化、模块化和集成化是建筑机器人控制系统发展的主要趋势。目前研制出的控制系统，在根据传感器信息对机器人动作进行调整方面有很大局限性，且响应时间仍不太理想，不能实时有效地完成绝大部分任务。

（5）材料制约

在各方对各类建筑机器人的研发中，作为瓶颈最不好突破的制约条件就是材料。在自然科学中，遵循自然规律且可满足建筑技术的材料学科一直是专业要求最为严格的一项。机器人的研发，目前国内乃至国际的思路都是取代危险性较大、工序烦琐、技术含量不大、重复性大的人工工作。在这些工作中，必然涉及一系列的力学问题，如墙板的搬运，不同材料可承受的应力、不同材料的密度以及工作面的承载能力等，都会影响机器人的设计。

（6）计算机语言的转化

从建筑本身的表达、建造过程的信息有序传递流转、建造管理过程中的信息存储归档，建筑语言转化为计算机语言都是一个必然的过程，且在这个过程中，语言本身的内容不断被丰富扩充，使建筑本身不仅是三维立体可视化，而且可以将人员信息、流程信息、材料信息、设备信息、质量信息、进度信息、费用信息等都集中到建筑本身上，关联可追溯，使每一个工程的全过程、全参与方、全流程、全生命周期信息都以语言形式记录存储。

综上所述，源于建筑本身的机器人研发问题，必然是一个由两端向中间集中的过程，首先是基于现有的建筑技术水平，梳理现在建筑业内一部分需要重体力的、不安全的、环境不友好的、对人有害的工艺，通过对其可替代性的可行性分析论证，综合测算研发成本、替代后的节约成本以及时间成本，在论证通过的前提下成立专项组投入人力、物力、财力进行研发试验。而在研发过程中，如遇到无法攻克的难题，则应反馈给整个专项组，诊断是否可在其他环节进行突破。

7.2.6 建筑机器人带来的管理变革

2018 年 2 月 6 日资诚联合会计师事务所（PwC）全球同步发布《AI 机器人真的会偷走我们的工作吗？自动化对工作之潜在影响》研究报告，分析全球逾 20 万名劳工的工作任务和技术，自动化对各个产业劳工的冲击在 2030 年代中期，将达到 30% 。最可能被自动化取代的产业前 3 名依次是运输与仓储业（52%）、制造业（45%）和建筑业（38%）。

而机器人作为程序化设定的系统硬件，拥有着人类所无法比拟的高强度、高效率、误差率小等优势，无疑是人工智能发展的重要领域。日前，日本建筑公司清水建设公开了一处试验设施，那里汇集了一批将"上岗"的建筑机器人，包括自动焊接的"焊接机器人"和安装顶棚的"顶棚施工机器人"。

但是如何正确地使用、安排机器人到施工场地工作呢？这本身并不是技术问题，而是一个管理问题。当一个工程开始之时，建筑业的人都知道一定是施工组织设计先行的，而当机器人取代了部分人工之后施工组织设计还是依赖项目总工程师施工管理经验而进行编制吗？很明显不应该是的。原因是机器人的工作效率是额定的，不再是粗放式管理，而是完全可量化的精细化作业，这时对于每一道工序的准备工作，如需要什么样的作业环境、多少材料多少配比、材料堆放位置、最优路径规划、配合工序的机器人和人工以及机器人本身的充电施工参数都应是一键生成，以此来保证机器人工作的顺畅进行。

这是一个看起来无法实现的过程，第一是因为建筑工程本身包含的施工工序过多，梳理起来无头绪，过于零散且受外界影响因素多，所以如何实现机器人之间、机器人与人之间的"沟通"便是单工艺机器人研发后续最大的问题；第二是工序的可调节性灵活，现场工人处理方法多样、不统一，即工艺工序的标准化不到位，会导致机器人施工的施工操作作业面不标准，所以如何打造一个数字化的标准施工作业环境是单工艺机器人遇到的不可避免的最大问题。这两大难题其根本上都是管理问题。

在目前乃至未来相当一段时期，建筑机器人都不会全部取代人工。在这个过渡时期，机器人施工将会被作为劳务施工班组使用，作为施工组织设计里某一段的重要组成部分。在项目管理中，横向的管理都是多点且串联并行的，无明确的唯一逻辑顺序，不容易整理清楚。所以更应该以纵向时间轴，即进度管理为主线，逐级逐阶段划分、细化、深化、拆解，以里程碑事件作为一级节点，然后拆解年度、月度计划，再按照施工组织设计及工艺选型进行工艺工序的拆解，将某一阶段机器人可施工的施工段打包交由建筑机器人内部的调度平台系统去协调。而机器人的研发也将以应用点研发逐渐串联成线、面的方向、目标来开展。

运用网络计划技术进行建筑机器人和人工的综合调度，既可以解决工效计算问题，也可以将施工过程的颗粒度无限降低，合理化工艺工序。结合建筑机器人施工的工效、工作面需求以及人工配合需求等综合资源，形成人机协同调度管理机制，从而科学谋划每一个工艺工序乃至每一个动作，实现机器人的合理调度。

7.3 | 3D 打印在土木工程施工中的应用

7.3.1 3D 打印技术的定义与工艺原理

3D 打印技术（3D Printing）是以数字模型作为基础，将材料逐层累加来制造实体零件的技术。3D 打印作为一种制造工艺（Manufacturing）主要涉及三个方面：材料（Material）、设备（Machine）、建模（Modeling），如图 7-7 所示。

实现 3D 打印，分三个步骤：首先，用软件建立起 3D 数字模型；然后，数字模型经过计算机处理，转换成 3D 打印机可识别的行走路径以及耗材挤出量，这一步又称为"切片"；

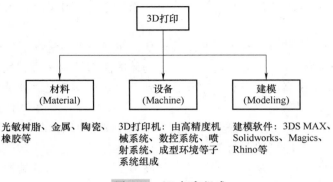

图 7-7 3D 打印组成

最后，文件传输给打印机，打印机将层片加工与叠加，便可完成打印，如图 7-8 所示。

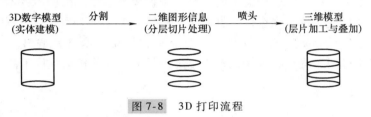

图 7-8 3D 打印流程

3D 打印设备制造商主要集中在美国、德国、以色列、日本和瑞典等，并以美国为主导。按照美国材料与试验协会（ASTM）3D 打印技术委员会的标准，目前七类 3D 打印工艺与所用材料见表 7-1。

表 7-1 3D 打印工艺与所用材料

工　艺	代表性公司	材　料	市　场
光固化成型（SLA）	3D Systems（美国） Envision TEC（德国） Objet（以色列）	光敏聚合材料	成型制造
材料喷射（MJ）	3D Systems（美国） Solidseape（美国）	聚合材料、蜡	成型制造、铸造模型
黏结剂喷射（3DP）	3D Systems（美国） ExOne（美国） Voxeljet（德国）	聚合材料、金属、铸造砂	成型制造、压铸模具、直接零部件制造
熔融沉积制造（FDM）	Stratasys（美国）	聚合材料	成型制造
选择性激光烧结（SLS）	EOS（德国） 3D Systems（美国） Aream（瑞典）	聚合材料、金属、铸造砂	成型制造、直接零部件制造
片层压（LOM）	Fabrisonic（美国）	纸、金属	成型制造、直接零部件制造
定向能量沉积（DED）	Optomec（美国） POM（美国）	金属	修复、直接零部件制造

目前，已实现商品化的3D打印机共涵盖了七类工艺，其中以 SLA、SLS、FDM 和 3DP 等为主。

光固化成型（SLA）打印是使液态的光敏树脂，在紫外光的诱导下发生固化。在打印过程中，光敏树脂每次固化为一定厚度的薄片，自物体的底部开始逐层逐片生成。光固化成型打印生成的物体制作精度高，材料利用率几乎达到百分之百；不足之处是打印价格昂贵，可以打印的材料有限。

选择性激光烧结（SLS）打印是使粉末在高功率的激光的照射下，加热烧结，最终形成物体。选择性激光烧结打印可选的材料种类多，包括高分子、金属、陶瓷、石膏、尼龙等多种粉末材料，生成的物体具有良好的机械性能与高强度，不需要支撑结构；不足之处是生成后的物体制造精度不高，设备昂贵。

熔融沉积制造（FDM）是运用塑性纤维材料，使其熔融后从热融喷头内挤压而出。由于熔融沉积技术不采用激光，因此设备的使用与维护成本不高，体积小；不足之处是生成的物体表面存在较明显的条纹，强度低，打印速度慢。

3D（3DP）打印通常采用石膏粉作为成型材料，从喷头喷出黏结剂，将平台上的粉末黏结成型。优点是打印速度快、价格低；不足之处是成型品的机械强度不高。

7.3.2 3D打印的发展

19世纪末，美国研究出了照相雕塑和地貌成形技术，随后产生了3D打印核心制造思想。照相雕塑是指先用相机和镜头获取物体外形，然后模拟照相制版法制造出物体。地貌成形技术是指先用线性方式描绘物体的外形，再用线性形式复制出该物体。

1984年，Michael Feygin 提出了分层实体制造（LOM）方法。Michael Feygin 于1985年组建了 Helisys 公司，并且基于 LOM 成型原理，于1990年开发出了世界上第一台商用 LOM 设备 LOM-10150。

1986年，Charles Hull 发明了光固化成型法（SLA），成立了"3D Systems"公司，两年后，生产出了世界首台以立体光刻技术为基础的3D打印机 SLA-250（图7-9），体型非常庞大。

1988年，Scott Crump 发明了熔融沉积制造法（FDM），后于第二年成立了 Stratasys 公司。

1989年，C. R. Dechard 发明了选择性激光烧结法（SLS），其原理是利用高强度激光将材料粉末烧结直至成型。

1992年，Stratasys 公司推出了第一台基于 FDM 技术的3D工业级打印机；同年，DTM 公司推出首台选择性激光烧结（SLS）打印机。

图 7-9　首台 3D 打印机 SLA-250

1993年，麻省理工学院 Emanual Saches 发明了3DP（Three-Dimensional Printing），两年后麻省理工学院把这项技术授权给 Z Corporation 进行商业应用。

2000年，以色列 Objet 公司推出 PolyJet 聚合物喷射技术，PolyJet 技术也是当前最为先进的3D打印技术之一，它的成型原理与3DP 有点类似，不过喷射的不是黏合剂而是聚合成型材料。

2001 年，Solido 开发出第一代桌面级 3D 打印机。

2005 年，Z Corporation 公司推出世界第一台高精度彩色 3D 打印机 Spectrum Z510（图 7-10），让 3D 打印从此变得绚丽多彩。

2008 年，Objet Geometries 公司推出其革命性的 Connex500 快速成型系统，它是有史以来第一台能够同时使用几种不同的打印原料的 3D 打印机。

2010 年，诞生了首台 3D 生物打印机，能够使用人体脂肪或骨骼组织制造人体组织。

2011 年，英国南安普顿大学的工程师们设计和试驾了全球首架 3D 打印的飞机（图 7-11）；诞生了全球第一辆 3D 打印的汽车 Urbee（图 7-12），它是史上第一台

图 7-10　首台高精度彩色 3D 打印机
Spectrum Z510

用巨型 3D 打印机打印出整个身躯的汽车，所有外部件也由 3D 打印制作完成；7 月，英国研究人员开发出世界第一台 3D 巧克力打印机；i. materialise 成为全球首家提供 14K 黄金和标准纯银材料打印的 3D 打印服务商，无形中为珠宝首饰设计师们提供了一个低成本的全新生产方式。

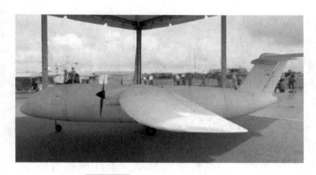

图 7-11　首架 3D 打印飞机

图 7-12　首台 3D 打印汽车 Urbee

2012 年，荷兰医生和工程师打印出全球首个定制下颚假体，然后移植到一位 83 岁的老太太身上；英国著名经济性杂志《经济学人》封面文章声称 3D 打印将引发全球第三次工业革命；我国 3D 打印技术产业联盟正式宣告成立，国内各类媒体开始铺天盖地报道 3D 打印的新闻；11 月，我国宣布是世界上唯一掌握大型结构关键件激光成型技术的国家；苏格兰科学家利用人体细胞首次用 3D 打印机打印出人造肝脏组织。

2013 年，美国分布式防御组织发布全世界第一款完全通过 3D 打印制造出的塑料手枪，并成功试射；同年 11 月，全球第一款 3D 全金属手枪问世；美国国家航空航天局测试 3D 打印的火箭部件，其可承受 2 万 lbf 推力（1lbf = 4.448N），并可耐 6000 ℉（1 ℉ = −17.222℃）的高温。

2015 年，佳能、理光、东芝、欧特克、微软和苹果纷纷涉足 3D 打印市场；2016 年，第一颗采用 3D 打印技术制造的微型卫星在俄罗斯问世，具有常规研究性卫星的所有基本功能；2017 年，阿迪达斯推出全球首款可量产的 3D 打印运动鞋，该鞋的鞋底仅需 20min 便可

打印完成；2018 年，宝马已使用 3D 打印生产了 100 万个零部件。

从单一材料到多种材料，从素色打印到彩色打印，从试验室到生产车间，3D 打印的研究与应用从未停止。随着自动化与智能化的发展，3D 打印借助其独特的优势，在未来的制造业中必定占有一席之地。

7.3.3 3D 打印的优势与工业领域的应用

作为一种新兴制造工艺，3D 工艺相较于传统制造工艺，最主要的优势有以下 3 个方面：

1）无限的设计空间。对于组成部分复杂的制品，传统的制造工艺通常是以"削减"的工艺来进行部分的制作，再进行组装。而通过 3D 打印"增加"的工艺，任何复杂的制品都被计算机解剖为一层又一层叠加起来的平面。因此对比传统制造工艺，3D 打印在理论上制作任意物体都存在巨大的加工优势。

2）技术门槛低。以传统的制造工艺进行物体的加工，通常需要体积大，价格昂贵的专业设备，同时还要求操作人员具有一定的专业素养与专业技能。而 3D 打印机相较于传统设备小巧且廉价，使用简单方便；相对于昂贵的铸模，3D 打印只需要建立数字模型即可进行加工。因此，运用 3D 打印进行加工，技术门槛很低，在设备与人工上并没有太高的要求，大大降低了行业的准入性，让非机械专业研究者能够进行相关的几何、材料、结构方面的研究。

3）进行小批量的生产所用成本相对小。以传统的制造工艺进行批量的物品生产，通常需要一条完备的生产线，成本高，而小批量的生产一般并不能为企业带来对等的经济效益。而 3D 打印并不需要完备的生产线。对于 3D 打印而言，制造几何结构复杂的物品成本并不增加；同时，对于物品的多样化而言，3D 打印也不需要额外的设备。当然，这都是建立在小批量生产的基础上。

鉴于 3D 打印在这三个方面的优势，该技术特别适合于某些制造领域。目前在工业机械、航空航天、汽车、生物医疗领域应用最为广泛。在工业机械领域，以 3D 打印制造的原型作为模板，制作硅胶、树脂、低熔点合金等快速模具，可便捷地实现几十件到数百件零件的小批量制造；在航空航天、汽车领域，可以实现复杂结构的物品、微细尺寸、特殊性能的零部件的直接制造，如图 7-13 所示，我国的 FC-31 战斗机上有上百个零件是通过 3D 打印制作的；在生物医疗领域，利用 3D 打印技术可以为病人定制骨骼、牙齿、假肢、皮肤等身体部位。除这些应用外，3D 打印还在考古领域、建筑模型领域和文化创意领域方面有着无法替代的优势，例如，3D 打印可以帮助考古学家对历史文物的修复与复制，图 7-14 所示为考古学家在利用 3D 打印修复 ISIS 损坏的叙利亚文物；3D 打印建筑模型，可以帮助设计师提高工作效率；3D 打印公司可以利用 3D 打印技术提供定制化服务，让创意随时可以实现。

7.3.4 3D 打印目前存在的主要问题

3D 打印技术已经取得了显著的进展，但仍存在以下几方面关键问题：

（1）材料

材料是目前制约 3D 打印技术广泛应用的关键因素。

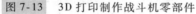

图 7-13　3D 打印制作战斗机零部件　　　图 7-14　3D 打印修复文物

1）种类少。可以用于 3D 打印的材料有限。目前已研发的材料主要有塑料、树脂和金属等，然而 3D 打印技术要实现更多领域的应用，满足不同领域特定的性能要求，就需要开发出更多的可打印材料。

2）成本高。目前，3D 打印不具备规模经济的优势，价格方面的优势尚不明显。目前，1kg 打印材料少则几百元，多则要上万元，因此 3D 打印技术在很长的一段时间内还无法全面取代传统制造技术。

（2）设备

设备是制约 3D 打印技术进一步应用的另一关键因素。

1）精度不佳。尽管 3D 打印可以获得复杂的空间结构和一些复杂的管路和腔体，但是电子束成型对复杂腔体、扭转体、薄壁腔体等成型效果不佳，它的点阵成型精度在毫米级，所以成型以后仍然需要传统的精密机械加工，也需要传统的热处理，甚至锻造等。

2）效率低。受限于 3D 打印机本身，在大规模生产上，3D 打印的速度远远不能与传统工艺相比，只在单件、单一材料的小部件的生产上有效率优势。

3）工艺不完善。目前对金属材料进行 3D 打印的需求尤为迫切，但是一些材料的打印工艺尚未完全突破，同时也缺少对多种材料的组合控制；需要开拓并行打印、连续打印、大件打印、多材料打印的工艺方法。

7.3.5　3D 打印在建筑业的应用

随着 3D 打印技术的不断发展，各行各业都在积极开发 3D 打印，建筑领域也不例外。与传统的建筑过程相比，3D 打印建筑技术极大程度上实现了绿色节能、低污染、低劳动强度、智能化程度高的现代文明生产施工方式。

1. 3D 打印建筑工艺

目前应用在建筑领域的 3D 打印技术主要有三种：D 型工艺（D-Shape）、轮廓工艺（Contour Crafting）和混凝土打印（Concrete Printing）。

（1）D 型工艺

"D 型工艺"（图 7-15a）由意大利发明家 Enrico Dini 发明，D 型工艺打印机的底部有数百个喷嘴，可喷射出镁质黏合物，在黏合物上喷撒砂子可逐渐铸成石质固体，通过一层层黏合物和砂子的结合，最终形成石质建筑物。工作状态下，3D 打印机沿着水平轴梁和 4 个垂直柱往返移动，打印机喷头每打印一层仅形成 5～10mm 的厚度。打印机操作可由计算机

CAD 制图软件操控，建造完毕后建筑体的质地类似于大理石，比混凝土的强度更高，并且不需要内置钢管进行加固。事实上这种方法类似于选择性粉末沉积，打印所使用的材料为氯氧镁水泥。目前，这种打印机已成功地建造出内曲线、分割体、导管和中空柱等建筑结构。

（2）轮廓工艺

"轮廓工艺"（图 7-15b）是由美国南加州大学工业与系统工程教授比洛克·霍什内维斯提出的。与 D 型工艺不同，轮廓工艺的材料都是从喷嘴中挤出的，喷嘴会根据设计图的指示，在指定地点喷出混凝土材料，就像在桌子上挤出一圈牙膏一样。然后，喷嘴两侧附带的刮铲会自动伸出，规整混凝土的形状。这样一层层的建筑材料砌上去就形成了外墙，再扣上屋顶，一座房子就建好了。轮廓工艺的特点在于它不需要使用模具，打印机打印出来的建筑物轮廓将成为建筑物的一部分，研发者认为这样将会大大提升建筑效率。目前，运用该技术已经可以打印墙体，而且美国南加州大学团队正在与美国国家航空航天局合作，试图将轮廓技术运用到美国未来"火星之家"项目中，建造人类在火星上的居所。

（3）混凝土打印

"混凝土打印"（图 7-15c）由英国拉夫堡大学建筑工程学院提出，该技术与轮廓工艺相似，使用喷嘴挤压出混凝土通过层叠法建造构件。英国拉夫堡大学建筑工程学院团队研发出一种适合 3D 打印的聚丙烯纤维混凝土，并测试了这种混凝土的密度、抗压强度、抗折强度、层间的黏结强度等物理性质，证实该混凝土可以用于混凝土打印技术。目前该团队用混凝土打印技术制造出了混凝土构件。

a）D型工艺　　　　　　　　b）轮廓工艺　　　　　　　c）混凝土打印

图 7-15　3D 建筑打印工艺

3D 打印工艺的各项指标数据对比见表 7-2。

表 7-2　3D 打印建筑工艺

指　标	D 型工艺	轮廓工艺	混凝土打印
工艺	3D 打印	挤压成型	挤压成型
材料	含有氧化镁的粉末	使用砂浆制造轮廓，胶凝材料作为补充	高性能打印混凝土
黏合剂	氯化镁水溶液	不需要	不需要
喷嘴直径	0.15mm	15mm	9~29mm
喷嘴数量	6300	1	1
单层厚度	4~6mm	13mm	6~25mm
抗压强度	235~242MPa	未知	100~110MPa
抗折强度	14~19MPa	未知	12~13MPa

2. 建筑 3D 打印方式

根据现有的资料分析，3D 打印可以以如下方式建造建筑物：

1）全尺寸打印。这个方向的限制很明显，建筑越大，所需要的 3D 打印机越大，更重要的是 3D 打印机越大，打印精度和打印速度就会变差。所以现阶段的单一打印主要是解决 3D 打印房屋的一些基本问题，如材料、控制、精度等。

2）分段组装式打印。即建筑的模块化，在工厂把每块打印好，最后在现场进行组装。这种方法的优点是解决了建筑尺寸的限制，缺点是现场的组装工作又涉及劳动密集型，提高了成本。

3）群组机器人集体打印装配。就是一群 3D 打印机像蜜蜂一样共同执行任务（比如打印整幢房屋）。这样，打印机的尺寸跟建筑尺寸无关，同时打印机的智能要求也可以大大降低。这种自组织自协调的群体智能方式也是现在人工智能的研究方向。

3. 3D 打印建筑技术的材料

3D 打印技术中，打印材料的研发是重中之重。发展 3D 打印建筑技术，首先要发展打印材料。建造宜居的 3D 打印建筑，一般都是采用巨型打印机利用逐层喷射黏性沙土或者混凝土的方法建造。然而目前 3D 打印建筑所采用的材料还不成熟。国内外一些学者对 3D 打印建筑材料展开了初步研究和开发，如：荷兰的专家曾研究应用塑料及树脂类的材料；美国学者则采用混凝土类、树脂砂浆类、黏土类作为 3D 打印材料；英国拉夫堡大学研究者 T. T. Le. 等，专注于打印所需混凝土材料的性能。

其中，水泥基材料更能满足 3D 打印建筑材料强度、流动性、凝结性和经济性要求。不仅有较高的早期强度，较快的凝结时间，同时还具备适当的流动性及较高的可塑性。常见的有：硅酸盐水泥基、硫铝酸盐水泥基、磷酸盐水泥基、地聚合物水泥基。

4. 土木工程领域应用前景展望

（1）个性化制作：特殊复杂构件、浇铸模具的 3D 打印

3D 打印的一大优势就是能实现各种材料构件的个性化制作，其特点是高度数字化，只要是设计图能设计出来的内容就能通过连续物理层的叠加打印出来，可以避开传统制造工艺复杂的生产工艺流程。其突出的优势是能够生产几何形状复杂特别是具有复杂三维内部构造的构件，这是其他任何加工制作方法都不能实现的。可以想象，在钢结构（复杂焊接结构构件）中，3D 打印具有非常乐观的发展前景。

对于铸件来说，其模具在铸件生产加工工程中具有十分重要的作用。采用 3D 打印模具，具有制作精度高，数字化加工误差小，打印材料多样化（如陶瓷、PLA 等），降低单个模具成本，数值化模型等重复利用打印相似模具，模具生产时间相对较短等优势，可以取代木模具，更加环保和经济。值得一提的是，3D 打印技术在 20 世纪 80 年代最早开发的目的就是降低模具制作成本和改进质量。

（2）提高构件延性：抗震结构中耗能构件的 3D 打印

传统的抗震结构通过增强自身结构的强度和刚度来提高结构的抗震能力，以减小地震下结构的变形。但是这种被动消极的抗震方法在高烈度区全生命周期设计中经济性较差，强烈地震后结构破坏评估和修复也需较长时间。近年来，土木工程领域逐步采用新型的抗震方式——耗能减震技术，即在结构的某些部分设置耗能装置或阻尼元件，通过耗能阻尼装置产生摩擦、弹塑性滞回耗能来耗散或吸收地震输入结构的能量，以减小结构主体的地震反应，

从而避免承重主体结构的破坏和倒塌。在偏心支撑钢结构框架与桥梁结构中，采用 3D 整体打印可以通过增加连接部位尺寸，避免或减少连接部位应力，从而避免焊接部位过早受力断裂，提高延性和塑性变形能力。

（3）建筑施工智能化：3D 打印是实现建筑产业现代化转型升级的重要手段

就科技发展和满足客户期望讲，土木工程施工行业落后于其他行业（如航空航天、汽车及轮船制造等）数十年，施工的基本原理上千年都不曾改变。如今随着信息技术的发展，3D 打印作为数字建造领域的重要支撑技术，可以与多种信息化手段（BIM、CIM、云计算、大数据、物联网）结合，相得益彰，是发展装配式建筑、实现我国建筑产业现代化转型升级的重要手段。该技术可以实现建筑的个性化设计，在节约人力、工期和材料的同时，还能有效地增加节能效果。3D 打印可广泛应用于装配式建筑、复杂形体建筑、可移动式建筑、环境景观小品的建造，在市政工程、地下管廊工程、传统建筑和文化遗产保护修复等领域也有非常大的应用前景。

5. 3D 打印在建筑领域的应用实例

2014 年上海张江高新区青浦园展出了 10 栋 3D 打印的两层办公用房（图 7-16），仅花费 24h。2015 年初在苏州工业园区东方大道展出了 1 栋 1100m² 的别墅和 6 层住宅楼（图 7-17），墙体由 3D 打印而成。这两栋建筑使用 3D 打印技术节约了 30% ~ 60% 的建筑材料，减少了建造过程中的能源消耗，还节省成本约 50%，并降低了生产时的噪声，保护环境，实现绿色化生产。2015 年 7 月，西安首栋 3D 打印别墅展出，两层高的精装别墅搭建只花费了 3h，传统别墅修建时间需要半年，而 3D 打印模块组建别墅从生产到搭建仅需十几天，并能抵抗 9 级地震。

图 7-16　国内首批 3D 打印房屋　　图 7-17　苏州 3D 打印别墅

2016 年 5 月 24 日，全球首个功能完善的 3D 打印办公楼（图 7-18）在迪拜举行开幕礼，该办公楼由我国一家公司负责 3D 打印，并在英国和我国进行了可靠度测试；2019 年 10 月 23 日，吉尼斯纪录世界最大的 3D 打印结构在迪拜落成，相比传统建筑工艺方法，减少了 50% 的人工量，减少了 60% 的建筑废料；欧洲宇航局在报告中指出可以利用 3D 打印技术在月球上建立首个人类基地（图 7-19），自治机器人将使用 3D 打印机建筑供 4 人居住的房屋，同时可避免遭受月球上由伽马射线、陨石和显著的温差变化的影响。最主要的是，建造月球基地所需要的大部分材料都是月球上存在的，只需要 3D 打印机器人与部分轻质量配件就可以完成。随着 3D 打印技术越来越受到重视，更多的公司、设计室、工作室都在努力研发 3D 打印技术在建筑业的应用，积极改进 3D 打印房屋的技术，解决全球住房危机。

图 7-18 全球首座 3D 打印办公楼

图 7-19 3D 打印技术助力建造月球首个人类基地

7.3.6 3D 打印应用展望

1. 大数据

大数据的意义不在于掌握庞大的数据信息，而在于对这些含有意义的数据进行专业化处理。3D 打印与大数据结合的契机来源于 3D 打印可以实现定制化生产的优势。将海量的数据经过专业化处理后，应用于 3D 打印产品的定制，以满足特定人群的需要。例如在服装行业，将大量且详尽的人体特征信息及与其匹配的服装尺寸上传到平台，设计师可以根据这些信息，用 3D 打印为任何个体客户定制精确、合身的服饰。

2. BIM

在设计阶段，运用 BIM 技术负责建筑项目的管理，同时生成可以用于 3D 打印的模型；在施工阶段，BIM 技术根据生成的数据模型，为 3D 打印规划打印路径与步骤，3D 打印据此生产所需建筑构件或成型建筑。在整个生产过程中，BIM 可以根据 3D 打印实时生产进度与效果进行路径的重规划与实时维护管理。将 BIM 技术与 3D 打印技术相结合，不仅能很好地发挥出各自技术的优势，而且能保证建筑建造过程的低能耗、高效率，能够实现绿色环保并获得高收益。

3. VR

设计者可以通过佩戴 VR 设备，实时调整可用于进行 3D 打印的数据模型，用户在打造数据模型的同时，后台可以根据设计者已完成的部分进行实时的 3D 打印。3D 打印与 VR 的结合不仅有利于想法的快速实现，也有利于设计者更加直观地面对自己的产品，从而生产更令自己满意的产品。

4. 自动化与人工智能（图 7-20）

在设计阶段，在控制系统中添加人工智能，智能识别模型设计意图，给出可行性设计、施工参考解决方案；在施工阶段，一方面通过在驱动模块与输料模块中安装传感器，将打印情况及时反馈到控制系统，以提高 3D 打印的速度与精度，实现智能化控制；另一方面，通过基于人工智能的建筑机器人集成远程操控系统和视觉系统，实现远程控制，监控机器人的 3D 打印施工作业。同时，可在机器人本体上安装点云扫描仪、环境监测等设备，实现远程协助现场施工人员进行现场环境监测、建筑物三维建模、施工质量监测、安全巡检等功能以及运用远程操控机器人代替人工进行标准化程度高的施工作业，从而提升施工质量，减少安全隐患，实现智慧工地、智慧建造。想要实现这些构想，3D 打印、自动化与人工智能都是必不可少的。

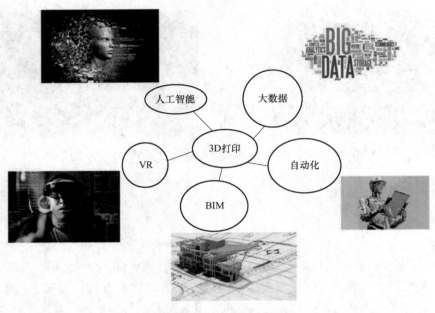

图 7-20　3D 打印应用展望

7.4 | 数字孪生技术简介

7.4.1　工业 4.0、信息物理系统（CPS）与数字孪生（DT）

随着数据采集系统、信息技术和网络技术的发展，制造业进入了数字化时代。在数字化的背景下，全球制造业面临着新的挑战。在此背景下，德国、美国和我国相继提出了工业 4.0（Industry 4.0）、工业互联网和中国制造 2025 等先进制造战略，其共同目标是实现智能制造（Intelligent Manufacturing），物联网、云计算、大数据和人工智能等新一代信息技术（New IT）的进步极大地推动了智能制造的发展，而 CPS 和 DT 作为实现信息物理融合的首要手段，在新一代的智能制造中扮演着十分重要的角色。

数字孪生（Digital Twin，DT）是指在虚拟世界中创建的，关于物理世界中实物或系统的"高保真"数字化模型。这里的"高保真"并不一定指从内到外完全相同的复制，而是根据不同的目的，可以构建细节程度不同的模型，甚至是模型先于实体而存在，但这些模型具有与实际物体一致的功能，可以如实地反映实际物体在环境改变时的变化，并能实现对实际物体的实时监测与操控。

信息物理系统（Cyber-Physical System，CPS）是一个集合了计算机网络世界与实际物理世界的复杂系统。CPS 通过集成"3C"技术，即计算（Computing）、通信（Communication）和控制（Control），实现了虚拟和物理世界的实时交互，以便人们通过虚拟世界以可靠、安全、协作和高效的方式监测与操控物理实体。简单地讲，CPS 旨在将实际与虚拟双向连接，以虚控实，虚实结合，其中的"实"包括设备、人力、资源等，而"虚"则指数字孪生。如果说工业 4.0 的核心是 CPS，那么 CPS 的核心便是数字孪生。

CPS 和 DT 都包括两个部分：信息部分和物理部分（见图 7-21），物理部分感知和收集数据，而信息部分分析和处理数据，然后做出决策，虽然都可以实现信息世界和物理世界的融合，并且都是通过"状态传感、实时分析、科学决策和精确执行"的闭环促进智能制造，两者在实际应用时，都需要和物联网、云计算、大数据和人工智能等新一代信息技术（New IT）进行集成，但两者并不完全相同，表 7-3 从几个方面对比了两者之间的差异。总的来说，DT 可以被视为构建和实现 CPS 的必要基础，CPS 和 DT 的组合将帮助制造商实现更精确、更好、更高效的管理。

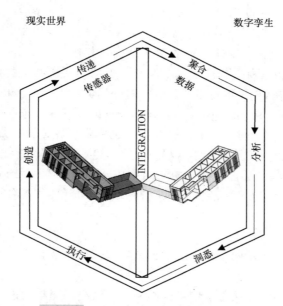

图 7-21 数字孪生中的物理和信息世界

表 7-3 CPS 和 DT 的差异对比

对比项	信息物理映射	控制过程	功能实现侧重点
CPS	信息世界和物理世界的关系为一对多	物理世界影响信息表达，信息过程控制物理世界	CPS 的侧重点是传感器和执行器
DT	信息世界和物理世界的关系为一对一	物理实时数据驱动虚拟模型模拟物理过程，信息世界使用感知数据计算控制输出并将其发送到执行器进行物理实现	DT 的侧重点是数据和模型

7.4.2 数字孪生的诞生与发展

孪生这一概念的应用最早可以追溯到美国国家航空航天局（NASA）的阿波罗计划，他们为每一个执行任务的飞行器都建造了另一个留在地球上的"孪生"飞行器，使得工程师可以在任务期间观测太空飞行器的状况。在飞行任务期间，工程师利用真实的飞行数据在孪生飞行器上尽可能地还原飞行状况，从而帮助飞行员处理飞行中可能遇到的紧急情况。实际上，正是在孪生飞行器的帮助下，工程师模拟了阿波罗 13 号的各种逃生方案，成功帮助飞行员返回地球。

铁鸟（Iron Bird）是孪生概念的另一个应用案例，这是一种应用于航空工业的地面工具，可以模拟和优化飞机系统。铁鸟由电气、液压以及飞行控制系统组成，每个系统按照实际飞机配置，并安装在与真实机身相同的位置。铁鸟的驾驶舱由模拟器和移动视觉系统组成，由计算机模拟空气动力学模型和环境条件（如空气密度、气温、空速和马赫数等）。使用铁鸟模拟飞行可以帮助工程师确认各飞机部件的特性，并能在早期开发阶段及时发现存在的问题。

随着数字技术的发展，人们开始越来越多地使用虚拟形态的孪生体，尤其是虚拟形式可以让人们在实体尚未存在的设计阶段进行试验和模拟。"数字孪生"的概念最早由 Michael Grieves 在 2002 年密歇根大学的一次产品生命周期管理演讲中提出。在演讲中，Michael Grieves 将其描述为"一个关于物理系统的数字结构，其作为一个实体创建并与相关的物理系统相连；这个结构应包含所有物理世界中调查可得的与系统有关的信息"。而准确的"数字孪生"一词则最早是在 2012 年美国国家航空航天局的"NASA technology roadmap：modeling，simulation，information technology & processing roadmap technology area"报告中出现，并被定义为：数字孪生是一个通过使用物理模型、传感器等对复杂产品进行虚拟映射的多物理、多尺度综合模拟。目前工业界和学术界对数字孪生一词尚未有完全一致的定义，尽管这些定义有或多或少的差别，但它们都有相同的本质，即数字孪生是物理在虚拟世界中的映射，具有与物理实体一致的一些或全部功能，并与物理实体具有准确实时的双向联系。

7.4.3 数字孪生的创建

数字孪生的创建主要包括两个步骤：数据采集和数据建模。

1. 数据采集

数据采集是利用包括卫星遥感、航空摄影测量、激光探测与测量（LiDAR）等在内的测量采集技术，对地表、地下或建筑物内等各种物理空间进行数据测量与收集。

采集工具主要由传感器和搭载设备构成，其中传感器负责采集真实环境数据，类型有摄影、光谱、动力学传感器等。搭载设备则是负责承载传感器的工具，类型包括地面静止设备（如三脚架）、地面移动设备［如无人地面行驶系统（Unmanned Ground System，UGS）］以及空载设备［如无人飞行系统（Unmanned Aerial System，UAS）］等。其中，UAS 又包括无人驾驶飞机或配备高分辨率摄像机和传感器的固定翼飞机，它们与 UGS 一样，可以预先在完全自主模式下运行。

下面将详细介绍几种现有的建筑施工中常用的传感器和相应的搭载设备。

（1）RGB 相机

对于建筑施工领域，最普遍且高效的视觉传感器应属 RGB 相机。现在在大部分施工场都布有监控相机，而且随着智能手机的普及以及不断下降的成本，监控相机和智能手机所拍摄的影像便可提供足够的分辨率和图像质量。例如可以通过简单地使用智能手机拍摄施工现场照片，基于计算机视觉和深度神经网络技术可以重建所拍摄的目标，如建筑物施工进度和现场设备等，将重建模型和设计的 BIM 模型进行比较来监控进度或质量。此外，也可以利用施工现场普遍安装的监控相机来获取施工现场的图像，用于追踪材料、设备和人员等资源的位置和使用情况。

虽然诸如头戴式摄像机和车身摄像机之类的图像捕捉技术在当今的建设施工领域中并未

普及，但随着技术升级，类似头戴式 AR 这种自带摄像机的设备在不断地缩小体积和提高便携性，可以预期它们将来可以在建设领域得到广泛使用。例如微软公司的头戴式 AR 设备 HoloLens 正在以安全帽的形式慢慢进入施工现场，其主要应用于在真实空间中查看 3D 模型，帮助将设计结构转换为空间表示。

（2）激光探测与测量（Light Detection and Ranging）

激光探测与测量即激光雷达，又简称为 LiDAR，是一种利用光学来测量目标距离等参数的遥感技术。LiDAR 系统由激光测量装置、GPS 接收器、惯性测量装置（IMU）组成。其中，激光测量装置用于发射并接收反射回的激光，发射速率可达每秒数万个激光点；GPS 接收器用于精确定位激光设备所在位置；惯性测量装置则用于计算移动 LiDAR 平台的运动轨迹并确保其可以按照设定轨迹运行。LiDAR 与雷达的原理相似，如图 7-22 所示，通过向周围发射激光束，通过光束反射回来的时间差来获取周围物体的距离等信息。测得的数据类型为离散点组成的数字表面模型（Digital Surface Model，DSM），包含了激光强度和空间三维信息，其他参数信息（如目标的速率和材料）也可以根据反射回的信号中含有的某些特性（如诱导多普勒频移等）确定。

与无线电波相比，光的波长仅有前者的十万分之一，频率比前者高 2～3 个数量级，因此 LiDAR 具有比雷达更高的分辨率，可以更精确地进行更远的距离测量。而且激光脉冲可以部分穿透树林遮挡，直接获取三维地表信息。此外，LiDAR 是依靠自身发射出的激光进行测量的，因此可 24h 工作，但受天气因素影响较大，在下雨或灰尘较多的情况下，以及外界光线过强时，都会对激光的探测产生干扰。

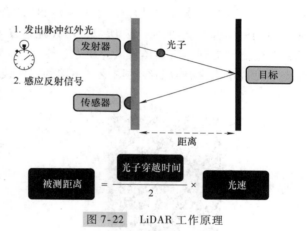

图 7-22　LiDAR 工作原理

LiDAR 的搭载工具主要有两种：一种是地面类型，如三脚架（图 7-23）和车载平台（图 7-24）；另一种为机载设备（图 7-25），即使用无人机搭载在空中进行测量。

图 7-23　三脚架搭载 LiDAR

图 7-24　车载平台

LiDAR 由于其测量精确，自动化程度高，探测距离远等优越特性，已被广泛应用于道路交通、电力水利、地表测绘、数字城市、无人驾驶等多个方面。图 7-26 展示了利用 LiDAR 点云数据重建的三维道路模型，图 7-27 则是从高空中获得的地表的数字地面模型。

图 7-25　无人机搭载设备

图 7-26　三维道路模型

（3）地面穿透雷达（Ground Penetrating Radar）

地面穿透雷达又称为透地雷达，简称为 GPR，是一种无损的地下探测装置。GPR 系统由计算机控制台、GPR 传感器组成（图 7-28），通过主机控制天线发射并接收信号，并将其显示在主机屏幕上。如图 7-29 所示，GPR 通过发射并接收微波波段无线电磁波探测地下介质，当电磁波遇到地下物体或者介质发生改变时，反射回的信号会产生差异，根据不同的信号差异可以生成含有双曲线的图像，不同的双曲线代表了探测出的不同的物体或介质。

图 7-27　数字地面模型

计算机控制台
（用于显示与操控）

GPR传感器(超宽频
GPR天线)

图 7-28　GPR 系统组成

GPR 的测量深度取决于电磁波在介质中的传播能力，电磁波频率和发射功率，高频电磁波通常可以达到更高的分辨率，但能达到的测量深度则会减少。例如：要精确探测混凝土中埋藏的管道时，使用约 1000MHz 的高频电磁波可以精确探测到混凝土表面下约 0.6m 的深度；而探测地表土这类更深的地方时，需要采用相对低频的电磁波，其探测深度可以达到 15m。GPR 可以达到的最大深度是在空气和冰中，低频电磁波往往可以穿透数千米。总的来说，使用的电磁波频率要结合对深度和分辨率的需求来做决定。

GPR 的探测效率可以达到每小时前进数千米，并且具有高精度、无损的优点，目前广泛应用于考古、岩石勘探、地下水勘探、地质调查、军方侦测地雷等方面。在建筑施工方面，GPR 被用于建筑结构检测、路面空洞检测、地下管道探测等。

GPR 也有一定的局限性。首先，需要的探测介质是影响 GPR 的一大因素，在高传导性

介质（如黏土、含盐土）中电磁波的
探测深度被大大削弱，在岩石土这类
性质不均一的介质中，信号的分散也
会降低 GPR 结果的准确性。其次，
GPR 的前进方向和角度也会影响探测
结果，一般在平坦表面当探测物体与
前进方向成直角时其探测效果最好。
此外因 GPR 的操作和数据分析需要一
定的专业知识，因而在一定程度上限
制了 GPR 的推广。

　　目前人们常用的 GPR 搭载设备为
安装了天线和主机的手推车，此外也
可以搭载在预先设定好轨迹的 UGS 上
实现自主探测。

　　其他传感器还包括压力传感器、
测温传感器、位移传感器、光波传感
器、速度传感器等，这些传感器不仅
可以采集施工设备、建筑部件等目标
的参数信息，还可以收集环境信息。
因为物理世界中实物不仅有内部参数

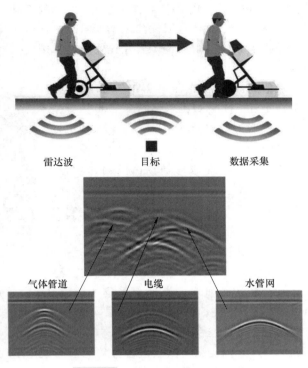

图 7-29　GPR 工作原理及成像

的影响，也会随外界环境的变化而变化，因此环境传感器的存在使得数字孪生不仅可以还原
实物本身，还可以还原其周围环境，使得数字孪生体系更加完善和准确。

2. 数据建模

　　传感器采集了大量的物理世界原始数据后，下一步就是利用数据分析算法进行后续处
理，建立数字孪生。

　　利用图像（如照片、视频、LiDAR 点云）进行数据建模的方法主要包括摄影测量、同
步定位和映射、对象识别和追踪等。摄影测量是从照片中获取测量结果并恢复点的确切坐标
的科学。它目前用于包括建筑、工程、制造、质量控制在内许多领域等。在大多数情况下，
摄影测量的目标是通过将真实世界坐标
与图像坐标对齐并最终生成点云从给定
照片重建 3D 场景。SfM（Structure from
Motion）（图 7-30）是摄影测量中三维
重建的一种重要算法，包括特征/目标
跟踪、三角测量、相机姿态估计和束调
整。目前，SfM 和摄影测量被一起用于
重建密集三维模型，可以达到比其他单
独的任何方法更好的准确性。

　　同时定位和映射（SLAM）是机器
人领域中用于构建或更新未知环境地

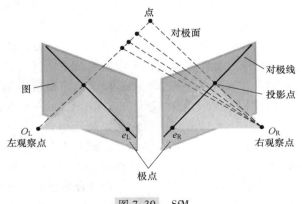

图 7-30　SfM

图，并跟踪终端在其中位置的方法。当终端处于移动状态时，它利用传感器的组合，例如相机、雷达、激光雷达和惯性测量单元（IMU）等构建环境地图。在建筑施工领域，终端对象可以是机器人、起重机或工人在建筑工地佩戴的头戴式显示器等，帮助人们在世界坐标中定位目标。

对象识别和追踪（图7-31）是基于计算机视觉和人工神经网络的技术，也是建筑工地上机器人应用的基石。其应用案例包括无人机的导航以及路线规划，机器人识别目标来获取将要拾取或移动物体的精确位置。在数字孪生中，对象识别和追踪可以更好地帮助人们规划无人机路线，实时预测控制任务，监控复杂的机械，也可用于预测施工现场施工人员和设备的位置。

图 7-31　对象识别

除了上述介绍的图像算法，不同的传感器有不同的算法和软件来处理采集的数据。例如针对 GPR 在探测埋藏的非金属物体时其反射信号相对较弱的问题，人们提出了 GPR B 扫描变换算法、迭代共轭梯度算法、反向传播算法、基于合成孔径雷达（SAR）的算法等。时至今日，人们仍在不断改进各种传感器的数据处理算法使得传感器能在复杂的环境中达到更高效、更自动化的处理效率。

值得提起的是，随着建筑劳动力成本的不断增加，人们更倾向于采用全自动的数据采集和处理方法。移动通信行业已经生产出廉价的可用于无人机和配备高分辨率相机的移动机器人的基于 MEMS（微机电系统）的传感器。无人机制造商正在制造与数据管理平台相结合的专用无人机版本，这些平台可以自动执行测量、绘图、三维重建以及进行体积测量。但对于全自动数据采集机器人，其自动分析和数据处理的需求往往更高，因为高速生成的数据需要更快的处理速率和自动化程度。以正在兴起的自动化驾驶汽车为例，汽车上的各传感器每秒约产生 1 ~ 2GB 的数据，为应对如此大量而密集的数据，数据处理算法必须能快速实时地提取信息并做出决策，而不是将所有数据发送至云端处理。与无人驾驶相比，施工现场有着更为开阔和复杂的环境，涉及更多的组件、人员和设备，其数据产生速度将比自动驾驶汽车更为迅速。提升 CPU、GPU 的计算能力，广泛数据集和深度学习算法的最新进展将是解决这一问题的关键。

除了处理大量数据，目前存在的另一挑战是各传感器的数据融合问题。建立一个数字孪生所需的传感器数量少则几个，多则数十上百，对于数字城市规模的数字孪生甚至要上千上万个传感器，为建立一个统一的模型，需要融合不同传感器的数据。高级融合（High-Level Fusion，HLF）和低级融合（Low-Level Fusion，LLF）是常用的多传感器融合算法，其中 HLF 分别用每个传感器检测对象，随后组合这些检测，如果存在多个重叠对象，则 HLF 会丢弃置信值较低的分类；相反 LLF 则是在原始数据级别结合了来自不同传感器类型的数据。但不管是 HLF 还是 LLF，要准确地融合多个传感器数据都是一项复杂的任务，不仅各传感器需要非常精确的外部校准以正确融合传感器对环境的感知，还要对传感器记录进行时间同步并补偿自身运动，然后使用深度神经网络对多传感器输入数据进行处理。此外数字孪生与物理世界的实时双向联系更要求数据融合的高效性。

7.4.4　数字孪生在建筑施工中的应用

与计算机辅助设计（CAD）不同的是，数字孪生摆脱了 CAD 局限于计算机模拟环境的限制，且可以达到对不同组件间相互作用以及全生命周期的监测，这也是数字孪生成为工业4.0 一个重要概念的原因。尽管数字孪生仍处于概念阶段，但设想其在建筑施工中的应用，会发现数字孪生在建筑施工领域存在广阔的应用前景。

在建筑设计阶段，数字孪生先于建筑实体而存在，其作用主要是为设计师和工程师提供可视化模型和建筑仿真模拟。将 GPR、LiDAR 等传感器收集的项目工地的环境信息（如地下管道、土质、场地坡度等）导入虚拟环境中，用计算机模拟必要的现实因素（如重力、天气、风力等），并根据不同条件下的建筑性能进行改进，不仅可以节省现实测试所需花费的资金、时间和其他资源，还可以提高建筑设计的实用性和可持续性。

在施工阶段，数字孪生可以拓展到包括设备、人员、资源等在内的整个场地，它与物理实体同时存在，且具有实时的双向连接。数字孪生在这一阶段的应用可以延伸至包括智能施工、进度监控、质量管理、资源分配、人员设备管理、施工安全等众多方面。在智能施工方面，由于数字孪生与物理实体同时存在且具有双向连接，即实体的任何改变都会如实地反映在数字孪生上，而对数字孪生的操控也会同步地反映在实体上。以挖掘为例，数字孪生通过安装在挖掘机上的动力传感器、惯性传感器、GPS 等收集挖掘机的状态参数，RGB 相机和UGV 车载 GPR 生成挖掘场地的实时地上和地下信息，人们可以通过操控数字孪生远程操控挖掘机进行挖掘，而无须进入复杂且危险的施工现场，避免了潜在的被挖掘臂击中的事故。

在进度监控方面，项目经理需要每日追踪项目进度以确认计划是否完成，并根据项目进度不断调整材料、设备和人员的安排，这一任务通常需要人们亲自去现场确认进度，以核实所报告的工作百分比并确定项目的阶段。人为观测不仅存在占用大量的时间和资源的问题，其观测结果也很难避免人的主观因素。数字孪生通过视觉图像传感器可以重建建筑的几何模型和坐标，将建筑的实时模型和设计的 BIM 模型相比较，可以自动确认项目的完成情况，还可以及时发现施工中的偏差并修正。

在资源分配和人员设备管理方面，数字孪生根据追踪、监控材料和设备的使用情况，可以动态预测建筑工地的资源需求，向管理人员提供预测性和精益的资源分配计划，避免长距离移动资源和资源闲置所浪费的时间与资金。通过图像和自动跟踪技术，还可以监测每台施工设备的使用频率、在施工现场的位置以及作业类型以达到最优的设备利用率。

在施工安全方面，数字孪生还可以帮助施工企业减少施工安全隐患。建筑业被认为是世界上最危险的行业之一，通过建立施工场地的实时数字孪生可以帮助管理人员确认场地中每一个工人的工作位置和可能的危险区域，以防止不规范行为、不安全材料的使用以及危险区域中活动的发生。在此基础上可以开发提前预警系统，让施工经理知道现场工作人员何时位于工作设备的危险位置附近，并向工人的可穿戴设备发送有关附近危险的通知，甚至可以在危险发生后指导救援路线。例如，使用数字孪生监控脚手架的每一块金属，实时测量重要压力点，并向管理人员展示哪些地方处于极端压力之下。微软公司曾在 Build 2017 上发布过名为 Workplace Safety 的概念设计，这一设计将人工智能与摄像机和移动设备相结合，通过安装在建筑工地各处的监控相机对人员和设备、材料进行视觉识别，并将设备、材料和人员的信息相关联进行行为监测和提前预警，为施工场地建立了广泛的安全网。

在建筑完成后的运行和维护阶段，数字孪生与实体继续共同存在，用于监控建筑质量和维护。例如通过图像处理算法利用视频或照片检查混凝土的状况，精确定位混凝土裂缝。因为数字孪生继承了自设计阶段以来建筑项目的全部信息，其已成为一个巨大的数据库，人们可以轻松获取建筑项目的历史信息并加以利用，这在传统施工模式中是难以做到的。以混凝土裂缝为例，人们通过分析建筑的历史和维护可以了解裂缝发生的原因。同样，数字孪生可以监测建筑的运行状态，例如监控办公楼房间内的照明使用和是否有人在使用打开照明的房间，空调的设置等，以便设施管理人员关闭无人区域的设备以减少建筑物能耗。利用数字孪生记录建筑整个生命周期的数据不仅可以提高建筑业的透明度和责任感，还能形成一种良好的连锁反应，使得每一个过程都有迹可循，提高时间效率，降低生命周期中产生的风险，带来更有吸引力的投资回报率。

7.4.5 数字孪生与智慧城市

当前智慧城市正在快速发展，我国约95%的副省级以上城市和超过80%的地级城市，逾500座，正在以智慧化建设为目标。数字孪生在智慧城市场景的应用可以分为三个方面：公共安全和应急；市政和能源；城市规划、国土、住建。

1）公共安全和应急基础点的是城市的GIS三维地图应用。更复杂的是基于大量城市数字孪生数据，进行大数据仿真分析，核心价值在于预测和发现风险、提高出警和调度效率。例如预测哪里容易发生人流拥堵，以采取措施预防踩踏事件等。再如根据火灾发生的位置、周围环境、设施、人力等，智能生成灭火、出警应对方案等。

2）市政和能源包括水务公司、电网、燃气公司等。主要应用在三方面：①设计阶段，模拟仿真供电、暖气等基础设施的设计方案；②施工阶段，数字孪生模型是重要的参考依据，如知道各个管线在哪里，不会挖断等；③日常运维，很多高危环境等可以基于数字孪生模型指导无人巡检。

3）城市规划、国土、住建主要是基于高精度数字孪生三维数据、语义数据，借助算法智能规划一套城市建设方案。

数字孪生带来了实时可访问的数据、适应性模型和全生命周期的监测，除本文所介绍的这些前景外，其在建筑施工领域内的应用仍有更多值得探索与挖掘的空间。尽管数字孪生技术还面临着许多挑战，但任何不断发展的技术都会面临挑战。数字孪生的应用前景是无限的，其潜在的重要性不言而喻。

复习思考题

1. 简述自动化和智能化的区别。
2. 你认为建筑机器人未来还可以应用在哪些方面？
3. 3D打印和现有施工技术如何进行集成？
4. 谈谈你所理解的数字孪生。

第8章
无线射频、二维条码与物联网技术

教学要求

本章主要介绍无线射频技术、二维条码技术与物联网技术的概念、原理及其各自的主要应用。

8.1 无线射频技术及应用

8.1.1 无线射频技术

无线射频技术（Radio Frequency Identification，RFID），是通信技术的一种，可通过无线电信号对特定目标进行识别，并实现相关数据的读写，而无须识别系统与特定目标之间建立机械或光学接触。目前 RFID 技术的应用较为广泛，其中较为常见的应用场所包括图书馆、门禁系统等。

RFID 也称为电子标签、无线射频识别，是自 20 世纪 80 年代起开始出现并得到发展的一种自动识别技术。RFID 利用射频信号通过空间耦合实现无接触信息传递，并通过所传递的信息达到识别目的。RFID 的识别工作不需要人工干预，可工作于各种恶劣环境。在 RFID 系统中，识别信息存放在电子数据载体中，电子数据载体称为应答器，而且可以对应答器写入数据，读、写过程是通过相互之间的无线通信来实现的。

RFID 具有以下特点：

1）RFID 是通过电磁耦合方式实现的非接触自动识别技术。

2）RFID 需要利用无线电频率资源，因此必须遵守无线电频率的众多使用规范。

3）RFID 中存放的识别信息是数字化的，利用编码技术可以便捷地实现多种应用，如身份识别、商品货物识别、动物识别、工业过程监控和收费等。

4）RFID 容易实现多个应答器、多个读写器之间的组合建网，便于完成大范围的系统应用，进而构成完善的信息系统。

5）RFID 相关研究是一种新型的、融合了多种技术的交叉学科问题，涵盖了计算机、无线数字通信、集成电路电磁场等众多学科领域。

8.1.2 无线射频技术的发展简史与现状

在过去的半个多世纪中，RFID 技术的发展经历了以下几个阶段：

1）1941—1950 年，雷达的改进和应用催生了 RFID 技术，同时于 1948 年奠定了 RFID 技术的理论基础。

2）1951—1960 年，是 RFID 技术的早期探索阶段，主要以试验研究的形式出现。

3）1961—1970 年，RFID 技术的理论得到了较大发展，逐渐开始了一些应用的尝试。

4）1971—1980 年，RFID 技术与产品研发处于一个快速发展的时期，各种 RFID 技术测试得到加速，出现了一些最早的 RFID 技术应用。

5）1981—1990 年，RFID 技术及产品开始显露多应用雏形，进入商业应用阶段，但成本问题成为制约其进一步发展的关键。同时 RFID 技术在此时也开始得到国内的关注。

6）1991—2000 年，RFID 技术的标准化问题和技术支撑体系的建立得到了重视，生产逐渐规模化使得其使用成本得以被市场接受，大量厂商进驻该领域，RFID 产品逐渐走入人们的生活，国内研究机构也开始跟踪和研究该技术。

7）2001 年至今，RFID 技术得到了进一步丰富和完善，产品种类更加丰富，无源电子标签、半有源电子标签均得到了发展，电子标签成本也不断降低，RFID 技术的应用领域不断扩大，与其他技术的交叉融合正逐渐成为研究主流。

自 2004 年起，全球范围内掀起了一场 RFID 技术的热潮，包括沃尔玛、宝洁、波音公司在内的商业巨头，无不积极推动 RFID 在技术制造、零售、交通等行业的应用。RFID 技术及应用正处于迅速上升的时期，被业界公认为 21 世纪最有潜力的技术之一，它的发展和应用推广将是自动识别领域的一场技术革命。当前，RFID 技术的应用和发展还面临一些关键问题与挑战，包括标签成本、公共服务体系、产业链形成以及技术和安全等在内的相关问题仍然是 RFID 技术突破的重要制约要素。

纵观 RFID 技术的发展历程，不难发现，随着市场需求的不断发展，人们对 RFID 技术的认识水平正在日益提升，RFID 技术也已经逐渐走入生产和生活的各个领域；RFID 技术及产品的不断开发，必将带来其应用发展的新高潮，并引发相关应用领域新的变革。

8.1.3 无线射频技术工作原理

一般来说，射频识别系统主要包含射频标签、读写器和数据管理系统三个部分。其中，射频标签由天线及芯片组成，每个芯片都含有唯一的标识码，一般保存有约定格式的电子数据，在实际应用中，射频标签粘贴在待识别物体的表面；读写器是可以实现非接触式读取和写入标签信息的设备，它通过网络与其他计算机系统进行通信，从而完成对射频标签信息的获取、解码、识别和数据管理，可设计为手持式或固定式；数据管理系统主要完成数据信息的存储和管理，并实现对标签的读写控制。数据管理系统可以是简单的小型数据库，也可以是集成了 RFID 管理模块的大型 ERP（企业资源规划）数据库管理软件。

射频识别系统是利用无线电波或微波能量进行非接触式双向通信，进而实现识别和数据交换功能的自动识别系统。射频识别系统的组成结构如图 8-1 所示。其中，射频标签与读写器之间通过耦合元件实现射频信号的空间（非接触式）耦合。在耦合通道内，根据时序关系，实现能量的传递和数据的交换。

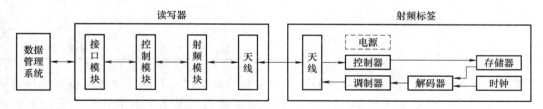

图 8-1 射频识别系统的组成结构

1. 射频标签

射频标签是 RFID 系统真正的数据载体。一般情况下，射频标签由标签天线和标签专用芯片组成。

每个标签具有唯一的电子编码，附着在物体目标对象上。标签相当于条形码技术中的条形码符号，用来存储需要识别和传输的信息。与条形码不同的是，射频标签必须能够自动（或者借助外力）实现存储信息的信号发射。根据不同的应用需求，通过在射频标签内编写不同的程序，可以随时实现信息的读取和改写。射频标签可以存储一些相应人员的数据信息，这些人员的信息可依据不同的需求分别进行管理，并且可以根据需求的不同制作不同的标签。射频标签中的内容除了可以设置为可被改写模式，也可被永久锁死保护起来。通常标签芯片体积很小，厚度一般不超过 0.35mm，可以印制在纸张、塑料、木材、纺织品等包装材料中，也可以直接制作在商品标签上。

按功能分，可将射频标签分为 4 种：只读标签、可重写标签、带微处理标签和配有传感器的标签。

按供电形式分，射频标签可分为有源标签和无源标签及半无源标签。有源标签使用标签内电池的能量，识别距离较长，可达几十米甚至上百米，但是其寿命有限，一般为 3 ~ 10年，并且价格较高。由于标签自带电池，因而有源标签的体积比较大，无法制作成薄卡。有源标签距读写器的天线的距离较无源标签要远，需要定期更换电池。无源标签内部没有电源，当接收到读写器发出的微波信号后，激活产生感应电流，利用感应电流的能量向读写器发送信息。无源标签不需进行维护，缺点在于读取信号距离及适应物体运动速度方面有限制，但无源标签的价格、体积、易用性决定了它是目前电子标签的主流，因此可以制成各种各样的薄卡或挂扣卡。半无源标签指的是标签内的电池仅供要求供电维持数据的电路或标签芯片工作所需电压的辅助支持，本身耗电很少。未进入工作状态时，相当于无源标签，当进入读写器读取区域时，受射频信号的激发，进入工作状态，其电池的主要作用在于弥补标签所处位置的射频场强不足，其自身能量并不转换为射频能量。有源标签、无源标签、半无源标签的特性对比见表 8-1。

表 8-1 有源标签、无源标签、半无源标签的特性对比

对比项	有 源 标 签	无 源 标 签	半无源标签
成本	高	低	低
频率	高	低	低

（续）

对比项	有源标签	无源标签	半无源标签
距离	长	短	中
尺寸	大	小	中
主要用途	追踪	物流、认证	定位追踪

按调制方式分，射频标签还可分为主动式标签和被动式标签。主动式标签利用自身的射频能量主动发送能量给读写器，主要用于有障碍物的情况下；被动式标签使用调制散射方式发射数据，它必须利用读写器的载波来调制自己的信号，适用于门禁考勤或交通管理领域。

2. 读写器

读写器是负责读取或写入标签信息的设备，可以是单独的整体，也可以作为部件嵌入到其他系统中。它可以单独实现数据读写、显示和处理等功能，也可以与计算机或其他系统进行联合，完成对射频标签的操作。根据支持标签类型以及完成功能的不同，读写器的复杂程度是不同的。读写器基本的功能就是提供与射频标签之间进行数据传输的通道。同时，读写器还可提供相当复杂的信号状态控制、奇偶数据检验与更正功能等，因而射频标签中除了存储需要传输的信息外，还必须含有一定的附加信息，如错误检验信息等。

典型的读写器包括控制模块、射频模块、接口模块以及读写器天线。此外，许多读写器还有附加的接口，以便将所获得的数据传送给应用系统或者从应用系统中接收命令。

一旦读写器的信息被正确地接收并完成解码后，读写器将通过特定的算法决定是否需要发射器对信号进行重发，或者发出令发射器停止发射信号的指令，这就是命令响应协议。使用这种协议可以在很短的时间、很小的空间内识别多个标签，也可以有效防止欺骗问题的发生。

一般情况下，读写器的通信距离与其输出功率和无线尺寸有关，功率越高，天线越大，通信距离越远，图8-2所示为常见的几种读写器。

（1）小型基板类读写器

这类读写器尺寸比较小，通信距离短。一般被用在空间范围较小的场所，如小型店铺之类，进行单个读取。另外，基板型可作为读写器的模块，嵌入到其他设备中使用。

（2）手持型读写器

此类读写器由操作员手动对标签进行读取。读写器内部的操作系统中可读

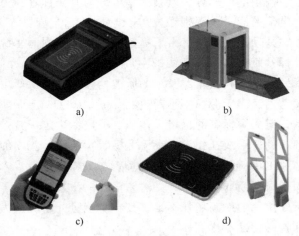

图 8-2　不同类型的 RFID 读写器

取到标签的信息，且读取的信息可以通过无线网络即时发送。手持型读写器一般带有电池，用来形成射频辐射场发送电波，当工作时间比较长的时候，需将电波功率设置得比较小，但此时通信距离相应较短。

（3）平板型读写器

平板型读写器一般来说天线较大，因此通信距离更长，一般用于需要自动读取的场合。

（4）隧道型读写器

一般情况下，当电子标签和读写器的角度成 90°夹角时，信号就很难被读取。隧道型读写器，内壁各个方向都设置了天线，从不同的角度发出电波，可以消除标签与读写器角度造成的影响，正常读取。

（5）门型读写器

门型读写器是指当持有标签的人或物品通过时，可以自动进行读取的一种读写器。门型读写器应用于图书馆书籍管理、超市防盗窃系统等。

3. 数据管理系统

数据管理系统主要完成数据信息的存储和管理，以及对射频标签的读写控制。数据管理系统可以是市面上现有的各种大小不一的数据库或供应链系统，同时用户还能够买到面向特定行业的、高度专业化的库存管理系统，或者把 RFID 系统作为整个 ERP 的一部分。

系统的基本工作流程是：读写器通过天线发射一定频率的射频信号，当附着标签的目标对象进入发射天线工作区域时，会产生感应电流，射频标签凭借感应电流所获得的能量，发送出存储在芯片中的产品信息，或者主动发送某一频率的信号；射频标签将自身编码等信息通过内置发送天线发送出去；系统接收天线接收到从射频标签发送来的载波信号，经天线调节器传送到读写器，读写器对接收的信号进行解调与解码后，送到数据管理系统进行相关处理；数据管理系统根据逻辑运算判断该射频标签的合法性，针对不同的设置做出相应处理和控制，发出指令信号，控制执行机构动作。

8.1.4 RFID 系统分类

依据不同的标准，RFID 系统可分为不同的类型。

1. 依据系统完成功能分类

根据 RFID 系统完成功能的不同，可以粗略地把 RFID 系统分成 4 种类型：EAS 系统、便携式数据采集系统、物流控制系统和定位系统。

（1）EAS 系统

电子物品监视器（EAS），是一种设置在物品出入口的 RFID 系统，其射频标签一般只用作商店和图书馆的防盗器件。这种技术的典型应用场合是商店、图书馆和数据中心等地方，当未被授权的人从这些地方非法取走物品时，EAS 系统会发出警告。在应用 EAS 技术时，首先需要在物品上粘贴 EAS 标签，当物品被正常购买或合法移走时，在结算处通过一定的装置使 EAS 标签去活化，物品就可以取走。物品经过装有 EAS 系统的门口时，EAS 装置能自动检测标签的状态，当发现未去活化的标签时，EAS 系统会发出警告。EAS 技术的应用可以有效防止物品被盗，不管是大件的商品，还是很小的物品。典型的 EAS 系统一般由以下三部分组成：

1）附着在商品上的射频标签，也称为电子传感器。

2）射频标签去活化装置，以便授权商品能正常出入。

3）监视器，在出入口构建一定区域的监视空间。

（2）便携式数据采集系统

便携式数据采集系统，通常使用 RFID 读写器的手持式数据采集器，来读取射频标签上的数据。这种系统具有比较大的灵活性，适用于不宜安装固定式系统的应用环境。手持型读写器可以在读取数据的同时，通过射频数据采集方式向数据管理系统实时传输数据，也可以将数据暂时存储在读写器中，然后再批量地向数据管理系统传输。

（3）物流控制系统

在物流控制系统中，固定布置的 RFID 读写器分散配置在给定的区域中，并直接与数据管理系统相连，而射频标签则是移动的，一般粘贴在移动的物体上。当带有审批标签的物体经过读写器时，读写器会自动扫描标签上的信息，并把数据信息传送到数据管理系统中，进行数据信息的存储、分析和处理，达到物流控制的目的。

（4）定位系统

定位系统主要用于自动化加工系统中的定位，以及对车辆、轮船等的运行定位。射频标签放置在移动的车辆、轮船上或者自动化流水线中移动的物料、半成品、成品上，读写器嵌入到操作环境的地表下面。射频标签上存储有位置识别信息，读写器一般通过无线的方式或者有线的方式连接到主信息管理系统中。

2. 依据系统特性分类

如果将市场上所有的射频识别系统按其特性进行分类，即按数据载体的存储能力、处理速度、作用距离和密码功能等进行分类，则可从低档到高档构成整个谱系，如图 8-3 所示。

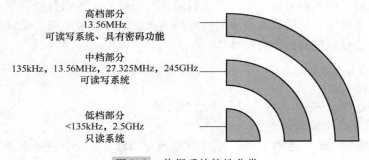

高档部分
13.56MHz
可读写系统、具有密码功能

中档部分
135kHz，13.56MHz，27.325MHz，245GHz
可读写系统

低档部分
<135kHz，2.5GHz
只读系统

图 8-3　依据系统特性分类

（1）低档部分

只读系统构成低档系统的下端。只读意味着标签上的数据虽然能读，但不能重写。只读芯片的数据通常只由唯一的串行多字节数据组成。如果把一个只读标签放入某读写器的高频场，则标签就可以连续发送它本身的序列号。此外，在只读系统的工作中，读写器的工作范围内只能有一个标签；否则，当两个或多个标签同时发射时必然发生数据的碰撞，成为读写器不能识别内置逻辑的数据。

尽管有这些限制，只读标签的用途仍然较多，特别是适用于只需读出一个确定数字的情况。由于只读标签的功能简单，其芯片面积通常很小，且芯片耗费的功率也较小，可以有效降低其生产成本。只读系统通常在频率 135kHz 或在 2.45GHz 范围内工作。通常情况下，微型芯片耗费的功率很小，可达到较远的作用距离。

只读系统在功能上能取代条形码系统，可以用在诸如畜牧业管理系统、汽车防盗和无钥匙开门系统、自动停车场收费和车辆管理系统、门禁和安全管理系统等。

（2）中档部分

射频识别系统的中档部分由许多带有可写数据存储器构成的系统组成。这些系统存储量的变化范围介于 16B 至 18KB 以上的 EEPPOM（带电可擦可编程只读存储器）或 SRAM（静态随机访问存储器）之间，在此范围内的系统类型是多种多样的，很难给出确切的数量。

这些系统使用的工作频率范围比较广阔，几乎涵盖了 RFID 系统所有的许可频率，特别是 135kHz、13.56MHz、27.325MHz 和 245GHz。我国二代身份证采用了 13.56MHz 的 RFID 技术作为其内核技术，也成为目前全球最大的应用项目。其他典型应用还包括图书管理系统，医药、服装的物流系统，酒店门锁的管理，大型会议人员通道系统等。

（3）高档部分

系统的高档部分由具有密码功能的系统组成。通过使用微处理器使得密码学和相关验证的复杂算法得以实现，当然，使用固定布线的状态机也是一种有效方式。

高档系统主要用 13.56MHz 的频率进行工作。由于电感耦合的射频识别标签的时钟频率是从读写器的发送频率中派生出来的，因而当发射频率为 135kHz 时，使用的时钟频率为发射频率的 100 倍。因此，再复杂的验证和数据流编码算法都可以在合理的时间内实现。供高档系统使用的存储容量一般为几个字节到 63KB，这类系统一般用于移动车辆识别、生产线自动化的管理、航空和铁路仓储物流应用等。

总之，一套完整的 RFID 系统解决方案包括标签设计及制作工艺、读写器设计、天线设计、系统中间件研发、系统可靠性研究和系统应用演示六个部分，可以广泛用于工业自动化、商业自动化、交通运输控制管理和身份认证等多个领域，而在仓储物流管理、生产过程制造管理、智能交通、网络家电控制等方面更是吸引了众多厂商的关注。

8.1.5　无线射频技术的应用

RFID 技术作为一种先进的自动识别和数据采集技术，被认为是 21 世纪十大重要技术之一，已经得到越来越广泛的应用，本节给出 RFID 的几个应用领域和实例。

1. RFID 技术在物流领域的应用

在物流领域，商品信息的准确性和及时性是管理的关键。RFID 技术具有非可视阅读、数据可读写和环境适应性强等特点，可以实现商品原料、半成品、成品、运输、仓储、配送、上架、销售和退货处理等所有环节的实时监控，不仅能极大地提高自动化程度，而且可以显著提高供应链的透明度和管理效率。

RFID 技术可对库存物品的入库、出库、移动、盘点和配料等操作过程实现全自动控制和管理，进而提高物料管理的质量和效率，实现仓库仓储空间的有效利用，提高仓库的库存能力。RFID 技术可有效解决供应链上各项业务运作数据的输入和输出，控制和跟踪业务过程，实现对物品的全程跟踪和可视化管理。RFID 技术在物流领域的入库和检验、货物的整理和补充、货物出库运输等环节中具备一定的应用优势。

（1）入库和检验

当贴有 RFID 标签的货物运抵仓库时，入口处的读写器将自动识别标签，同时将采集的信息自动传送到后台管理系统，管理系统会自动更新存货清单，企业根据订单的需要将相应的货品发往正确的地点。在上述过程中，采用 RFID 技术的入库和检验手段，可以大大地简化传统的货物验收程序，省去了烦琐的检验、记录和清点等大量需要人力的工作。

（2）货物的整理和补充

装有读写器的运送车可自动对贴有 RFID 标签的货物进行识别，根据管理系统的指令自动将货物运送到正确的位置，如果读写器识别到摆放错误的货物，读写器会向管理系统发出警报。运送车完成管理系统的指令后，读写器再次对 RFID 标签进行识别，将新的货物存放信息发送给管理系统，管理系统更新货物存放清单，并存储新的货物位置信息。管理系统的数据库会按企业的生产要求设置不同货物的最低存储量，当某种货物达不到最低存储量时，管理系统会向相关部门发送补货指令。

（3）货物出库运输

应用 RFID 系统后，货物运输将实现高度自动化。当货物运出仓库时，在仓库门口的读写器会自动记录出库货物的种类、批次、数量和出库时间等信息，并将出库货物的信息实时发送给管理系统，管理系统立即根据订单确定出库货物的信息正确与否。在上述过程中，整个流程无须人工干预，可实现全自动操作，出库的准确率和出库的速度可大大提高。

2. RFID 在矿井管理中的应用

RFID 在矿井管理中，主要以煤矿计算机管理系统的子系统——井下管理系统为主要应用对象。通过 RFID 技术应用特点和煤矿具体管理的结合，应用新的煤矿井下管理模块，把现代科学理论引入煤矿管理工作之中。将 RFID 技术应用于煤矿管理系统，可以建立一个具有完整性、实时性和灵活性的井下管理系统，对井下作业工人的计划安排、工人进出巷道的权限管理、巷道人员分布、作业工作资料、安全物资流动等进行管理，进而实现井下管理信息化和可视化，同时提高煤矿开采生产管理和作业安全的水平。

系统采用卡片人员信息数据库、读写器信息数据库、人员计划数据库、人员进出记录数据库等数据库。具体来讲，系统可实现以下管理：①人员增、发卡，补卡，读写器设置等设置管理；②作业人员管理，包括档案、出勤情况等的管理；③煤矿生产计划安排，为人员进出提供依据和约束机制；④对卡片进行等级设定，等级下的持卡者被禁止进入，非法进入后台计算机留档；⑤实时监控，即房门状态和人员进出情况都可实时反映在监控室的计算机中；⑥及时跟踪安全物资流动，确保井下安全物资的有效合理安全利用；⑦刷卡资料实时记录在管理终端，控制器上保留备份数据，便于事后及时查询。

煤矿管理系统总体功能结构如图 8-4 所示。

RFID 技术的井下应用具备以下特性：

1）操作可行性。电子卡片携带方便、操作简单，读写器可在 5m 以上的距离实现对卡片的自动识别，符合井下作业设备力求简单、方便的要求。

2）安全可靠性。RFID 采用射频技术，理论上不会对井下作业产生危险。

3）设置可行性。矿井一般深度在地下 500m 以下，在具体操作中，读写器与后台操作可采用现场总线方式连接，模仿区域布网模式，读写器与后台间距离可达 2km 以上，把读写器设在井下工作车场平台，相关操作在井上后台进行，可解决设备的布置问题。

4）技术可行性。针对各巷道布点，安装读写器，通过读写器的自动分组和自动识别，可以实现人员管理和巷道管理的功能。

3. RFID 和 BIM 技术结合应用于装配式建筑

装配式建筑与现浇建筑的一个重要区别在于其现场的湿作业要少，其构件部分或绝大部

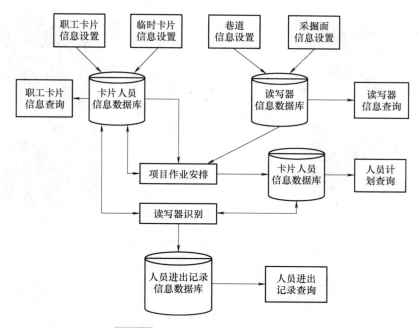

图 8-4 煤矿管理系统总体功能结构

分来源于工厂的预制生产。因而，对于预制构件的管理工作在装配式建筑的生产、建造的过程中就显得尤为重要，这种管理工作涵盖了预制构件厂生产、构件运输、施工现场的管理、构件的吊装建造，对于某些可以回收重新利用的构件还包括其拆除、重用的阶段。

装配式建筑的构件管理工作是个很复杂的过程，很多已实施的装配式建筑的工程项目中，无论是预制混凝土装配式建筑还是轻钢装配式建筑，在其工程实践中，建筑构件的运输储存、施工现场的材料保护、施工工序的控制与施工技术流程的安排极易出现问题。

在设计阶段，BIM 模型的出现可以很好地对各专业工程师的设计方案进行协调，同时对方案的可施工性和施工进度进行模拟，解决施工碰撞等问题。在建造施工阶段，以 RFID 技术为主追踪监控构件储存吊装的实际进度，并以无线网络即时传递信息，将 BIM 和 RFID 配合应用，信息准确丰富，传递速度快，减少人工录入信息可能造成的错误。如在构件进场检查时，甚至无须人工介入，直接设置固定的 RFID 读写器，只要运输车辆速度满足条件，即可采集数据。使用 RFID 进行施工进度的信息采集工作，即时地将信息传递给 BIM 模型，进而在模型中即时表现实际与计划的偏差。如此，可以很好地解决施工管理中的核心问题——实时跟踪和风险控制。运维阶段，RFID 在设施管理、门禁系统方面应用得很多，如在各种管线的阀门上安装电子标签，标签中存有该阀门的相关信息（如维修次数、最后维护时间等），工作人员可以使用读写器很方便地寻找到相关设施的位置，每次对设施进行相关操作后，将相应的记录写入 RFID 标签中，同时将这些信息存储到集成 BIM 的物业管理系统中，这样就可以对建筑物中各种设施的运行状况有直观的了解，图 8-5 展示了 RFID 和 BIM 相结合的具体应用流程。以往时有发生的装修钻断电缆水管破裂找不到最近的阀门，电梯没有按时更换部件造成坠落等各种问题都会得以解决。

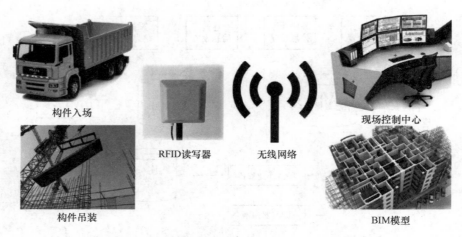

构件入场　　RFID读写器　　无线网络　　现场控制中心

构件吊装　　BIM模型

图 8-5　RFID 和 BIM 相结合在装配式建造中的应用

8.2 | 二维条码技术及应用

8.2.1　二维条码技术

　　条码技术是在计算机技术与信息技术基础上发展起来的一门集编码、印刷、识别、数据采集和处理于一体的新兴技术。人们日常见到的印刷在商品包装上的条码，是普通的一维条码。条码最早出现在 20 世纪 40 年代，但是其实际应用和发展是在 20 世纪 70 年代左右。现代高新技术的发展，迫切要求条码在有限的几何空间内表示更多的信息，以便满足千变万化的信息需求。二维条码正是为了解决一维条码无法解决的问题而诞生的。

　　二维条码是在水平方向和垂直方向的二维空间上都存储信息的一种条码，这种条码可以用来表示数据文件（包括汉字文件）、图像等。因为二维条码通过利用垂直方向的尺寸来提高条码的信息密度。同时，二维条码也可以存储各种财务报表以及其他各种数据，以解决数据重复录入带来的问题。

　　二维条码实际上是用点代替原来一维条码中的条，它是用某种特定的几何图形按一定规律在平面（二维方向上）分布的黑白相间的图形记录数据符号信息的；在代码编制上巧妙地利用构成计算机内部逻辑基础的"0""1"比特流的概念，使用若干个与二进制相对应的几何形体来表示数据文件（包括汉字信息）文字数值信息，通过图像输入设备或光电扫描设备自动识读以实现信息自动处理。它具有条码技术的一些共性；每种码制有其特定的字符集；每个字符占有一定的宽度；具有一定的校验功能等。同时还具有对不同行的信息自动识别功能及处理图形旋转变化等特点。二维条码依靠其庞大的信息携带量，能够把过去使用一维条码时存储于后台数据库中的信息包含在条码中，可以直接通过阅读条码得到相应的信息，并且二维条码还有错误修正技术及防伪功能，增加了数据的安全性。

　　二维条码是较为经济、实用的一种自动识别技术，具有输入速度快、可靠性高、采集信息量大、灵活实用、自由度大、设备结构简单、成本低等优点。而二维条码除具备这些一维条码也具备的优点外，同时还具有更大的信息容量、可靠性更高、可表示汉字及图像多种文字信息、保密防伪性强等优点。其主要特性如下：

（1）信息容量大

二维条码的主要特征是二维条码符号在水平和垂直方向均表示数据信息，正是由于这一特征，也就使得其信息容量要比一维条码大很多。一般情况下，一个一维条码符号大约可容纳 20 个字符，而二维条码动辄便可容纳上千字符。

（2）密度高

目前，应用比较成熟的一维条码（如 EAN/UPC 条码），因密度较低，故仅作为一种标识数据。要知道产品的有关信息，必须通过识读条码而进入数据库。这就要求必须事先建立以条码所表示的代码为索引字段的数据库。二维条码通过利用垂直方向的尺寸来提高条码的信息密度。通常情况下，其密度是一维条码的几十到几百倍。这样，我们就可以把产品信息全部存储在一个二维条码中。要查看产品信息，只要用识读设备扫描二维条码即可。因此，不需要事先建立数据库，真正实现了用条码对物品的描述。

（3）具有纠错功能

二维条码可以表示数以千计字节的数据。通常情况下，其所表示的信息不可能与条码符号一同印刷出来。如果没有纠错功能，当二维条码的某部分损坏时，该条码就变得毫无意义。二维条码引入的这种纠错机制，使得二维条码在因穿孔、污损等引起局部损坏时，照样可以得到正确识读。

（4）可表示各种多媒体信息以及多种文字信息

多数一维条码所能表示的字符集不过是 10 个数字、26 个英文字母以及一些特殊字符。条码字符集最大的 Code 128 条码，所能表示的字符个数也不过是 128 个 ASCII 字符。因此，要用一维条码表示其他语言文字是不可能的。大多数二维条码都具有字节表示模式，可将语言文字或图像信息转成字节流，然后再将字节流用二维条码表示，从而实现二维条码的图像及多种语言文字信息的表示。

8.2.2　二维条码技术的发展简史与现状

条码技术广泛应用于 20 世纪 70 年代，它是在计算机技术和信息技术基础上发展起来的一门集编码、印刷、识别、数据采集与处理于一体的综合性技术。条码技术主要研究如何将信息用条码来表示。条码技术的核心内容是利用光电扫描或图像采集设备识读条码符号，从而实现机器的自动识别，并快速准确地将信息录入到计算机中并进行数据处理，以达到自动化管理的目的。二维条码技术是在一维条码的基础上，为解决一维条码的不足在 20 世纪 80 年代末产生的。二维条码技术具有信息密度大、纠错能力强、可表示多种信息、可加密、价格低廉等特性，是一种十分适于我国应用的自动识别与数据采集技术。

一维条码的符号只在单一方向上承载信息。信息容量有限，仅能对物品进行标识，而不能实现对物品的描述。其应用不得不依赖数据库的存在，在没有数据库和不便联网的地方，一维条码的使用受到了较大的限制。为解决一维条码无法突破的一系列问题，二维条码产生了。

二维条码是"便携式纸面数据库"，能够在两个方向同时表达信息，相比于一维条码，在编码容量上有了显著的提高。以汉信码为例，相同面积下，该二维条码可承载的信息是一般商品条码的几十倍。由于二维条码具有信息容量大，密度高，可以表示包括中文、英文、数字在内的多种文字、声音、图像信息等特点，它不仅能在很小的面积内表达大量的信息，而且能够表达汉字和存储图像。二维条码可以引入纠错机制，具有恢复错误的能力，从而大大提高了二维条码的可靠性。二维条码降低了对于网络和数据库的依赖，凭借图案本身就可以起到数据通信的作用。

1990 年美国 Symbol Technologies，Imc. 的王寅君从另外一种新的角度提出了提高行排式二维条码信息密度的方法，即所谓的缝合算法。加上与之配套的激光识读器，大大促进了行排式二维条码在美国的应用。在 2000 年 3 月，Symbol 公司获得了由美国总统克林顿颁发的美国科技进步最高奖项——国家科技进步勋章，以奖励 Symbol 公司多年来在条码及信息技术所做出的卓越贡献。

几乎同时，另一种类型的二维条码——矩阵式二维条码也发展起来。这是提高条码的信息密度的另一种途径，矩阵式二维条码是一种原理和方法与行排式二维条码完全不同的条码系统。行排式二维条码的编码原理是与一维条码一样的，行排式二维条码和一维条码的编码都是对条码的黑白相间的条空的宽度进行调制，而矩阵式二维条码是对条码整个编码区域内的点阵进行编码，所以矩阵式二维条码有比行排式二维条码高得多的信息密度。行排式二维条码只是在形式上像二维条码，而本质上完全属于一维条码，所以也有人称行排式二维条码为一维半条码，矩阵式二维条码才是真正的二维条码。

二维条码的发明主要集中在 20 世纪 80 年代中期到 90 年代初，但受二维条码编码效率及图像处理等因素的制约，识读器性能较差，价格昂贵，二维条码的应用发展速度缓慢。

我国是一个发展中国家，发明适合我国国情的二维条码，并开发出价格低廉的识读器，对推动我国二维条码技术应用发展与产业发展具有非常重要的现实意义。2003 年年初，在美国的中国学者边隆祥为上海龙贝信息科技有限公司发明了一种龙贝码，打破了只有美国、日本少数几个科技发达的国家才拥有二维条码技术的局面。2005 年年末，中国物品编码中心承担的国家"十五"重大科技专项——"二维条码新码制开发与关键技术标准研究"取得突破性成果。在中国物品编码中心的组织下，科研院所与企业共同参与，经过刻苦攻关，研究开发出了新型二维条码——汉信码。汉信码具有抗畸变、抗污损能力强、信息容量高等特点，达到国际领先水平。其中在汉字表示方面，支持 GB 18030 大字符集，汉字表示信息效率高，达到了国际领先水平。汉信码的研制成功必将有利于打破 BAL 公司在二维条码生成与识读核心技术上的商业垄断，降低我国二维条码技术的应用成本，推进二维条码技术在我国的应用进程。

8.2.3 二维条码技术工作原理

二维条码的生成包括信息编码、纠错编码、符号表示和符号印制 4 个过程。二维条码生成的总体流程如图 8-6 所示。

1）与一维条码仅存储标识对象关键字不同，二维条码可直接存储标识对象的全部信息，通过不同的编码方法，二维条码可以表示数字、西文字母字符、东方表意文字（如汉字）等各种信息。二维条码的编码分为两个阶段：第一阶段，指原始数据的信息化处理过程，可视为二维条码的预编码过程；第二个阶段，指将数字信息，如数字、汉字、图像等信息按照一定的规则映射到二维条码的基本信息单元，这一过程是二维条码信息编码的核心内容。

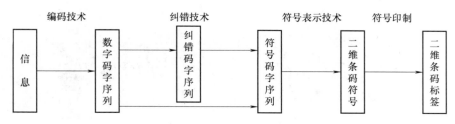

图 8-6　二维条码生成的总体流程

2）纠错技术实质是在原有信息的基础上增加了信息冗余。当二维条码在实际制作、使用时用户可以根据实际情况选择不同的纠错等级，通过纠错码生成算法由数据码字生成纠错码字。当脱墨、污点等符号破损造成信息差错时，利用编码时引入的纠错码字通过特定的纠错译码算法可以正确译解、还原原始数据信息。纠错功能是二维条码的一大特点，它为二维条码在各领域的广泛使用奠定了基础。

3）二维条码符号表示是指在完成二维条码的编码之后，按照特定的规则将码字流用相应的二维条码符号表示的过程，如图 8-7 所示。

4）二维条码生成技术，包括编码信息到二维条码符号表示的转化技术以及相关的印制技术。二维条码的印制是将二维条码符号印制到标签、卡证等物理载体的过程，是二维条码技术应用中的一个重要环节。二维条码的印制技术主要包括传统

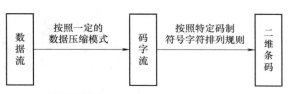

图 8-7　二维条码符号表示示意图

的热敏、热转印技术、喷量印制技术、激光蚀刻技术和针式印制技术。在制作二维条码时，应根据不同的二维条码载体采用不同的印制技术。

8.2.4　二维条码的分类

二维条码的码制是对具有明确标准的二维条码符号的统称。根据二维条码的编码原理、结构形状的差异，可将二维条码分为行排式（也称为堆积式）和矩阵式（也称为棋盘式）两大类型。

1. 行排式二维条码

行排式二维条码的编码原理建立在一维条码基础之上，按需要堆积成两行或多行。它在编码设计、检验原理、识读方式等方面继承了一维条码的特点，识读设备、条码印刷与一维条码技术兼容。但由于行数的增加，行的鉴别、译码算法、软件与一维条码不完全相同。有代表性的二维条码有 Code49 条码、Code16K 条码、PDF417 条码，如图 8-8 所示。

1）Code 49 条码是 1987 年由 David Allair 博士研制、Intermec 公司推出的第一个二维条码。Code 条码是一种多层、连续型、可变长度的条码符号。

2）Code 16K 条码是 1989 年由 Laserlight 系统公司的 Ted Williams 推出的第二种二维条码。Code 16K 条码是一种多层、连续型、可变长度的条码符号。

3）PDF417 条码是 1990 年由美国 Symbol Technologies 公司美籍华人王寅君博士发明的。PDF 意思是"便携数据文件"。因为组成条码的每一个条码字符都是由 4 个条和 4 个空共 17

个模块组成，故称为 PDF417 条码。

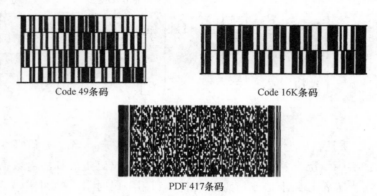

Code 49条码   Code 16K条码

PDF 417条码

图 8-8   行排式二维条码

2. 矩阵式二维条码

矩阵式二维条码以矩阵的形式组成。在矩阵相应元素位置上，用深色模块（方点、圆点或其他形状的模块）表示二进制的"1"，浅色模块表示二进制的"0"，模块的排列组合确定了矩阵式二维条码所代表的意义。矩阵式二维条码是建立在计算机图像处理技术、组合编码原理等基础上的一种新型图形符号自动识读处理码制。具有代表性的矩阵式二维条码有 Data Matrix 码、Maxi Code 码、Code One 码、QR Code 码、龙贝码、GM 码、CM 码，如图 8-9 所示。

Data Matrix码   Maxi Code码   Code One码   QR Code码

龙贝码   GM码   CM码

图 8-9   矩阵式二维条码

1）Data Matrix 原名 Data Code，是最早的二维条码，1988 年 5 月由美国国际资料公司的 Dennis Priddy 和 Robert S. Cymbalski 发明，其发展的构想是希望在较小的条码标签上存入更多的资料量。

2）Maxi Code 最初又称为 UPS Code，是一种由美国快递公司专门为邮件系统设计的专用二维条码，于 1992 年推出。后于 1996 年由美国自动识别协会制定了统一的符号规格，正式称为 Maxi Code。

3）Code One 码是一种由成像设备识别的矩阵式二维条码。Code One 条码符号中包含可由快速线性探测器识别的识别图案，该类二维条码是 1992 年由 Intermec 公司的 Ted Williams 发明的，是最早作为国标标准的公开的二维码。

4）QR Code 码是 1994 年 9 月由日本 Denso 公司研制出的一种矩阵式二维条码符号，也是最早可以对中文汉字进行编码的条码。

5）龙贝码是 2009 年初开发的另一种我国具有自主知识产权的二维条码。

6）GM 码是由深圳矽感科技有限公司于 2004 年 4 月研制开发出的一种适用于物流环境应用的矩阵式二维条码码制。GM 网格码是一种正方形的二维码制，该码制的码图由正方形宏模块组成，每个宏模块由 6×6 个正方形单元模块组成。

7）CM 码是由深圳矽感科技有限公司于 2003 年 7 月独立开发出的另一种矩阵式二维条码。

8.2.5 二维条码技术的应用

二维条码技术应用广泛，接下来将分别以二维条码技术在车辆管理、高速公路联网收费和建筑工地中的应用为例，说明其具体的应用过程。

1. 二维条码在车辆管理中的应用

随着人们生活水平的不断提高，汽车的使用率在大幅增长，从而也使得与之相关的诸如车辆登记、驾照管理、尾气排放控制等问题摆在了人们的面前。近几年，二维条码作为一种具有多种优点的新型自动识别技术，开始得到车辆管理部门的重视。二维条码作为一种简单经济实用的信息载体，可以通过建立信息载体与数据库的有机联系，使管理部门能够实时地监察动态客体并把握动态客体运动轨迹，实现管理过程的自动化、网络化。

2. 二维条码在高速公路联网收费中的应用

随着生产和生活节奏的加快，人们对效率的要求越来越高，高速公路已成为货物运输的一种重要方式，而高速公路中站点收费是其中必不可少的一个环节，如何尽量减少因收费而耽搁的时间成为相关部门所关注的一个问题，二维条码的出现为此提供了一种新的解决方案。

高速公路联网收费二维条码通行券应用方案的主要作业流程是：

（1）入口

由操作员输入车型信息，系统将日期、时间、入口站、车道、操作员工号信息进行编码和加密，条码打印机依据加密后的信息生成二维条码，打印出二维条码通行券，同时打印相关明文信息。

（2）出口

收费员将通行券送入条码识读仪，由条码识读仪自动识读条码信息，自动计算票价，并将信息加以显示，同时打印出通行费收据。

该方案具有如下特点：

1）管理简单：一次性使用，无须跟踪管理、调配等，有效降低运行成本，提高工作效率。

2）可靠性高：携带明文信息，无法自动识读时，可依据明文信息完成收费。

3）自纠错和信息还原能力强：对非恶意折损的通行券均能正常识读。

4）适应性强：适合于联网收费、单一路段收费以及有系统路段和无系统路段并存时的混合收费。

5）设备标准化，通用程度高：打印机和识读仪均为工业化通用产品，不会对单一厂家形成依赖。

3. 二维条码在建筑工地中的应用

二维条码由于其方便、快捷、简单、易学，工程现场信息（构件详细信息、实测实量数据等）可以大量使用二维条码技术，在工地的安全管理、质量管理、物资管理等方面具有非常显著的作用，图8-10展示了二维条码具体在建筑工地中的应用。

图 8-10　二维条码在建筑工地中的应用

（1）项目概况介绍

在工程大门入口处显眼位置张贴二维条码，方便来访人员快速、便捷地了解项目概况。仅需拿起手机扫一扫，就可以了解工程背景、参建单位、设计概况、工程目标、施工情况，项目管理团队人员介绍，管理人员联系方式、岗位职责、具体分工等，方便各方沟通、提高效率。

（2）安全管理

在工程建设过程中，安全管理历来是重中之重，传统安全管理方式单一，如检查、教育、交底、通报等较多仍局限于纸质资料，不利于携带、学习。安全管理中将安全管理制度、安全教育交底、各类安全操作规程等文件制作成二维条码张贴在现场主要通道口、施工作业部位，随时随地拿起手机扫一扫就可以阅读或者下载相关文件，能实现信息的快速传播。

将每位劳务工人的身份信息制作成二维条码"身份证"，粘贴在安全帽特定部位，在教育交底的过程中，用手持式二维条码扫描设备进行记录，同步上传网络与劳务实名制管理系统共享数据，则可协助劳务实名制管理。每次出入工地现场在门禁系统处只要用安全帽扫一扫，则可在大屏幕同步显示人员信息，记录进出场时间。如果未经教育交底或者未按时再次接受教育，则该人员无法出入工地现场。

（3）质量管理

在质量管理方面，二维条码也展示了其独到之处，日常项目管理中，将施工工艺制作成二维条码，施工现场只要拿起手机扫一扫二维条码，一个详细工艺说明文件便呈现在面前，包括示意图、施工工序、尺寸标准等，且文件可保存至手机，方便随时随地查阅。样板间引入二维条码可在劳务工人中普及施工知识，有利于进一步保障施工质量。内部结构混凝土强度、钢筋型号及配筋情况、责任工长、工程的检测报告、房屋的结构构件尺寸信息等一系列相关信息也可制作成二维条码，方便大家监督的同时也可助推住宅工程的交房验收。

（4）物资管理

一个工程在整个建设期需消耗大量的物资，各类物资数量、进场时间、储存时间、使用部位各异，为使得工程物资合理利用，降低损耗，在施工过程需要投入较大的人力成本进行管理。二维条码的利用有效避免以上问题，对所有原材料进行二维条码标识，所有原材料进场后，统一粘贴标识牌，标识牌内附二维条码，扫描显示进场时间、原材料厂家、规格、型号、合格证编号、是否送检、使用部位以及是否可以使用等信息，原材料信息公开透明，现场材料使用一目了然，便于现场物资快速地分类到指定部位，统计盘点，分析盈亏。

8.3 | 物联网技术及应用

8.3.1 物联网技术

1. 物联网的概念

目前，关于物联网的定义争议很大，还没有被广泛接受的统一定义，各个国家和地区对于物联网都有自己的定义。例如，国际电信联盟（International Telecommunication Union，ITU）对物联网的定义是，物联网主要解决物品到物品（Thing to Thing，T2T）、人到物品（Human to Thing，H2T）、人到人（Human to Human，H2H）之间的互联，从而实现智能化识别、定位、跟踪和管理；美国对物联网的定义是，物联网是指通过各种信息传感设备，如传感器、无线射频识别（RFID）技术、全球定位系统、红外感应器、激光扫描器、气体感应器等各种装置与技术，实时采集任何需要监控、连接、互动的物体或过程，采集其声、光、热、电、力学、化学、生物、位置等各种需要的信息，按约定的协议，把任何物体与互联网相连接，进行信息交换和通信，以实现对物体的智能化识别、定位、跟踪、监控和管理的一种网络。其目的是实现物与物、物与人、所有的物品与网络的连接，方便识别、管理和控制；而欧盟将物联网定义为将现有互联的计算机网络扩展到互联的物品网络。

不难看出，狭义上的物联网指连接物品到物品的网络，实现物品的智能化识别和管理；广义上的物联网则可以看作是信息空间与物理空间的融合，将一切事物数字化、网络化，在物品之间、物品与人之间、人与现实环境之间实现高效信息交互方式，并通过新的服务模式使各种信息技术融入社会行为，是信息化在人类社会综合应用达到的更高境界。

和传统的互联网相比，物联网有其鲜明的特征：

从通信对象和过程来看，物联网的核心是物与物以及人与物之间的信息交互。物联网的基本特征可概括为全面感知、可靠传输和智能处理。

1）全面感知：利用无线射频识别、二维条码、智能传感器等信息设备来获取物体的各类信息。

2）可靠传输：通过各种电信网络与互联网的结合，将感知到的物体信息实时、准确地传送，便于信息交流、分享。

3）智能处理：使用云计算、中间件、模糊识别、数据挖掘等各种智能技术，对所得数据、信息进行处理分析，实现监测与控制的智能化。

2. 物联网系统组成

（1）物联网硬件系统的组成

物联网硬件系统可由传感网、核心承载网和信息服务系统等几个大的部分组成。

1）传感网。传感网是由末梢网络与感知节点组成，共同承担物联网的信息采集和控制任务，是物联网的感知层。

① 感知节点。感知节点由各种类型的采集和控制模块组成，如 RFID 读写器、二维条码识读器和其他传感器件，完成物联网应用的数据采集和设备控制等功能。感知节点通常由传感单元、处理单元、通信单元、电源等模块组成，传感单元能感知物品的状态等数据，能够通过各类集成化的微型传感器协作地实时监测，感知和采集各种环境或监测对象的信息；处理单元通过嵌入式系统对感知的数据进行处理，筛选出所需信息；通信单元是通过随机自组织无线通信网络以多跳中继方式将感知处理后的信息传送到接入层的基站节点和接入网关，实现末梢节点间以及它们与汇聚节点间的通信，最终到达信息应用服务系统。

② 末梢网络。末梢网络即接入网络，包括汇聚节点、接入网关等，完成感知节点的组网控制和数据汇聚，或完成向感知节点发送数据的转发等功能。如果感知节点需要上传数据，则发送给汇聚节点（基站），汇聚节点收到数据后，通过接入网关完成和承载网络的连接。当用户应用系统需要下发控制信息时，接入网关接收到承载网络的数据后，由汇聚节点将数据发送给感知节点，完成感知节点与承载网络之间的数据转发和交互功能。

2）核心承载网。核心承载网为物联网业务的基础通信网络，主要承担接入网与信息服务系统之间的数据通信任务。核心承载网主要是互联网和移动 3G 网等，也可以根据具体应用需要，采用其他形式的专用网。

3）信息服务系统。信息服务系统主要是负责信息的处理和决策支持。物联网信息服务系统硬件设施由各种应用服务器（包括数据库服务器）组成，主要用于对采集数据的融合/汇聚、转换、分析，以及对用户呈现的适配和事件的转发等。对这些有实际价值的信息，由服务器根据用户端设备进行信息呈现的适配，并根据用户的设置触发相关的通知信息；当需要对末梢节点进行控制时，信息服务系统硬件设施生成控制指令并发送，以进行控制。针对不同的应用将设置不同的应用服务器。

（2）物联网软件系统的组成

构建一个物联网系统，硬件系统是基础，软件系统是灵魂。不同类型的物联网的用途不同，其软件系统也不相同，软件系统与硬件系统密切相关才能实现物联网的功能。相对硬件技术而言，软件系统开发及实现更具有特色。一般来说，物联网软件系统建立在分层的通信协议体系之上，通常包括节点感知系统软件、中间件系统软件、网络操作系统（包括嵌入式系统）以及物联网信息管理系统等。

1）节点感知系统软件。节点感知系统软件主要完成物品的识别、数据采集和处理，如企业生产的物品中包含物品电子标签，在经过读写器的感应区域时，物品中 EPC 码会自动被读写器捕获，从而实现 EPC 信息采集的自动化，所采集的数据交由上位机信息采集软件进行进一步处理，如数据校对、数据过滤、数据完整性检查等，这些经过整理的数据可以为物联网中间件、应用管理系统使用。

2）中间件系统软件。中间件系统软件是位于数据感知设施与后台应用软件之间的一种应用系统软件。中间件系统软件具有两个关键特征：一是为系统应用提供平台服务；二是需要连接到网络操作系统，并且保持运行工作状态。中间件系统软件为物联网应用提供一系列计算和数据处理功能，主要任务是数据融合、数据传送、数据存储和任务管理，减少从感知系统向应用系统中心传送的数据量，同时中间件系统软件还可提供与其他 RFID 支撑软件系统进行互操作等功能。引入中间件系统软件使得原先后台应用软件系统与读写器之间非标准的、非开放的通信接口，变成了后台应用软件系统与中间件系统软件之间，读写器与中间件系统软件之间的标准的、开放的通信接口。

3）网络操作系统。网络操作系统（NOS）是网络的心脏和灵魂，是向网络计算机提供服务的特殊的操作系统。它在计算机操作系统下工作，使计算机操作系统增加了网络操作所需要的能力。物联网通过互联网实现物理世界中的任何物品的互联，在任何地方、任何时间可识别任何物品，使物品成为附有动态信息的"智能产品"，并使物品信息流和物流完全同步，从而为物品信息共享提供一个高效、快捷的网络通信及云计算平台。

4）物联网信息管理系统。物联网也要管理，类似于互联网上的网络管理。目前，物联网大多数是基于 SNMP 建设的管理系统，它能提供对象名解析服务（ONS）。它能把每一种物品的编码进行解析，再通过 URL 服务获得相关物品的进一步信息。

3. 物联网（IoT）、数字孪生（DT）和信息物理系统（CPS）的关系

关于数字孪生（DT）和信息物理系统（CPS）概念，本书已经在前面章节进行了详细的介绍，关于这三者的关系，首先，从数字孪生的概念中不难看出，数据连接为数字孪生的核心要素。其原因是数字孪生虚拟模型需要实时更新物理实体的数字信息，处理后的信息也必须从虚拟模型传输到物理实体，以实现物理实体与虚拟模型的双向实时映射，在数字孪生技术的基本应用中，实现虚拟模型与物理实体全方位同步是基本目标，在此基础上数字孪生才能实现数据分析和产品/设备优化等更高层次的目标。而物联网技术可以为数字孪生提供实时全面的数据采集以及虚拟模型和物理实体之间的有效互联互通。因此物联网技术是实现数字孪生的关键技术之一。

比较数字孪生与信息物理系统的概念和定义时可以发现两者都强调物理对象、虚拟系统数据以及物理对象与虚拟系统之间的互联互通，最终目标都是对物理对象或过程进行优化。数字孪生更专注于物理实体与虚拟模型的实时映射，而信息物理系统则是针对整个制造系统包括产品、设备和车间等的信息收集、处理和反馈控制。因此可以将数字孪生视为一种简化的信息物理系统。

从概念内涵角度，物联网包括了万事万物的信息感知和信息传送；而信息物理系统更强调反馈与控制过程，突出对物的实时、动态的信息控制与信息服务。

8.3.2 物联网技术的发展简史与现状

1. 物联网开始萌芽（1995—1999 年）

1995 年，比尔·盖茨在《未来之路》中首次提到了物联网的构想，即互联网仅仅实现了计算机的联网，而未来是实现万物之间的联网，比尔·盖茨在华盛顿湖边兴建的豪宅就是为实现物联网设想而建立的概念性豪宅。

2. 物联网正式诞生（1999—2005 年）

1999 年，美国 Auto-ID 首先提出了"物联网"的概念，当时的物联网主要是建立在物品编码、RFID 技术和互联网的基础上。它是以美国麻省理工学院 Auto-ID 试验室研究的产品电子代码 EPC 为核心，利用无线射频识别、无线数据通信等技术，基于计算机互联网构造的实物互联网。

3. 物联网逐渐发展（2005—2009 年）

国际电信联盟（ITU）在 *The internet of things* 报告中对物联网概念进行扩展，提出任何时刻、任何地点、任意物体之间的互联，无所不在的网络和无所不在的计算的发展愿景，除RFID 技术外，传感器技术、纳米技术、智能终端等技术将得到更加广泛的应用。

4. 物联网蓬勃兴起（2009 年以后）

2009 年，IBM 首席执行官彭明盛首次提出"智慧地球"的概念，建议政府投资新一代的智慧型基础设施。随后奥巴马确定将"物联网"作为美国今后发展的国家战略方向之一，世界各国都把目光投向了物联网。

2009 年 9 月，我国物联网标准体系已形成初步框架，向国际标准化组织提交的多项标准提案被采纳；2009 年 9 月，南京邮电大学成立全国高校首家物联网研究院、物联网学院；2009 年 10 月 24 日，在第四届中国民营科技企业博览会上，西安优势微电子公司宣布：我国的第一颗物联网的中国芯——"唐芯一号"芯片研制成功，我国已经攻克了物联网的核心技术。"唐芯一号"芯片是一颗 2.4GHz 超低功耗射频可编程片上系统（PSoC），可以满足各种条件下无线传感网、无线局域网、有源 RFID 等物联网应用的特殊需要，为我国物联网产业的发展奠定了基础。

到目前为止，我国物联网核心传感器网络技术研究已取得长足的进步，研发水平处于世界前列。我国先后投入数亿元，在无线智能传感器网络通信技术、微型传感器、传感器终端机、移动基站等方面取得重大进展，目前已拥有从材料、技术、器件、系统到网络的完整产业链。在世界传感器网络领域，我国与德国、美国、韩国一起，成为国际标准制定的主导国，专利拥有量高。

8.3.3 物联网体系架构

物联网打破了地域限制，实现了物与物之间按需进行信息获取、传递、融合、使用等服务网络。一个完整的物联网系统由前端信息生成、中间传输网络及后端的应用平台构成。物联网系统大致有 3 个层次：感知层、网络层、应用层。

感知层的作用主要是通过布置在现场的各类传感设备采集、感知现实物理世界中各类物品的应力、温度、运动等属性与状态信息，并通过传感器网络将各类信息由感知节点发送到汇聚节点，感知节点的组网方式有网状、簇状及星状等网络拓扑方式可供选择。其中 RFID、传感器等信息感知设备属于 IoT 技术中的终端设备，传感器网络等属于感知层内部的信息传输网络，其作用是将信息收集、处理，为数据传输做好准备。

网络层是连接感知层与应用层之间的桥梁。物联网网络层可分为承载网、接入网和汇聚网三部分，如图 8-11 所示。其作用有两个：一是将感知层采集的信息通过互联网、移动通信网络与无线网络等传输网络传输到应用层；二是将来自应用层的指令发送到感知层，以实现对物体的信息反馈与控制等。网络层的主要任务是解决传感网络与通信网络的融合问题。

只有实现网络的广泛连接、信息共享及规模化应用，才能真正实现人物互联、物物互联。

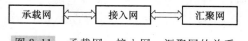

图 8-11　承载网、接入网、汇聚网的关系

应用层是 IoT 与用户间的接口，位于 IoT 技术组织结构的最上层。其作用是为用户提供特定的服务，主要是接收网络层发送的数据，并根据需求对数据进行分析、处理，在此基础上做出相应决策。应用层的主要任务是解决信息共享、数据的自动化分析处理以及智能化决策。

物联网系统的三个层次的具体内容见表 8-2。

表 8-2　物联网系统的三个层次的具体内容

层次	特征	具体说明	功　　能	关 键 技 术
感知层	全面感知	利用 RFID、传感器、一维/二维条码、传感器、红外感应器、全球定位系统等信息传感装置随时随地获取物体的信息，包括用户位置、周边环境、个体喜好、身体状况、情绪、环境温度、湿度、用户业务感受及网络状态等	物联网的感知层解决的是人类世界和物理世界的数据获取问题，包括各类物理量、标识、音频、视频数据	传感器技术、RFID 技术、条码识别技术、EPC 编码、GPS 技术、短距离无线通信技术、信息采集中间件技术
网络层	可靠传输	通过各种网络融合、业务融合、终端融合、运营管理融合，将物体的信息实时准确地传递出去	将感知层收集的数据信息经过无线汇聚、网络接入及承载传输给应用层，使应用层可以方便地对信息进行分析管理，从而实现对客观世界的感知及有效控制	汇聚网技术（ZigBee、蓝牙、Wi-Fi 等）、接入网技术（IPv6、6LoWPAN、M2M）、承载网技术（GSM、GPRS、3G/4G/5G、WLAN、光纤通信）
应用层	智能处理	利用云计算、模糊识别等各种智能计算技术对感知层得到的海量数据和信息进行分析和处理，实现物体的智能化识别、定位、跟踪、监控和管理等实际特定应用服务	物联网的应用层主要解决计算、处理和决策的问题，是物联网与行业专业技术人员的深度融合，与行业需求结合，实现广泛智能化	公共中间件、云计算、人工智能、数据挖掘、专家系统

8.3.4　物联网的关键技术

物联网技术涉及多个领域，这些技术在不同的行业往往具有不同的应用需求和技术形态。ITU 2005 年年度报告物联网专题所提到的物联网主要需要 4 项关键性应用技术：无线射频识别技术、传感器技术、纳米技术、智能技术，显然是侧重了物联网的末梢网络。通过对物联网的内涵分析，根据物联网涉及的核心技术进行归类和梳理，可以形成由感知与标识技术、网络与通信技术、数据融合与服务技术、数据管理与支撑技术等四大体系组成的物联网技术体系模型。

1. 感知与标识技术

感知与标识技术是实现物联网的基础，主要是指能够用于物联网底层感知信息的技术，它包括电子标签技术、RFID 技术、地理信息系统（GIS）与自动定位技术、传感器与节点技术、嵌入式操作系统等。

（1）电子标签技术与 RFID 技术

在感知技术中，电子标签用于对采集点信息进行标准化标识，通过 RFID 读写器、二维条码识读器等实现物联网应用的数据采集和设备控制，RFID 是一种非接触式的自动识别技术，同蓝牙技术等技术一样属于近程通信。

RFID 技术为自动识别技术，识别过程无须人工干预，能自动识别目标对象并获取相关数据，可在各种恶劣环境中工作。同时，RFID 技术可自动识别高速运动物体并且能同时识别多个标签，操作快捷方便，还可直接与互联网、通信等技术相结合，实现全球范围内的物品跟踪与信息共享。当然，RFID 也存在反碰撞与防冲突、工作频率的选择、安全与隐私等方面的许多技术难点。

（2）地理信息系统（GIS）与自动定位技术

1）地理信息系统。GIS 既是管理和分析空间数据的应用工程技术，又是跨越地球科学、信息科学和空间科学的应用基础学科。其技术系统由计算机硬件、软件和相关的方法过程所组成，用以支持空间数据的采集、管理、处理、分析、建模和显示，以便解决复杂的规划和管理问题。GIS 的操作对象是空间数据和属性数据，其中空间数据的最根本特点是每一个数据都按统一的地理坐标进行编码，实现对其定位、定性和定量的描述。

2）定位技术。位置信息是传感器节点采集数据中不可缺少的部分，没有位置信息的监测消息通常毫无意义。确定事件发生的位置或采集数据的节点位置是传感器网络最基本的功能之一。为了提供有效的位置信息，随机部署的传感器节点必须能够在布置后确定自身位置。由于传感器节点存在资源有限、随机部署、通信易受环境干扰甚至节点失效等特点，定位机制必须满足自组织性、健壮性、能量高效、分布式计算等要求。

根据节点位置是否确定，传感器节点分为信标节点和位置未知节点。信标节点的位置是已知的；位置未知节点需要根据少数信标节点，按照某种定位机制确定自身的位置。在传感器网络定位过程中，通常会使用三边测量法、三角测量法或极大似然估计法确定节点位置。根据定位过程中是否实际测量节点间的距离或角度，把传感器网络中的定位分为基于距离的定位和与距离无关的定位两种。

（3）传感器技术

传感器技术利用传感器和多跳自组织传感器网络，协作感知、采集网络覆盖区域中被感知对象的信息，如感知热、力、光、电、声、位移等信号，特别是微型传感器、智能传感器和嵌入式 Web 传感器的发展与应用，为物联网系统的信息采集、处理、传输、分析和反馈提供最原始的数据信息。

（4）节点技术

传感网节点是一个带低功耗发射模块的微型的嵌入式系统，主要用来构成传感网的基础层支持平台。在感知物品的过程中，需要采集各种类型的数据，如标签数据、环境温度、压力、湿度、应变等，因此，研制低成本、低功耗、小型化、高可靠性等中高速传感网节点核心芯片，集成射频、基带、协议、处理于一体，具备通信、处理、组网和感知能力的低功耗片上系统是物联网发展必不可少的要素。另外，开发的传感网节点还应具有强抗干扰能力，以适应恶劣工作环境的需求。同时，传感网节点还应具有局域信息处理功能，以降低数据通信量，减少中央处理器的负担，提高集中决策的系统处理能力。

（5）嵌入式操作系统

传感器节点是一个微型的嵌入式系统，携带非常有限的硬件资源，需要操作系统能够节能高效地使用其有限的内存、处理器和通信模块，且能够对各种特定应用提供最大的支持。在面向无线传感器网络的操作系统的支持下，多个应用可以并发地使用系统的有限资源。目前，美国加州大学伯克利分校针对无线传感器网络研发了 TinyOS 操作系统，在科研机构的研究中得到比较广泛的使用，但仍然存在不足之处。

2. 网络与通信技术

物联网的网络技术涵盖接入和骨干传输等多个层面的内容。以互联网协议版本 6（IPv6）为核心的下一代网络，为物联网的发展创造了良好的基础网条件。以传感器网络为代表的末梢网络在规模化应用后，面临与骨干网络的接入问题，并且其网络技术需要与骨干网络进行充分协同，这些都将面临新的挑战，需要研究固定网、无线网和移动网及 Ad-hoc 网络技术、自计算与联网技术等。

根据物联网的网络含义，主要包括两种网络：一种是体积小、能量低、存储容量小、运算能力弱的智能型传感器网络；另一种是没有约束机制的智能终端互联核心承载网，如互联网、4G 网和专用网等。目前，对于传感器网络主要有两种协议：一种是基于 ZigBee 联盟开发的 ZigBee 协议，实现传感器节点或者其他智能物体的互联；另一种是 IPSO 联盟倡导的通过 IP 实现传感器网络节点或者其他智能物体的互联网。核心承载网目前主要有有线、无线等通信技术。

（1）无线传感器网络技术

无线传感器网络（WSN）作为当今信息领域新的研究热点，是涉及多学科交叉的研究领域，有非常多的关键技术有待研究。当前的相关技术研究主要集中在 WSN 体系结构、节点技术、通信协议、覆盖控制及其监测质量、节点自定位与时钟同步、数据管理和网络仿真等方面。

（2）核心承载网通信技术

目前，有多种通信技术可供物联网作为核心承载网络选择使用，可以是公共通信网，如互联网、无线局域网、企业专用网，甚至是新建的专用于物联网的通信网。

3. 数据融合与服务技术

由于物联网应用有大量传感器网络节点，且节点之间是自组织形式，采集到的信息量非常庞大，采用各个节点单独传输数据到汇聚节点的方法是不可行的，需要采用数据融合。因为网络中存有大量冗余数据，所以会浪费通信带宽和能量资源，此外，还会降低数据的采集效率和及时性。

（1）数据融合技术

数据融合技术在传感器网络中主要用于两个方面：节能和提高信息准确度。减少传输的数据量能够有效地节省能量，因此在从各个传感器节点收集数据的过程中，可利用节点的本地计算和存储能力进行数据融合，去除冗余信息，从而达到节省能量的目的。由于传感器节点的易失效性，传感器网络也需要数据融合技术对多份数据进行综合，提高信息的准确度。

数据融合技术可以与传感器网络的多个协议层次进行结合。在应用层设计中，可以利用分布式数据库技术，对采集到的数据进行逐步筛选，达到融合的效果；在网络层中，很多路由协议均结合了数据融合机制，以期减少数据传输量；此外，还有研究者提出了独立于其他协议层的数据融合协议层，通过减少 MAC 层的发送冲突和头部开销达到节省能量的目的，同时又不损失时间性能和信息的完整性。数据融合技术已经在目标跟踪、目标自动识别等领域得到了广泛的应用。在传感器网络的设计中，只有面向应用需求设计针对性强的数据融合方法，才能最大限度地获益。

（2）服务技术

在"物联网"的语境下，服务的内涵将得到革命性扩展。从适应未来应用环境变化和服务模式变化的角度出发，需要面向物联网在典型行业中的应用需求，提炼行业普遍存在或要求的核心共性支撑技术，研究针对不同应用需求的规范化、通用化服务体系结构以及应用支撑环境、面向服务的计算技术等。物联网技术带来了数据的爆炸性增长，为了处理大规模、海量的数据，云计算技术应运而生。

云计算由 Google 首先提出。其最基本的概念是通过网络将庞大的计算处理程序自动分拆成无数个较小的子程序，再交由多个服务器所组成的庞大系统，经搜寻、计算分析之后将处理结果回传给用户。云计算是指以虚拟化技术为基础，以网络为载体，以提供基础架构、平台、软件等服务为形式，整合大规模可扩展的计算、存储、数据、应用等分布式计算资源进行协同工作的超级计算模式。

4. 数据管理与支撑技术

随着物联网网络规模的扩大，承载业务的多元化和服务质量要求的提高，以及影响网络正常运行因素的增多，数据管理与支撑技术是保证物联网实现"可运行、可管理、可控制"的关键，包括测量分析、网络管理和安全保障等方面。

（1）数据管理技术

由于传感器节点能量受限且容易失效，要求传感器网络的数据管理系统必须在尽量减少能量消耗的同时提供有效的数据服务。同时，传感器网络中节点数量庞大，且传感器节点产生的是无限的数据流，无法通过传统的分布式数据库的数据管理技术进行分析处理。此外，对传感器网络数据的查询经常是连续的查询或随机抽样的查询，这也使得传统分布式数据库的数据管理技术不适用于传感器网络。

（2）支撑技术

测量是解决网络可知性问题的基本方法，可测性是网络研究中的基本问题。随着网络复杂性的提高与新型业务的不断涌现，需研究高效的物联网测量分析关键技术，建立面向服务感知的物联网测量机制与方法。物联网具有"自治、开放、多样"的自然特性，这些自然特性与网络运行管理的基本需求存在着突出矛盾，需研究新的物联网管理模型与关键技术，保证网络系统正常高效地运行。安全是基于网络的各种系统运行的重要基础之一，物联网的开放性、包容性和匿名性也决定了不可避免地存在信息安全隐患，因此需要研究物联网安全关键技术，以满足机密性、真实性、完整性、抗抵赖性的四大要求，同时还需解决好物联网中的用户隐私保护与信任管理问题。

（3）基本应用模式

对象的智能标签通过二维条码、RFID 等技术标识特定的对象，用于区分对象个体，例如：在生活中使用的各种智能卡、条码标签的基本用途就是用来获得对象的识别信息；在环境监控和对象跟踪时，利用多种类型的传感器和分布广泛的传感器网络，可以实现对某个对象的实时状态的获取和特定对象行为的监控。基于云计算平台和智能网络的智能控制物联网，可以依据传感器网络获取的数据进行决策，执行相应控制指令以改变对象的行为，并做出反馈。

5. 物联网安全关键技术

2015 年 7 月，安全研究人员 Charlie Miller 和 Chris Valasek 展示了黑客能够远程攻击一辆 2014 款 Jeep Cherokee——禁用其变速器和制动。这一发现导致菲亚特克莱斯勒不得不召回 140 万车辆。而在同年 8 月的黑客防御会上，网络安全公司 Cloud Flare 的主要研究员 Kevin Mahaffey 通过笔记本计算机黑进特斯拉 S 型电动汽车的网络系统，然后驱动这辆价值 10 万美元的电动汽车扬长而去。在未来的物联网中，每个人、每件物品都将随时随地连接到网络上，如何确保在物联网的应用中信息的安全性和隐私性，将是物联网推进过程中需要突破的重大障碍之一。

（1）密匙管理系统

物联网密钥管理系统面临两个主要问题：一是如何构建贯穿多个网络的统一密钥管理系统，并与物联网的体系结构相适应；二是如何解决传感网的密钥管理问题，如密钥的分配、更新、组播等问题。实现统一的密钥管理系统可以采用两种方式：一是以互联网为中心的集中式管理方式；二是以各自网络为中心的分布式管理方式。

（2）数据处理与隐私性

物联网的数据要经过信息感知获取、汇聚、融合、传输、存储、挖掘、决策和控制等处理流程，而末端的感知网络几乎涉及上述信息处理的全过程，只是由于传感节点与汇聚节点的资源限制，在信息的挖掘和决策方面不占据主要的位置。物联网应用不仅面临信息采集的安全性，也要考虑到信息传送的私密性，要求信息不能被篡改和非授权用户使用，同时，还要考虑到网络的可靠、可信和安全。物联网能否大规模推广应用，很大程度上取决于其是否能够保障用户数据和隐私的安全。

（3）认证与访问控制

认证是指使用者采用某种方式来"证明"自己确实是自己宣称的某人，网络中的认证主要包括身份认证和消息认证。网络中的认证可以使通信双方确信对方的身份并交换会话密钥。消息认证中主要是接收方希望能够保证其接收的消息确实来自真正的发送方。

访问控制是对用户合法使用资源认证的控制，目前信息系统的访问控制主要是基于角色的访问控制机制，对物联网而言，末端是感知网络，可能是一个感知节点或一个物体，采用用户角色的形式进行资源的控制显得不够灵活。基于属性的访问控制是近几年研究的热点，如果将角色映射成用户的属性，而属性的增加相对简单，同时属于属性的加密算法相对比较容易实现。

8.3.5 物联网技术的应用

1. 物联网技术的应用领域

物联网技术属于第三代信息技术，是出现于互联网和计算机技术之后的重要技术，随着各种高新技术的发展，物联网技术已经和社会的各个领域相融合，无论是交通领域、建筑领域、医疗领域还是工业领域，都可以看到物联网技术的融合应用。

（1）智能交通

物联网技术可以自动检测并报告公路、桥梁的"健康状况"。在交通控制方面，可以通过检测设备，在道路拥堵或特殊情况时，系统自动调配红绿灯，并可以向车主预告拥堵路段、推荐最佳行驶路线。在公交方面，物联网技术构建的智能公交系统通过综合运用网络通信、GIS地理信息、GPS定位及电子控制等手段，集智能运营调度、电子站牌发布、IC卡收费、BRT（快速公交系统）管理等于一体。通过该系统可以详细掌握每辆公交车每天的运行状况；另外，在公交候车站台上通过定位系统可以准确显示下一趟公交车需要等候的时间；还可以通过公交查询系统，查询最佳的公交换乘方案。通过应用物联网技术可以帮助人们更好地找到车位。智能化的停车场通过采用超声波传感器、摄像感应、地感性传感器、太阳能供电等技术，第一时间感应到车辆停入，然后立即反馈到公共停车智能管理平台，显示当前的停车位数量，同时将周边地段的停车场信息整合在一起，作为市民的停车向导，这样能够大大缩短找车位的时间。

（2）智能家居

通过感应技术，建筑物内照明灯能自动调节光亮度，实现节能环保，建筑物的运作状况也能通过物联网及时发送给管理者。同时，建筑物与GPS系统实时相连接，在电子地图上准确、及时反映出建筑物空间地理位置、安全状况、人流量等信息。建设智能家居，管理家庭中的大小事物。将家庭设备连接起来，通过物联网与外部的服务联系，实现服务与设备互动。可以在办公室指挥家用电器的操作运行，在下班回家的途中，家里的饭菜已经煮熟，洗澡的热水已经烧好，个性化电视节目将会准点播放，家庭设施能够自动报修，冰箱里的食物能够自动补货。

（3）工业智能控制

中国科学院计算技术研究所率先开展了相关研究，将一系列便携式、低成本、无线传感器节点配合在矿工身上，在有线系统达不到的地方形成无线感知网络，由此实现井上与井下语音信号的传输，随时了解工作位置、环境状况以及工作进度等。除了语音通信和视频监控的应用，在工业现场，图像和声音也是极具潜在优势的感知手段，由感知多种媒体类型的传感器节点构成的多媒体传感器网络，其监测能力远远大于几种感知单一媒体类型的传感器网络的简单叠加。多类型传感数据从不同角度描述物理世界，对同一场景多类型数据进行融合，可以得到对环境更为全面而有效的感知。工业仪表无线识读装置是一种新型的工业无线装置，它安装在工业仪表的表盘外，通过内置的图像传感器拍摄仪表表盘，并通过对获得的仪表表盘的图像的处理和识别，得到仪表读数，得到的仪表读数可以通过工业无线网络发送到工厂监控中心，从而实现对传统本地显示仪表的远程监测。无线仪表识读装置具有液晶面板，可以显示仪表数值，不影响原有仪表的本地显示功能，而且，由于采用图像识别方式，无须破坏原有仪表的压力密封装置或进行重新布线，也无须工厂停止工作进程以替换旧有仪表，具有安装快捷、成本低廉的优点。

（4）数字图书馆

采用物联网技术，通过对图书保存环境的温度、湿度、光照、降尘和有害气体等进行长期监测和控制，建立长期的藏品环境参数数据库，研究图书藏品与环境影响因素之间的关系，创造最佳的图书保存环境，实现对图书蜕变损坏的有效控制。应用物联网技术的自助图书馆，借书和还书都是自助的。借书时只要把身份证或借书卡插进读卡器里，再把要借的书在扫描器上放一下就可以了。还书过程更简单，只要把书投进还书口，传送设备就自动把书送到书库。同样通过扫描装置，工作人员也能迅速知道书的类别和位置以进行分拣。

（5）数字档案馆

使用 RFID 设备的档案馆，从文献的采访、分编、加工到流通、典藏和读者证卡，RFID 标签和读写器已经完全取代了原有的条码、磁条等传统设备。将 RFID 技术与图书馆数字化系统相结合，实现架位标识、文献定位导航、智能分拣等。

（6）现代物流管理

通过在物流商品中植入传感器芯片，供应链上的购买、生产制造、包装/装卸、堆栈、运输、配送/分销、出售、服务每一个环节都能无误地被感知和掌握。这些感知信息与后台的 GIS/GPS 数据库无缝结合，成为强大的物流信息网络。

（7）食品安全控制

食品安全是国计民生的重中之重。通过标签识别和物联网技术，可以随时随地对食品生产过程进行实时监控，对食品质量进行联动跟踪，对食品安全事故进行有效预防，极大地提高食品安全的管理水平。

（8）连锁零售

强大的物联网技术，使得总公司对所有的连锁商店经营情况实时掌控，如商品的采购地、采购量、商品所在位置、销售情况、利润情况，甚至连服务情况等都一览无遗。RFID 取代零售业的传统条码系统，使物品识别的穿透性、远距离以及商品的防盗和跟踪有了极大改进。

（9）数字医疗

物联网家庭医生提供了方便，以 RFID 为代表的自动识别技术可以实现远程诊疗，帮助医院实现对病人不间断地监控、会诊和共享医疗记录，以及对医疗器械的追踪等。RFID 技术与医院信息系统（HIS）及药品物流系统的融合，是医疗信息化的必然趋势。因此，物联网的价值不是一个或几个可传感的网络可以替代的，而是进入了各个行业全面应用，尽管不同行业会有不同的应用，也会有各自不同的要求，会有应用的先后，但还是能看到物联网已开始遍布我国各地。随着各种网络的连接、"云计算"技术的运用，数以亿计的各类物品的实时动态管理变得可能。一个崭新的物联网时代已经来临。

（10）智慧工地

随着物联网技术的不断进步，目前在建筑工地中大量应用基于物联网技术的"智慧工地"。基于物联网技术的"智慧工地"，以物联网为基础的"智慧工地"能够通过环境传感器、智能设备传感器、视频探测器等各种传感设备采集信息，然后自动上传施工现场的噪声、粉尘检测值，起重机、升降机等作业时的动态情况，工地现场的作业视频数据等。监管部门通过"智慧工地"能够对在建工地的作业情况进行 24h 监督，及时发现各种安全隐患，还能显著降低监管成本。除此之外，建筑企业通过"智慧工地"能够更加高效地开展企业安全生产工作，企业管理人员可以实时掌握施工现场的情况，有效地减少企业的管理成本。

2. 物联网技术的应用前景

随着社会的发展与进步，通信技术不断升级。就当前的通信技术发展来看，为了实现更快传输速度，5G 技术应运而生。在即将到来的 5G 时代，物联网势必与 5G 技术相结合。5G

技术是第五代移动通信的简称，5G 技术应用的关键点主要在于连接新行业，催生新服务，如推动工业自动化、大规模物联网等。5G 网络的主要优势在于，数据传输速率远高于以前的移动网络，最高可达 10Gbit/s；网络延迟低于 1ms，而 4G 为 30～70ms。5G 网络不仅为手机提供服务，还将为一般性家庭与办公网络提供服务。

物联网技术可以实现物品与物品之间的连接，可以将大众的生活、工作等多个环节连接到一起。5G 信息技术结合物联网后，大规模信息技术应用能够形成天线阵列，此阵列拥有大容量，能有效增强信息的传输效率。5G 设备的耗能不仅没有增加，还得到了进一步的降低，甚至是超低能耗，为智能化物联网的发展带来更大便利。

复习思考题

1. 什么是 RFID 技术？简述 RFID 技术的发展历史。
2. 简述 RFID 技术的工作原理及主要应用领域。
3. 二维条码技术有哪些特点？
4. 什么是物联网？目前主要有哪些应用？
5. 简述物联网的关键技术。

第9章
智慧工地

教学要求

　　本章将智慧地球、智慧城市理念引入施工管理，阐述了智慧工地的源起及发展、内涵特征和系统架构，介绍了人工智能、虚拟现实等关键技术在智慧工地建设中的核心支撑作用，最后提供了若干智慧工地建设和应用的示例。

9.1 智慧工地的源起及发展

9.1.1 智慧工地的产生背景

　　建筑业是支撑社会经济发展的重要产业，也是典型的劳动力密集的粗放生产行业。与其他行业相比，建筑业在智能化、科学化、精益化、人性化等方面存在明显不足。建筑业发展的要求与相对落后的管理和生产水平之间的矛盾日益突出，传统建造模式已不再符合可持续发展的要求，迫切需要利用以信息技术为代表的现代科技手段，实现我国建筑业转型升级与持续健康发展。"智慧工地"正是解决上述问题的重要手段和方式。

　　党的十八大以来，建筑业进一步加快转变发展方式，强调走绿色、智能、精益和集约的可持续发展之路，一些重要文件中也多次提及智慧工地方面的工作。例如，《2016—2020年建筑业信息化发展纲要》中提出："十三五"时期，全面提高建筑业信息化水平，着力增强BIM、大数据、智能化、移动通信、云计算、物联网等信息技术集成应用能力。《中国建筑施工行业信息化发展报告——智慧工地应用与发展》中提出：对施工现场来说，通过云计算、大数据、物联网、移动互联网、人工智能、BIM等先进信息技术与建造技术的深度融合，打造"智慧工地"，将改变传统建造方式、促进建筑企业转型升级，对助力建筑业的持续健康发展具有重要意义。

　　目前，人工智能、无线传感网络、建筑信息模型等新技术已经不断融入施工管理中，取得了一些有益进展。例如，RFID 技术被广泛地应用于人员定位与管理、物料追踪、设备使用权限管理等；计算机视觉技术在结构变形检测、不安全行为识别等方面发挥了巨大作用；建筑信息模型技术体现出了重要的信息集成和交互平台作用。基于上述技术，在施工安全管理、建筑工人管理、施工设备管理、施工活动监控、环境管理等领域涌现出了一系列智能化系统，形成了智慧工地的雏形。

因此，随着建筑施工行业对信息化建设探索的不断深入和智能化技术的不断发展，智慧工地应运而生。

9.1.2　智慧工地的发展现状

智慧工地是建立在高度信息化基础上的一种支持对人和物全面感知、施工技术全面智能、工作互通互联、信息协同共享、决策科学分析、风险智慧预控的新型信息化施工手段。智慧工地通过对先进信息技术的集成应用，并与工业化建造方式及机械化、自动化、智能化装备相结合，成为建筑业信息化与工业化深度融合的有效载体，能够有效实现工地的数字化、精细化、智慧化生产和管理，提升工程项目建设的技术和管理水平，对推进和实现建筑产业现代化具有十分重要的意义。

目前，关于智慧工地，许多学者和业界人士已经有了不少研究。国际上，有学者认为智慧工地的重点在于工程信息的实时、自动化的感知与通信，并将其应用于道路施工，并证明对施工环境信息全方位的了解可以在节约资金和时间的同时，增加路面使用寿命。还有工程界人士提出了智能化工地；其重点是利用人工智能技术对施工进度计划进行优化，对关键线路进行控制，优化资源利用，以尽量减少项目工期及其成本的同时最大化质量。

在国内，也有不少进行智慧工地建设的有益尝试，其主要以物联网和建筑信息模型技术为支撑。例如，"物联网＋"下的智慧工地项目设计、基于物联网技术的电网工程智慧工地、基于 BIM 的智慧工地管理体系等。此外，一些专注于建筑信息化的软件厂商也以计算机软件为平台，大力推进以工程管理信息化为核心的"智慧工地"系统，广联达、鲁班等系统软件均在此方面有所作为，通过将施工设计、进度管理、工程量控制等过程信息化，提升工程管理的智能化、信息化水平（图9-1）。

相比之下，国外研究更加注重通过信息的全面感知，提升工程整体质量与施工效率。国内研究则更多的是专注于具体的项目及软件开发，提升工程信息化水平，解决具体的问题。而这些成果都只关注了宏观问题或关键技术的解决，缺乏对智能化工地的整体系统方案的设计。

总体而言，智慧工地的建设及推广在我国仍需解决以下几个问题：

1）根据管理需要而建设的各专业监管系统，收集的工地信息量巨大，解读分析困难（需要专业知识），处理及事后追踪工作量大。

2）工地监管信息相互共享不足，难以全面掌握和评价工地管理情况，且工地（建设单位或施工单位）面向多头管理，权责界限难以厘清。

3）多个系统采集的工地现场信息需要多专业知识融会贯通，进行综合分析，决策支持难度大。

9.1.3　智慧工地的发展阶段

综上以上信息，智慧工地在发展中大体可分为以下阶段：

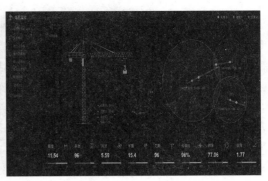

a) 广联达智慧工地平台

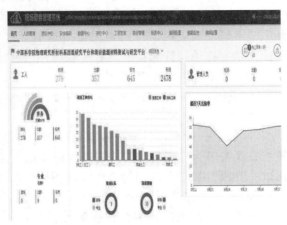

b) 中建三局智慧工地平台

图 9-1　智慧工地实例展示

（1）按人工智能技术发展轨迹的阶段划分

从人工智能技术的发展轨迹可知，智慧工地的发展可定义为感知、替代、智慧 3 个阶段。

1）感知阶段。就是借助人工智能技术，起到扩大人的视野、扩展感知能力以及增强人的某部分技能的作用。例如，借助物联网传感器来感知设备的运行状况，感知施工人员的安全行为等；借助智能技术来增强施工人员的作用技能等，目前的智慧工地主要处于这个阶段。

2）替代阶段。就是借助人工智能技术，来部分替代人，帮助完成以前无法完成或风险很大的工作。现在正在处于研究和探索中的现场作业智能机器人，使得某些施工场景将实现全智能化的生产和操作；这种替代是给定应用场景，并假设实现条件和路径来实现的智能化，并且替代边界条件是严格框定在一定范围内的。

3）智慧阶段。就是随着人工智能技术不断发展，借助其"类人"思考能力，大部分替代人在建筑生产过程和管理过程的参与，由一部"建造大脑"来指挥和管理智能机具、设备来完成建筑的整个建造过程，这部"建造大脑"具有强大的知识库管理和强大的自学能力，即"自我进化能力"。

智慧工地的 3 个发展阶段是随着人工智能技术和信息技术的研发和应用不断发展而循序渐进的过程，不可能一步实现。因此，需要在感知阶段就做好顶层设计，在总体设计思路的指导下开展技术研发和应用，特别要注重 BIM 技术、互联网技术、物联网技术、云计算技术、大数据技术、移动计算和智能设备等软硬件信息技术的集成应用。

（2）按大数据积累程度的阶段划分

按照行业、企业、项目大数据的积累程度，智慧工地的发展可分为初级、中级、高级 3 个阶段。

1）初级阶段。企业和项目积极探索以 BIM、物联网、移动通信、云计算、智能技术和机器人等相关设备等为代表的当代先进技术的集成应用，并开始积累行业、企业和项目的大数据。在这一阶段，基于大数据的项目管理条件尚未具备。

2）中级阶段。大部分企业和项目已经熟练掌握了以 BIM、物联网、移动通信、云计算、智能技术和机器人等相关设备等为代表的当代先进技术的集成应用，积累了丰富经验，行业、企业和项目大数据积累已经具备一定规模，开始将基于大数据的项目管理应用于工程实践。

3）高级阶段。技术层面以 BIM、物联网、移动通信、大数据、云计算、智能技术和机器人等相关设备为代表的当代先进技术的集成应用已经普及，管理层面则通过应用高度集成的信息管理系统和基于大数据的深度学习系统等支撑工具，全面实现"了解"工地的过去，"清楚"工地的现状，"预知"工地的未来，对已发生或可能发生的各类问题，有科学决策和应对方案等"智慧工地"发展目标。

综上所述，智慧工地在我国已经有了一些理论探索和实践应用，但如何解决上述问题，以及智慧工地的概念和特征、发展阶段的界定、如何通过智慧工地建设助力建筑业的持续健康发展，仍有许多理论和实践问题需要探索。

9.2 智慧工地的系统架构

智慧工地是一种全新的施工现场管理理念、方法以及相关技术的集合。与之相近的概念还有智慧地球、智慧城市、智慧校园等。它的基本特征可以从技术和管理两个层面来描述：从技术层面上讲，智慧工地就是聚焦工程施工现场，紧紧围绕人、机、料、法、环等关键要素，以岗位级实操作业为核心，综合运用 BIM、物联网、云计算、大数据、移动通信、智能设备和机器人等软硬件信息技术的集成应用，实现资源的最优配置和应用；从管理层面上讲，智慧工地就是通过应用高度集成的信息管理系统，基于物联网的感知和大数据的深度学习系统等支撑工具，"了解"工地的过去，"清楚"工地的现状，"预知"工地的未来，与施工生产过程相融合，对工程质量、安全等生产过程以及商务、技术、进度等管理过程加以改造，提高工地现场的生产、管理效率和决策能力，对已发生和可能发生的各类问题，给出科学的应对方案。

智慧工地的核心是利用现代信息技术、通信技术及人工智能技术来改善施工项目参与各方的交互方式，以提高交互的明确性、灵活性和响应速度。并通过基础信息集成平台对工程进行精确设计和模拟，围绕施工过程管理，实现互联协同、安全监控、智能化生产等目的，实现工程项目的智能化管理，提高工程管理信息化水平，从而逐步实现精益建造和生态建造。可以概括为 3 个核心内涵特征：更透彻的感知、更全面的互联互通、更深入的智能化。

1. 更透彻的感知

目前，制约工程管理信息化和智能化水平提升的首要因素是工程信息缺失和失真，更高层次的管理活动无法获得有效的基础信息保障。为此，智慧工地将及时、准确、全面地获取各类工程信息，实现更透彻的信息感知作为首要任务。其中，"更透彻"主要体现为提升工程信息感知的广度和深度。具体而言，提升工程信息感知的广度是指更全面获取不同主体、不同阶段、不同对象中的各类工程信息；提升工程信息感知的深度是指更准确地获取不同类型、不同载体、不同活动中的各类工程信息。

2. 更全面的互联互通

由于工程建设活动的参与方较多，工程信息较为分散，带来了"信息孤岛"、信息冲突等一系列问题。为此，智慧工地将以各类高速、高带宽的通信工具为载体，将分散于不同终端、不同主体、不同阶段、不同活动中的信息和数据加以连接和收集，进而实现交互和共享，从而对工程状态和问题进行全面监控和分析。最终，能够从全局角度实施控制并实时解决问题，使工作和任务可以通过多方协作得以远程完成，彻底改变现有工程信息流。

3. 更深入的智能化

目前，施工活动仍然主要依赖经验知识和人工技能，在信息分析、方案制定、行为决策等方面缺少更科学、更高效的处理模式。为此，在人工智能技术迅猛发展的背景下，智慧工地将更加突出强调使用数据挖掘、云计算等先进信息分析和处理技术，实现复杂数据的准确、快速汇总、分析和计算。进而，通过更深入地分析、挖掘和整合海量工程信息数据，实现更系统、更全面的洞察并解决特定工程问题，并为工程决策和实施提供支持。

综上，智慧工地与智慧地球、智慧城市等一脉相承，与智慧金融、智慧医疗、智慧电力等相互联系，形成了完整的理念架构，如图 9-2 所示。

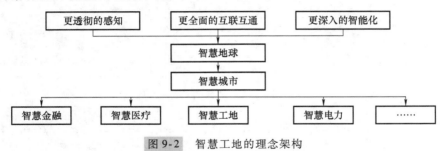

图 9-2 智慧工地的理念架构

实践中，智慧工地由特定硬件系统实现相应功能，主要由感知层、网络层和应用层组成，三者分别为实现更透彻的感知、更全面的互联互通、更深入的智能化提供保障和支撑，详见表 9-1 和图 9-3。

表 9-1　智慧工地系统的层次与功能

层次	功能说明	组成说明
感知层	全面采集人员、设备、材料等工程信息及施工活动信息；及时反馈系统处理结果，下达各类指令	各种信息采集与反馈设备，如 RFID 标签，压力、温度、应变等各类传感器，GPS/BDS 等定位装置，视频图像采集设备等，及相应的软件
网络层	实现不同终端、子系统、应用主体之间的信息传输与交换	各类有线、无线信息传输系统、装置等，如光纤、WLAN、蓝牙等，及相应的软件
应用层	对采集到的信息进行智能分析和处理，提供工程问题的解决方案	服务器、工作站、数据库、智能移动设备等各类硬件平台，及相应的智能处理软件

图 9-3　智慧工地的系统架构

智慧工地中，感知层是基础，为整个系统提供全面信息保障；网络层是桥梁，实现了信息传输和共享；应用层是核心，直接为不同工程任务和问题提供解决方案。

整个系统中，海量的工程信息和数据是"血液"。顺畅的信息和数据的沟通、分析和应用流程是整个智慧工地系统健康、流畅运行的关键。所以，智慧工地迫切需要解决信息的更透彻的感知及更全面的互联互通。

9.3 智慧工地的支撑技术

智慧工地是土木工程建造与计算机科学与技术、通信工程、信息科学等多个领域成果交叉集成的产物。总体而言，智慧工地涉及的主要支撑技术可分为以下两大类：

一类是以信息智能处理为核心的技术，如人工智能、大数据等。这类技术侧重于对工程信息的智能化分析与处理，类似于智慧工地的"大脑"。

另一类是以技术功能实现为核心的技术，如无线传感、虚拟现实、无人机等。这类技术侧重于为智慧工地的一些典型应用场景提供技术实现支撑。同时，此类技术本身也可能与上一类技术之间存在交叉。例如，无人机的自动飞行控制系统需要用到人工智能相关技术。

因此，智慧工地的支撑技术之间并不存在严格的界限。上述分类只是为了更好地突出相关核心技术，而进行了一定划分。以下从人工智能技术、大数据技术（见本书第 10 章）、虚拟现实技术、增强现实技术、无线射频技术（见本书第 8 章）、机器视觉技术（见本书第 6 章）、BIM 技术（见本书第 4 章）、无人机遥感技术（见本书第 5 章）、物联网技术（见本书第 8 章）、信息物理系统技术（见本书第 7 章）来进行简单介绍。

9.3.1 人工智能技术

人工智能技术（Artificial Intelligence，AI）是研究、开发用于模拟、延伸和扩展人的智能的理论、方法、技术及应用系统的一门新的技术科学。

人工智能技术是计算机科学的一个分支，它企图了解智能的实质，并生产出一种新的能以人类智能相似的方式做出反应的智能机器，该领域的研究包括机器人、语言识别、图像识别、自然语言处理和专家系统等。

人工智能从诞生以来，理论和技术日益成熟，应用领域也不断扩大，可以设想，未来人工智能带来的科技产品，将会是人类智慧的"容器"。人工智能可以对人的意识、思维的信息过程进行模拟。人工智能不是人的智能，但能像人那样思考、也可能超过人的智能。

人工智能所具有的感知能力是人工智能技术最显著的特点，它是人工智能系统运行的最根本性质。人工智能技术以计算机为主要运行载体，利用计算机具有的记忆功能，实现记忆功能和思想功能的连接是人工智能技术的未来发展方向。人工智能技术具有学习功能的特点，学习能力是适应社会发展的必要能力，它强调知识在当今社会发展中的重要地位。人工智能的中心处理系统与人类的神经系统相似，人工智能技术又像人类的思维能力，可以提升智能计算机技术的发展。

随着人工智能技术的投入和发展，建筑界也将受人工智能技术的影响带来转型和革新。人工智能和建筑领域的融合运用必将会带来空前的高效设计环境和管理环境。人工智能技术可以在场地设计、建筑本体设计、结构设计、施工管理等方面发挥巨大的作用。

1. 人工智能技术在城市规划和建筑设计的应用

在城市规划和建筑设计的过程中，充满了规划师和建筑师对于方案的诸多思考和协调。

当前人工智能技术已经可以可靠地应用于城市规划和建筑设计的前期工作。第一个人工智能建筑师系统已经研制成功。它结合了大数据处理、人工智能技术、机器学习技术等多种先进的功能，并且能够将先进的算法输入到自身的记忆中，能够在操作过程中利用算法优化，呈现自己的思维。

2. 人工智能技术在建筑结构设计中的应用

建筑物在长期使用的过程中，受到外界环境因素的影响以及自身材料老化的作用，很容易出现裂缝以及磨损的现象，或者是由于建筑物经过环境的振动（如地震）承受破损，都会对房屋建筑安全造成相当大的影响。将人工智能技术应用到建筑结构设计以及建筑结构评价中，工程技术人员可以利用深度学习的方法来实现土木工程领域的外观检测。科学研究人员尝试利用人工智能技术中的识别视觉技术对土木工程的结构损伤进行有效识别，并且利用深度学习的方法得到结构外观的实际状态，然后得出外观与结构损伤之间所存在的联系，同时能够对所得的图像进行高效的识别。用人工智能深度学习的方法能够减少以往在进行结构损伤检测时布设传感器的数量，提高检测效率，降低检测成本。

3. 人工智能技术在建筑施工中的应用

建筑施工中可以广泛应用人工智能技术，利用人工智能技术建立资源调配的模型，跟踪进度计划。利用无线网络技术、近场通信技术（NFC）和蓝牙技术，对室内的工作状况进行跟踪，再结合全球定位系统，对户外情景进行相应的监控，实现对项目的远程进度管理。有效减少施工技术的时间，并且减少施工发生事故的可能性，减少资源浪费，降低运营与维护的成本。

4. 人工智能技术在建筑施工管理领域中的应用

人工智能技术在建筑施工管理中也有着广泛的应用（图9-4），施工现场的管理者可以采用人工智能决策系统。人工智能决策系统主要为了对现场进行监控，并且对现场进行控制，对可能发生的险情进行诊断。现场的施工管理是一个复杂的系统工程，因此在对系统进行诊断的过程中，可以有效分析异常的过程，同时能够采取适当的控制措施。人工智能系统能够利用知识化的体系系统进行集中的梳理，将所获得的信息及时传递至建筑工程的管理者，并为管理者做出决策提供相应的参考。

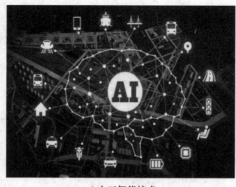 

a) 人工智能技术　　　　　　　　b) 基于人工智能技术的施工现场自动监控系统

图 9-4　　人工智能技术及在施工现场的应用

除此以外，人工智能技术还可以在建筑施工管理中用于现场项目的现金流管理、在建筑安全管理中实现对企业员工的安全培训工作以及针对建筑材料开发出特有的项目，对工程现场操作效率比较低的问题进行分析总结。

9.3.2 虚拟现实技术

虚拟现实技术（Virtual Reality，VR），是在计算机系统及传感器技术模拟的基础上生成可交互虚拟世界的技术。虚拟现实技术是一项融合三维计算机图形、立体显示、跟踪和捕捉等综合性技术，是这些技术高层次的集成和融合，通过提供沉浸式的体验，为人们探索现实世界中由于各种原因不便直接观察的事物的发展规律提供了极大的便利。

虚拟现实系统主要由虚拟原型、交互设备和用户主体组成。虚拟原型是指通过模拟真实环境，生成供用户体验的虚拟环境。虚拟原型的构建分为两种方式：①利用 VR 全景相机采集不同方位的视频，并将这些视频拼接成 720° 的全景视频；②利用三维建模技术，建立现实环境的虚拟模型。交互设备主要是指捕捉人体各种动作的传感器，作用于用户的各种反馈设备，以及负责按照预定的规则，处理与虚拟环境交互的各种输入输出命令的存储和计算设备。用户主体是指与虚拟环境交互的各种动作（如眼球焦点转移、头部转动、手势等行为）和反作用于用户主体的如视觉、触觉、嗅觉等的反馈。

如图 9-5 所示，在建筑业的应用中，VR 技术可以根据不同的建筑工程项目，为工程人员提供不同的、与工程相适应的安全教育培训，这相比于枯燥乏味的观看安全教育视频，更加丰富了安全培训的形式，可以让每个工程人员都亲身体会到安全培训所带来的乐趣，并且获得了许多宝贵的培训经验。更重要的是，让受训人员感知了施工现场的危险和事故发生的经过，感知事故发生时的惊慌，进而加强安全意识，提升自我保护意识，避免事故的再次发生。相比于传统的体验教育培训，VR 体验教育培训具有更丰富的内容、可以获得更深刻的体验效果、成本较低三方面的优点。VR 体验教育培训融合了虚拟现实技术与 BIM 技术，可以依据不同的施工现场及施工条件，进行合理的情景创制。特别是一些危险性高的项目，VR 技术也能轻松实现。

a) 虚拟现实技术   b) 基于虚拟现实技术的建筑工人安全培训系统

图 9-5 虚拟现实技术及在施工安全培训中的应用

9.3.3 增强现实技术

增强现实（Augmented Reality，AR）技术是一种以计算机视觉、图形学和图像处理等技术为基础，通过显示设备，用户可以看到一个添加了虚拟物体的真实世界，在这个被"增强"的世界里更加真实地感知周围的一切。

典型的增强现实系统主要由智能终端和云端组成。智能终端包含输入设备和输出与交互设备。输入设备主要指摄像头和跟踪与传感系统（GPS、陀螺仪和重力加速度计等），输出与交互设备主要是移动端设备（手机、平板计算机、AR眼镜、头戴式显示器）。输入设备通过智能终端中摄像头的拍摄技术、硬件传感器的跟踪技术，将用户周围的真实场景信息传递给云端。云端主要包含图像数据库、图像识别服务器和增强信息服务器。图像数据库存储完输入设备传来的图像信息后，图像识别服务器进行图像特征提取、图像识别和三维注册等工作，并将处理后的信息传递给增强信息服务器。增强信息服务器针对该信息生成虚拟信息，并将虚拟信息传递给智能终端。最后，在输出与交互设备上可以看到与真实场景实时叠加的虚拟信息。

增强现实技术是将计算机渲染生成的虚拟场景与真实世界中的场景无缝融合起来的一种技术。因此增强现实技术应用于建筑可视化就是将虚拟的建筑模型信息根据人的视点视角及正确的遮挡关系加载到真实的场地环境中并统一呈现在设备视口中的过程。例如，如图9-6所示，该技术可以实现施工三维场景重现，从而起到辅助建筑设计与成果展现的作用。

a) 增强现实技术　　　　　　　　　　b) 施工现场三维场景重现

图9-6　增强现实技术及在施工现场的应用

9.4 智慧工地的应用示例

智慧工地总系统构建时，根据核心内涵先分析其系统需求：满足信息感知、信息传输以及信息集成应用需求；接着根据需求选择系统支撑技术；最后，进行现场的硬件安装。具体构建流程如图9-7所示。

解决实际问题时，首先根据该问题的功能需求，匹配可使其实现的支撑技术，再比对各项技术之间的优劣，最终选定较优技术，并调用相关硬件进行子系统构建。以施工设备智能管理系统为例，要实现施工设备的识别、定位、操作记录、权限管理功能，可选用的技术有：RFID技术、CV技术、GPS技术等。最终，RFID技术在性能、成本、实用性上均较优，故使用RFID技术构建施工设备智能管理系统。同时，也可以调用智慧工地中其他已采集的信息进行补充或验证，从而提升子系统的稳定性与准确性。

智慧工地的实践探索中按照对象差异，可进一步将各子系统及功能模块分为面向工程和面向工人的智慧工地解决方案，详见表9-2。

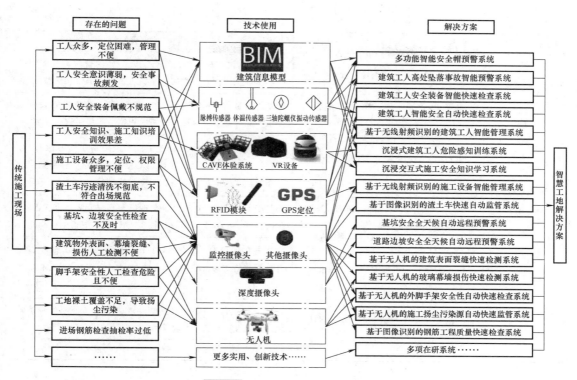

图 9-7 智慧工地系统构建流程

表 9-2 智慧工地的解决方案示例

分 类	系 统 名 称	系 统 功 能
面向工程的智慧工地解决方案	基于图像识别的渣土车快速自动监管系统	以图像识别技术为核心,实现渣土车装载情况自动化监管、车身污迹快速检测以及进出权限管理等
	基于无线射频识别的施工设备智能管理系统	以 RFID 技术为核心,实现施工设备自动化、智能化操作权限管理、维护保养、实时定位、调度和工时计量等
	基坑安全全天候自动远程预警系统	以深度图像技术为核心,能够实时监测基坑表面变形情况,实现基坑表面安全状况的全天候远程自动预警
	道路边坡安全全天候自动远程预警系统	以深度图像技术为核心,实现道路边坡变形情况的远程全天候自动预警
	基于无人机的建筑表面裂缝快速检测系统	以无人机和图像处理技术为核心,实现高层建筑物外表面裂缝非接触式自动快速识别与测量
	基于无人机的玻璃幕墙损伤快速检测系统	以无人机和图像处理技术为核心,实现超高层幕墙损伤的自动、快速识别与定位
	基于无人机的外脚手架安全性自动快速检查系统	以无人机和图像处理技术为核心,实现施工外脚手架杆件角度、跨距、水平度以及缺失等安全性状况的自动、快速检测
	基于无人机的扬尘污染源自动快速监管系统	以无人机和图像处理技术为核心,实现大面积施工现场扬尘污染源的快速识别检测
	基于图像识别的钢筋工程质量快速检查系统	以图像识别技术为核心,自动、快速获取钢筋的直径、平行度、间距以及搭接部分的长度,实现钢筋工程快速检查
	⋮	⋮

（续）

分　类	系统名称	系统功能
面向工人的智慧工地解决方案	多功能智能安全帽预警系统	以 RFID 技术为核心，结合工人必备的安全帽及多种传感器实现工人位置信息实时采集以及身体健康状况监测
	建筑工人高处坠落事故智能预警系统	基于 BIM 和 RFID 技术，实现工人位置信息实时采集以及工人高处坠落危险智能分析，根据危险等级进行预警
	建筑工人安全装备智能快速检查系统	基于图像识别技术，实现工人安全装备正确佩戴自动、快速检测，通过人脸识别对工人进行准确的工时考勤，以及作业前工人身体健康情况自动、快速检测
	基于无线射频识别的建筑工人智能管理系统	基于 BIM 和 RFID 技术，实现工人实时定位、动态点名、工时检测、权限管理以及多种事故预警等功能
	沉浸式建筑工人危险感知训练系统	基于 BIM 技术，结合 CAVE 沉浸式体验设备，使受训练者身临其境体验施工安全事故过程，实现危险感知训练功能
	沉浸交互式施工安全知识学习系统	基于 BIM 和 VR 技术，是学习者在模拟场景中身临其境地进行交互式施工安全知识学习
	⋮	⋮

9.4.1　基于图像识别的渣土车快速自动监管系统

当前，我国渣土车车身污迹斑驳、装载超限（图 9-8）及遗撒泄漏等问题频发，这些问题不仅破坏了市政道路，也污染了城市环境，甚至威胁着交通安全，影响着人们的正常生活，是目前存在的城市顽疾。但是，在施工现场，主要还是依靠人工目测的方式来进行监管，监管手段较为传统单一，效率低下。与此同时，以图像识别为代表的人工智能技术逐渐发展成熟，已被广泛应用于其他领域，随着我国建筑业管理效率低下、信息化程度落后等问题的日益突显，人工智能技术与建筑业也开始了加速融合。为此，针对渣土车一系列的频发问题以及现有监管手段的局限性，构建了一种基于图像识别的渣土车快速自动监管系统。

a) 渣土车车身污迹斑驳　　　　　　　　　　　　b) 渣土车装载超限

图 9-8　渣土车车身污迹斑驳、装载超限

该系统主要由图像采集装置、图像处理及分析装置、声光报警器及进出放行设备构成，

如图9-9所示。其中,图像采集装置由架设在洗车槽区域上方的高清摄像头组成,进出放行设备由放行杆和道闸机组成。

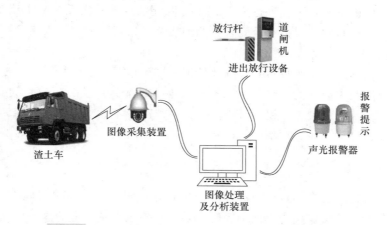

图 9-9　基于图像识别的渣土车快速自动监管系统架构

结合施工现场渣土车的工作流程,系统运行流程包括渣土车进出场时的管理、车身污迹的检测及装载情况的监督,具体运行流程如图9-10所示。

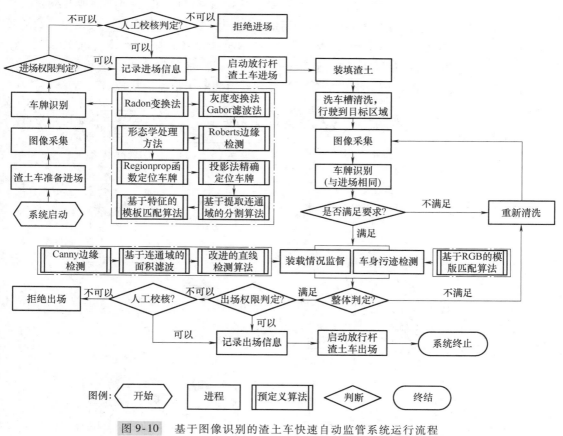

图 9-10　基于图像识别的渣土车快速自动监管系统运行流程

该系统经过实践测试，具备良好的应用效果。其中，进出场权限判定方法效果较好，不存在漏检的情况，平均正确率达90%，基本满足施工现场的需要。基于颜色特征的车身污迹检测方法效果较好，平均正确率达90%以上，匹配系数能真实反映渣土车车身污迹状况。装载情况监督方法可基本实现挡土板闭合状态的检测及监督，相较于人工目测的方法，减少了主观性的影响。

该系统可以根据渣土车车身污迹的颜色特征和装载情况的几何特征，实现施工现场车身污迹的快速化检测及装载情况的自动化监督，并通过车牌识别对渣土车的进出场权限进行智能化管理。相较于传统的人工目视监督方法，该系统减少了人工量和主观性的影响，具有操作便捷、实用性强、标准化、效率高等优势。

9.4.2 基于无线射频技术的施工设备智能管理系统

设备管理作为施工管理的重要组成部分，如若管理不善，容易引发施工设备故障率高、生命周期短和工人违规操作设备等诸多问题。随着对施工设备管理的深入研究，其管理方法与技术虽取得了一定进展，但这些方法仅侧重于施工设备管理的某一方面，缺少对施工设备的集成管理，且管理的智能化水平不高。为此，针对当前的管理过程中还依赖于管理人员手写记录，管理手段单一，且无法实现对施工设备的持续监管的问题，以无线射频技术为核心技术，以建筑信息模型为技术支撑，构建了一种基于 RFID 的施工设备智能管理系统。

该系统由工人端、设备端、网络端和应用端组成，如图 9-11 所示。工人端是指内置在工人安全帽、工作证等载体中的 RFID 标签；设备端包括设备权限管理装置和 RFID 标签、RFID 阅读器、ZigBee 模块；网络端包括 ZigBee 模块、标准信号转换器、交换机和路由器；应用端主要由系统服务器、信息集成平台、位置数据库和安全信息库构成。

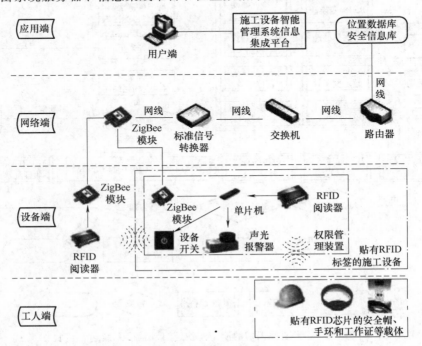

图 9-11 基于 RFID 的施工设备智能管理系统架构

该系统运行流程为：系统初始设置—数据读取—权限判定—工时计量—违规操作记录—工作面定位—调度管理。

该系统是通过在施工现场、施工设备和施工工人安全帽上安装本系统所需的硬件来实现应用的，经测试，具备良好的应用效果，效果如图 9-12 所示。

a) 权限管理装置示意图   b) 现场大门口处设备定位示意图   c) 现场关键位置设备定位示意图

图 9-12   基于 RFID 的施工设备智能管理系统应用效果

该系统能够实现施工设备权限管理、工人工时计量、违规操作记录、工作面定位、调度管理和维护管理功能（见表 9-3），满足施工设备功能需求，实现施工设备的智能化管理。

表 9-3   基于 **RFID** 的施工设备智能管理系统功能

功能名称	功能目标	功能实现方式
权限管理	避免设备操作权限不足的工人违规作业	将 RFID 标签置于工人安全帽中，在标签中写入工人信息。权限管理装置读取标签信息，并与预先写入在装置中的工人名单进行对比，判断操作权限。若判定权限符合，则设备启动；反之，启动声光报警器
工时计量	统计工人的工作时长	若权限管理装置判定权限满足，依据权限管理装置统计的设备运行时间，作为设备工人工时计量的依据
违规操作记录	记录违规操作设备的工人	若权限管理装置判定权限不符，则记录违规操作设备的工人，并上传至计算机后台进行汇总
工作面定位	确定施工设备工作面	将 RFID 标签置于施工设备上，标签内写入设备信息。在施工现场各关键入口处布置 RFID 阅读器。当 RFID 阅读器读取设备标签信息时，将信息上传到计算机后台。计算机后台依据阅读器的位置，进行设备所处作业面的判定
调度管理	合理调度施工设备，避免闲置	统计各个工作面上施工设备的数量，依据施工计划和各工作面所能容纳施工设备同时工作的数量，进行施工设备调度

（续）

功能名称	功能目标	功能实现方式
维护管理	保证施工设备及时维修和按时保养	定义施工设备有"待工作""工作"和"待维护"3 种状态，处于"待维护"状态的施工设备无法进入工作。当施工设备需要维护时，安全员将该设备调整为"待维护"状态。只有在修理工人进行设备维护后，施工设备才能转化为"待工作"状态

9.4.3 基于无人机的玻璃幕墙损伤快速检测系统

玻璃幕墙以其自重轻、装饰效果好、装配式生产的优点，迅速发展成为现代高层建筑的主要外层维护结构。但由于幕墙玻璃属于脆性材料，玻璃幕墙超期服役、维护保养不到位等问题突显，存在重大安全隐患，玻璃幕墙破碎、炸裂、脱落等问题成为现代城市管理中亟须解决的安全问题。当前，玻璃幕墙的主要检测方法以人工抽检为主，检测方式为抽样检测，检测范围小、效率低、可靠性不强，检测人员的安全难以保证，如图 9-13 所示。为此，针对当前玻璃幕墙检测的局限性，利用数字图像技术及无人机技术，构建了一种基于无人机的玻璃幕墙损伤快速检测系统。

该系统主要由图像采集单元、图像处理单元和用户单元 3 个部分组成，如图 9-14 所示。其中，图像采集单元和图像处理单元是系统的核心。图像采集单元由航拍无人机控制，航拍无人机控制装备主要包括航拍无人机遥控器、遥控器外接设备以及安装在遥控器外接设备中的操作软件。

图 9-13 传统玻璃幕墙损伤检测

该系统运行流程主要包括幕墙图像采集、幕墙面板定位、幕墙面板损伤检测及幕墙面板损伤报告生成 4 个部分。首先将幕墙划分为若干区域，确定幕墙图像的采集方式并规划无人机飞行路径，在指定位置进行幕墙图像采集；接着结合无人机的飞行高度，进行幕墙面板定位，确定幕墙各个面板的垂直高度；再接着进行幕墙面板损伤检测，包括幕墙面板图像预处理、幕墙面板损伤边缘提取、幕墙面板损伤位置确定及损伤面积的计算；最后，根据幕墙面板损伤位置、损伤面积等信息，生成幕墙面板损伤检测报告。

系统经测试分析，具备良好的应用效果，通过不同时间段进行图像采集测试，表明午间时间段的测试效果最佳，如图 9-15 所示。

该系统利用航拍无人机及图像处理技术，实现了玻璃幕墙的损伤检测功能，能够检测出幕墙的损伤位置及损伤信息，并及时生成检测报告。与传统检测方式相比，该系统具备安全、高效、准确、智能等优势。系统可用于幕墙安装完成后的竣工验收阶段、幕墙日常服役的阶段，以及出现极端天气和幕墙建筑物异常沉降等情况下的幕墙面板损伤检测。

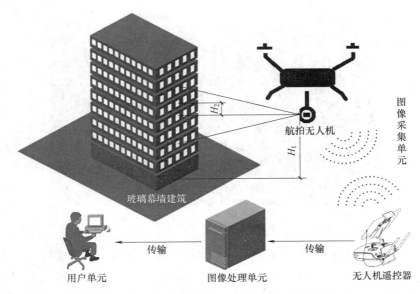

图 9-14　基于无人机的玻璃幕墙损伤快速检测系统架构

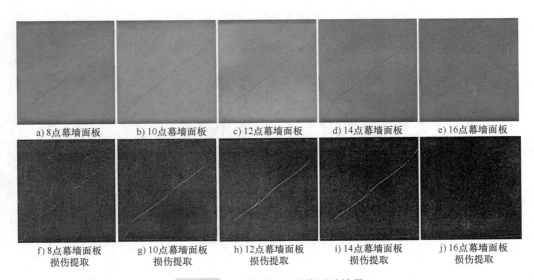

图 9-15　不同时间段系统测试效果

9.4.4　基于无人机的外脚手架安全性自动快速检查系统

外脚手架（图 9-16）是重要的施工辅助装置。随着高层、超高层建筑的增多，外脚手架安全日益重要。长期以来，外脚手架安全性检查主要由人工完成，但随着搭设高度增加，仅依靠人工已无法确定其安全状态。所以，克服高度限制、提高外脚手架安全性检查的效率、降低事故发生率意义重大。为此，针对外脚手架安全性检查的局限性，以无人机为载体，图像识别为核心支撑，以外脚手架杆件线性特征为突破口，构建了一种基于无人机的外脚手架安全性自动快速检查系统。

图 9-16　高处外脚手架

　　该系统主要由图像采集装置、图像处理及分析系统、标志板、垂直度标杆及用户端构成，如图 9-17 所示。其中，图像处理及分析系统为本系统的核心，图像采集装置由无人机和移动操控设备构成，移动操控设备包括无人机遥控器和智能手机或平板计算机。

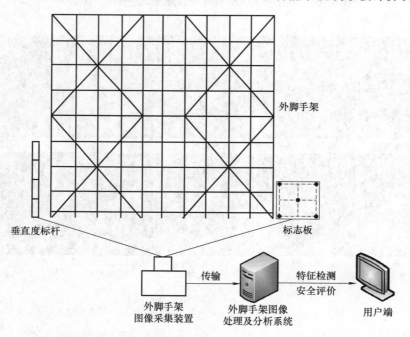

图 9-17　基于无人机的外脚手架安全性自动快速检查系统架构

　　该系统运行流程包括图像采集、图像特征分析和结果输出。先进行图像采集；再进行图像特征分析，包括图像预处理、目标提取及识别、安全性评价、人工复核、报告生成、图像拼接；最后进行结果输出。具体运行流程如图 9-18 所示。

　　系统经测试和分析，外脚手架杆件特征提取效果较好，平均正确率可达 93% 以上，相同像素点数目的图像处理时间相差不大，杆件根数与处理时间有正相关趋势。应用效果如图 9-19 所示。

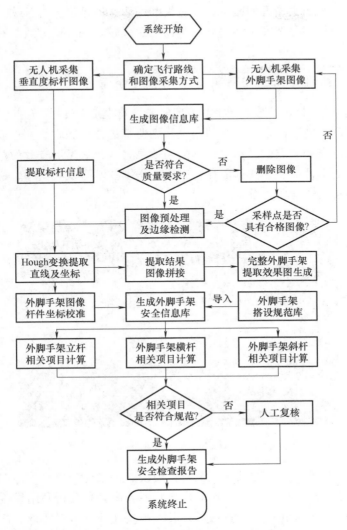

图 9-18　基于无人机的外脚手架安全性自动快速检查系统运行流程

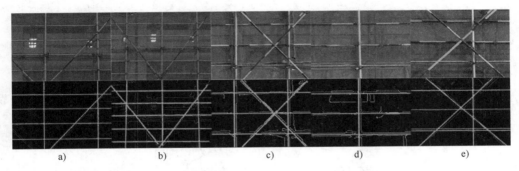

图 9-19　基于无人机的外脚手架安全性自动快速检查系统应用效果

该系统基于无人机和图像识别技术，可用于外脚手架搭设高度、沉降、杆件间距、立杆垂直度偏差、纵向水平杆水平度偏差、斜杆宽度和间距、倾角以及杆件缺失的检查，弥补了低成本、非接触式的外脚手架安全性检查技术的空白。较传统检测方式具有安全、高效、准确的优势。

9.4.5　基于无人机的施工扬尘污染源自动快速监管系统

　　施工扬尘由露天施工活动产生，对生态环境和人体健康有极大危害，如图 9-20 所示。各地政府对此均高度重视，出台了一系列扬尘污染监管的方针和政策。然而，目前施工扬尘污染监管依靠人工巡查和定点监测，效率不高且效果欠佳，缺乏更有效的监管技术手段。为此，针对当前施工扬尘污染监管的局限性，以图像识别技术为核心支撑，构建了一种基于无人机的扬尘污染源自动快速监管系统。

图 9-20　施工工地扬尘

　　该系统由图像采集模块、图像预处理及拼接模块、边缘检测模块、存在性检验及复核模块、污染源特征提取模块、污染源特征比对模块及污染源分布分析及结果输出模块组成。其中，图像采集模块由无人机和移动设备构成，其余模块在计算机中实现。该系统硬件构成如图 9-21 所示。

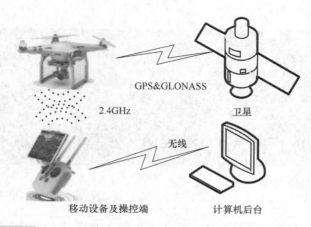

图 9-21　基于无人机的扬尘污染源自动快速监管系统硬件构成

该系统具体运行流程包括图像采集、特征分析和结果输出。

系统经测试分析,污染源存在性检验的正确率达 71%,污染源面积计算效率较高,效果较好,污染源特征比对效率较好,相对稳定,具备良好的应用效果,如图 9-22 所示。

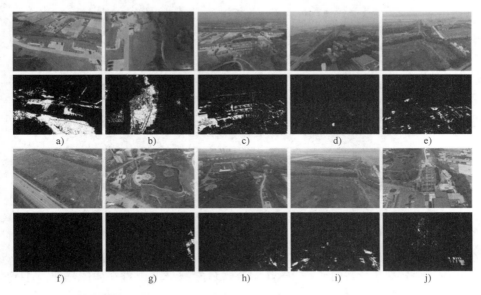

图 9-22 　基于无人机的扬尘污染源自动快速监管系统应用效果

该系统通过无人机采集施工扬尘污染源区域的图像,使用图像识别技术实现监管区域内施工扬尘污染源的自动识别,具有操作简单、成本低廉、监管面积大的优势,弥补了传统施工环境监管领域自动化水平不高的不足。同时,使用该系统提供的方法也可实现水体污染、秸秆焚烧等类似环境问题的监控。

9.4.6　基于图像识别的钢筋工程质量快速检查系统

目前,随着我国城市化进程的不断加快、工程项目规模的不断扩大,施工现场对钢筋的需求量越来越大,检查工作量也随之提升。但是,在钢筋进场及隐蔽工程验收阶段,对钢筋相关参数的检查依旧是通过目测及游标卡尺的方式来进行(图 9-23),效率低下,易受主观性影响,发生误检、漏检,留下一定的安全隐患。为此,针对当前钢筋检测的局限性,结合图像识别技术,构建了一种基于图像识别的钢筋快速检查系统。

该系统主要运行流程包括检查工作准备、钢筋工程进场检查及钢筋工程验收检查,主要用于钢筋种类的判定、钢筋直径的测量、钢筋骨架间距测量与平行度检测。

图 9-23 　传统钢筋直径测量

该系统经测试分析,具备良好的应用效果。其中,该系统在钢筋类型识别及直径测量(图 9-24)方面具有较高的准确率,在测试中,准确率为 100%,平均耗时约 0.2s;直径测量的误差为 0.05~1.5mm,平均耗时约 0.5s,测量结果基本满足使用需要。

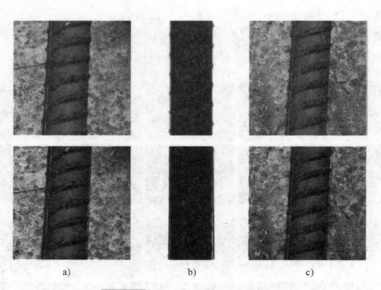

图 9-24　钢筋直径测量应用效果

　　该系统在钢筋网间距及平行度检测（图 9-25）方面同样具有较高的准确率及效率，在测试中，测量误差一般在 5mm 以内，平行度检测角度测量较为符合实际结果，平均耗时大约 3s，在实用性方面具有一定优势。

图 9-25　钢筋网间距及平行度检测应用效果

　　该系统利用图像识别技术，实现了钢筋类型判定、直径测量、钢筋网间距测量及平行度检测。相较于传统的人工检测方式，该系统减少了人工量和主观性的影响，具备高效、准确、智能的优势。

9.4.7　建筑工人安全装备智能快速检查系统

　　施工现场危险较多，安全装备是保障生命安全最基本的手段，所以进入施工现场前必须穿戴完成。为此，针对建筑工人安全装备检查主要依赖人工完成，工作量较大、自动化水平较低、检查项目有限，容易出现漏检、误检等问题，构建了一种建筑工人安全装备智能快速检查系统。

该系统的核心硬件为深度摄像头和计算机。在工人考勤时通过摄像头采集工人考勤时的图像信息，通过机器视觉技术，自动识别工人是否佩戴安全帽与安全背心，保证其作业安全，如图 9-26 所示。并通过人脸识别，检查本人与 RFID 识别信息是否一致，从而保证全部工人管理系统的正常运行。

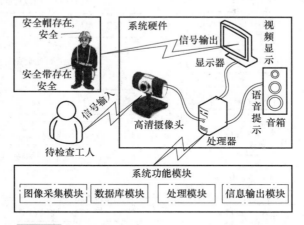

图 9-26　建筑工人安全装备智能快速检查系统架构

该系统对摄像头获取的图像信息进行处理，系统运行流程包括自动身份识别和自动安全装备检查。自动身份识别即调用 OpenCV 对比直方图函数，将摄像头采集的待检查工人图像中的人脸区域图像信息与工人信息库中工人的照片信息进行相似度比对，实现人脸识别。自动安全装备检查即调用 OpenCV 模板匹配函数，以安全帽、安全带等常用安全装备图像作为模板图像，搜索待检工人图像最相似区域。具体运行流程如图 9-27 所示。

系统经测试分析，具备良好的应用效果，如图 9-28 所示。

该系统能够简单、有效、快速地在工人作业前自动进行工人身份确认、工人作业行为能力检查、安全装备完整性检查；系统最多可对多人同时进行作业前安全装备完整性及作业行为能力自动检查工作，实现"一机多人"操作，有效提高安全检查效率。该系统具有硬件投入低、检测速度快、准确性高、应用场景广泛的优势，弥补了传统施工安全管理领域中自动化水平低的不足。该系统还可用于矿山、电力等行业的安全检查，具有较好的推广价值。

9.4.8　基于无线射频识别的建筑工人智能管理系统

建筑工人的管理效率对于工程建设的实施具有重大影响，针对目前施工现场对于建筑工人的管理仍然需要管理人员通过巡查方式进行管理，效率和效果不理想的问题，根据 BIM 与 RFID 在建筑工人安全管理中的实际运用，构建了一种基于无线射频识别的建筑工人智能管理系统。

该系统分为感知层、网络层和应用层，如图 9-29 所示。感知层主要由 RFID 系统构成，用于采集工人信息；网络层主要由标准信号转换器、交换机、路由器、光纤构成，用于信号传输；应用层主要由系统服务器、云计算服务器、用户 PC 端构成，用于整合收集到的工人数据，实现上述功能目标。

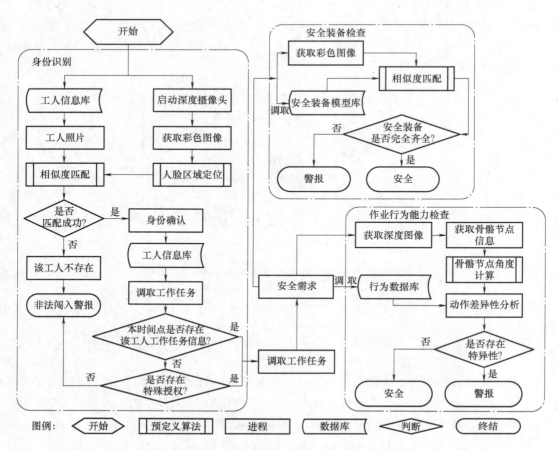

图 9-27　建筑工人安全装备智能快速检查系统运行流程

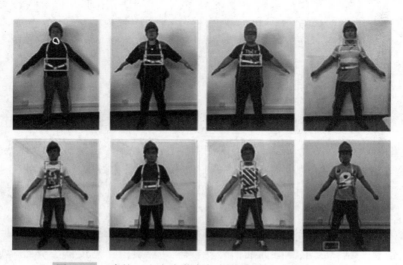

图 9-28　建筑工人安全装备智能快速检查系统应用效果

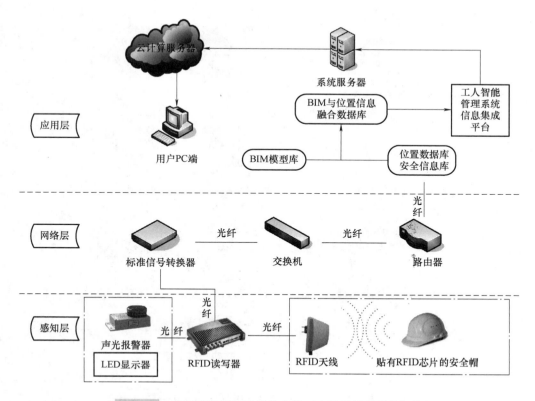

图 9-29 基于无线射频识别的建筑工人智能管理系统架构

该系统的运行流程是将施工现场划分为若干区域，并在区域出入口处放置 RFID 阅读器，当建筑工人佩戴装有 RFID 芯片的安全帽进出施工现场时，BIM 后台自动完成打卡上下班操作，实现到岗记录及工时计量功能；当工人进入每个工作区域时，都会读取其身份信息并且刷新其所在工作区域，实现工人身份读取及定位功能；当工人进入危险区域或无工作权限区域时，都会对其进行提醒，从而实现危险预警以及准入权限管理。具体运行流程如图 9-30 所示。

系统以某体育场施工项目进行可靠性和实用性的测试，经测试分析，具备良好的应用效果，如图 9-31 所示。

该系统以用于工人相关数据采集的 RFID 技术及用于数据集成和实现工人管理可视化的 BIM 技术为技术支撑，能够对工人进行工作、安全与行为的全面管理，具体实现工人的身份识别、工时计量、定位追踪、事故预警、权限管理等功能。

9.4.9 基于 VR 的施工安全行为能力智能训练系统

建筑施工是典型的高危活动，事故伤亡率居高不下。传统施工安全教育大多以理论讲授和视频观看为主，脱离了实际施工情境，缺乏体验和互动环节，很难切实提高学习者处理实际安全问题的能力，如图 9-32 所示。为此，针对传统施工安全教育的局限性，以虚拟现实和建筑信息模型技术为核心支撑，构建了基于 VR 的施工安全行为能力智能训练系统。

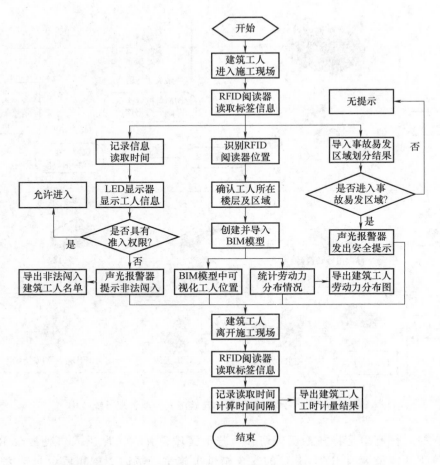

图 9-30   基于无线射频识别的建筑工人智能管理系统运行流程

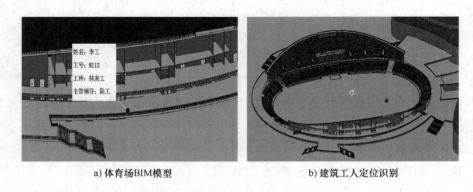

a) 体育场BIM模型   b) 建筑工人定位识别

图 9-31   基于无线射频识别的建筑工人智能管理系统应用效果

　　该系统以真实施工场景和典型施工安全事故为原始素材，巧妙地将深奥的事故致因机理、危险感知机理等科学原理融入虚拟现实环境中，建立了具有高沉浸感的施工安全行为能力训练与测评的系统平台。

图 9-32　传统说教式安全培训难以奏效

该系统可设置人物角色及任务情节，使用者将借助虚拟现实设备自主开展危险搜索、识别、分析、评价、决策、处置等活动。同时，系统将记录使用者的行为过程信息，并开展科学分析与评价，最终形成安全行为能力测评报告，并可据此进一步开展更具针对性的闭环反馈训练。

该系统遵循事故演化流程，布设了多条"故事线"，设置了自由探索模式、任务挑战模式、应急闯关模式（图 9-33），设计了众多的人机交互环节，提供适应线上线下环境的视觉、听觉、触觉多重互动体验，具有较强的自主探索性和操作趣味性。

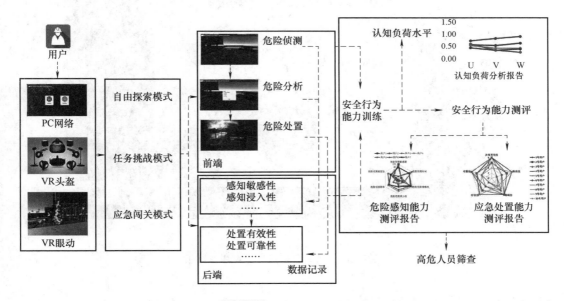

图 9-33　系统运行流程

该系统能够实现施工安全知识可视化学习、施工危险场景漫游与体验和施工安全能力训练与测评（图 9-34），具有实用性强、针对性高、交互性好、体验性佳的优点，能够激发和提高学习者的学习兴趣及积极性，使其能身临其境地体验真实施工现场危险环境，增强危险感知能力和自我保护意识，减少施工安全事故的发生。

a) 场景漫游与沉浸式学习

b) 危险源搜索识别

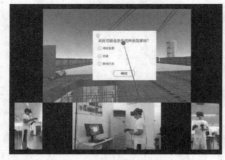
c) 危险源分析评价

d) 事故后果体验

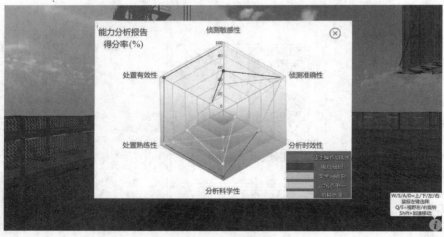
e) 能力分析报告

图 9-34　施工安全行为能力测评结果

9.5 智慧工地建设的挑战与发展

目前，人工智能、建筑信息模型、无线传感等在理论探索、技术创新、软硬件性能提升等方面迅速发展，并引发链式突破，推动经济社会各领域从数字化、网络化向智能化加速跃升。加之，建筑业转型升级迫在眉睫，智慧工地建设已成为建筑业发展的必然趋势，具有极其重要的先导意义。但是，目前智慧工地在发展中仍然存在一些不成熟和尚待突破之处，可归结为以下几个关键问题与挑战：

1. 人工智能等前沿技术与工程建设与管理的深度融合问题

目前，虽然智慧工地发展的顶层设计是由建筑业相关机构和人士推动的，但在技术实现层面主要由计算机、通信、软件、网络等领域的专业人士和厂商在实施研发。工程施工和设计企业的前期参与度不够，且更多的是被动接受并选择现有产品。由此带来的问题是：研发人员对工程问题的了解和理解不够，所提出的解决方案及产品与问题的匹配性不足，有些成果并没有融入实际工程活动。因此，如何提高建筑业和人工智能等前沿技术领域的专业人士的深度交流与协作，加强研发团队对工程建设与管理领域的问题的分析与理解，提高技术匹配性是一个需要重点关注的问题。

2. 智慧工地的前瞻性与实用性之间的平衡问题

目前，智慧工地所依托的人工智能、无线传感、建筑信息模型等技术均属于前沿技术，对操作者素质、使用环境等均有较高要求，前期投入也比较高。但是，建筑业本质上依然是粗放生产行业，工作环境、人员素养、企业利润等方面均与其他行业有明显差距。一些具有较好前瞻性的智慧工地解决方案及相关技术产品在推广中遇到了功能实用性、经济可行性等方面的矛盾冲突，不少成果仅停留在试验测试、示范展示等阶段，推广普及程度很低。因此，如何在技术前瞻性与功能实用性间取得平衡，同时做到操作简便、成本低廉、性能优越是影响智慧工地普及推广与可持续发展的关键问题。

3. 工程信息的更全面、更透彻感知的问题

目前，随着各类通信和通信技术、信息分析和处理技术的迅猛发展，智慧工地内涵特征中的"更全面的互联互通"和"更深入的智能化"已经能够得到较好的支撑。但是，由于建筑施工主要采用户外、分散作业，环境复杂、干扰众多导致工程信息繁杂，且模糊、异构、隐性信息较多，工程信息采集、特征提取等工作难度较大，智慧工地内涵特征中的"更透彻的感知"依然需要获得更有力的技术支撑。事实上，感知层是整个智慧工地系统的最底层，也是最重要的基础支撑层。如果无法实现更全面、更透彻的工程信息感知，则整个智慧工地系统便是"无源之水，无本之木"。因此，如何提高工程信息感知的广度、深度和精度是智慧工地发展中的重要基础问题。

纵观当前智慧工地建设的现状，机械化、数字化和自动化是最明显的特征。智慧工地主要应用集中于使用先进作业机械、应用信息管理系统、采用自动化作业和管理方式等，对于改善传统施工的粗放型作业方式有明显帮助。但是，也必须清醒地看到：这些方式更多的是对传统人工作业方式的补充和改进，信息分析、决策诊断等重要环节依然需要人工完成。例如，不少工地都装有数字化大屏幕，能将投资、进度、安全、环保等多方面的信息集中进行可视化展示，十分炫酷。但是，这些信息的综合分析依然需要人工完成。因此，当前智慧工地的"大脑"其实并不够强大，智能化程度也有待提升。

随着人工智能技术的不断高速发展，以及以"5G"技术为代表的新一代信息技术的不断进步，智慧工地的广度和深度都将不断扩展。未来的智慧工地的智能化程度将继续提升，远程操作、无人作业等新的工作模式将彻底改变传统施工所具有的劳动力密集的粗放特点，智慧工地的未来可期！

复习思考题

1. 在智慧工地的系统架构中，你认为哪个层次最重要？为什么？

2. 根据智慧工地的解决方案示例，你认为还有哪些智慧工地解决方案可以设计？

3. 在你心目中，理想的智慧工地是什么样的？

4. 由于工程项目具有唯一性，当某一工程项目建设完成后，其建造过程中搜集的数据信息可否在其他工程建设中被借鉴或使用？为什么？

5. 虚拟现实技术和增强现实技术在施工现场分别在何种状况下使用？

6. 你认为人工智能技术的发展会给施工现场带来何种变革？未来的施工管理会走向何方？

第 10 章
工程大数据环境下的建设工程信息管理

教学要求

　　本章介绍在工程大数据环境下，施工项目大数据的信息管理与施工项目中的信息，并系统分析管理过程中的信息流；掌握建设工程信息的编码体系、建设工程信息的优先选择、信息流程和信息过程管理。

10.1 工程大数据

　　近年来随着计算机、物联网和云计算等信息化技术以及传感技术的发展，人们可以使用数据来表达现实世界。数据的产生方式也由"人机""机物"的二元世界向融合社会资源、信息系统以及物理资源的三元世界转变，数据规模呈膨胀式发展。各领域的数据产生量如图 10-1 所示。

　　根据国际数据中心（IDC）发布的白皮书《数据时代 2025》预测，2025 年全球数据量将达到 163ZB，同时数据来源和数据结构也将产生变化，约有 85% 以上数据将以非结构化或半结构化的形式存在。

　　20 世纪 80 年代美国著名未来学家 Alvin Toffler 在《第三次浪潮》一书中将大数据赞颂为"第三次浪潮的华彩乐章"。2008 年 9 月，《科学》杂志发表文章 "Big Data：Science in the Petabyte Era"，同年 *Nature* 推出了 Big Data 专刊，"大数据"这个词开始广泛认识与传播。

10.1.1 大数据的定义及特性

1. 大数据的定义

随着大数据的流行，大数据的定义呈现多样化的趋势。本质上，大数据不仅意味着数据

图 10-1　各领域的数据产生量

的大容量，还体现了一些区别于"海量数据"和"非常大的数据"的特点。在现有的研究中有以下三种定义较为重要：

1）属性定义（Attributive Definition）：国际数据中心（IDC）是研究大数据及其影响的先驱，在 2011 年的报告中定义了大数据，"大数据技术描述了一个技术和体系的新时代，被设计于从大规模多样化的数据中通过高速捕获、发现和分析技术提取数据的价值"。这个定义刻画了大数据的 4 个显著特点，如图 10-2 所示，即规模性（Volume）、多样性（Variety）、高速性（Velocity）和价值性（Value），而"4Vs"定义的使用也较为广泛。

2）比较定义（Comparative Definition）：2011 年，McKinsey 公司的研究报告中将大数据定义为"超过了典型数据库软件工具捕获、存储、管理和分析数据能力的数据集"。该定义有两方面内涵：符合大数据标准的数据集大小是变化的，会随着时间推移、技术进步而增长；不同部门符合大数据标准的数据集大小会存在差别。

图 10-2　大数据的 4 个显著特点

3）体系定义（Architectural Definition）：美国国家标准和技术研究院 NIST 则认为"大数据是指数据的容量、数据的获取速度或者数据的表示限制了使用传统关系方法对数据的分析处理能力，需要使用水平扩展的机制以提高处理效率"。

大数据和传统数据的区别体现在以下几方面：首先，数据集的容量是区分两者的关键因素。传统数据常以 GB 作为数据单位，而大数据则以 TB 或 PB 描述，并且数据单位未来将随数据集容量的扩大不断更新。其次，数据有三种结构形式：结构化、半结构化和无结构化。传统数据通常是结构化的，易于标注和存储。而大部分大数据是非结构化的，如 Facebook、Twitter、YouTube 等大多数用户的数据都是非结构化的。再次，大数据对于数据集分析处理速率和数据产生速率的匹配有一定要求，以达到数据时间价值最大化。最后，大数据需要利用更多数据挖掘方法，以满足从低价值密度巨量数据中提取数据重要价值的要求。表 10-1 给出了两者的区别。

表 10-1　大数据与传统数据的区别

区　别　项	传统数据 Traditional Data	大数据 Big Data
容量	GB	不断更新（目前为 TB 或 PB）
生成频率	每小时，每天	更加频繁
数据结构	结构化	半结构化或非结构化
数据集成	集成式	分布式
数据来源	容易	困难
数据存储	关系型数据库管理系统	分布式文件系统、非关系型的数据库
数据使用	交互式	批处理或实时处理

2. 大数据的特性

大数据的特性即数据的规模性（Volume）、高速性（Velocity）、数据结构多样性（Variety）、价值性（Value）。下面针对每个特性分别进行阐述：

1）规模性（Volume）。规模性主要指大数据巨大的数据量和数据完整性，大数据数据量通常超过 10TB（1TB = 1024GB）规模以上。大数据有三方面来源：一是由于各种仪器和信息技术的发展和使用，人类扩大对现实世界的感知范围，这些事物的部分甚至全部数据都可以被存储；二是由于通信工具的使用，使得人们能够全时段联系，机器—机器（M2M）方式的出现使得交流数据量成倍增长；三是由于集成电路价格降低，智能化成为目前发展的趋势。

2）多样性（Variety）。多样性意味要在海量数据间发现其内在关联。数据类型正由传统的关系数据类型向网页、视频、音频、E-mail、文档等形式存在的未加工的、半结构化的和非结构化的数据发生转变。这对大数据的分析和挖掘技术提出更高要求，需要在各类数据中发现其中的关联性，把看似无用的信息转变为有效的信息，从而做出正确的判断。

3）高速性（Velocity）。高速性指需要更快地满足实时性需求。大数据强调数据是快速动态变化的，形成流式数据是大数据的重要特征，数据流动的速度快到难以用传统的系统去处理。

4）价值性（Value）。价值性指大数据的价值密度低，获取有效信息的难度随着数据量增大而增大。因此需要利用云计算、智能化开源实现平台等技术从巨量数据中挖掘有效信息。

除以上对大数据特性的通用性描述之外，不同应用领域的大数据的具体特性也存在差异性。如互联网领域需要实时处理和分析用户购买行为，以便及时制定推送方案，返回推荐结果来迎合和激发用户的消费行为，精度以及可靠性要求较高；医疗领域需要根据用户病例以及影像等信息判断病人的病情，由于其与人们的健康息息相关，所以其精度以及可靠性要求非常高。表 10-2 列举了不同领域大数据的具体特点以及应用案例。

表 10-2　不同领域大数据的具体特点以及应用案例

领域	用户数量	响应时间	数据规模	可靠性要求	精度要求	应　用　案　例
科学计算	小	慢	TB	一般	非常高	大型强子对撞数据分析
金融	大	非常快	GB	非常高	非常高	信用卡营销

（续）

领域	用户数量	响应时间	数据规模	可靠性要求	精度要求	应 用 案 例
医疗领域	大	快	EB	非常高	非常高	病历、影像分析
物联网	大	快	TB	高	高	迈阿密戴德县的智慧城
互联网	非常大	快	PB	高	高	网络点击流入侵检测
社交网络	非常大	快	PB	高	高	Facebook、微信等结构挖掘
移动设备	非常大	快	TB	高	高	可穿戴设备数据分析
多媒体	非常大	快	PB	高	一般	史上首部大数据制作的纸牌屋电视剧

10.1.2　大数据发展历史

数据集容量是大数据定义的关键特征。大数据的发展历史和数据集存储处理管理的能力紧密联系在一起。大数据的发展历史一般分为以下四个阶段。

1. Megabyte 到 Gigabyte

20 世纪 70 年代到 80 年代，商业数据容量首次从 Megabyte 达到 Gigabyte 的量级，从而引入最早的"大数据"的概念。由此产生对数据存储和查询关系型数据的需求，引出了数据库计算机（Database Machine）的概念。数据库计算机通过集成硬件和软件，以较小代价获得较好的处理性能。随着通用计算机的发展，后来的数据库系统主要是软件系统，减少了对硬件的限制条件。

2. Gigabyte 到 Terabyte

20 世纪 80 年代末期，数字技术的发展促使数据容量从 Gigabyte 达到 Terabyte 量级，由此提出"数据并行化技术"的概念，用于扩展存储能力和提高处理性能。在此基础上，又提出了几种基于底层硬件架构的并行数据库，包括内存共享数据库、软盘共享数据库和无共享（Share Nothing）数据库。

3. Terabyte 到 Petabyte

20 世纪 90 年代末期，Web1.0 使世界进入互联网时代，数据容量从 Terabyte 到 Petabyte 量级，对迅速增长网页内容的索引和查询能力提出新需求。为应对 Web 规模的数据管理和分析挑战，Google 提出了 GFS 文件系统和 MapReduce 编程模型。GFS 和 MapReduce 能够自动实现数据的并行化，并将大规模计算应用分布在大量商用服务器集群中。

4. Petabyte 到 Exabyte

根据现有的大数据发展趋势，数据集容量正从 Petabyte 迈向 Exabyte 量级。如何在 Exabyte 量级高效地处理数据成为产业界公司（如 EMC，Oracle，Microsoft，Google，Amazon 和 Facebook）的研究重点，以便更快地占领未来大数据领域的先机。2012 年 3 月美国政府宣布投资 2 亿美元推动大数据研究计划，范围涉及 DAPRA、国家健康研究所 NIH、国家自然科学基金 NSF 等美国国家机构。2015 年 8 月 31 日我国国务院印发《促进大数据发展行动纲要》，系统部署了我国大数据发展工作，将大数据提升至国家级发展战略层面。

10.1.3　大数据关键技术

大数据在各个领域应用的实现还需要多种技术协同工作。数据处理与存储需要文件系统提供支持，文件系统之上需要建立数据库系统便于对数据进行管理。通过建立索引向用户提供高效的数据查询等常用功能。最终通过数据分析技术从大数据中挖掘信息并用数据可视化等方式向用户呈现数据分析结果。

　　云计算是一种大规模的分布式模型，通过网络将抽象的、可伸缩的、便于管理的数据、服务、存储方式等传递给终端用户。云计算技术在大数据存储、管理与分析方面提供了有力支撑，被认为是大数据分析处理技术的核心原理。云计算包括 IaaS（基础层）、PaaS（中间层）和 SaaS（服务层）三个层面。Google 公司于 2006 年率先提出"云计算"概念，并基于云计算开发各种大数据处理技术和应用平台，例如分布式文件系统 GFS、分布式数据库 Big-Table、批处理技术 MapReduce 以及在此基础上产生的开源数据处理平台 Hadoop 等。表 10-3 对大数据的关键技术概念及实现功能进行简要介绍。

表 10-3　大数据的关键技术

技术类型	技术名称	概念及实现功能
数据存储技术	GFS	Google 开发的一种基于分布式集群的大型分布式处理系统，主要针对文件较大且读取大于写入的应用场景。GFS 具有良好的容错功能，能够处理大文件，通过数据分块、追加更新等方式实现海量数据的高速存储。为 Map Reduce 计算框架提供低层数据存储和数据可靠性的保障。后期为弥补 GFS 架构无法适应需求的情况，Google 对 GFS 系统重新设计并命名 Colossus，主要解决 GFS 的单点故障、海量小文件的存储问题。HDFS 和 CloudStore 也是模仿 GFS 开源实现的文件系统
	Cosmos	由微软公司自行研发的数据并行分布式文件系统，主要应用于搜索、广告等业务。Cosmos 具有多次复制数据的强大容错能力，拥有专属的硬件和软件机制以保证系统的可靠运行。通过增加集群中服务器的数量来实现存储容量和计算量的增加，处理 PB 级数据耗时少
	Haystack	由 Facebook 公司推出的专门针对海量小文件的文件系统，通过多个逻辑文件共享同一个物理文件、增加缓存层、部分元数据加载到内存等方式有效解决海量图片存储问题
数据管理技术	BigTable	Google 公司早期研发的持续性数据库系统，具有较强的容错能力，能自动负载均衡。BigTable 运用一个多维数据表，表中通过行、列关键字和时间戳来查询定位，用户可以自己动态控制数据的分布和格式，弥补了传统关系型分布式数据库无法适应大数据时代的数据存储要求
	Dynamo	由 Amazon 公司开发，综合使用了键/值存储、改进的分布式哈希表（DHT）、向量始终（Vector Clock）等技术实现完全分布式、去中心化的高可用系统
	PNUTS	Yahoo 公司研发的分布式数据库，通过使用弱一致性达到高可用性目标，适用于如在线的大量单个记录或小范围记录集合的读写访问，不适合存储大文件和流媒体
	Megastore	Google 开发 Megastore 系统弥补了 BigTable 模型简单导致支持传统关系数据库功能有限的缺陷，实现类似 RDBMS 的数据模型，并且提供了数据的强一致解决方案
	Spanner	由 Google 公司研发的第一个可以实现全球规模扩展并支持外部一致的事务数据库，对数据中心的不同操作分别支持强一致性和弱一致性，且支持更多自动操作

（续）

技术类型	技术名称	概念及实现功能
数据分析技术	MapReduce	MapReduce 是一种处理和产生大规模数据集的编程模型和高效的任务调度模型，被广泛应用于数据挖掘、数据分析、机器学习等领域，其并行式数据处理的方式已经成为大数据处理的关键技术
	Pregel	为弥补 MapReduce 在图计算产生大量不必要序列化和反序列化数据的缺陷，Google 设计并实现 Pregel 图计算模型。Pregel 是一种可扩展的图处理计算模型，可扩展性好，可随着图规模的增加进行分块处理。解决了传统的单机图处理算法限制处理问题的规模、现存的并行图处理系统的容错等问题
	Dremel	由 Google 提出的结合 Web 搜索的多级查询树和并行 DBMS 技术的数据级别的交互式数据分析系统，通过结合列存储和多层次的查询树实现极短时间内的海量数据分析
	PowerDrill	在不同应用场景与 Dremel 实现互相补充，实现技术也有较大差异。Dremel 应用于数据集分析，而 PowerDrill 应用于大数据量的核心数据集分析，对数据处理速度要求高，因此数据主要储存在内存中
	Dryad	由微软开发的类似 MapReduce 的数据处理模型，主要用于构建支持有向无环图（DAG）类型数据流的并行程序。避免了昂贵的软盘以及数据边共享内存，有效提升数据挖掘性能
大数据处理平台	Hadoop	Hadoop 是基于 MapReduce 编程框架和 HDFS 的块处理平台，数据的存储和服务分为 HDFS 和 HBase 两个层次，能够存储和读写海量数据并兼容各种结构化或非结构化的数据。目前被广泛应用于原始数据存储、数据分析以及索引编制、模式识别和建立推荐引擎等任务中
	Hadapt	一种开源的分布式密集数据处理平台，主要包括 Thor、Roxie、ECL 等组件。Hadapt 结合了 Hadoop 和关系数据库管理软件的优点，能够在私有云上和公共云上运行。Hadapt 节点的结构化数据存储在 RDBMS 中，非结构化数据存储在 HDFS 中
	HPCC	一种高性能的自适应分布式密集数据处理平台，能够充分满足密集数据的计算需求，可靠性高，拓展性好，Amazon 公司已将 HPCC 部署在其云计算平台上

10.1.4 大数据原型系统架构及应用领域

1. 大数据原型系统

（1）大数据系统流程

大数据是一个复杂的、根据数据生命周期（从数据的产生到消亡）的不同阶段数据处理功能的系统。大数据出现颠覆了传统数据处理的一系列技术，针对大数据规模性、多样性、高速性、价值性的特点将大数据系统流程划分为大数据采集、大数据处理与存储、大数据分析、大数据展现和应用四个阶段。

1）大数据采集。大数据采集是大数据处理流程中的一步，目前常用的数据采集手段有传感器获取、无线射频识别（RFID）、数据检索分类工具（如百度和 Google 等搜索引擎），以及条码技术等。大数据采集的挑战是并发数高、流式数据速度快。

2）大数据处理与存储。大数据处理与存储是对已采集数据进行处理、清洗、去噪和进一步的集成存储。改进的轻型数据库能够满足大数据的存储、简单查询与处理请求。但数据量超过轻型数据库的存储能力时，则需要借助于大型分布式数据库或存储集群平台。随着互联网技术和云计算技术的发展，建立在分布式存储基础上的云存储已经成为大数据存储的主要趋势。大数据处理与存储的主要挑战是数据异构、结构多样、规模大。

3）大数据分析。大数据分析是大数据处理流程的核心部分。经过数据处理与存储后得到数据分析的原始数据，再根据用户的应用需求对数据进行进一步的处理和分析。Google 公司于 2006 年率先提出"云计算"的概念，依托内部研发的一系列云计算技术衍生出各类内部数据应用平台。大数据分析的主要挑战在于导入数据量大，查询请求多和数据挖掘的算法复杂，计算量大。

4）大数据展现和应用。作为大数据的最终使用者，广大用户更关心大数据分析结果的展示与应用而非数据的分析处理过程。大数据展现和应用包括大数据检索、大数据可视化、大数据应用和大数据安全等。由于以文本形式输出结果的传统数据无法满足大数据的输出需求，有企业提出了"数据可视化技术"的方式，通过可视化结果分析形象地展示数据分析结果，方便用户对结果的理解和接受。大数据展示和应用的挑战在于数据维度高、呈现需求多样化。大数据系统流程如图 10-3 所示。

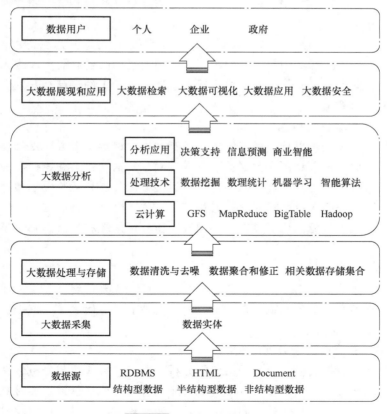

图 10-3　大数据系统流程

（2）大数据原型系统架构

大数据的技术体系涉及整个软硬件系统各个层面的综合性信息处理技术，完整的大数据原型系统主要包括基础设施与资源层、存储层、计算层、分析算法层和应用层。

1）基础设施与资源层。目前大数据处理采用通用化集群为主的硬件基础架构满足大数据处理对计算和存储资源的需求，目前已普遍使用价格不高、性能优良的普通商用服务器构建集群系统代替昂贵的大规模并行计算系统。

2）存储层。大数据处理首先需要解决的是大数据的存储管理问题。在大规模集群环境下，为了提供巨大的数据存储和并发访问能力，普遍利用可扩展的分布式存储技术。但分布式文件系统通常只提供基于文件方式的基础性大数据存储访问形式，缺少对结构化或半结构化数据的存储管理和访问能力。因此人们又提出了面向结构化和半结构化数据存储管理和查询分析的 SQL 和 NoSQL 大数据存储和查询管理技术和系统。

3）计算层。大数据的数据规模决定了传统的串行计算方法无法高效完成计算处理工作。因此，需要提供大规模数据并行化计算方法和系统平台。第一代主流的大数据并行计算框架主要是 MapReduce 系统，为满足日益增加的大数据处理需求，研究人员又提出了开源的分布式密集数据处理平台 Hadapt 和高性能的自适应分布式密集数据处理平台 HPCC 以弥补 MapReduce 在处理复杂计算模式问题时在计算性能上天生的不足和缺陷。

4）分析算法层。大数据分析算法以及各种综合性分析模型和分析算法包括基础性机器学习与数据挖掘并行化算法以及各种综合性复杂分析并行化算法。然而很多现有的串行化的机器学习和数据挖掘算法的数据处理效率低，因此需要对这些机器学习和数据挖掘算法进一步进行并行化算法设计。

5）应用层。大数据应用系统首先需要提供和使用各种大数据应用开发的运行环境和工具平台，还需要相关应用领域的、专家归纳行业应用的具体问题和需求、构建行业应用的基本业务模型，最后开发人员根据以上内容进行大数据应用系统的设计与开发。

2. 大数据的应用领域

（1）企业内部大数据的应用

企业内部应用大数据可以从市场、销售、运营和供应链等多个方面提升企业的生产效率和竞争力。市场方面，可以利用大数据关联分析准确了解消费行为并挖掘新的商业模式；销售方面，通过大量数据的比较，优化商品价格；运营方面，提高运营效率和运营满意度，优化劳动力投入，准确预测人员配置要求，避免产能过剩，降低人员成本；供应链方面，利用大数据进行库存优化、物流优化、供应商协同等工作，可以缓和供需之间的矛盾、控制预算开支、提升服务。

（2）物联网大数据的应用

物联网不仅是大数据的重要来源，还是大数据应用的主要市场。由于物体种类繁多，物联网的应用也层出不穷。智慧城市就是基于物联网大数据的应用之一。基于物联网大数据的智慧城市应用如图 10-4 所示。

（3）面向在线社交网络大数据的应用

在线社交网络大数据的应用包括网络舆情分析、网络情报搜集与分析、社会化营销、政府决策支持、在线教育等。在线社交网络大数据应用可以从前期警告、实时监控、实时反馈三方面帮助了解用户行为并掌握社会和经济活动的变化规律。通过对在线用户当前行为、情

图 10-4　大数据在智慧城市的应用

感和意愿等方面的监控，可以为政策和方案的制定提供准确的信息，并且能够针对某些社会活动获得群体的反馈信息。

（4）群智感知

在移动设备被广泛使用的背景下，群智感知开始成为移动计算领域的应用热点。大量用户使用移动智能设备作为基本节点，通过蓝牙、无线网络和移动互联网等方式进行协作，分发感知任务，收集、利用感知数据，最终完成大规模的、复杂的社会感知任务。众包（Crowd Sourcing）是一种极具代表性的群智感知模式。众包以用户为基础，以自由参与的方式分发任务。目前众包已经被运用于语言翻译、语音识别、图像地理信息标记、定位与导航、城市道路交通感知、市场预测、意见挖掘等领域。众包的优势在于无须部署感知模块和雇佣专业人员就能够有效扩展群智感知范围。

（5）面向计量经济学领域大数据的应用

计量经济学作为经济学领域的一个重要分支，主要以社会经济活动的实际数据为素材，以统计分析方法为手段，以预测和识别因果关系为目标，为经济管理的实证研究和量化分析提供理论基础和方法工具。在大数据时代，新的数据形式和数据中变量间的新型复杂关系给计量经济学带来前所未有的挑战，但也给计量经济学的发展和原创性的理论突破带来千载难逢的机遇。例如，利用大数据技术可以进行宏观数据复杂关系建模和预测，利用大数据来展开因果推断以及政策评估等。

10.1.5　工程大数据及影响和应用

1. 工程中的大数据及其影响

随着信息采集技术的发展，3S、3D 激光扫描等采集设备将产生巨量的工程项目数据，这种体量的数据已远远超过人工处理的能力，需要采用新的数据处理和分析技术处理工程项目的数据。数据类型丰富体现在项目建设过程中存在大量不同类型且快速增加的数据，如设计阶段的 3D 建模数据，项目在测试、制造及使用和维护过程中产生的实时监控数据。数据类型包括文本、图像、视频、三维模型等多类型数据。

大数据技术为工程项目的管理带来了新的发展思路，通过对历史数据和现有数据的及时整合，有效地预防工程项目管理中存在的风险性问题，解决工程项目管理中存在的困境。未来工程项目的底层工作（如信息搜集、建造等工作）将由机器取代人工，因此工程项目管理需要面对的问题是如何处理项目各阶段产生的大量数据并做出有效决策。由此，本书提出了基于大数据的工程项目管理模型，该模型由生命维、领域维和方法维三个维度组成。生命维是指建设项目全生命周期的各个阶段，方法维是指大数据处理方法，领域维是指 PMBOK 划分的工程项目管理十大知识领域。各维度具体包括的内容如图 10-5 所示。

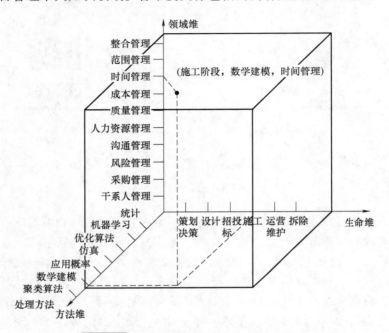

图 10-5　基于大数据的工程项目管理模型

2. 工程大数据技术在工程项目管理的应用

信息技术和信息化的普及，工程项目管理的数据特征，正在从传统数据逐步转变为以"数据"为特征。这里无论是大数据还是小数据，都带来了工作内容和技术的变革。这种以大数据分析和小数据处理为特征的趋势，将带来工程项目管理各个知识模块具体工作的理论与方法的逐步升级。结合基于大数据的工程项目管理模型，下面列举大数据在工程项目管理几个方面的应用。

（1）在项目施工管理的应用

在施工过程中，大数据和智慧工地相辅相成，图 10-6 表示了在隧道盾构施工中，施工监控数据实时传输系统获取施工大数据。再如，在施工安全管理中，借助大数据技术能够通过施工实时数据识别致险因素，帮助管理人员排除潜在安全隐患，提高施工的安全性。

在人员安全管理中，借助大数据技术管理人员能够对施工人员的施工时间和施工行为进行有效监督，如分析施工人员持续施工时间并进行警示，避免出现疲劳施工情况。同时管理人员还能掌握施工安全设施的领用情况，强调施工人员的安全行为规范意识。

（2）在项目招投标管理的应用

目前，大数据在招投标领域有三方面应用，对招投标中存在的难题提供支持：①利用大数据建立动态采购信息数据库，其中包含招标人、投标人基本信息和交易信息，有助于招标

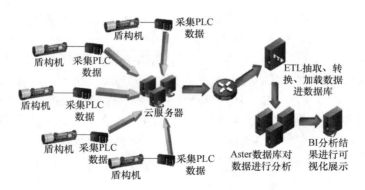

图 10-6 基于大数据技术在隧道盾构数据收集及分析系统

人查找类似项目的招标方案、评标方法、合同条件、市场报价，招标人及时了解市场状况；②大数据为评标工作提供有力的支撑，通过大数据技术可以实现招标人采购、评标委员会评标、承包商履约一体化管理，可以缩短评标时间、提高评标质量并降低评标成本；③借助大数据技术建立承包商履约信息系统，通过联网方式从政府部门或公共资源交易数据平台获得承包商的基本信息和诚信档案，限制不诚信承包商的投标名额，提高违约成本，降低公共资源交易合同的监督和矫正成本。

2015 年，国家发展和改革委员会发布了《关于扎实开展国家电子招标投标试点工作的通知》，确立了在浙江、福建、湖北、湖南、甘肃五省份以及广州市、深圳市、昆明市、宜宾市四个城市开展电子招投标试点工作。部分试点省市在招投标监管中应用大数据取得的成效见表 10-4。

表 10-4 大数据招投标试点省市应用情况

试点城市	应用成效
广州市	2002 年广州市建设工程交易中心开始借助计算机辅助招投标工作 2009 年广州市建设工程交易中心开始对房屋建筑和市政基础设施非复杂大型工程项目实行全过程电子招投标 2015 年广州市公共资源交易中心成为全国首批电子招投标试点单位 2016 年广州市公共资源交易中心推进在线行政监管和纪检监察，同时实时更新监管数据信息并上传至电子招投标数据信息库，实现了数据信息的共享共用
深圳市	2014 年，深圳市升级改造了对面向招标人和投标人的公共服务平台、交易平台和面向建设行政主管部门的行政监管平台三大电子招投标应用平台；同时，深圳市电子招投标系统通过利用大数据技术，实现了业务处理自动核验与智能分析，以及投标资格的自动检验与判断
湖北省	2015 年湖北省电子招投标交易云平台成为国家电子招投标试点平台，在此基础上湖北省建立起基于大数据技术的公共资源电子监督平台系统，促成多方位监督模式 湖北省通过监督平台强化信用管理，把公共资源交易诚信体系纳入"信用湖北"建设，实现湖北省信用信息发布平台与信用中国、信用湖北等 11 个信用网站对接，累计发布不良行为记录信息约 1500 条，接受查询 21000 余次

（3）在运维管理中的应用

1）建筑能耗分析。工程中影响建筑能耗中最为关键的因素是建筑占用，建筑占用对建筑的光照、整个建筑的热交换会产生重要的影响。应用大数据处理软件分析工程相关的数据参数，从而有利于分析整个工程项目的能耗问题。

2）设施安全管理。通过分析各施工设备的使用年限、工作时长、运行效率、维修次数等数据描述设备的运行状态，及时保养维护施工设备，避免发生机械设备安全事故。

3）灾害分析。在建筑结构的破坏检测过程中应用大数据检测技术不仅可以提升检测数据的精度，还可以对结构进行更加系统的分析。在重大灾害后（比如地震后），利用无人机对破坏的建筑结构进行检测，可以在短时间内观测并分析到破坏建筑的大量数据以及破坏建筑的图像，对图像进行处理和分析，有利于节约时间，对后续的救援工作十分重要。

10.2 建设工程信息管理体系

10.2.1 建设工程信息管理发展与现状

1. 建设工程信息管理发展历程

建设工程项目信息具有数量庞大、类型复杂、来源丰富、存储分散等特点，在传统的工作方式下，建设工程项目信息分散掌握在项目的业主、设计人员、承包商等不同参与方手中，整体上被分割成信息孤岛，从而出现相互配合失误、信息失真、重复劳动，因而导致效率低。随着信息技术的发展，信息管理方式也发生了革命性变化。建设工程信息管理发展经历了以下三个阶段：

（1）传统管理阶段

传统管理阶段主要是以人工方式收集项目信息，并通过项目管理人员的经验来处理信息。该阶段信息管理以文档管理为主。文档内容包括结构设计文件、施工资料文件、施工记录、工程验收文件等。文档传递方式为信息管理人员利用传真、邮件及特快专递等方式将各类文档及施工图送到参与方手中。传统文档管理模式存在投入人力物力大，劳动强度高，纸质文档易破损、丢失、受潮等问题，逐渐难以满足建筑业发展的需求。

（2）信息管理阶段

在计算机及相关信息技术迅速发展和广泛应用的背景下，建设工程信息管理进入了信息管理阶段。该阶段主要以计算机为工具，以自动化信息处理和信息系统建造为主要内容，着眼于信息流的控制。最初计算机的数据处理仅应用在局部环节和操作层次上，主要目的在于使用机器代替手工劳动，提高数据处理速度和效率。但由于数据量不断增大，内容日益复杂，不仅需要组织和处理大量数据，还需要对数据进行存储、保护和读取。因此，管理信息系统（Management Information System，MIS）以及各类自动化信息系统应运而生。进入20世纪60年代后，MIS成为计算机信息系统最具代表性的处理工具。

数据库技术、因特网和TCP/IP为代表的计算机网络技术的发展促进了信息系统向多样化方向发展。建筑业学者将项目管理理论实践和管理信息系统结合，提出项目管理信息系统（Project Management Information System，PMIS），PMIS主要采用项目管理的方法，运用动态控制原理，通过对比项目管理的投资、进度和质量的实际值与计划值，分析原因并采取控制措施。PMIS主要包括项目投资控制、进度控制、质量控制、合同管理等功能模块。

（3）信息资源管理阶段

然而在信息管理阶段，信息系统主要面向单个部门或项目部，仅停留在微观层面上，导致信息系统分散化和小型化，无法实现项目整体层面的信息共享和信息效益。基于以上背景，学者和企业提出了信息资源管理阶段，该阶段着眼于对建设项目信息过程的综合性、全方位控制和协调。为解决建设项目信息管理协同工作的能力，学者提出了项目信息门户（Project Information Portal，PIP），PIP 是在项目主题网站（Project-Specific Web Sites）和项目外联网（Project Extranet）的基础上发展而来的项目信息管理应用概念。PIP 是在对项目实施全过程中项目参与方产生的信息和知识进行集中式管理的基础上，为项目参与方在 Internet 平台上提供一个项目信息单一入口。PIP 目的是为工程项目各参与方提供高效信息沟通和协同工作的环境，具有加强信息存储与沟通、提高信息可获取性和可重用性、改变项目信息获取方式的特点。

2. 建设工程信息管理发展现状

尽管信息化已经开展了 20 多年，但对于整个行业的普及还任重道远。信息壁垒仍然严重阻碍了建设工程管理乃至建筑业效率的提升。不同组织、不同专业、不同过程之间的信息壁垒，如图 10-7 所示。

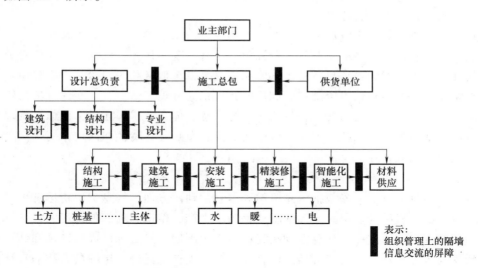

图 10-7　建设工程管理中的信息壁垒

相对于制造业，建筑业在信息技术上的投入还远远不够，例如美国制造业在信息技术方面的花费几乎超过建筑业 6 倍。毫无疑问，先进信息技术的运用对于建筑业所面临问题的解决同样也至关重要。互联网技术、BIM 技术、物联网技术及其他相关信息技术正在带来建设管理的变革。

BIM 技术的应用不仅体现在可视化上，还体现在项目信息的交换共享和项目各参与方的协同工作方面。BIM 技术的应用，使得包含项目设计、施工、运营和拆除报废的全生命周期过程信息，能够为项目建设过程中项目各参与方、各功能模块间提供信息交换和共享服务。

随着 3D 激光扫描、无人机、3S 技术等各类新兴信息采集技术的出现，如何在项目管理信息系统中合理使用所采集的项目信息成为亟待解决的新问题，为此有学者通过集成项目信息门户（PIP）、物联网（IoT）和建筑信息模型（BIM）技术提出了集成的建设工程项目管理信息系统。集成的建设工程管理信息系统通过大数据、云计算、PIP、IoT 和 BIM 等技术系统性集成解决方案，将建设工程全生命周期内各参与方、各管理要素信息集成在一起，实现对项目信息的协作性创建、共享、管理和使用。

多种新兴信息技术集成的建设工程项目管理信息系统不仅能全面支持建设工程质量、进度、成本、安全、环保、合同等管理功能，还具有广泛集成、精益管理、动态优化等显著特点，能从信源、编码、信道等方面提高建设工程信息管理质量，实现了现代工程项目管理的新理论和新方法，是未来建设工程信息管理的发展方向。

10.2.2 建设工程信息管理体系内容

1. 建设工程信息管理的构成要素

信息管理是与信息有关的社会活动，一般认为信息管理的构成要素包括以下几种：

（1）信息管理的主体

建设工程信息管理的主体是指建设工程信息管理活动的参与方，包括个人和职能部门。需要指出的是，信息管理主体不仅指专职的信息管理人员和信息管理机构，还包括进行部分信息管理活动的建设工程各参与方。

信息管理主体应具有三方面的基本素质。第一，信息认知能力是必备素质。信息管理活动中信息资源是客体，主体必须对信息资源价值具有一定的认知，包括对不同信息处理工具下信息属性的认识和对建设项目信息需求的认识。第二，信息利用观念是中心意识。信息利用观念指主体应该加强对信息资源持续利用的意识，充分理解信息管理在建设项目管理中的重要性。第三，信息处理能力是必备技能。信息管理主体需要掌握建设工程信息管理中必要的信息技术，如管理信息系统、BIM 等，以便对信息做必要的转换和处理，使得信息具有不同的空间及时间表现特性。

（2）信息管理的对象

建设工程信息管理的对象包括信息资源和信息活动两方面。信息资源指信息生产者、信息和信息技术的有机结合。信息活动的本质是为了生产、传递和利用信息资源，信息资源是信息活动的对象和结果之一。信息活动指建设生产中围绕信息资源形成、传递和利用而开展的管理活动与服务活动。建设工程信息活动又分为个人信息活动、组织信息活动和社会信息活动三个层次。

2. 建设工程信息管理的目标

建设工程信息管理的目标是将信息资源与信息用户（业主、施工方、设计方、供应商等）联系起来，科学管理项目建设过程中产生的信息资源，最大限度地满足用户的信息需求。信息管理的目标体现在以下两个方面：

第一，开发项目信息资源，为项目管理提供信息服务。若没有有效整合处理海量的项目数据，管理人员就无法准确掌握项目情况并做出合理决策。信息成为有效资源的必要条件是进行有效的信息管理，通过感知、加工、存储、处理信息等过程，把分散、无序的信息加工成系统、有序的信息流，向项目各参与方提供信息服务，从而发挥信息的效用。

第二，合理配置信息资源，满足项目信息需求。在建设项目中，信息资源存在分布不均衡的问题，信息资源一般分散在各参与方手中，较难集中，如果没有合理有效的信息管理制度加以协调，整个项目建设过程的信息交流和资源共享就会遇到障碍。因此信息管理的目标就是在信息流通的各环节寻找平衡点，优化信息资源的体系结构，最大限度地满足项目管理的信息需求。

3. 建设工程信息管理的职能

（1）信息管理计划

信息管理计划职能是结合建设项目的建设计划、设计方案、施工方法与信息管理目标而制订的信息管理阶段任务，并规定了实现阶段任务的途径和方法。信息管理计划职能通过制订各类信息管理计划，从而把信息管理总目标转化为子目标，协助信息管理组织按时完成信息管理建设并做好控制工作。

信息管理计划又分为信息资源计划和信息系统建设计划。信息资源计划（Information Resource Planning，IRP）是指对建设活动中所需要的信息从采集、处理、传输到使用和维护的全面计划，是对信息资源管理战略规划的具体落实。信息系统建设计划是指规划关于建设信息系统的纲领性文件，内容包括信息系统建设范围、信息资源需求规划、系统建设费用预算、系统建设进度安排和相关的专题计划。专题计划包括质量保证计划、配置管理计划、测试计划、信息准备计划和系统切换计划等。

（2）信息管理组织

要保障建设工程信息管理计划的实施，需要建立相应的信息管理组织。建立与信息管理业务相适应的机构是实现信息管理计划的关键，信息机构主要由以下职能部门组成：信息收集部门、信息处理部门、信息使用部门、信息咨询部门和信息管理部门。此外，还应该明确信息管理部门与其他业务部门的关系，提高信息管理组织的有效性。

（3）信息管理执行

信息管理执行是指正式开始建设工程信息管理建设而进行的工作过程，是将信息管理目标和计划落地实施的阶段，因此也是信息管理最为重要的职能。信息资源计划的执行内容包括定义项目管理职能、分析职能域业务、分析职能信息流、建立信息资源管理基础标准、建立信息系统功能模型和建立信息系统体系结构模型等。信息系统建设计划执行就是利用信息系统将信息资源计划中确定的信息资源基础标准、信息系统功能模型、数据模型和体系结构模型转化为可操作的系统，为建设工程信息管理所用。

（4）信息管理控制

信息管理控制职能起到确保信息管理目标和计划顺利实现的功能，该过程主要需要在整个信息管理期间内开展。信息管理部门通过比较信息管理计划确定的标准和信息管理工作实施进度，从而判断信息管理的工作费用、进度是否出现偏差，并在出现偏差时进行纠正。通过调整信息管理实施方案以起到控制职能，进一步利用实施定期回顾性审查来记录经验教训，以便改进过程。最后，对剩余未完成的工作计划重新进行优先级排序，尽可能保证信息管理计划顺利实施。

10.2.3　建设管理信息系统举例

北京大兴国际机场位于我国北京市大兴区与河北省廊坊市广阳区交界处，建成后综合体建筑共计 140 万 m^2，可停靠飞机的指廊展开长度超过 4000m，有"三纵一横"四条跑道（远期规划"四纵两横"6 条民用跑道），拥有机位共 268 个。

智慧工地集成管理平台包括施工策划、进度管理、人员管理、设备管理、成本管理、质量管理、协同管理共7各模块，满足项目工地实现对人员、设备、流程等环节的管理，保证项目平稳有序地开展。该平台实现了实时管理、智慧决策、风险预警功能，在一站式数据融合、可视化展现、综合分析及预警推送方面取得较好的应用。该集成平台的主要技术包括BIM、GIS、云计算、多终端信息研究分发技术、数据共享与协同工作技术、物联网数据融合技术、智慧工地数据库技术和智慧工地数据分析预警研究技术。

平台采用 Java EE 及基于 OSG 的 GIS 引擎的开发平台，面向对象的架构及客户端的技术方法，具有良好的系统稳定性、环境适应性、安全可靠性和高效的数据交换能力。平台总体架构如图 10-8 所示。

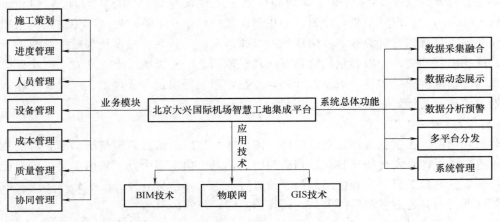

图 10-8　北京大兴国际机场智慧工地平台总体架构

10.3 建设工程信息管理控制

10.3.1 建设工程信息管理控制的基本概念、目标和特点、原则、过程及方法

1. 建设工程信息管理控制的基本概念

以系统论、信息论和控制论为依据，建设工程信息管理控制是指信息管理人员为确保信息管理目标和计划顺利实现，在建设工程信息管理建设过程中，根据所制定的标准对信息管理实施情况进行监控、评价、纠正的过程。建设工程信息管理控制是信息管理的重要职能，贯穿于信息管理的全过程，具有长期性、连续性和艰巨性等特点。

2. 建设工程信息管理控制的目标和特点

（1）信息管理控制的目标

1）限制偏差的积累。建设工程信息管理实施阶段出现进度、成本等方面的小偏差并不会立即体现在实施过程中，但长此累积的小偏差最终会对信息管理工作计划的正常实施造成威胁。因此信息管理控制应能够及时获取管理信息系统实施过程的偏差信息，并及时采取针对性的纠正措施，以保证计划的顺利实施。

2）调整已确定的目标和计划。建设工程信息管理工作的内外部环境常常会受到建设项目施工方案、人员组织安排、建设周期等因素的影响，导致计划的执行过程产生偏差，有时其至可能要求改变目标本身。因此需要及时调整已确定的目标和计划，使之适应所对应项目的变化，从而纠正进度与目标和计划的偏差。

（2）信息管理控制的特点

信息管理控制具有普遍性和全程性两方面特点。信息管理控制的普遍性在于信息管理控制内容多、范围广。需要对信息管理实施过程中的开发人员、软硬件设备、信息、项目参与方等要素进行管理和控制。全程性在于管理控制工作存在于建设工程项目管理的全过程中，在计划实施的各个阶段进行纠偏。管理控制工作不仅可以保持信息管理工作的正常进行，还可以在必要的时候改变工作进展。正确的管理控制工作可能产生新的项目目标、提出新的计划、改变人员安排等，使得信息管理的组织效率得以创新和提高。

3. 建设工程信息管理控制的原则

建设工程信息管理控制是一项重要的管理职能。无效的控制工作会导致信息管理计划失效以及影响信息管理工作实施的最终效果，导致建设项目信息资源得不到充分利用。有效的控制需要遵循以下科学的控制原则：

1）未来导向原则。未来导向原则指信息管理控制工作不应局限于当前实施工作偏差，而需要同步分析实际实施情况是否和计划存在偏差。

2）反映设计要求原则和组织适应性原则。反映计划要求原则指所设计的控制系统需要尽可能反映计划的特点和关键点；组织适应性原则指信息控制工作必须反映开发人员的组织结构类型和状况。

3）关键点原则。关键点原则指控制工作要突出建设工程信息管理工作的重点和目标，不能只从某个局部利益出发。

4）例外原则和及时性原则。例外原则指控制工作应重点关注计划实施中关键点的例外偏差；及时性原则指在控制工作中应及时发现偏差并采取对应的措施。

5）客观性原则和准确性原则。客观性原则指控制工作要采用科学的方法，尊重客观事实，而非凭个人的主观经验或直觉判断；准确性原则指控制系统需要提供准确的信息进行决策。

6）弹性原则。弹性原则指控制系统应具有足够的弹性以适应各种不利的环境变化。

7）经济性原则。经济性原则指有效的管控工作是以最小的费用或其他代价来实现预期的控制目的。

4. 建设工程信息管理控制的过程

建设工程信息管理控制的基本过程包括以下三个步骤：确定标准、衡量绩效和采取措施。

（1）确定标准

标准必须从计划中产生，计划必须先于控制，因此建设工程信息管理计划工作是控制的前提。制订好计划后，控制工作的第一步是根据已有的计划针对性制定详细的控制标准。控制标准具体包括实物标准、成本标准、收益标准、计划标准、无形标准和指标标准等。

（2）衡量绩效

衡量绩效是信息管理控制的反馈过程。衡量绩效的过程是在确定控制标准后，实施人员首先收集衡量所需要的信息，考虑衡量依据和衡量标准的选择。这样，一方面可以反映出信息管理计划的执行过程，另一方面可以及时发现已发生或即将发生的偏差。

（3）采取措施

根据衡量和分析的结果，需要在下列三种控制措施中选择一种适当的措施：维持原状、纠正偏差和修订标准。当衡量绩效的结果符合建设工程信息管理实施的预期目标时，选择继续维持原状；若由于绩效不足产生偏差时，选择采取纠正偏差的措施；若由于制定的标准过高或过低导致偏差时，应选择采取修订标准的措施。

5. 建设工程信息管理控制的方法

（1）建设工程信息管理实施过程

建设工程信息管理控制常采用项目管理的方法来完成某项任务。在信息管理工作实施过程中，往往会因为多种原因导致项目的实际进度早于或晚于计划进度，或者已发生的实际成本高于或低于计划成本。因此需要对原项目计划进行必要的调整，信息管理的实施过程如图10-9所示。

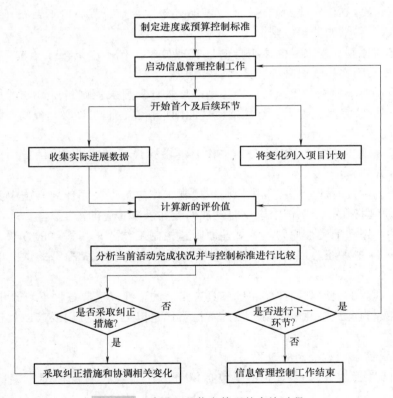

图 10-9　建设工程信息管理的实施过程

建设工程信息管理实施过程中一般从以下三方面进行变更调整：

1）重点控制信息管理工作中即将实施的环节，积极挽回时间和成本，尽早进行干预。

2）重点关注信息管理实施时间长、成本预算大的环节，判断是否能减少该环节消耗的时间和成本。

3）加强未进行的信息管理环节的细化工作，尽可能压缩时间和成本。

（2）信息管理控制的技术与工具

分析当前活动完成状况并与控制标准进行比较的方法包括数据分析法、关键路径法、资源优化、提前量和滞后量、进度压缩等方法。

1）数据分析法。数据分析法主要利用信息管理实施过程产生的各项数据形成对应指标，以此评价实际与计划的偏差情况。具体又分为挣值分析、迭代燃尽图、绩效审查、趋势分析、偏差分析和假设情景分析方法。管理人员根据获得的数据类型和分析要求选取相应方法进行对比。

2）关键路径法。关键路径法通过使用网络图，按照最短周期、最小成本和最小资源消耗等寻找关键路径进行控制。沿进度网络路径使用顺推与逆推法，计算出信息管理工作的最早开始、最早结束、最晚开始和最晚完成日期。

3）资源优化。资源优化用于调整信息管理工作的开始和完成日期，以调整计划使用的资源，使其等于或少于可用的资源。

4）提前量和滞后量。提前量是相对于紧前活动，紧后活动可以提前的时间量。滞后量是相对于紧前活动，紧后活动需要推迟的时间量。通过调整紧后活动的开始时间来编制一份切实可行的进度计划。提前量用于在条件许可的情况下提早开始紧后活动；而滞后量是在某些限制条件下，在紧前和紧后活动之间增加一段不需工作或资源的自然时间。

5）进度压缩。进度压缩是指在不缩减信息管理工作范围的前提下，缩短或加快进度，以满足信息管理的计划和目标。进度压缩的方法包括赶工和快速跟进。赶工指通过增加资源，以最小的成本代价来压缩进度工期的一种技术，可能导致风险和成本的增加。快速跟进指将正常情况下按顺序进行的活动或阶段改为至少是部分并行开展，可能导致成本增加。

10.3.2 建设工程信息管理控制制度

1. 建设工程信息管理控制制度的概念

建设工程信息管理控制制度是指以信息管理实施人员的职责分工为基础，对建设项目各类活动的信息进行制约和协调的一种管理制度。制定信息管理控制制度的目的是确保建设工程信息管理过程中信息资源的准确可靠和及时性，提高信息管理的效率和效用。

信息管理控制的主体是建设项目信息管理负责人；信息管理控制的客体是建设项目各类活动所产生和需要的信息资源；信息管理控制的目标是确保信息资源的准确性、可靠性和及时性，保证项目管理人员的指令得以执行，促进项目建设的规范化和高效性；信息管理控制的本质是建设项目管理制度的一个部分。

2. 建设工程信息管理控制制度的作用

（1）实现建设项目目标

随着信息技术的发展和开始广泛应用在建设项目领域，信息资源成为建设项目的重要资源之一。因此健全和有效执行的信息管理控制制度是完成项目目标的有效方法。

（2）实现建设工作高效运转

建设工程信息管理控制制度可以将信息管理各实施人员的实施情况反馈给信息管理负责人，以及时发现和纠正所发生的偏差，从而保证信息管理实施活动的顺利进行。

（3）提高信息管理工作的规范性和效率

严格的信息管理控制制度能够带领各实施人员严格按照制度规定的流程及时完成本职工作。

3. 建设工程信息管理控制制度的内容

信息管理控制制度应该建立在完整的动态系统上，包括信息的获取环节、加工整理环节和存储使用环节的控制制度。

（1）信息获取环节的控制制度

为确保获取的建设项目信息合理有效，首先应详细划分建设项目信息获取工作，分别交由对应的部门或负责人处理。任何一项信息获取工作都应按授权、核准、执行、记录、复核进行分工。

（2）信息加工整理环节的控制制度

在信息的加工整理过程中，应重点关注信息的分类和质量控制，以此实现对收集的建设项目信息进行及时的统计、分类、加工整理，尽量减少错误信息和无关信息对决策造成的干扰。

（3）信息存储使用环节的控制制度

建设项目信息通过加工整理后，要立即进行存储并提供给应用层的管理模块进行使用。为了确保信息的时效性，还需要对存储的信息进行及时更新。因此需要建立健全的信息控制制度来确保系统信息的及时存储和合理使用，以实现信息资源的优化配置。

复习思考题

1. 请简述大数据的定义及其特性。
2. 请结合实际生活阐述大数据的优点及其应用优势。
3. 建设工程信息管理体系的组成部分有哪些？请画图表示。
4. 建设工程信息管理计划的内容有哪些？
5. 建设工程信息管理控制方法有哪些？

11

第11章
集成的建设工程项目
管理信息系统

教学要求

　　本章学习建设工程项目管理信息系统的概念、分类、发展，建设工程项目管理信息系统开发的特点与原则、方式与技术要求，建设工程项目管理信息系统规划的内容与步骤、建设工程项目管理信息系统设计的步骤等内容。并根据信息技术和施工项目管理的发展，初步探讨集成 BIM、IoT 与互联网等多种信息技术的建设工程项目管理信息系统并进行相关案例分享。

11.1 建设工程项目管理信息系统

11.1.1 概念及分类

1. 建设工程项目管理信息系统概念

　　管理信息系统（Management Information System，MIS）是由人、计算机等组成，进行信息收集、传递、存储、加工、维护和使用的系统。管理信息系统能利用收集的信息实测企业或项目运行情况，从全局出发辅助企业或项目进行决策并实现预期目标。

　　建设工程项目管理信息系统（以下简称项目管理信息系统）（Project Management Information System，PMIS）是将项目管理科学理论和管理信息系统结合应用在工程实践的高效化信息工具平台。PMIS 是以计算机、网络通信、数据库作为技术支撑，对工程项目全生命周期所产生的各类数据进行及时、正确、高效的管理，为项目参与方提供项目管理信息处理结果、实现项目管理目标控制的信息系统。

　　PMIS 与 MIS 的不同在于 PMIS 业务处理模式依照 PMBOK 的技术思路展开。一个完整的 PMIS 应包括建设单位、设计单位、施工单位、分包单位、材料设备供应单位和建设行政管理主管部门等各工程项目参与方。PMIS 软件主要应用在进度控制、投资控制、合同管理、招投标管理、文档管理和信息沟通等方面，如 Primavera 公司的投资与合同管理软件 Expedition、进度控制软件 P3E/C，上海普华公司的文档和沟通管理软件 PowerCom，微软的 Project，梦龙软件等，其中如 P3E/C 和 Project 具备一定的集成功能。

2. 管理信息系统的分类

根据系统的管理范围不同，管理信息系统分为项目管理信息系统（PMIS）、企业管理信息系统和项目信息门户（PIP），三者在管理对象、管理内容和应用软件有明显区别。

项目管理信息系统（PMIS）是采用项目管理的方法，主要运用动态控制的原理，对项目的成本、进度、质量方面的实际值和计划值相比较，从而达到控制的效果的系统。其功能模块主要包括项目投资控制、项目进度控制、项目质量控制、合同管理和系统维护等。企业管理信息系统针对企业的人、财、物、产、供、销等信息进行收集、传输、加工、存储、更新和维护工作，主要功能模块包括人事管理、财务管理、设备管理等。项目信息门户（PIP）是在对项目实施全过程中各参与方产生的信息和知识进行集中式管理的基础上，在互联网平台上提供一个获取个性项目信息的单一入口，其目的是为项目参与各方提供一个高效率信息沟通和协同工作的环境。

3. 项目管理信息系统建设的重要性

（1）有利于实现建设工程集成化管理

传统的项目管理方式受制于项目管理各阶段分散的管理服务、庞大的管理界面以及较少的沟通渠道，项目管理效率较低，项目各参与方协调难度大，无法满足目前建设项目管理集成化程度高的要求。项目管理信息系统是推动建设工程集成化管理的内在要求，通过输入实时、准确的项目管理信息实现项目全生命周期质量、进度、成本最优。

（2）有利于强化建设工程全生命周期管理

全生命周期管理重点强调对建设工程整体的效益分析，通过项目管理信息系统有效保留和传递各阶段工作内容和项目信息，更好地衔接不同阶段的管理工作，做到出现问题及时追溯、查明原因并交由相关负责人员进行维护，有助于建设工程实现全生命周期内的目标管理最优化，从而提升建设工程价值。

（3）有利于强化建设项目知识管理

知识管理贯穿建设项目从前期决策到竣工后运营维护的全生命周期。项目管理信息系统能够将项目建设过程中的信息与知识通过获得、创造、分享、整合、记录、存取、更新等过程，回馈到知识系统内，形成可参考的标准化管理标准，有利于提高组织及个人的建设工程管理水平。

11.1.2 发展历程和趋势

1. 项目管理信息系统的发展历程

1）第一阶段：项目数据电算化需求促进计算机辅助功能的初步应用。20 世纪 50 年代后由于 CPM（关键线路技术）、PERT（计划评审技术）、GERT（图示评审技术）等工程网络技术在项目管理中的广泛应用而产生的庞大数据计算需求，促进了电算化等计算机技术在项目管理中的初步应用。但受限于计算机硬件发展，此时的项目管理信息系统仍处于萌芽阶段。

2）第二阶段：第一代项目管理软件推动网络计划技术的广泛应用。

20世纪80年代，在项目管理知识和理论的逐步完善、计算机和IT技术的迅猛发展以及个人计算机的普及的背景下，Primavera和Microsoft两大公司推出了基于个人计算机DOS操作系统的最初版本的P3和Project软件，标志着第一代较为成熟的商业化项目管理软件诞生，此时的项目管理软件核心技术均是计算机技术支持下的网络计划技术应用。

3）第三阶段：成熟的项目管理技术和信息技术支持当代PMIS的多领域应用。从20世纪90年代开始，第二代项目管理软件开始成长和趋于成熟，能够将项目管理中的各项技术和工具集成在项目管理信息系统中，并能涵盖项目管理的大部分管理领域，实现项目进度、资源和成本的动态全方位管理。同时随着新兴信息技术的出现，如物联网、3S技术、3D激光扫描技术的发展，对项目管理信息系统的集成能力也提出了新的要求。

2. 项目管理信息系统的发展趋势

集成和协同是项目管理信息系统的两个发展趋势。项目管理信息系统的集成和协同主要体现在空间跨度、时间跨度和系统应用技术三方面。

1）空间跨度的集成和协同：从原先的项目内、部门内之间的集成和协同，发展到项目各参与方、各项目之间的集成和协同。

2）时间跨度的集成和协同：从原先仅考虑项目生命周期某一阶段，发展到项目的全生命周期，目前的代表技术是项目全生命周期管理技术。

3）系统应用技术的集成和协同：计算机技术、网络技术、信息技术的发展为项目管理信息系统的信息管理提供了技术支持，将信息感知、建模和处理技术有效集成在项目管理信息系统中。信息感知技术中的3S技术、无人机技术主要应用在项目决策、设计阶段，通过搜集项目空间信息并输入到项目管理信息系统中。信息物联网技术（IoT）、无线射频识别技术、二维条码和条码技术主要应用在施工阶段和运营阶段，有助于现场施工管理人员及时掌握施工材料、设备的进场、使用和维护的最新情况。通过将CAD、BIM等信息建模技术应用在项目管理信息系统中，将项目管理信息系统实现可视化。既有助于项目各参与方对建设项目有更直观的认识，也有利于在项目各阶段发现问题并及时沟通。信息感知技术和信息建模技术的使用，使输入项目管理信息系统的数据呈几倍增长，因此需要引入信息处理技术，通过运用云计算和大数据处理技术，使得单项目级、多项目级的项目管理信息系统能够快速有效地处理数据，使管理人员能够随时读取、使用项目管理信息系统的数据。

11.2　建设工程项目管理信息系统的开发

纵观国内外系统开发成功的经验和失败的教训，发现项目管理信息系统的开发需要合理运用相应的开发技术并要遵循系统开发的原则。

11.2.1　系统开发的特点与原则

1. 系统开发的特点

项目管理信息系统与一般性的管理信息系统相比，具有系统规模大、系统需求变化大、开发涉及专业多的特点。

（1）系统规模大

项目管理信息系统包括建设项目成本控制、进度控制、质量控制和合同管理等辅助管理功能，系统规模大，对计算机的信息存储和处理功能有较高的要求。

（2）系统需求变化大

一个建设项目从决策阶段到拆除阶段的开发周期长、所处阶段多，而且各阶段的内容、标准和要求等均不相同，导致项目需求和管理对象处在不断变化中。

（3）开发涉及专业多

项目管理信息系统的开发同时涉及计算机技术和项目管理两方面，不仅包括信息的采集、传输、处理和应用，而且还涉及费用、进度、质量和合同等方面的控制和管理，对各专业的配合度要求高。

2. 系统开发的原则

（1）创新原则

创新原则体现在积极引入计算机技术和信息技术去协助或替代传统的建设项目工作环节。例如在施工管理阶段，传统的项目管理信息系统主要依靠现场管理人员手工输入施工当天的信息，不仅输入工作量大，而且容易输漏、输错信息。通过使用物联网替代现场管理人员手工输入，不仅能够实时高效感知现场的项目、人员、材料、设备状态并传输至系统中，有效减少工作量，也能够保证项目管理信息系统处理数据的准确性。

（2）面向用户原则

面向用户原则体现在项目管理信息系统是被项目管理人员和项目各参与方使用，系统开发成功取决于是否符合用户对项目的信息需求和使用功能要求，这是衡量系统开发质量的首要标准。

（3）整体性原则

整体性原则体现在系统功能目标的一致性上。在开发过程中，要坚持按系统计划分步实施，在确定项目管理信息系统总体设计的基础上，再进行详细设计。

（4）相关性原则

项目管理信息系统由多个功能模块组成，各模块都有其独立功能，同时又相互联系，通过信息流把彼此功能联系起来。如果其中一个功能模块发生了变化，则要求其他模块也要相应地进行改变和调整。例如随着建设项目的建造方式不断更新，设计管理模块的内容以装配式建造为主，则传统的成本管理、施工管理模块内容也必须进行相应的变化。

（5）动态适应性原则

项目管理信息系统必须具有良好的可扩展性和易维护性。要求能够快速与新兴信息技术、建造方式结合。开发项目管理信息系统必须具有开放性、超前性的眼光，使系统具备较强的动态适应性。

11.2.2 系统的开发方式与技术要求

1. 系统的开发方式

项目管理信息系统的开发包括自行开发、委托开发、合作开发、咨询开发和外购软件等多种方式。自行开发是完全以建设单位的力量进行开发；委托开发也称为交钥匙工程，即企业将开发项目完全委托给一个系统开发单位，系统建成后再交付企业使用；合作开发，即企业与外部的开发单位合作，双方共同开发；咨询开发，即以企业自己的力量为主，外请专家进行咨询的方式，主要是系统分析员进行咨询指导，如帮助做系统的总体规划和系统分析，而系统的实施由企业自己进行。咨询开发是对自行开发方式的一种补充。根据项目管理的特殊性列出项目管理信息系统的三种开发方式，见表 11-1。

表 11-1　项目管理信息系统的三种开发方式

开 发 方 式	外购软件	自行开发	合作开发
系统分析和设计力量	少量需要	非常需要	逐渐培养
编 程 力 量	少量需要	非常需要	需要
系 统 维 护	困难	容易	较容易
开 发 费 用	较低	低	较低
说 明	能够鉴别与校验软件功能及适应条件的能力。即使其通用性较强，仍需根据具体项目的特点进行必要的调整。既能节省时间，又能保证软件的质量，成功率高	开发时间较长，但可以得到较满意的系统，并培养企业专属的开发人员。易于协调，可以保证进度。该方式需要强有力的领导及必要的咨询	在具有一定编程力量的基础上进行合作开发。合作对象具有一定系统分析和设计力量。更加有利于业务人员熟悉和维护系统，也能借助开发单位的经验，有利于提高系统水平

2. 系统的技术要求

（1）软硬件要求

项目管理信息系统的开发需要考虑软件和硬件方面的问题。项目管理信息系统应具备适用性高的系统软件和性能可靠的计算机硬件平台，以便项目管理信息系统能够迅速适应建设领域各类新兴信息技术的应用。例如随着区块链技术的日益普及，将区块链应用在建筑供应链信息共享、施工高效管理等建筑领域时，系统开发人员就应考虑系统软硬件要求是否符合区块链的去中心化基础架构与分布式计算范式的特点。

软件部分是项目管理信息系统的核心，开发人员应注重软件开发过程中的统一规划问题，避免低水平的软件开发。首先应关注开发队伍的合理构成，开发队伍中既要包括项目管理人员，也应包括专业的软件开发人员；其次是注意选择开发方法和工具，如何在软件开发生命周期选择不同的软件开发工具，如软件建模、设计、构造、测试、维护工具等，以此提高用户的参与程度、提高系统开发的效率；最后是及时关注建设工程新技术的应用情况，及时做好新技术与项目管理信息系统的接口，确保新兴技术能在项目管理信息系统中迅速而顺利使用。

项目管理信息系统的硬件应能满足软件正常运行的需要，硬件建设包括数据处理设备、存储设备、网络建设、安全建设（服务器、防火墙、交换机）等及项目各参与方之间的网络连接方式。项目现场、项目各参与方可以通过 Internet 接入如 ADSL、无线（GPRS、CDMA）、电话拨号、专线光纤通道（DDN、SDH）等方式进行沟通。

项目管理信息系统硬件中服务器的部署也十分重要。服务器存储、处理 80% 以上的项目数据。服务器可分为数据库服务器、应用服务器、Web 服务器三种。

（2）数据库技术

数据库系统是指在计算机系统中引入数据的系统，一般由数据库、数据库管理系统

（及其开发工具）、项目管理信息系统、数据库管理员和项目管理人员构成，如图 11-1 所示。其中计算机硬件平台决定了数据库系统可处理的数据量大小和数据库管理系统的功能。一般的硬件需求需要有足够大的内存，可存放操作系统、DEMS 核心模块、数据缓冲区和应用程序，有足够大的软盘等数据存储设备和数据备份设备，较快速的数据传输能力等；数据库系统的软件主要包括操作系统、编程软件、数据库管理系统及其开发工具、各种应用软件或程序包，其中核心是数据库管理系统。数据库系统的使用者主要有三类，第一类是使用程序设计语言编写程序对数据库进行操作的应用程序员；第二类是从计算机终端使用数据库的项目管理人员；第三类是数据库管理员，通过项目管理信息系统提供的软件工具对数据库实施维护操作，以保证系统的正常运转。

数据库管理系统（DBMS）是一组主要负责控制建设项目管理部门和项目管理人员的数据库生成、维护和使用的计算机程序，主要功能包括项目数据库开发、查询、维护、应用开发和提供数据词典等。

数据库设计在项目管理信息系统开发中占有重要的地位，数据库的设计质量将影响信息系统的信息、数据的处理效率。数据库设计主要采用 E-R（Entity Relationship Approach）信息模型方法，即通过 E-R 图形表示信息世界中的实体、属性、关系的模型。E-R 图直观易懂，能比较准确地反映出建设项目各参与方、各实体间的信息联系。数据库系统设计人员可根据 E-R 图，结合具体 DBMS 所提供的数据模型类型设计 DBMS 所能支持的数据模型。

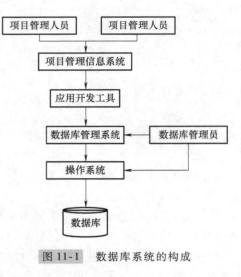

图 11-1　数据库系统的构成

数据模型是对客观事物及其联系的数据化描述。数据模型能使数据以记录的形式组织在一起，综合反映建设项目施工过程中产生的各类数据和信息，并且在综合过程中去除不必要的冗余。目前，数据库系统主要支持层次模型、网状模型、关系模型这三种数据模型。其中关系模型是最重要的模型，它的特点是用常见的表格数据形式描述数据记录之间的联系。该模型简化了程序开发及数据库建立的工作量，因而应用广泛，并在数据库系统中占据了主导地位。

（3）计算机网络

计算机网络是项目管理信息系统结构的主体和系统运行的基础。计算机网络是指空间位置（尤其是地理位置）不同，具有独立功能的多个计算机系统，用通信技术（通信设备和线路）连接起来，并以网络协议、网络操作系统等网络软件实现网络资源（硬件、软件及信息或数据）共享的技术系统。目前开发人员普遍选择分布式的项目管理信息系统，利用通信设备和线路将地理位置不同、功能独立的多个计算机系统互连起来，以功能完善的网络软件实现网络中资源共享和信息传递。系统开发人员将根据建设项目的规模大小和应用需求选择不同类型的计算机网络。计算机网络根据覆盖范围的不同可以划分为局域网（LAN）、城域网（MAN）、广域网（WAN）和因特网（Internet）。

11.2.3　建设工程项目管理信息系统的多技术集成

项目管理信息系统是一个信息新技术集成的系统，集成包括 BIM、物联网、区块链、云计算、互联网、3S、3D 激光扫描等新兴信息技术。信息新技术的集成主要体现在"多技术、多方法、多主体"三方面。

1. "多技术"集成

项目管理信息系统可以通过把 BIM、物联网、区块链、云计算、互联网等集成实现信息和数据高度集成和互联。通过物联网等其他信息技术提供信息采集的方法，并将建设项目相关的信息，如施工进度、重点部位、隐蔽工程等现场资料自动记录到 BIM 模型的对应位置上，通过云计算、互联网、区块链等分析和处理数据，并返回到 BIM 模型上进行可视化表达。在工程实践中，针对施工现场的质量控制问题，可以在施工质量控制系统上集成 BIM 和 LiDAR，实现现场质量信息的实时采集和处理，从而有效识别潜在的施工缺陷；针对现场施工人员的安全管理问题，可以搭建基于 BIM 的地铁信息化安全管理数据平台，通过集成 VR、AR、智能穿戴设备、物联网、RFID 等新兴智能化技术实时监控施工人员的作业状态，避免施工安全事故的发生。

2. "多方法"集成

在信息运动的各个阶段，从多种数据源获取的数据，涉及各种适应的方法，项目管理信息系统中集成了数据处理和分析的各种方法，包括大数据分析和小数据处理的算法。在 BIM 多方法集成的应用上，有学者提出基于分布式云框架的 BIM 社会互动平台，通过部署 IFC 数据标准提供一个交互更新建筑模型的平台，能够提升项目各参与方间的协作和信息共享能力。

3. "多主体"集成

项目管理信息系统面向建设项目多个参与方，需要能够为参与项目建设的投资方、设计方、施工方、供应方及运营方提供一个高效沟通的平台。只有通过信息的获取、融合和处理，才能最终实现信息的交互与集成，将 BIM 技术应用于建设项目全生命周期管理过程中，可以实现信息集成和处理，为多参与方协同信息管理提供基础工具。物联网等信息技术可以用来解决建设项目信息的采集、传递、共享和反馈等路径问题，并实现对建设项目各阶段的识别、监控和管理，实现建设项目各参与方及参与方与物质资源间的信息交互。

4. 项目管理信息系统应用分析

下面以装配式建筑的建设过程为例，介绍项目管理信息系统如何运用 BIM、物联网等信息新技术来管理项目全生命周期信息。如图 11-2 所示，项目管理信息系统通过物联网技术实现项目不同阶段信息的有效存储和检索管理，利用 BIM 技术的材料数据库管理和信息沟通功能，准确高效地进行信息采集、数据交换，促使构件标准化、作业自动化，并提高构件管理和施工生产的效率，降低建设项目所需的人力及成本。

（1）投资决策与设计阶段

在投资决策与设计阶段，信息技术的应用主要体现在形成一个能够进行施工过程模拟的 4D 虚拟现实模型，使得项目决策层能够准确直观地获得建设项目的相关信息。在建设项目设计阶段，BIM 技术和物联网能实现对建筑结构构件的详细设计布局和结构分析。设计人员

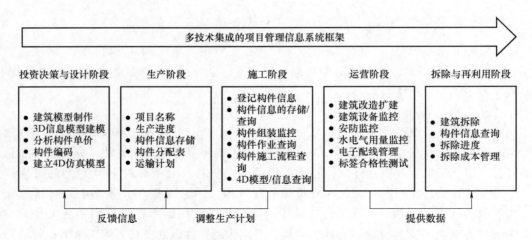

图 11-2　多技术集成的项目管理信息系统框架

根据项目管理信息系统的编码原理，对每个预制单元赋予一个唯一的编码，随后存储在RFID 标签上。同时，预制构件的数据存储到项目管理信息系统中，并传输到建筑全生命周期后阶段。运用编码可以对建筑构件的生产、运输、储存、施工安装、运营和拆除的全阶段进行管理。

（2）生产阶段

在构件生产阶段，项目管理人员根据项目施工进度确定安装进度计划和明细表数据库。这些相关信息被输入到预制构件的标签中，再将相关进度计划、构件信息输入到项目管理信息系统中。管理人员将根据系统提供的信息安排生产进度计划。根据预制构件的安装进度，生产、运输进度需要重新确认，并作为规划和修订生产计划的参考反馈给生产商。运用项目管理信息系统，项目管理人员就可以准确掌握构件尺寸型号、仓库位置、库存数量等信息，以便合理地安排生产进度和库存控制。

（3）施工阶段

在施工阶段，施工安装过程模拟、进度监控过程控制都会通过 BIM 进行实时记录，输入到项目管理信息系统中并与时间维度相结合，形成 4D 模型。这样就能将施工现场的材料设备与施工进度产生实时动态联系，建立施工场地 4D 模型，实现施工场地布置可视化，并对施工材料和设备进行动态管理。

（4）运营阶段

在建筑全生命周期中运营阶段占据了最长的跨度，利用物联网技术能够将构件信息和记录与项目管理信息系统的数据平台连接起来，实现项目管理人员查询构件的物理性能、分析构件结构强度和维护构件的有效试用期。

（5）拆除与再利用阶段

新兴信息技术提供的建设项目构件动态数据和 BIM 提供的建设项目全生命周期信息集成功能，让拆除人员能够合理地进行项目评估、制定拆除方案、构件回收和再利用工作。通过施工阶段建立的 4D 仿真模型对建筑拆卸工作进行优化，从而对构件进行检查分析，确定科学高效的拆除方案，有效减少拆除过程的人工及设备、运输成本。

1.3 建设工程项目管理信息系统的规划

项目管理信息系统的规划是信息系统建设的重要组成部分，一般来说，规划阶段、设计阶段、运维阶段失误对项目造成的损失由大到小，因而系统的规划阶段比设计阶段、运维阶段显得更重要。

11.3.1 系统规划的目标和原则

1. 系统规划的目标

系统规划的目标在于明确项目管理信息系统建设的各阶段所需要达到的程度和时间节点。通过预防系统建设过程中的不确定性事件的发生，把对系统开发的管理工作从事中、事后走向事前。

2. 系统规划的原则

（1）整体性

项目管理信息系统规划主要是把握信息系统的建设方向的整体性以及分步实施成本、进度、质量等子模块集成性，防止各子模块软件开发所采用的平台、开发技术、数据库运行环境产生巨大差异，造成项目数据不能互联互通的问题。

（2）动态性

项目管理信息系统规划应有良好的开放性和扩展性，合理预测建设项目施工技术的发展方向和趋势，为未来新增功能模块预留接口，避免因新增模块引起大规模的系统调整。

（3）实用性

在制定项目管理信息系统规划时，应将建设项目的管理现状、项目特点以及管理需求作为首要任务。通过深入分析项目管理过程中的信息来源、关键流程和关键因素，再通过分析这些要素与信息系统的技术特点之间的潜在关系，找出实施项目管理信息系统的核心关键点。

11.3.2 系统规划的内容

1. 规划系统建设流程

系统建设流程通常分为准备、开发、实施三大阶段，如图 11-3 所示。

（1）准备阶段

准备阶段主要有两个方面的工作：一是根据建设项目管理项目规模大小、管理组织方式和信息的实际需要出发，规划项目管理信息系统建设的目标、内容与时间节点；二是选择拥有相关系统开发经验和开发实力的系统开发单位作为合作方，共同进行信息系统的研究与开发。

（2）开发阶段

开发阶段的重点是需求分析，在系统开发单位与建设项目管理各参与方充分沟通的基础上，明确各方对系统的功能需求，并在此基础上进行后续的系统设计、系统开发与测试工作。

（3）实施阶段

在系统实施阶段开发人员根据前期形成的系统规划和需求调研分析报告，制订系统开发

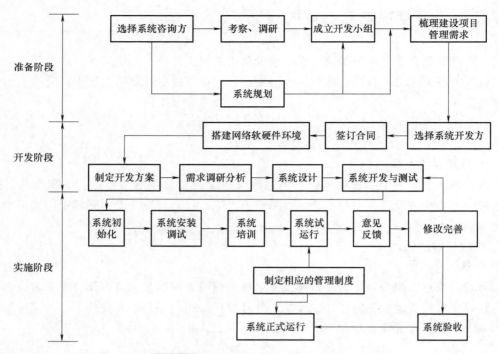

图 11-3　项目管理信息系统建设流程

与实施计划，内容包括系统目标、工作范围、阶段划分、任务分解、项目的组织与人员安排、时间进度的估计与计划、工作量估算、质量控制计划和验收依据等。

2. 系统规划的步骤

项目管理信息系统规划分为以下六个步骤。

（1）明确规划目标

规划目标包含信息系统规划年限、规划方法、发展方向、完成时间和度量指标等。

（2）初始信息调查

初始信息调查的目的是充分认识系统建设所处的内、外环境，确定和统一进行规划工作的前提条件。

（3）评价现状和识别约束

评价现状和识别约束内容包括明确项目概况、项目信息管理需求、信息管理业务流程、信息管理现有问题、系统开发条件、软硬件应用水平以及信息开发人员、资金计划、安全措施、人员经验、手续和标准等，以此确定项目管理信息系统实施的约束条件，综合评价进行系统建设现有的条件。

（4）设计可选择方案

进行以上步骤后开始编制项目管理信息系统建设的纲领性文件，内容包括信息系统的工作范围、实现的功能需求、人财物和信息的资源需求可行性、系统建设的费用预算、进度计划安排等。

（5）评价可选择的方案

建设项目决策层根据拟出的多个系统规划方案，比较各方案实施的成本和消耗情况，和为项目创造的利润和效益，确定最终的实施方案。

（6）生成信息系统建设计划任务书

根据最终选定的实施方案，最后生成项目管理信息系统的建设计划任务书。内容主要包括计划的目的、范围和目标、技术方案、进度安排、资源安排、人员组织计划、跟踪和控制方法等内容。

1.4　建设工程项目管理信息系统的设计

11.4.1　系统设计的目标和内容

1. 系统设计的目标

系统设计的目标是在保证实现逻辑模型的基础上，尽可能提高系统的各项指标，即高效性、可靠性、可变性、经济性等。

（1）高效性

高效性主要是指系统对数据的处理能力、处理速度、响应时间等与时间有关的指标。处理能力是指系统在单位时间内处理数据的能力。处理速度一般是指系统完成信息处理所需的平均时间。响应时间是指在联机状态下，从发出处理请求到得到应答信号的时间。在项目管理信息系统需要处理大量模型数据并及时反馈给项目管理人员，因此对系统的高效性具有一定要求。

（2）可靠性

可靠性是指系统在运行过程中，抗干扰（包括人为和机器故障）和保证系统正常工作的能力。系统可靠性包括系统检错与纠错能力、系统恢复能力、软硬件的可靠性、数据处理与存储的精度、系统安全保护能力等。在建设工程领域中，建设项目的建造进度处于实时动态变化中，项目管理人员将根据项目管理信息系统处理的信息及时做出响应。因此要保证项目管理信息系统的可靠性。

（3）可变性

可变性是指系统被修改和维护的难易程度。在建设工程领域，由于国家政策、相关行业规范、施工建造方法、地区定额等处在不断变化中，项目管理的内容和方法处在不断变化中，因此项目管理信息系统应该具有较好的可变性，使之适应建设工程相应变化。

（4）经济性

经济性是指系统收益与支出之比。在进行项目管理信息系统设计过程中，不仅要考虑系统建设支出的费用，还应预估系统实施后为建设项目管理全过程取得的经济效益和提升人员效率、施工效率所节省的各项花销。

2. 系统的总体设计

系统总体设计是宏观、总体上的设计和规划，通过总体结构设计划分出子系统并对系统功能模块进行描述，给出系统平台的设计方案。

项目管理信息系统应符合项目管理的运作特性。项目管理信息系统是以计算机、网络通信、数据库作为技术支撑，使用系统核心应用模块对项目整个生命周期中所产生的各种数据进行及时、正确、高效的管理，为项目所涉及的各类人员提供必要的高质量的信息服务。

（1）划分系统子模块

划分系统子模块是系统总体设计工作的重要步骤。通过将项目管理信息系统划分成若干个子系统或子模块。此后每一个子系统或模块都可以互不干扰地进行设计或调试、修改或扩充工作。各子模块的功能如下：

1）系统初始化功能模块。该模块主要包括系统用户的登录管理和账号管理。该模块的作用是借助计算机和信息分类技术，实现系统管理者和使用者的分级设定、分组管理，及其相应使用权限的分配和管理。

2）项目立项和范围管理模块。该管理模块职能主要包括创建项目和定义项目范围两个方面：

a. 创建项目子模块包含：项目总体信息管理；项目组织结构设计；项目文件、相关标准和实施规范的管理。

b. 定义项目范围子模块中包含：定义项目目标和交付成果；定义项目约束条件。

3）项目计划管理模块。该管理模块职能主要包括项目活动计划、项目分包管理计划和项目计划编制管理三个方面：

a. 项目活动计划：项目工作分解、建立 WBS；工作活动排序和费用估算。

b. 项目分包管理计划：子项目招投标管理；子项目合同登记。

c. 项目计划编制管理：根据项目施工过程采集的信息进行项目进度计划编制，包括：资源供应计划编制、成本费用计划编制、质量控制计划编制、进度控制计划编制、风险控制计划编制等。

4）项目过程控制和动态管理模块。该模块即为项目管理信息系统的核心应用模块，以此实现工程项目全生命周期内各组成要素的有效管理。包括三大核心功能模块，分别实现成本、进度、质量三方面的信息管理功能。

a. 成本信息管理模块：成本控制管理、价格信息管理、编制工程目标成本使用情况报告、项目合同管理（合同执行和控制、变更和索赔、付款管理等）、项目结算管理。

b. 进度信息管理模块：项目进度优化和调整、项目计划的变更、编制工程进度阶段性报告、资源管理。

c. 质量信息管理模块：质量信息采集与录入、质量问题记录与处理、质量事前控制。

5）项目竣工、运营及拆除管理模块。

a. 项目竣工和成果交付：项目竣工的验收；项目成果的交付和合同收尾执行。

b. 系统的管理收尾：项目信息储存和数据备份；项目文件、资料的归类和建档；项目后期的成果管理。

c. 项目运营阶段的数据存储管理：物业管理、维修记录、运营支出、运营过程数据存档等。

d. 拆除报废阶段的信息使用和存档：调用项目建设阶段的建筑基本信息；制定拆除方案；拆除全过程相关资料的存档。

（2）设计系统流程框架

项目管理信息系统流程与建设项目的生命周期、项目管理的过程以及系统的信息流相关。项目管理信息系统的流程框架如图11-4所示。

项目管理信息系统的管理流程按照一般性工程项目管理的特点，从阶段上划分为新建项

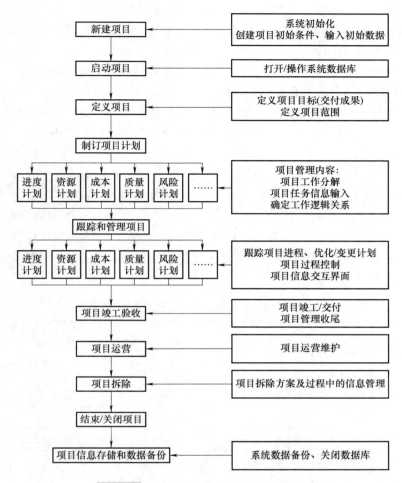

图 11-4　项目管理信息系统的流程框架

目、启动/打开项目、定义项目、制订项目计划、跟踪和管理项目、项目竣工验收、项目运营、项目拆除、项目信息存储和数据备份。各个流程阶段所涉及的管理职能和内容与系统子功能模块相互对应，进一步为流程分析和输入/输出设计提供框架性基础。

3. 详细设计内容

（1）编码设计

1）编码设计的相关概念。编码是代表事物名称、属性、状态等的符号。为便于计算机处理、节省存储空间和处理时间，提高处理的效率与精确性，需要将处理对象编码化。

编码设计的原则包括唯一性、不变性、合理性、可扩充性、简单性和适用性。唯一性是指在信息编码时，每个对象仅有一个编码与其相对应，每个编码也仅有一个对象与其对应，对象和编码之间是绝对的对应关系；不变性是指编码和对象之间关系的不变性，该对应关系在项目的全生命周期中不会随时间变化而改变；合理性是指编码方式和信息分类体系的结构要对应，不能出现两者有较大的差异，导致不兼容；可扩充性是指在编码中应设置可进行扩充的部分，方便后续进行编码的扩充，留出可供扩充的代码及其与原有的编码之间的关系；简单性是指代码的结构应在保证层次的前提下，应尽可能简单，以便提高计算的效率和节省存储空间；适用性是指代码对对象特点的描述要尽可能完整，以便其在其他领域的使用，支持与其他编码体系的集成应用；规范性是指在一个信息分类及编码体系中，统一代码的类型以及格式等，以便代码在计算机处理过程中的辨识和数据处理。

编码设计的步骤包括明确编码目的、明确编码对象、明确使用范围和期限、分析编码对象特征、确定编码结构及内容和编制编码表。

信息编码的代码主要分成两种：无含义代码和有含义代码。无含义代码的作用是标识作用，不包含对象的具体信息。有含义代码包含对象的属性信息，从代码中可读取对象的信息并进行信息管理。

2）编码设计的实际工程案例。下面以厦门地铁 3 号线过海通道施工风险集成控制系统（以下简称"本系统"）为例，详细介绍项目管理信息系统的编码设计过程。

a. 地铁区间施工信息分类体系。本系统在《建筑信息模型分类和编码标准》（GB/T 51269—2017）的基础上，结合具体施工过程，提出地铁施工过程中 BIM 应用的分类和编码标准。根据地铁工程项目建设需求，采用面分类法，按照地铁工程的信息特征对地铁工程对象进行分类，见表 11-2。

表 11-2　地铁工程区间施工分类表以及对应的实例

编号	分类表名称	实　例
1.1	按功能分地铁单项工程	车站、通道
1.2	按形式分地铁单项工程	建筑、场地、区间
1.3	按功能分地铁工程空间	办公空间、公共空间、行驶空间
1.4	按围合程度分地铁工程空间	开敞空间、半围合空间
2.1	构件（按照在工程中的主要功能分类）	梁、板、柱、门、窗、墙、轨道、临时设施等
2.2	按工作类型分地铁区间工作成果	明挖工程、暗挖工程等
2.3	产品	混凝土、砖、幕墙
2.4	地铁工程全生命周期阶段	前期策划、设计、施工、运营维护、拆除
3.1	管理过程（按照过程分类）	财务管理、人事管理、建设管理
3.2	工程产品	结构产品、维护产品、设备
3.3	组织角色	建筑工程师、结构工程师、建设单位、政府单位、产品供应商
3.4	工具	模板、计算机、设备
3.5	信息	电子信息、纸质信息
4.1	材料	混凝土、钢材等
4.2	属性	尺寸、形状、质量等

在面分类法的基础上，再使用线分类法。以地铁区间工程为例，按工作类型建立地铁区间分类表，编码依次由表编码、大类、中类、小类和细类代码组成。其中根据区间施工的不同工法，可将区间工程分为明挖和暗挖两大类，基于这两个大类下设中类、小类以及细类，各类间的层级关系是依据其分部分项工程的划分依据进行分类，见表 11-3。

表 11-3　地铁区间施工类目层级关系示例

层　　级	类　　目	分　类　名
一级类目	大类	明挖工程
二级类目	中类	基坑围护及地基处理
三级类目	小类	基坑围护
四级类目	细类	地下连续墙
层　　级	类　　目	分　类　名
一级类目	大类	暗挖工程
二级类目	中类	竖井及连通道
三级类目	小类	竖井
四级类目	细类	地下连续墙

地铁区间工作成果表中所规定的构件的编码方式见表 11-4。将分类表的编号置于分类编码之前，与后面的编码用"-"隔开。

表 11-4　地铁区间分类体系编码结构示例

编　　码	分　类　名
22-01 00 00	明挖工程
22-01 01 00	基坑围护及地基处理
22-01 01 01	基坑围护
22-01 01 01 01	地下连续墙
22-01 01 01 02	钻孔灌注桩
22-01 01 01 03	人工挖孔桩
22-01 01 01 04	旋喷桩
22-02 00 00	暗挖工程
22-02 01 00	竖井及连通道
22-02 01 01	竖井
22-02 01 01 01	地下连续墙
22-02 01 01 02	钻孔灌注桩
22-02 01 01 03	钢格栅喷射混凝土
22-02 01 01 04	钢筋

b. 地铁区间施工信息编码体系。在建筑工程分类体系的基础上，由于在施工过程中的构件种类复杂，因此在编码体系中考虑将多个分类表的类目结合使用。该编码规则以分部分项工程划分为基础，将整个区间工程施工分为明挖工程和暗挖工程子单位工程，保证了编码的完备性。构件的编码主要是考虑施工过程中，在时间和空间上进行编码。

结合 WBS 对 BIM 模型的分解方式，以及参照现有的建筑编码规则，将其划分为六个层次，如图 11-5 所示。其中一级代码：单位工程码，主要功能是对地铁施工过程中的单位工程进行区分。例如 01 表示明挖工程，02 表示暗挖工程。二级代码：分部工程码，主要功能是对单位工程进行分解。例如明挖工程中 01 表示基坑围护及地基处理，02 表示防排水工程。三级代码：子分部工程码，主要功能是细化分部工程。四级代码：分项工程码，主要功能是对分部工程进行分解。五级代码：里程，主要功能是定位构件所在的位置。六级代码：流水号，主要功能是对同一位置的构件进行区分，由四位数字组成。地铁区间施工编码体系如图 11-5 所示。

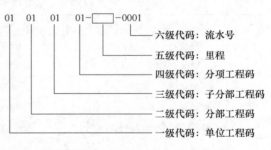

图 11-5　地铁区间施工编码体系

（2）输入/输出设计

在项目管理信息系统设计中，管理流程所反映的管理业务过程包括项目进程中大量的输入/输出资源和活动。以下按照功能结构和流程规划阶段来总结常用的输入/输出内容。

1）系统初始化。

a. 输入：用户信息（用户名、登录密码等）。

b. 输出：用户名、权限、登录密码等属性的数据表存储。

2）创建项目和定义项目。

a. 输入：包括项目立项申请、可行性研究报告、项目批复、投资估算和资金融资计划等；项目组织结构信息；项目周边地理环境信息；项目设计、招投标文件和合同信息；工作分解结构、项目范围说明；项目约束条件、假定条件、历史信息记录以及可利用资源条件等。

b. 输出：包括项目总体信息摘要、项目投资估算和项目资金使用计划；项目组织结构图、项目资金来源计划；分类输出的各项项目文档，以供查询；项目章程（工期、质量、成本等目标）、项目范围依据、项目工作活动清单。

3）制订项目计划。

a. 输入：包括项目工作、活动内容；项目工作工序排列和搭接条件；子项目发标方式、发包计划、招投标信息文件等；中标分包商或供应商的信息、分包协议或合同信息；进度计划、工期和阶段里程碑信息；采购计划清单、资源分配表（项目分项成本内容和估算表）；项目质量控制因素、控制内容；风险控制因素、识别方式和内容。

b. 输出：包括项目活动清单、项目活动历时估算（总工期、阶段时间安排）；招投标信息摘要、项目招投标分包商或供应商名录信息；项目分包合同及条款（文档，供查询），中标信息和承包商名录；项目进度基准计划、采购基准计划、资源分配基准计划、成本估算基准表、质量基准计划、风险识别和控制基准计划。

4）跟踪和管理项目。

a. 输入：包括材料的采购、使用、库存状态输入；施工设备的进出场、使用、维修情况输入；实际进度和完成情况信息动态实时输入；变更内容和相关条件输入；分项支出费用情况动态实时输入；定期或阶段质量检查控制情况；定期状态情况检查；合同履行情况及各项付款证明及依据（包括索赔、罚金等）。

b. 输出：包括项目实际进度和完成情况表；更新的项目进度计划、更新的采购计划和资源清单、项目成本控制表、项目收支平衡表、项目风险评估表、项目风险应急计划；项目执行状态指标表、项目分阶段状态报告、绩效报告、合同变更通知单（备查）、合同阶段验收/确认单、合同付款申报单，合同付款签收单或证明等。

5）项目竣工、运营、拆除。

a. 输入：包括竣工、验收信息；项目成果移交信息、合同收尾信息；评价、总结资料（经验和教训）、归档文件、后期成果；运营数据、物业管理、维修记录、运营支出、运营过程数据存档等；制定拆除方案、拆除全过程相关资料的存档。

b. 输出：包括项目竣工证书或证明、项目缺陷责任保证书、项目成果移交清单（包括竣工图、文件和说明等）、整体合同验收证明或证书项目经验和总结报告、后期成果证明等项目所有文件、资料的归类和建档存储、典型项目管理模板文件；运营情况报告、运营数据报表、拆除过程评估文件等。

6）输入输出设计的实际工程案例。

下面以厦门地铁 3 号线过海通道施工风险集成控制系统（以下简称"本系统"）为例，详细介绍项目管理信息系统的输入输出设计过程。本系统的风险预警功能主要分为三个部分，分别为"项目信息"部分、"风险评估"部分和"风险预警"部分。下面分别介绍各部分的数据输入输出内容。

a. "项目信息"部分。"项目信息"部分主要用于录入施工过程中风险因素数据，录入完毕后系统便自动进行数据的融合以及预测，融合结果将作为后续风险评估和风险预警所查看的数据（风险等级、风险表单）的参考依据。该部分需要具备录入、编辑、查看、删除人员信息和每日工作信息、材料信息等；融合当天各项施工数据得出风险等级；预测未来 2天施工数据及风险等级等功能。输入及输出数据设计内容见表 11-5。

表 11-5 "项目信息"部分输入、输出数据

输入、输出数据	数 据 项
人员信息	姓名、性别、出生年月、工种、工作经验、所属单位、照片、工作心率、疲劳度、工作时间、违规操作
材料信息	材料名称、材料类别、批次号、数量、生产日期、检验情况、材料性质

b. "风险评估"部分。"风险评估"部分主要根据"项目信息"部分存储的每日风险因素数据生成风险等级展示界面、详细信息表以及风险表单。该部分需要具备生成、查看、导出风险等级表单、风险表单等功能。输入及输出数据设计内容见表 11-6。

表 11-6 "风险评估"部分输入、输出数据

输入、输出数据	数 据 项
生成风险等级	评估日期、预测数据范围、施工数据
生成风险表单	评估日期、风险等级、风险源、风险概述、风险因素、应对措施、通知纪要、展示模型

c. "风险预警"部分。"风险预警"部分主要根据"项目管理"中记录的预测数据，输出预警日期的施工预测数据和各项风险等级，并通过项目对应的施工风险手册进行风险描述和应对措施建议。该部分所需的功能与"风险评估"基本一致。输入及输出数据设计内容见表 11-7。

表 11-7 "风险预警"部分输入、输出数据

输入、输出数据	数 据 项
生成风险等级	预测日期、预测数据范围、施工数据
生成风险表单	查看日期、风险等级、风险源、风险概述、风险因素、应对措施、通知纪要、展示模型

（3）数据存储设计

如何以最优方式组织数据并形成规范化形式存储的数据库，是项目管理信息系统开发中的一个重要问题。为了使数据存储有一定的标准和简化数据存储的结构，美国 IBM 公司的科德（E. E. Codd）在 1971 年首先提出了规范化理论（Normalization Theory）。规范化理论虽然以关系数据模型为背景设计一个关系数据库，但是它对一般的数据库逻辑设计，同样具有重要的指导意义。

1）第一规范化形式。在规范化理论中，关系规范化是指在一个数据结构中没有重复出现的组项，任何一个规范化的关系都自动称为第一规范化（First Normal Form），简称第一范式（1NF）。

表 11-8 所列的机械设备管理档案的数据结构是非规范化的。因此需要把"职工档案"数据结构分解成若干个二维表的记录，将表中数据项分解成表 11-9 和表 11-10 所示的两个文件存储，这两个文件表示的数据结构则是规范化的。

表 11-8 机械设备管理档案的数据结构

编号	设备名称	数量	出厂日期	设备进场及维护信息		
				日期	状态	操作人员
0001	塔式起重机	1	2018.5.10	2019.02.10	进场	张三
				2019.04.26	日常维护	李四
				2019.08.03	日常维护	王五
				2019.12.28	离场	赵六
……	……	……	……	……	……	……

表 11-9 机械设备基本情况

编号	设备名称	数量	出厂日期
0001	塔式起重机	1	2018.5.10

表 11-10 设备进场及维护信息

编 号	日 期	状 态	操 作 人 员
0001	2019.02.10	进场	张三
0002	2019.04.26	日常维护	李四
0003	2019.08.03	日常维护	王五
0004	2019.12.28	离场	赵六
……	……	……	……

2）第二规范化形式。所有非关键字段都完全依赖于任意一组关键字。数据库表中不存

在非关键字段对任一关键字段的部分函数依赖则称为第二规范化形式（Second Normal Form），简称第二范式（2NF）。依赖函数的表达方式为：如果在一个数据结构 R 中，数据元素 B 的取值依赖于数据元素 A 的取值。称 B 函数依赖于 A，即 A 决定 B，用"A→B"表示。

以工程项目的材料-供应商-库存数据的处理为例，分别采用材料库存文件、材料文件、供应商文件对上述数据进行第二范式规范化，见表 11-11、表 11-12 和表 11-13。

表 11-11　材料库存文件

*材料编号	*供应商名称	价格（元/kg）	库存量/kg	库存占用资金（元）
201910001	厦门缤纷贸易有限责任公司	400	100	40000
……	……	……	……	……

注：* 为关键字。

表 11-12　材料文件

*材料编号	材料名称	价格（元）
201910001	普通硅酸盐水泥	400
……	……	……

注：* 为关键字。

表 11-13　供应商文件

*材料编号	供应商地址
201910001	厦门市海沧区鼎山路 446 号
……	……

注：* 为关键字。

3）第三规范化形式。在第二范式的基础上，数据表中如果不存在非关键字对任一候选关键字的传递函数依赖则符合第三规范化形式（Third Normal Form），简称第三范式（3NF）。一个属于第三范式的数据结构，所有的非关键字数据元素都是彼此函数独立的。

传递函数依赖，指的是如果存在"A→B→C"的决定关系，则 C 传递函数依赖于 A。因此，满足第三范式的数据库应该不存在如下依赖关系：关键字段→非关键字段 x→非关键字段 y。

在材料-供应商-库存文件中，材料库文件的数据结构符合第二范式，但其中存在着传递依赖关系。"库存占用资金"函数依赖于"库存量"和"价格"，即库存占用资金=库存量×价格。"库存占用资金""库存量""价格"这三个元素均为非关键字，"库存量"和"价格"都完全依赖于候选关键字。因此，"库存占用资金"是冗余数据元素。删除该数据元素就去掉了传递依赖关系，从而转换成第三范式的数据结构，见表 11-14。

表 11-14　修改后的材料库存文件

*材料编号	*供应商名称	价格（元/kg）	库存量/kg
201910001	厦门缤纷贸易有限责任公司	400	100
……	……	……	……

注：* 为关键字。

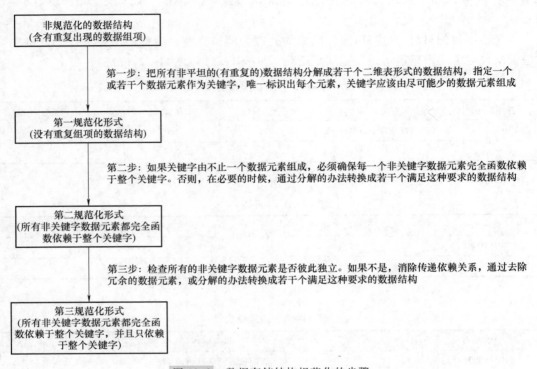

根据以上数据存储设计的规则，本文总结出相应的数据存储结构规范化步骤，如图 11-6 所示。

非规范化的数据结构
(含有重复出现的数据组项)
第一步：把所有非平坦的(有重复的)数据结构分解成若干个二维表形式的数据结构，指定一个或若干个数据元素作为关键字，唯一标识出每个元素，关键字应该由尽可能少的数据元素组成
第一规范化形式
(没有重复组项的数据结构)
第二步：如果关键字由不止一个数据元素组成，必须确保每一个非关键字数据元素完全函数依赖于整个关键字。否则，在必要的时候，通过分解的办法转换成若干个满足这种要求的数据结构
第二规范化形式
(所有非关键字数据元素都完全函数依赖于整个关键字)
第三步：检查所有的非关键字数据元素是否彼此独立。如果不是，消除传递依赖关系，通过去除冗余的数据元素，或分解的办法转换成若干个满足这种要求的数据结构
第三规范化形式
(所有非关键字数据元素都完全函数依赖于整个关键字，并且只依赖于整个关键字)

图 11-6　数据存储结构规范化的步骤

4）数据存储设计的实际工程案例。下面以厦门地铁 3 号线过海通道施工风险集成控制系统（以下简称“本系统”）为例，详细介绍基于 BIM 的地铁区间施工信息存储设计过程。

a. 文件命名格式。本系统命名方式采用结构为“项目-创作者-分区/系统-标高-类型-角色-描述”，针对地铁区间施工的特征，标高这个参数在地铁建设中的识别度较低，因此用“里程”代替“标高”。文件命名结构如图 11-7 所示。

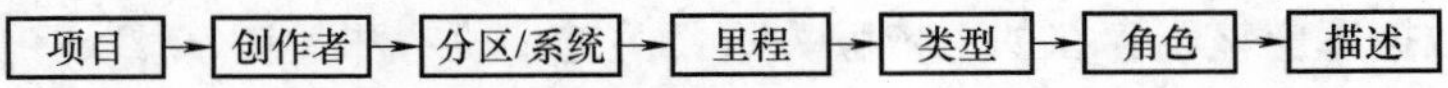

项目
创作者
分区/系统
里程
类型
角色
描述

图 11-7　文件命名结构

b. 文件夹命名格式。为了方便文件的归档，减少后期烦琐的文件整理工作量，应按照项目具体的标段和专业进行文件归类。结合 WBS 的分解方式，本系统将项目分解为项目标段，项目标段下按系统或者专业进行细分。在各专业下的文件应按文件的类型进行归类，考虑在建模过程中原始文件、过程文件、最终文件以及成果文件的输入输出，可将文件分为 CAD 导入文件、CAD 原文件、模型文件、视频及漫游、资料及文档五类。所有专业或系统的文件夹结构如图 11-8 所示。

c. 文件存储格式。基于现今 BIM 发展出现的主流软件及国际标准格式，特对文件存储格式做出规定。针对现阶段地铁施工常用 BIM 软件，如 Revit、Bentley、Tekla 等系列软件，

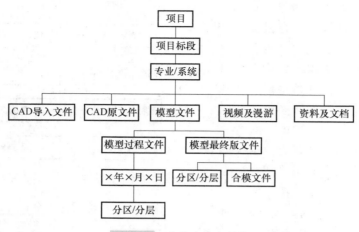

图 11-8　文件夹命名结构

针对不同的项目特征，可选择合适的软件。鉴于文件存储后，在运营阶段存在对模型的应用，因此软件的存储格式应与现阶段主流软件的格式兼容，方便后期对文件的应用。

此外，不同阶段的文件交付内容不同，会有不同对象之间的文件交付，这也决定了模型存储格式的不同。本系统分别从四个方面对文件交付过程中的存储格式进行了规定，包括施工方向建设单位交付、设计院向建设单位交付、建设单位向运营维护单位交付、供应商向采购方交付，见表 11-15。如施工方向建设单位交付文件的过程中，主要的是交付项目施工阶段过程模型及竣工模型，因此可存储的格式为 Bentley（.dgn/.idgn）、Revit（.rvt/.nmc/.nwf）、Tekla（.tekla）、国际标准格式（.ifc）等。

表 11-15　文件储存格式要求

序号	交付对象	交付要求	文件存储格式
1	施工方向建设单位交付	各专业/系统模型源文件	.rvt/.idgn/.dgn/.ifc/.tekla 等格式
		一个轻量化整合模型	.nmc/.nwf 等格式
2	设计院向建设单位交付	各专业/系统模型源文件	.rvt/.idgn/.dgn/.ifc/.tekla 等格式
		一个轻量化整合模型	.nmc/.nwf 等
3	建设单位向运营维护单位交付	各专业/系统模型源文件	.rvt/.idgn/.dgn/.ifc/.tekla 等格式
		一个轻量化整合模型	.nmc/.nwf 等
4	供应商向采购方交付	所供应设备的模型源文件或族文件	.rfa

（4）数据库设计

1）数据库设计步骤。数据库设计是指在现有的数据库管理系统上建立数据库。其关键问题是建立一个数据模型，既能向用户及时、准确地提供所需要的信息和支持用户对所有需要处理的数据进行处理，又能使其易于维护、易于理解，并具有较高的运行效率。

由于数据库设计是围绕着数据模型的建立而展开的，因此，要求系统设计者既要详细了解信息处理现状和信息流程，并对其进行分析和概括，又要熟悉数据库管理系统的特点，以便利用各种工具进行数据库设计。数据库设计的几个步骤与系统开发的各个阶段对应，融为一体。各设计步骤如图 11-9 所示。

数据库的概念结构设计是根据用户需求设计数据库的概念模型。概念模型是从用户角度看到的数据库,可用 E-R 模型表示;逻辑结构设计是将概念结构设计阶段完成的概念模型转换成能被选定的数据库管理系统(DBMS)支持的数据模型;物理结构设计是为数据模型在设备上选定合适的存储结构和存取方法,以获得数据库的最佳存取效率。

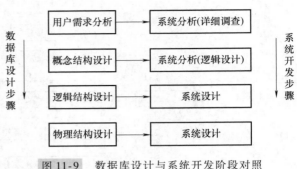

图 11-9 数据库设计与系统开发阶段对照

2)数据库设计的实际工程案例。下面以厦门地铁 3 号线过海通道施工风险集成控制系统(下面简称"本系统")为例,介绍数据库设计过程。

本系统数据库采用数据仓库技术,该技术能够将针对海底隧道的、多源异构的、稳定的、体现工程风险的复杂系统数据进行集成,便于风险管控以及相关决策。数据仓库技术具有两方面特点。首先能够利用数学模型,对分析型数据进行处理,支持海底隧道风险决策。其次能够对复杂大系统的多源异构数据进行有效集成,然后按照施工的不同阶段、不同特征、不同主题进行编排重组,提高风险决策效率。

基于 BIM 的数据仓库并不是静态的,而是通过传感器、物联网等技术,并利用多源信息融合等数据处理方法加以整理、归纳以及重组,实时动态地反映海底隧道施工过程的风险状态,同时在 BIM 系统上以可视化的形式呈现,便于管理者进行专家群决策。数据仓库层次体系结构如图 11-10 所示。

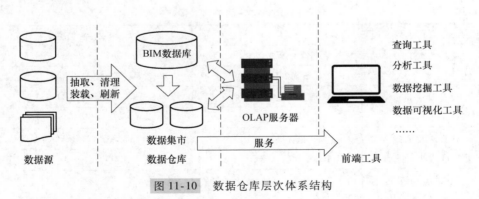

图 11-10 数据仓库层次体系结构

(5)处理过程设计

项目管理信息系统的处理过程由许多相对独立、又彼此联系的模块组成,每个模块可以独立地被理解、编程、调试和改错,使得复杂的过程说明和程序编写工作得以分解的同时,还能有效防止错误在模块间的蔓延,提高了系统的可靠性。目前大型施工项目中,各类传感器采集的数据涉及多源异构指标因素,综合文本、图片、视频、三维模型和各种物理信息、空间信息等。同时多因素之间还存在模糊性和不确定性,因此对项目管理信息系统的数据处理能力有了更多要求。项目管理信息系统的处理过程如图 11-11 所示。

1)控制模块。该模块包括主控模块和各级控制模块。控制模块的主要功能是根据项目管理人员要求信息，确定处理顺序，然后控制转向各处理模块的入口。

2）输入模块。该模块主要用来输入数据，输入数据的内容包括项目基础信息等文本数据以及使用信息感知技术获得的多源数据。

3）输入数据处理模块。该模块对已经输入系统中的数据进行处理，以保证原始数据的正确性。因此如何处理项目施工过程中采集的多源异构数据，成为输入数据处理模块的主要任务。

4）输出模块。该模块将系统的运行结果通过系统界面、二维或三维模型、表格等形式输出给项目管理人员，输出模块的质量直接关系到整个系统的性能。

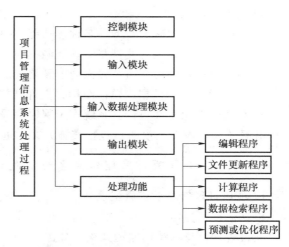

图 11-11　项目管理信息系统的处理过程

5）处理功能。根据项目管理信息系统的应用部门和要求的不同，有不同的处理功能，通常有以下几种：

a. 编辑程序。编辑程序的主要功能是按统一的编码形式输入记录内容，便于输入的形式转换成适于计算机处理的形式。

b. 文件更新程序。当系统应用的数据发生变化时，需要修改数据文件。例如，增加新的记录，修改数据项或记录，删除某些不需要的记录或对两种以上的文件进行核对的匹配处理。一般来说，文件更新程序应该具有下述功能：对记录中关键字的控制功能，通过关键字查找相应记录；控制总记录数的功能，以便控制追加、插入记录的位置；具有记录地址或字节位置的控制功能，以便确定修改数据的位置，控制插入或者追加的数据位置。

c. 计算程序。根据项目管理的需求进行相应的计算机处理，包括同类记录和不同类记录中各数据项的运算。

d. 数据检索程序。数据检索程序是指管理人员提供查询有关信息的程序，包括输入查询要求和输出特定的查询结果。它是项目管理信息系统的人机接口，对于人机交互的友好程序以及查询响应时间等均有较高要求。

e. 预测或优化程序。使用预测或优化的数学模型，利用项目管理信息系统所提供的有关数据，进行计算和分析并输出结果，用来辅助管理人员进行决策。

（6）系统设计报告

系统设计的最后一项工作是编写系统设计报告。该报告是系统设计阶段的工作成果，也是系统实施阶段的主要依据。其主要内容如下：

1）概要说明。概要说明包括系统的功能、设计目标及设计策略；项目开发者、用户、系统与其他系统或机构的联系；系统的安全和保密限制。

2）系统总体设计。

a. 系统设计规范：程序名、文件名及变量名的规范化；数据词典。

b. 系统结构：模块结构图；各模块 IPO 图。

3）系统详细设计。

a. 编码设计：编码的类型、名称、功能、使用范围及要求等。

b. 输入设计：输入方式选择；输入数据格式设计；输入数据校验方法。

c. 输出设计：输出介质；输出内容及格式。

d. 数据库设计：数据库总体结构；文件结构设计；文件存储要求。

e. 系统安全保密性设计：系统安全保密性设计说明。

f. 系统实施方案及说明：包括实施方案、进度计划、经费预算等。

11.4.2 建设工程项目管理信息系统原型设计与实例

1. 项目管理信息系统原型设计

根据建设工程信息管理的目标以及信息管理的功能实现，从多信息技术集成的思路，设计了项目管理信息系统的原型架构，如图11-12所示。

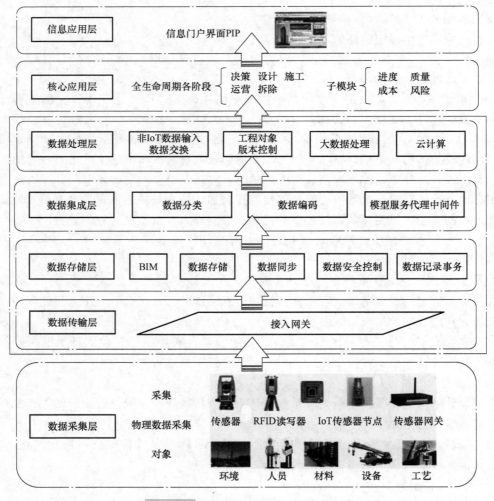

图 11-12 项目管理信息系统原型架构

（1）数据采集层

数据采集层是项目管理信息系统的数据输入端口，主要功能包括业务操作功能和物理数据采集功能两部分。其中业务操作功能实现项目管理信息系统与各参与方工作人员间的数据处理和信息交互。物理数据采集功能实现对现场人员、材料、机械设备、建筑构件、环境信息的实时采集。这部分功能由 IoT 下的 RFID 技术、传感器、感知技术（无人机、3D 激光扫描）等实现。数据采集层的数据采集设备通常内嵌于设备和建筑构件中，通过 IoT 无线通信技术与上层系统连接。

（2）数据存储层

数据存储层主要存储在建设工程全生命周期中采集的各类信息，其核心功能包含数据存储、数据同步、数据安全控制、数据记录事务（Data Record Transactions）。

（3）数据传输层

数据传输层主要实现将数据存储层数据通过物联网等方式传输到平台终端，数据传输方式主要包括 WSN、ZigBee、TCP/IP、GRPS 等，传输方式及特性见表 11-16。

表 11-16　数据传输方式及特性

数据传输方式	特　　　性
WSN	无线传感器网络技术（Wireless Sensor Network，WSN）具有实时感知环境信息、有效半径大、成本低廉等优势
ZigBee	一种短距离、低功耗的无线通信技术，其特点是近距离、低复杂度、自组织、低功耗、低数据速率
TCP/IP	传输控制协议/因特网互联协议（Transmission Control Protocol/Internet Protocol），是 Internet 最基本的协议、Internet 国际互联网络的基础，规定电子设备如何与互联网连接以及数据如何传输的标准
GRPS	属于移动通信中一项重要的数据传输技术，价格低廉

（4）数据集成层

数据集成层主要实现在项目管理信息系统内建立 BIM 与 PIP 之间的联系通道，保证 BIM 建立的建设工程信息模型能在 PIP 共同工作的环境得到应用，其功能包含数据分类、数据编码等。由于 BIM 数据格式和 PIP 应用程序之间并非一一对应，因此需要运用模型服务代理 PMPS（Project Model Proxy Services）中间件技术提供数据访问和模型代理服务功能。

（5）数据处理层

数据处理层主要实现对建设工程生命周期内非物联网信息输入、工程对象版本控制、命令集（Command Set）、数据库管理、数据交换、元数据（Mata-data）存储及服务、建设工程大数据处理和应用支撑等功能。例如，输入策划决策阶段的客户需求信息为工程设计阶段提供参考、为项目运营及拆除阶段提供前期设计、施工的信息支持等。此外，该层也为其他外部应用提供信息接口的基础，如在项目管理信息系统中添加能耗分析、荷载计算和火灾等意外风险评价等功能模块。

（6）核心应用层

核心应用层主要为建设项目全生命周期各阶段和各管理要素的子系统提供应用服务。核心应用层应能够将各类软件的应用进行综合集成，因此在设计该层时要充分预留应用接口，提高后续可扩展性。

（7）信息应用层（用户层）

信息应用层作为 Web 应用程序统一的访问点，为用户提供了集成的内容和应用以及统一的协同工作环境，实现项目信息的全面应用。建设工程信息门户还可以集成到企业信息门户或 Internet 信息门户中，实现更大范围的信息共享。

2. 厦门地铁 3 号线 BIM 集成施工质量与风险管理系统

（1）系统简介

厦门地铁 3 号线 BIM 集成施工质量与风险管理（以下简称"本系统"）集成 Web、GIS 和 BIM 等多种信息技术，实现对施工进度的实时控制、施工风险的有效识别和对风险的定量评估、预警和动态控制。

本系统基于 BIM 进行施工质量因素和风险管理，在普通项目管理信息系统的基础上，主要突出 BIM 协同工作与施工风险评估、预警功能。除项目信息、消息通知、照片模型、资料文件查看等基础功能外，每日管理人员定时收集 4M1E 施工数据（47 项），并将信息数据输入系统进行多源数据融合处理，用以评估项目当天的安全风险等级并做出相应预警。同时本系统利用 BIM 模型可视化输出风险评估和预警结果，指导项目管理人员快速掌控施工情况，合理规避风险，保障施工质量和安全。本系统施工质量控制及风险管理相关操作界面如图 11-13 ~ 图 11-16 所示。

图 11-13　系统登入界面

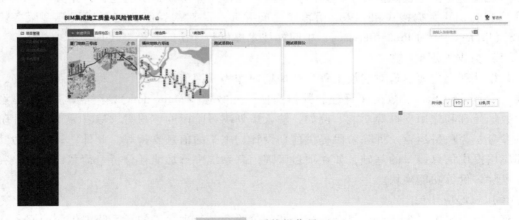

图 11-14　系统操作界面

图 11-15 盾构机模型及现场施工

图 11-16 风险管理界面

（2）系统总体设计

本系统根据功能一共可分为四个模块，每个模块的内容见表 11-17。

表 11-17 系统层级

模　　块	模　块　内　容
项目管理	项目信息 项目人员 信息清单 风险管理 进度管理
风险模板管理	风险因素录入模板 风险评价方法管理
风险表单知识库	风险因素管理
系统管理	组织管理 系统设置 工作流管理

对应的模块关系如图 11-17 所示。

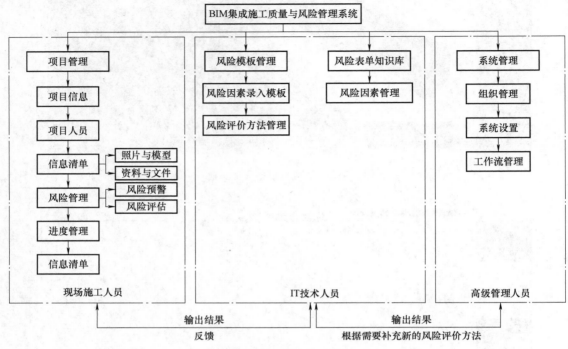

图 11-17　系统模块

其中"项目管理"模块主要包含施工项目的基本信息，如"信息清单"涉及项目现场照片与项目模型、设备模型；"项目人员"涉及现场施工人员的基本资料，如年龄、工龄、工作时长、心率等；"风险管理"涉及进行风险预警和风险评估所需的基础资料录入。"项目管理"模块主要由现场施工人员操作，施工当天施工人员读取传感器所收集的数据，汇总并录入到系统中，以便进行后续的风险管理工作。

"风险模板管理"和"风险表单知识库"模块主要是对风险评价模型进行管理，包括风险因素录入模板、风险评价方法管理和风险因素管理。需要注意的是，该模块中的"风险因素管理"部分需要预留足够的接口，以便与最新的信息感知技术进行对接，实现数据的无缝对接。

"系统管理"模块主要包含项目管理结构的内容，如"组织管理""系统设置"和"工作流管理"，主要针对项目的管理层级、组织架构进行操作。该模块由系统的高级管理人员进行操作。

（3）系统详细设计

本系统的详细设计部分"编码设计""输入/输出设计""数据存储设计""数据库设计"均在 11.4.1 节中进行介绍。下面针对本系统"处理过程设计"的输入数据处理、处理功能中的预测或优化程序进行介绍。

1）输入数据处理。现有的施工项目由于项目体量大、现场条件复杂、施工精度要求高，通常会设置种类不同的信息感知设备，以便对项目的施工情况进行实时监控。因此采集到的多源时间序列数据由于同时受到人为因素、环境状况等多因素的影响，容易导致数据采集产生误差，包含噪声，从而影响系统处理数据的精确度。因此，需要借助工程信息领域相关的去噪模型，比如小波去噪，对多源异构数据降噪，提高多源传感器采集的工程大数据的精确度和质量，使之符合施工工程实际需求。本案例采用小波去噪方法来处理输入数据。

2）处理功能。

a. 基于 D-S 证据理论的风险评估。

针对上述提出的施工项目多源异构数据的处理问题，可以采用多源信息融合方法解决。该方法能够涉及多源信息集成，通过对收集的数据或信息进行融合，从而对施工对象的状态进行评价。本系统采用 "D-S 证据理论" 进行多源异构数据的处理。该方法能够很好地进行不确定性的决策与推理，将随机、模糊、不确定甚至是冲突的多源信息进行数据融合。

b. 基于云证据理论的风险预警。

基于云证据理论的风险预警预测的施工数据可以通过云模型和 D-S 证据理论结合，对施工风险预警指标的原始数据和预测数据分别进行信息融合，得到海底隧道施工整体的风险状况的预警。

复习思考题

1. 简述管理信息系统（MIS）和建设工程项目管理信息系统（PMIS）的区别。
2. 简述建设工程项目管理信息系统的发展历程。
3. 列举建设工程项目管理信息系统的开发方式和对应的优点。
4. 举例说明建设工程项目管理信息系统的多技术集成的应用。
5. 以国内外建设项目管理信息系统为例，简述在建设工程管理信息系统在设计阶段的应用。

12

第 12 章
建设工程项目管理
软件及其应用规划

教学要求

　　本章主要介绍建设工程项目管理软件的分类和特征。通过学习本章的内容，可以明确建设工程项目管理软件应用的作用，熟悉并了解常用的项目管理软件，了解建设工程项目管理软件应用规划的要点。

12.1 建设工程项目管理软件概述

12.1.1 建设工程项目管理软件

　　建设工程项目管理软件是指在项目管理的各个阶段（项目可行性研究、设计、招投标、施工、竣工）过程中使用的各类软件，以及相应的行业管理软件（如工程量计算、图档管理、预算和相关管理等），这些软件主要用于收集、综合和分发项目管理过程的输入和输出的信息。

　　项目管理软件在我国的应用起步较早，20 世纪 80 年代初期就有很多项目开始使用。这一阶段，国内出现了很多项目管理软件，也有一些项目尝试引进国外项目管理软件。到了 20 世纪 90 年代，随着与国际接轨的需要，国内很多项目已接受了国外项目管理的思路，引进了国际先进的项目管理软件，积累了部分经验和数据。

　　从宏观上看，项目管理软件能够加速信息在建筑企业内部和建设项目的各个参与方之间的流动，实现信息的有效整合和利用，减少信息损耗；提高建设项目各个参与方的管理水平，提高建设项目的整体效益。在全球知识经济和信息化高速发展的今天，项目管理软件应用水平已成为建筑企业实现跨地区、跨国经营的重要前提。

　　从微观上看，项目管理软件的应用有利于提升建筑企业的核心竞争力，适应市场化竞争的要求，缩短建筑企业的服务时间，提高建筑企业的客户满意度，及时地获取客户需求，实现对市场变化的快速响应。项目管理软件的应用可以直接影响建筑企业价值链的任何一环的成本，改变和改善成本结构，从而有效降低企业成本。

12.1.2　建设工程项目管理软件的发展状况

最初计算机在项目管理中的应用是在 20 世纪 50 年代随着网络计划技术的出现而出现的，1956 年和 1957 年相继出现的由杜邦公司与兰德公司开发的 CPM（关键路径法）和美国海军开发的 PERT（计划评审技术）使得计算机在项目管理上的应用成为可能。

早期开发的网络计划软件都是在大型机上运行的，价格昂贵，因此，这个时期的项目管理软件也主要运用于国防和土木建筑工程。随着微型计算机的出现和运算速度的迅猛提升，项目管理技术也呈现出繁荣发展的趋势，涌现出大量的项目管理软件，软件的价格也大幅下降。与大部分软件普及的情况类似，计算机项目管理软件加速发展的契机出现在 20 世纪 80 年代，随着 PC 的出现和普及，基于 PC 的项目管理软件得到了迅速的普及。1982 年出现了第一个基于 DOS 的项目管理软件产品。到 20 世纪 80 年代中后期，项目管理软件实现了从仅能对单一项目进行管理向可以对多个项目进行同时管理的飞跃，实现了从 DOS 下的字符式软件到完全的图形式软件的飞跃。

从 20 世纪 80 年代后期到 20 世纪 90 年代中期，随着计算机软、硬件技术的不断发展和各类具有特定功能的项目管理软件的日渐成熟，各软件公司也在优胜劣汰的过程中逐步壮大实力，很多公司在自己成功开发和推广应用的某一个或若干个具有特定功能的项目管理软件的基础上，逐步地将各个相关功能进行集成。这一阶段出现了很多优秀的多种功能集成的项目管理软件，包括集成了进度管理、资源管理和费用管理的 Primavera P3，集成了进度管理、资源管理、费用管理和风险管理的 Welcome Open Plan，此外还有很多价格低廉、易用性强的项目管理软件，包括 Microsoft Project、Symantec Timeline、CA-Superproject 等。

20 世纪 90 年代中期，互联网开始在全世界普及，基于互联网的各种应用蓬勃发展。同样，基于互联网的项目管理软件和项目管理模式也开始出现，并迅速得到众多项目参与方的认可和推广。很多建筑企业都将其新系统的范围由企业内部的 LAN（局域网）扩展到 Intranet（企业内部互联网）和 Extranet（企业外部网）的范围上，几乎所有项目管理软件开发商都在其软件中加入了支持互联网的功能。

目前，项目管理软件正在朝着网络化、智能化、个性化和集成化的方向发展。大多数软件具有良好的开放性，支持开放的后台数据库可以根据用户的要求选择不同的后台数据，使得用户可以将所购置的软件与其他系统进行集成。此外，各软件开发商都倾向于向用户提供一体化的解决方案。

12.1.3　建设工程项目管理软件的分类

目前在项目管理过程中使用的项目管理软件数量多，应用面广，几乎覆盖了项目管理全过程的各个阶段和各个方面。为了更好地了解项目管理软件的应用，有必要对其进行分类。

1. 按项目管理软件适用的各个阶段分类（图 12-1）

（1）适用于某个阶段的特殊用途的项目管理软件

这类软件定位的使用对象和使用范围针对某个特定的目标，例如用于项目建议书和可行

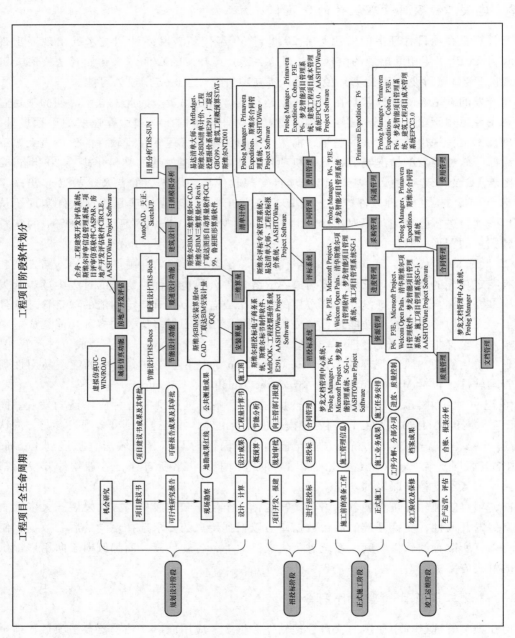

图 12-1 不同工程建设阶段使用的项目管理软件

性研究工作项目评估与经济分析软件、房地产开发评估软件、概预算软件、招投标管理软件、快速报价软件等。

（2）普遍适用于各个阶段的项目管理软件

例如进度计划管理软件、费用控制软件及合同与办公事务管理软件等。

（3）对各个阶段进行集成管理的软件

工程建设的各个阶段是紧密联系的，每个阶段的工作都是对上一阶段工作的细化和补充，同时要受到上一阶段所确定的框架的制约，很多项目管理软件的应用过程就体现了这样一种阶段间的相互控制、相互补充的关系。

2. 按项目管理软件提供的基本功能分类

项目管理软件提供的基本功能主要包括进度管理、费用管理、资源管理、采购管理、风险管理、沟通管理和合同管理等（图 12-2），这些基本功能有些独立构成一个软件，大部分则是与其他某个或某几个功能集成构成一个软件。

- 项目管理软件功能划分
  - 进度管理：P6、AASHTOWare Project Software、P3E、Microsoft Project、Welcome Open Plan、梦龙智能项目管理、清华斯维尔项目管理软件、施工项目管理系统SG-1、Time line、Project Scheduler、易建工程项目管理软件、建文软件、Sure Track Project Manager、Time Phaser Global Work Schedual、Artemis Viewer、Open WorkBench
  - 费用管理：Microsoft Project、Primavera Expedition、AASHTOWare Project Software、P3E、Prolog Manager、Cobra、建筑工程项目成本管理系统EPCCS3.0、易达清单大师、MrBudget、斯维尔BIM清单计价、工程投票报价系统E291、广联达GBG99、建筑工程概预算STAT、斯维尔NT2001、斯维尔投标电子商务系统、国际工程投标报价专家系统、ESBOP、梦龙智能管理软件、施工项目管理系统SG-1、易建工程项目管理软件、建文软件、梦龙标书快速制作与管理软件、广联达投标报价软件、梦龙工程概预算软件
  - 资源管理：斯维尔BIM三维算量for CAD、AASHTOWare Project Software、P3E、斯维尔BIM三维算量for Revit、广联达图形自动算量软件GLC99、鲁班图形算量软件、斯维尔BIM安装算量for CAD、广联达BIM安装计量GQI、CA-Superproject、梦龙文档管理中心系统、P6、Microsoft Project、梦龙智能项目管理、P3E、Welcome Open Plan、清华斯维尔项目管理软件、神机妙算图形算量软件
  - 采购管理：Prolog Manager、P6、P3E、梦龙智能项目管理系统、Sure Track Project Manager、AASHTOWare Project Software
  - 风险管理：P6、P3E、Microsoft Project、Welcome Open Plan、梦龙智能项目管理、斯维尔集团级工程管理系统、AASHTOWare Project Software
  - 沟通管理：P6、P3E、Microsoft Project、Welcome Open Plan、梦龙智能项目管理、斯维尔集团级工程管理系统、Primavera Expedition、Prolog Manager、Autodesk Buzzsaw、AASHTOWare Project Software
  - 合同管理：Primavera Expedition、Prolog Manager、斯维尔合同管理系统、邦永PM2、易建工程项目管理软件、建文软件、新中大软件、斯维尔标书制作软件、MrBook、斯维尔投标电子商务系统、工程投标报价系统、工程投票报价系统E291、飞时达工程图档管理系统、AASHTOWare Project Software、P3E

图 12-2　项目管理软件功能划分

（1）进度管理软件

基于网络技术的进度管理功能是工程项目管理中开发最早、应用最普遍、技术上最成熟的功能，也是目前绝大多数面向工程项目管理的信息系统的核心部分。该类软件一般的功能为：定义作业（也称为任务、活动），建立逻辑关系；计算关键路径；时间进度分析；资源平衡；实际的计划执行状况；输出报告，包括横道图（也称为甘特图）和网络图等。

（2）费用管理软件

现在大部分项目管理软件功能的布局方式是进度管理系统建立项目时间进度计划，费用管理系统确定项目的价格。费用管理功能一般是处理项目生命周期内的所有费用单元的分

解、分析和管理的工作。这类软件有些是独立使用的系统，有些是与合同事务管理功能集成在一起的。费用管理应提供的功能包括：投标报价、预算管理、费用预测、费用控制、绩效检测和差异分析。

（3）资源管理软件

项目管理软件中涉及的资源有狭义资源和广义资源之分。狭义资源一般是指在项目实施过程中实际投入的资源，如人力资源、施工机械、材料和设备等；广义资源除了包括狭义资源外，还包括其他（诸如工程量、影响因素等）有助于提高项目管理效率的因素。所有这些资源又可以根据使用过程中的特点划分为消耗性资源（如材料、工程量等）和非消耗性资源（如人力）。资源管理功能应包括：拥有完善的资源库，能自动调配所有可行的资源，能通过与其他功能的配合提供资源需求，能对资源需求和供给的差异进行分析，能自动或协助用户通过不同途径解决资源冲突问题。

（4）采购管理软件

采购管理软件通过采购申请、采购订货、进货检验、收货入库、采购退货、购货发票处理、供应商管理等功能综合运用，对采购物流和资金流全过程进行有效的控制和跟踪，实现企业完善的物资供应管理信息。采购管理软件用于制订定期采购计划（如周、月度、季度、年度）和非定期采购任务计划（如系统根据销售和生产需求产生的）。通过对多对象多元素的采购计划的编制、分解，可将企业的采购需求变为直接的采购任务。

（5）风险管理软件

风险管理功能中集成的常见风险管理技术包括综合权重的三点估计法、因果分析法、多分布形式的概率分析法和基于经验的专家系统等。项目管理软件的风险管理功能大都采用了这些成熟的风险管理技术。

项目管理软件中的风险管理功能应包括：项目风险的文档化管理、进度计划模拟、减少乃至消除风险的计划管理等。目前的风险管理软件有些是独立使用的，有些是和上述的其他功能集成使用的。

（6）沟通管理软件

大型项目的各个参与方经常分布在跨地域的多个地点上，大多采用矩阵化的组织结构形式，这种情况对沟通管理提出了很高的要求。信息技术，特别是近些年 Internet、Intranet 和 Extranet 技术的发展为这些要求的实现提供了可能。目前流行的项目管理软件都集成了沟通管理的功能，所提供的功能包括进度报告发布、需求文档编制、项目文档管理、项目组成员间及其与外界的通信与交流、公告板和消息触发式的管理交流机制等。

（7）合同管理软件

合同管理是项目管理的核心，建设项目依据合同来开展。合同管理软件支持合同准备、审批、执行、控制、结束等合同全生命周期的管理。可通过查询、统计分析和预警提醒等多种手段实现企业的业务管理，帮助企业把资金计划、合同进度、合同审批、合同变更、发票、合同资料等管理得更具条理性和统筹性，使以往烦琐混乱的合同管理变得轻松愉快，繁多拖沓的收付款管理变得及时到位。

（8）多功能集成的项目管理软件

目前流行的项目管理软件大部分是系列化的项目管理软件，通常称为项目管理软件套件（Project Management Software Suite）。套件指的是将管理工程项目所需的信息集成在一起进行管理的一组工具。一个套件通常可以拆分为一些功能模块或独立软件，这些模块或独立软件大部分可以单独使用，但如果这些模块或独立软件组合在一起使用，可以最大限度地发挥它们的效力。这些模块或独立软件都是由同一家软件公司开发，彼此间有统一的接口，可以互相调用数据，并且功能上互为补充。

2.2　各类建设工程项目管理实用软件

现代计算机技术的发展与其在项目管理方面的应用已成为工程建设者实现现代大型工程优化管理不可缺少的手段、工具。目前，国外项目管理软件有 Primavera 公司的 P3、P3E/C、P6 软件，Artemis 公司的 Artemis Viewer，NIKU 公司的 Open Workbench，Welcome 公司的 Open Plan 等软件。国内也开发了相关的项目管理软件，其中较为主要的软件包括三峡工程管理系统 TGPMS、邦永 PM2、新中大软件、易建工程项目管理软件、建文软件等，但基本是借鉴国外项目管理软件或者在国外软件的基础上开发的。

12.2.1　常见的进度管理软件

1. Oracle Primavera P6 软件介绍

P6 是 Primavera 公司推出的项目管理软件，其前身为 P3、P3E/C，最初的版本为 1983 年推出的 Primavera Project Planner 1.0 for DOS。1993 年年底，Primavera 推出了 P3 在 Windows 操作系统下的版本。2002 年，Primavera 推出了 P3E/C。P3E、Teamplay、P3E/C 软件为企业级项目管理软件。其中 P3E/C（P3E for Construction）是专门针对工程建设行业推出的。2005 年年底，Primavera 推出了企业用户管理软件 Primavera5.0（简称 P5）。2006 年年底，Primavera 推出了 P6。P6 具有强大的功能，如对项目群、项目集和项目组合的计划编制、优先排列、管理与执行功能，能为项目管理提供强大的工程解决方案。

（1）P6 的组成

P6 为企业的不同管理层和管理人员提供了简洁明了而又易于操作的工作环境。P6 使用标准的 Windows 界面、基于 Web 的技术、C/S 模块（服务器/客户端）及基于网络的数据库（Oracle 和微软的 SQL Server），它的主要组件包括（图 12-3）：①PM（Project Management）——项目管理工具，该功能主要是用于企业项目规划、统计分析、详细计划编制、计划下达、编码设定、反馈批准，是 Primavera 最重要的功能；②MM（Methodology Management）——方法论管理工具；③Primavera Web（SuperVision of SuperPIP）——基于网络的进度汇报工具；④Timesheets（SuperReporter）——基于网络的工时实时更新工具。

1）PM 的功能（核心模块）。Project Management（PM）模块主要功能为分析执行情况及用户跟踪。在 PM 模块下，用户能制订进度计划，并能实现资源控制功能，如多项目系统、多用户下的多层项目分层结构、数据记录、资源安排、自定义视图、数据等。PM 模块具有支持项目结构（EPS）优化功能，可以制订大量的作业、目标计划、项目、资源并进行组织分解 OBS、定义分类、工作分解 WBS、关键路径分析与资源平衡。PM 模块还可实现开放式管理，项目团队成员能有效获知项目进展情况，并具有 Web 功能。

2）MM 的功能。Methodology Management（MM）模块主要作用为创造与保存参照项目。在 MM 模块下，用户可制订、选择或合并项目计划，按自己需求设计模块。在使用过程中，

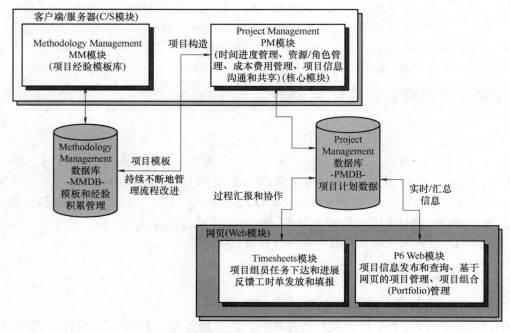

图 12-3　P6 的组成模块

常常根据以前的功能模块，或者经验、专家模块，作为模板定义新项目。因此，在 MM 的模式下，能完善新项目的作业，提高工作效率，总结以往的工作管理经验。

3）Primavera Web 的功能。P6 的 Primavera Web 是一个有效的交流工具，在设计过程中采用了基于 Web 的系统，特别是在组建团队模式管理过程中，Primavera Web 作用明显。Primavera Web 能够有效实现项目组合管理、项目过程管理、资源管理、问题管理、协作管理等，提高团队工作效率，主要的使用对象为公司的领导层、部门领导、项目经理、项目组员等。P6 的 Primavera Web 事实上为数据的有效管理、分级管理及数据处理、共享等提供了平台，能有效提高信息的交流和团队合作的效率。

4）Timesheets 的功能。P6 的 Timesheets 可供项目组成员填报作业的实际工时，主要功能是接收各项目的工作任务和更新作业的实际情况，并填报实际的工时情况，其使用对象是整个项目组组员。以上 4 个模块的界面如图 12-4 所示。

（2）P6 的特点

1）P6 能够提供针对企业的项目管理解决方案，使得企业能随意组建层次化的组织。

2）可以实现基于 Web 的团队协作。在 Web 模式下的大部分客户端都能方便地对项目资源、进度、费用进行跟踪、决策，可以和 Internet 连接，在工时单（Timesheets）模块的基础上同时开展多个项目经理的分配任务。可以构建项目工作团队模式，实现数据有效交流，能方便快捷建立项目网站，实现项目的 Web 发布。

3）提供数据库管理及制定企业项目管理标准。通过 P6 可以快速建立项目，并可以重复利用企业级的项目管理模板，还可以有效总结项目的管理流程和项目的管理经验，从而实现制定企业项目管理标准和对数据库的高效管理。

4）实现企业级多项目的分析。可以实现从上而下的任务分配，在 EPS、WBS 平台下有

a) PM模块界面

b) MM模块界面

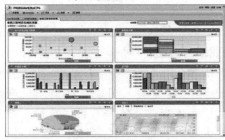

c) Primavera Web模块界面

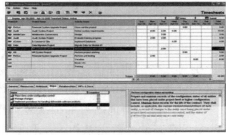

d) Timesheets模块

图 12-4　P6 各模块界面

效管理任一层次，可根据需要建立不同权限，在赢得值技术的基础上对资源情况进行有效评价，具体包括基于 Web 的报告和综合分析、进度费用和赢得值分析、资源需求预测分析。

5）实现风险与问题管理。通过风险控制，可对潜在的风险进行评价，发现潜在问题。采用项目 What-if 模拟分析，可对潜在的问题进行监控、跟踪，有效实现对风险的控制。

6）与其他项目管理软件进行数据转换。利用 PM 模块，能实现 P6 和 Microsoft Project 之间的数据传输和利用，同时 P6 可以与 Microsoft Excel 格式的文件进行项目数据的交换，即可以导入与导出 Excel 格式的数据文件。

2. Microsoft Project

Microsoft Project 是 Microsoft 公司开发的项目管理系统，它是应用最普遍的项目管理软件之一，已经在我国得到了广泛的应用，主要有进度管理功能、资源管理功能、费用管理功能、组织信息功能、信息共享功能、方案选择功能、拓展功能和跟踪任务功能。图 12-5 所示为 Microsoft Project 部分功能界面。

3. Welcome Open Plan

Welcome Open Plan 是由 Welcome 公司研发的一个企业级的项目管理软件。Open Plan 采用自上而下的方式分解工程，拥有无限级别的子工程，每个作业都可分解子网络、孙网络，无限分解，这一特点为大型、复杂建设项目的多级网络计划的编制和控制提供了便利。此外，其作业数目不限，同时提供了最多 256 位宽度的作业编码和作业分类码，为建设项目的多层次、多角度管理提供了可能，使得用户可以很方便地实现这些编码与项目管理信息系统中其他子系统的编码的直接对接。

Open Plan 中的项目专家功能提供了几十种基于美国项目管理学会（PMI）专业标准的管理模板，用户可以使用或自定义管理模板，建立 C/SOSC（费用/进度控制系统标准）或 ISO（国际标准化组织）标准，帮助用户自动应用项目标准和规程进行工作，例如每月工程

 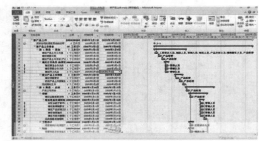

a) 创建新工作界面　　　　　　　　　　　　　b) 横道图界面

图 12-5　Microsoft Project 部分功能界面

状态报告、变更管理报告等。Open Plan 可导出资源强度非线性曲线、流动资源计划，在资源优化方面拥有独特的资源优化算法，四个级别的资源优化程序，可通过对作业的分解、延伸和压缩进行资源优化。Open Plan 集成了风险分析和模拟工具，可以直接使用进度计划数据计算最早时间、最晚时间时差的标准差和作业危机程度指标，不需要再另行输入数据。此外 Open Plan 具有开发的数据结构，工程数据文件可保存为通用的数据库，如 Microsoft Access、Oracle、Microsoft SQL Server、Sybase，以及 FoxPro 的 DBF 数据库。图 12-6 所示为其部分功能界面。

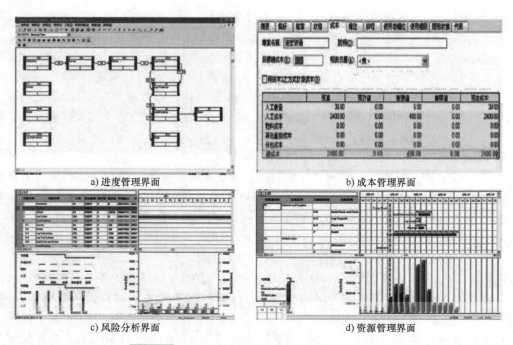

a) 进度管理界面　　　　　　　　　　　　　b) 成本管理界面

c) 风险分析界面　　　　　　　　　　　　　d) 资源管理界面

图 12-6　Welcome Open Plan 软件部分功能界面

4. 清华斯维尔项目管理软件

清华斯维尔项目管理软件是将网络计划及优化技术应用于建设项目的实际管理中，以国内建设行业普遍采用的横道图双代号时标网络图作为项目进度管理与控制的主要工具。它可通过挂接各类工程定额实现对项目资源、成本的精确分析与计算，不仅能够从宏观上控制工期和成本，还能从微观上协调人力、设备、材料的具体使用等。该软件主要有项目管理、编辑处理、数据录入、视图切换、图形处理、数据管理与接口、图表打印等功能。

该软件设计严格遵循《工程网络计划技术规程》（JGJ/T 121—2015）和《网络计划技术　第 1 部分：常用术语》（GB/T 13400.1—2012）等标准，提供"所见即所得"的矢量图绘制方式及全方位的图形属性自定义功能，可实现与 Word 等常用软件的数据交互，极大地增强了软件的灵活性。该软件提供对 Microsoft Project 2000/2002 项目数据接口，可确保快捷、安全地进行数据交换并智能生成双代号网络图；可输出图形为 AutoCAD、Emf 通用图形格式。

12.2.2　常见的合同管理软件

1. Primavera Expedition

Primavera Expedition 是由 Primavera 公司开发的合同管理软件，它以合同为主线，通过对合同执行过程中发生的诸多事务进行分类、处理和登记，使用户可以对合同的签订、预付款、进度款和工程变更进行控制；同时，可以对各项工程费用进行分摊和反检索分析；可以有效处理合同各方的事务，跟踪有多个审阅回合和多人审阅的文件审批过程，加快事务的处理进程。Primavera Expedition 内置了一套符合国际惯例的工程变更管理模式，用户也可以自定义变更管理的流程。Primavera Expedition 对变更的处理采取变更事项跟踪的形式，将变更文件分成请示类、建议类、变更类和通知类四大类，可以实现对变更事宜的快速检索。Primavera Expedition 通过内置的记录系统来记录各种类型的项目交流情况，通过请示记录功能帮助用户管理整个工程跨度内的各种送审件，无论其处于处理的哪个阶段，在什么人手中，都可以随时评估其对费用和进度的潜在影响。该软件可用于建设工程项目管理的全过程，并且有很强的拓展能力，用户可以利用软件本身的工具进行二次开发，进一步增强该软件的适用性。该软件部分功能界面如图 12-7 所示。

a) 合同管理界面　　　　　　　　　　　　　　　　b) 主界面

图 12-7　Primavera Expedition 软件部分功能界面

2. Prolog Manager

Prolog Manager 是由 Meridian 公司开发的合同管理软件，它以合同事务管理为主线，可以处理项目管理中除进度计划管理外的大部分事务。

该软件可以管理工程所涉及的所有合同信息，包括相关的单位信息、每个合同的预算费用、已发生的变更（包括设计变更、进度计划变更、施工条件变更等）、将要发生的变更和进度款的支付和预留等。该软件可以管理建设项目中需要采购的各种材料、设备和相应的规范要求，可以直接和进度作业连接，并且可以准确获取最新的预算、实际费用信息，使用户及时了解建设工程项目费用的情况。该软件可以将项目管理所需的各种信息进行分门别类管理，各个职能部门按照所制定的标准对自己的工作情况进行输入和维护，管理层可以随时审阅项目各个方面的综合信息，考核各个部门的工作情况，掌握工作的进展，及时地做出决策。该软件具有较好的兼容性，既可将进度作业输出到有关进度软件（Microsoft Project、P3、Sure Trak、Open Pan），又可将进度计划软件的作业输入到该软件中。

12.2.3　常见的成本管理软件

1. Cobra

Cobra 是由 Welcome 公司开发的成本控制软件。该软件可以和进度管理相结合，形成动态的费用计划；可以将工程及其费用自上而下地分解，可在任意层次上修改预算和预测；可以设定不限数目的费用科目、会计日历、取费费率、费用级别和工作包，使用户建立完整的项目费用管理结构；可用文本文件或 DBF 数据库递交实际数据，可连接用户自己的工程统计软件和报价软件，自动计算间接费用。该软件内置了标准评测方法和分摊方法，可按照所使用的货币、资源数量或时间计算完成的进度，可用工作包、费用科目、预算元素或分级结构、部门等评价执行情况。该软件的数据库完全开放，可以方便地与用户自己的管理系统连接，市场上通用的电子报表软件和报表生成器软件都可利用该软件的数据制作报表。

此外，该软件还提供了在工程实施过程中任意阶段的费用和进度集成的动态环境，该软件的数据可以完全从软件提供的项目专家或其他目录中读取，不需要重复输入。工程状态数据可利用进度计划软件自动更新，修改过的预算也可自动更新到项目专家的进度中。

2. 建筑工程项目成本管理系统 EPCCS3.0

中国建筑工程总公司与北京广联达慧中软件技术有限公司联合开发的"建筑工程项目成本管理系统 EPCCS3.0"是一个辅助施工企业从项目中标开始，对项目实施成本进行全过程跟踪控制管理的软件，它适用于 FIDIC 条款。它对项目成本实施计划管理、实时控制以及核算管理，使项目经理对自己管理的项目收支情况清晰明了，成本盈亏一目了然。

"建筑工程项目成本管理系统 EPCCS3.0"的开发是针对 EPCC 总承包模式下的工程项目。EPCC 总承包模式是 EPC 工程总承包的一类，是业主项目管理的一种组织实施方式或一种承发包方式，是指从事工程总承包的企业受业主委托，按照合同约定对工程项目的勘察、设计、采购、施工、试运行（竣工验收）等实行全过程或若干阶段的承包。该软件由系统报表、工程成本管理、物资管理、施工成本管理和成本核算管理五大模块组成，分为公司级与项目级两级使用，不同岗位的人使用不同的管理模块。

成本管理模块可以由用户自行设置，能适应各类施工企业不同的成本管理模式。该软件设计了与广联达造价系列软件和用友财务管理软件及各地区预算管理软件的接口，实现了财务和预算方面的数据调用。该软件可以进行施工成本预测及月度施工预算表编制，并可以进行总包和分包施工图预算、材料计划消耗与实际消耗对比、预算人工费与实际人工费支出对比等。该软件设有材料收、发、存管理功能，能满足工地施工材料管理的需要。

12.2.4　常见的工程量计算软件

工程量计算软件作为预决算的辅助计算工具，是依据预决算人员计算工程量的特点而编制的，对一个工程可以按照层次分别计算或作为同一层次进行计算。

1. 斯维尔 BIM 三维算量 for CAD

斯维尔 BIM 三维算量软件 TH-3DA2018 是一款基于 AutoCAD 平台研发的土建工程算量软件，主要应用于工程招投标、施工、竣工阶段的工程量计算业务。斯维尔三维算量是实现土建预算与钢筋抽样同步出量的主流算量软件，在同一软件内实现了基础土方算量、结构算量、建筑算量、装饰算量、钢筋算量、审核对量、进度管理及正版 CAD 平台八大功能，可避免重复翻看设计图、避免重复定义构件、避免设计变更时漏改，达到一图多算、一图多用、一图多对，全面提高算量效率。该软件易学、易用，内置了全国各地定额的计算规则，可靠、细致，与定额完全吻合，不需再做调整。该软件采用了三维立体建模的方式，使得整个计算过程可视，工程均可以三维显示，最真实地模拟现实情况。

该软件的主要功能包括 CAD 识别算量、设计图对比、工程数据自动对比、设计图对量、自动挂接清单等几个方面。功能界面如图 12-8 所示。

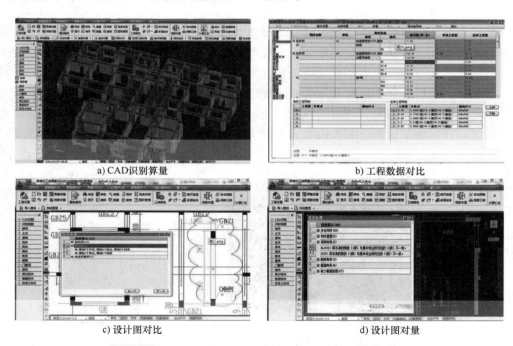

a) CAD识别算量　　　　　　　　b) 工程数据对比

c) 设计图对比　　　　　　　　d) 设计图对量

图 12-8　斯维尔 BIM 三维算量软件部分功能界面示意图

2. 鲁班图形算量软件

鲁班图形算量软件是基于 AutoCAD 平台的图形算量软件。该软件可实现清单工程量和定额工程量同时生成，其计算结果可以采用图形和表格两种方式输出，并且可以与工程量计价软件建立无缝兼容接口，并可直接导入使用。

该软件具有较好的通用性，可实现一图多算，一套图可以套用全国不同地方的计算规则进行计算，同时该软件具有强大的绘图功能，可实现准确的三维扣减、构件定义导入和导出，自动生成带工程量的标注图，方便工程量核对，并可直接读入设计图，大大减少建模工程量。图 12-9 所示为其部分功能界面。

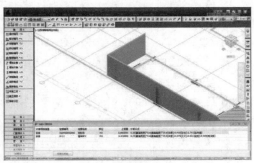

a) 工程量条件自动统计   b) 可视化扣减

图 12-9　鲁班图形算量软件部分功能界面

3. 广联达图形算量软件 GTJ2018

广联达图形算量软件以描图的形式将图样输入到计算机中，由计算机按照系统选定的规则自动计算工程量。

该软件为每种对象提供了方便快捷的块操作功能，用户操作简单，界面友好，图形的显示、查看灵活方便，可根据需要提取分层、分部的工程量，可以查看任意构件的工程量；可提供大量标准图集，提供多人多机共同工作，可实现建筑单元组合功能；提供了分部定义的功能，方便施工现场管理，可实现造价动态管理。该软件的计算规则彻底本地化，即完全符合用户选定定额的计算规则，使用三维实体扣减法，结果更加准确；可准确计算外墙装修工程量，并可以进行整层换算，大大提高人们的工作效率。图 12-10 所示为其部分功能界面。

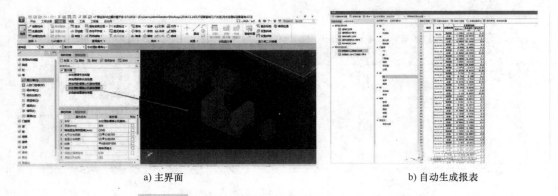

a) 主界面   b) 自动生成报表

图 12-10　广联达图形算量软件 GTJ2018 部分功能界面

12.2.5　常见的预算、决策类管理软件

1. 工程概预算系统 MrBudget

工程概预算系统 MrBudget 由北京梦龙科技有限公司研制开发，主要用于工程造价的概预算，也可用于全国各地定额站的定额建库及发行工作。

该软件同时兼容定额与清单计价方式，提供了子目的智能换算功能；兼容多套定额，可实现自由跨专业引用；提供了报表导入到电子表格的功能，可以进行报表的二次设计，使之更符合要求。该系统具有量价分离投标方式；工程结构采用 WBS 管理方式，便于对工程整体结构的把握，以及工程分包的控制，可实现分项工程的导入和导出；系统提供了丰富的报表资源，方便组合进行投标；系统可以进行子目单价分析，并允许设置不同费率。

2. 广联达工程云计价软件 GCCP6.0

该软件由北京广联达慧中软件技术有限公司开发研制。广联达工程云计价软件 GC-CP6.0 是一款专为建设工程造价领域全价值链客户提供数字化转型解决方案的产品，主要面向具有工程造价编制和管理业务的单位与部门，如建设单位、咨询公司、施工单位和设计院等。该软件通过利用云 + 大数据 + 人工智能技术，进一步提升了计价软件的使用体验，让每一个工程项目价值更优。该软件可实现量价一体化，实现与算量工程的数据互通，实时刷新，图像反查，各业务阶段数据无缝对接，实现概、预、结、审之间数据一键转化。云计价软件统一入口，并提供了云端海量报表方案，支持 PDF、Excel 在线智能识别搜索。该软件可提供个性化报表，通过智能组价推送和云检查功能让招投标环节更智能高效。图 12-11 所示为其部分功能界面。

a) 主界面   b) 造价云管理平台

图 12-11 广联达工程云计价软件 GCCP6.0 部分功能界面

3. 深圳清华斯维尔 BIM 清单计价

斯维尔 BIM 清单计价软件全面贯彻《建设工程工程量清单计价规范》（GB 50500—2013），是该标准的配套软件。该软件涵盖 30 多个省市的定额，支持全国各地市、各专业定额，可提供清单计价、定额计价、综合计价等多种计价方法，适用于编制工程概、预、结算，以及招投标报价。该软件提供了二次开发功能，可自定义计费程序和报表，支持撤销、恢复操作。专业版还提供了造价审计审核、指标分析、计量支付功能。图 12-12 所示为BIM-CIM 大赛网站的优秀作品。

12.2.6 常见的沟通管理软件

Autodesk Buzzsaw 是一种适合工程项目各参与方的管理人员网上在线项目管理和协同作业系统，使用该系统可以更加高效地管理所有工程项目信息，从而缩短项目周期作业时间，减少由于沟通不畅导致的错误，提高项目组的生产力，并降低成本。图 12-13 所示为其部分功能界面。

从工程项目生命周期过程内的信息生命过程（即创建、管理、共享）来看，Autodesk Buzzsaw 主要表现在改善工程项目信息的"管理"和"共享"过程。Autodesk Buzzsaw 是存

a) 主界面   b) BIM-CIM大赛作品

图 12-12   BIM-CIM 大赛网站的优秀作品

储完整的项目资料的信息中心。项目资料管理有两个基本目标，一是可集中统一管理，二是方便安全利用，前者是为后者服务的。Autodesk Buzzsaw 是沟通项目成员协同作业的平台，具有检查项目进展动态追踪的手段，同时具有实施版本控制和浏览批注的工具。

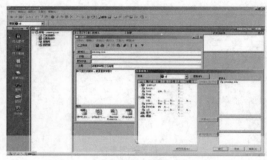
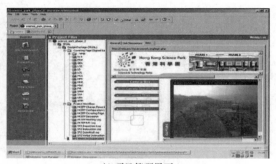

a) 开始主界面   b) 项目管理界面

图 12-13   Autodesk Buzzsaw 部分功能界面

12.3 | 建设工程项目管理软件应用规划

项目管理软件在我国工程建设领域的应用经历了从无到有、从简单到复杂、从局部应用到全面推广、从单纯引进或自行开发到引进与自主开发相结合的过程。目前，在工程建设领域应该使用项目管理软件已经成为共识，在一个项目的管理过程中是否使用了项目管理软件已成为衡量项目管理水平高低的标志之一。

12.3.1　建设工程项目管理软件应用的形式

目前，在项目管理软件的应用过程中，存在以下两种形式：

1. 以业主为主导的统一的项目管理软件应用形式

采用这类形式的往往是大型或特大型建设项目。在这类项目的实施过程中，业主或者聘请专业的咨询单位或人员为建设项目提供涉及项目管理全过程的咨询，或者自行建立相应的部门专门从事这方面的工作。

这种应用形式需要进行针对项目的特点和业主自身的具体情况对项目管理软件（或项

目管理信息系统）的应用进行详细的规划，包括应用范围、配套文档编制（招标文件、合同、系统输入输出表格、使用与审查细则等）、各类编码系统的编制、信息的标准化、建设工程项目管理网络系统的建立和相关培训工作。

从使用的效果来看，由于在业主的组织下，将建设项目的各个参与方凝聚成一个有机的整体，实现了统一规划、统一步调、统一标准、协调程序，因此一般应用效果较好。

2. 项目的某个参与方单独或各自单独应用项目管理软件的形式

工程参与方中具有创新意识的主体会单独选用适用于自己的项目管理软件或使用自己完善的面向企业管理和项目管理的信息系统，目的在于提高项目管理水平和管理效率，规范化管理流程。通过项目管理软件的应用，可对出现的问题做出更快速的响应，从而提高企业竞争力。

12.3.2　建设工程项目管理软件应用规划设计

在项目管理过程中引入项目管理软件是一个人机合一的有层次的系统工程，包括项目各个参与方的领导和项目管理团队成员理念的改变，项目管理决策和组织管理的改变，项目管理手段的改变。

项目管理软件应用规划设计的内容主要包括以下几个方面：

1）确定项目计划的层次和作业、组织、资源、费用的划分原则。应根据项目管理的需要来划分项目的层次。不同的管理层对应不同级别、不同层次的（网络）计划，在划分时应考虑到项目管理组织的结构和职责的划分情况。在确立了项目计划的层次后，需要进一步确定作业、组织、资源和费用的划分原则。在划分时应考虑项目的具体情况、项目的管理目标和管理深度、项目管理团队的管理基础，并兼顾项目其他参与方的管理水平和管理基础。

2）根据划分原则确定并建立项目管理软件的编码系统。一个项目必须有一套统一的信息编码系统，统一的编码系统一方面是建设项目各个参与方进行交流的基础，另一方面也是各方对项目的不同理解的统一，是各方的项目管理思想和具体管理方式的一种体现。典型的项目管理软件的编码系统包括工作分解结构、组织分解结构、资源分解结构、费用分解结构和其他包括作业代码结构、作业分类码结构及报表文档编码结构在内的辅助编码结构。目前，比较先进的、面向大型复杂项目的项目管理软件可实现上述的大部分，甚至全部编码结构。

3）建立项目管理软件应用的管理办法和相关细则。如果确定在工程中采用项目管理软件，则应在实施前建立项目管理软件应用的管理办法和相关细则，同时要在建设项目的招标文件和合同中体现这些办法和细则，还应有相应的制约性规定。这些办法和细则包括与项目管理软件应用配套的招标文件和合同条件，以及实施时的管理措施、管理流程和使用方法、奖励和惩罚机制等，例如对不同计划的详细程度做出具体规定的计划编制细则，不同参与方交界面处理的原则，进度计划的审查原则和审查方法，实施时进度跟踪和控制的方法和程序，项目实际进度评价的方法和尺度，目标计划更新的条件和原则等。

4）项目管理软件实施前的准备工作。项目管理软件实施前最重要的准备工作是人员的培训工作。项目管理软件的应用能否成功，最终在于项目管理人员能否在日常的项目管理工作中理解、接受并贯彻项目管理软件所带来的新思想，能否熟练地操作和使用软件。因此，应对项目管理人员进行分层次、有针对性的培训。

12.3.3 建设工程项目管理软件应用存在的问题

尽管我国已经进行了项目管理软件的应用推广，但是，在项目管理软件应用方面，还存在着以下问题：

1）信息的标准化问题。随着项目管理软件和项目管理信息系统应用的不断深入，信息的标准化问题已成为当前需要解决的首要问题。不同软件和系统间，建设项目各个参与方间的数据信息不能共享，设计、施工、监理生产的数据不能进行交流，数据出现脱节，将会导致在软件的应用过程中发生诸如信息的重复输入、冗余信息大量存在、信息存在不一致等问题。因此，需要在项目管理中加强信息的标准化管理，制定统一的信息规范，其次对软件厂商间的标准统一。

2）管理观念方面的问题。项目管理软件和项目管理信息系统的应用能否取得成功，关键是要将先进的项目管理观念同项目管理实践结合在一起。企业往往注重对具有某些特定功能的项目管理软件的投入。随着应用水平的不断提高，用户应逐渐地把重点转向各种功能软件和信息的集成和整合方面，即项目管理信息系统构建。

3）与新兴信息技术的集成。项目管理软件、项目管理信息系统和新兴信息技术需要进行集成创新。在应用层次上，应根据需要进行针对性的二次开发。

复习思考题

1. 项目管理软件有哪些分类方式？不同分类方式又可以细分为哪几类软件？
2. 列举常见的进度管理软件。
3. 试列举项目管理软件应用实例。
4. 如何进行项目管理软件应用规划？
5. 试讨论项目管理软件存在的问题及趋势。

参考文献

[1] 张安珍. 信息采集、加工与服务 [M]. 长沙：湖南科学技术出版社，2002.

[2] 钟义信，周延泉，李蕾. 信息科学教程 [M]. 北京：北京邮电大学出版社，2005.

[3] 耿冬旭. "大数据"时代背景下计算机信息处理技术分析 [J]. 网络安全技术与应用，2014（1）：19.

[4] 张才明. 信息技术的概念和分类问题研究 [J]. 北京交通大学学报（社会科学版），2008（3）：89-92.

[5] 屈伟平. 物联网掀起新的信息技术革命浪潮 [J]. 物流技术与应用，2009，14（11）：42-45.

[6] 谢阳群. 信息技术的分类与层次 [J]. 大学图书情报学刊，1997（2）：1-3.

[7] 何蒲，于戈，张岩峰，等. 区块链技术与应用前瞻综述 [J]. 计算机科学，2017，44（4）：1-7.

[8] 李伯鸣，卫明，徐关潮. 工程项目管理信息化 [M]. 北京：中国建筑工业出版社，2013.

[9] 刘显智. 工程建设项目信息化集成研究 [D]. 武汉：华中科技大学，2013.

[10] 王小龙. 建设工程数字化管理体系研究 [D]. 北京：北京交通大学，2010.

[11] 傅耀威，孟宪佳. 移动互联网技术发展现状与趋势 [J]. 科技中国，2017（12）：60-62.

[12] 叶鹰. 智能信息处理和智能信息分析前瞻 [J]. 图书与情报，2017（6）：70-73.

[13] 叶鹰. 信息科技基础理论的分析建构 [J]. 情报学报，1999，18（2）：160-166.

[14] 陈训. 建设工程全寿命信息管理（BLM）思想和应用的研究 [D]. 上海：同济大学，2006.

[15] BESNER C，HOBBS B. Contextualized project management practice：a cluster analysis of practices and best practices [J]. Project Management Journal，2013，44（1）：17-34.

[16] DEMIAN P，WALTERS D. The advantages of information management through building information modelling [J]. Construction Management & Economics，2014，32（12）：1153-1165.

[17] 李彦青，侯学良. 工程项目施工信息精细化采集体系构建 [J]. 合肥工业大学学报（自然科学版），2016，39（12）：1712-1718.

[18] 肖绪文，田伟，苗冬梅. 3D打印技术在建筑领域的应用 [J]. 施工技术，2015，44（10）：79-83.

[19] 李洪阳，魏慕恒，黄洁，等. 信息物理系统技术综述 [J]. 自动化学报，2019，45（1）：37-50.

[20] 韩靓. 智能制造时代下机器人在建筑行业的应用 [J]. 建筑经济，2018，39（3）：23-27.

[21] 陶飞，刘蔚然，刘检华，等. 数字孪生及其应用探索 [J]. 计算机集成制造系统，2018，24（1）：1-18.

[22] 孟小峰，慈祥. 大数据管理：概念、技术与挑战 [J]. 计算机研究与发展，2013，50（1）：146-169.

[23] 罗军舟，金嘉晖，宋爱波，等. 云计算：体系架构与关键技术 [J]. 通信学报，2011，32（7）：3-21.

[24] 蒋向前. 新一代GPS标准理论与应用 [M]. 北京：高等教育出版社，2007.

[25] 刘明德，林杰斌. 地理信息系统GIS理论与实务 [M]. 北京：清华大学出版社，2006.

[26] 宋伟东，王伟玺. 遥感影像几何纠正与三维重建 [M]. 北京：测绘出版社，2011.

[27] 宋彦军. 3S技术在数字城市建设中的应用 [J]. 科技创新与生产力，2015（9）：31-33.

[28] 范承啸，韩俊，熊志军，等. 无人机遥感技术现状与应用 [J]. 测绘科学，2009，34（5）：

214-215.

[29] 刘艳亮，张海平，徐彦田，等. 全球卫星导航系统的现状与进展 [J]. 导航定位学报，2019，7（1）：18-21.

[30] 李建成. BIM 应用·导论 [M]. 上海：同济大学出版社，2015.

[31] 唐小龙，张宜华，邓声波. 基于 BIM + GIS 在城市建设中的应用研究 [J]. 地理空间信息，2019，17（2）：59-61.

[32] 耿丹，李丹彤. 智慧城市背景下城市信息模型相关技术发展综述 [J]. 中国建设信息化，2017（15）：72-73.

[33] 王树臣，刘文锋. BIM + GIS 的集成应用与发展 [J]. 工程建设，2017，49（10）：16-21.

[34] 曲林，冯洋，支玲美，等. 基于无人机倾斜摄影数据的实景三维建模研究 [J]. 测绘与空间地理信息，2015，38（3）：38-39.

[35] 钟炜，李粒萍. BIM 工程项目管理绩效评价指标体系研究 [J]. 价值工程，2018，37（2）：40-43.

[36] 孟宪海. 关键绩效指标 KPI：国际最新的工程项目绩效评价体系 [J]. 建筑经济，2007（02）：50-52.

[37] 徐雨晴，徐照，王广斌，等. BIM 成熟度模型研究综述 [J]. 建筑经济，2018，39（12）：115-120.

[38] 李斌柯. 建设项目 BIM 技术应用风险对项目绩效的影响研究 [D]. 天津：天津理工大学，2019.

[39] 李德仁，李明. 无人机遥感系统的研究进展与应用前景 [J]. 武汉大学学报（信息科学版），2014，39（5）：505-513.

[40] 蔡志洲，林伟，徐卉，等. 民用无人机及其行业应用 [M]. 北京：高等教育出版社，2017.

[41] 吴亮，李长辉，曾凡洋. 基于无人机影像的城市规划指标计算 [J]. 测绘与空间地理信息，2017，40（8）：95-96.

[42] 王栋，蒋良文，张广泽，等. 无人机三维影像技术在铁路勘察中的应用 [J]. 铁道工程学报，2016，33（10）：21-24.

[43] 任江，刘莹颖. 无人机在工程建设领域的应用与发展 [C] //中国航空学会. 2014（第五届）中国无人机大会论文集. 北京：航空工业出版社，2014.

[44] LIN J J, HAN K K, GOLPARVAR F M. A framework for model-driven acquisition and analytics of visual data using UAVs for automated construction progress monitoring [R]. Reston：Computing in Civil Engineering，2015.

[45] 李传锋，丁志广，伍晋强. 使用无人机全景辅助进行城市建筑工程规划条件核实 [J]. 测绘通报，2016（S2）：180-181.

[46] 马国鑫. 基于无人机采集图像的建筑物表面裂缝检测方法研究 [D]. 镇江：江苏大学，2018.

[47] 吴庆华. 基于线结构光扫描的三维表面缺陷在线检测的理论与应用研究 [D]. 武汉：华中科技大学，2013.

[48] 周克勤，赵煦，丁延辉. 基于激光点云的 3 维可视化方法 [J]. 测绘科学技术学报，2006，23（1）：69-72.

[49] 陈明安. 地铁盾构隧道激光扫描海量数据处理及应用研究 [D]. 北京：北京交通大学，2016.

[50] 程效军，贾东峰，程小龙. 海量点云数据处理理论与技术 [M]. 上海：同济大学出版社，2014.

[51] 王令文，程效军，万程辉. 基于三维激光扫描技术的隧道检测技术研究 [J]. 工程勘察，2013，41（7）：53-57.

[52] 刘子金，吴学松，张磊庆. 信息化开启机械化施工新时代 [J]. 建筑机械化，2019，40（10）：11-13.

[53] 崔晓强. 智慧建造的系统构建和设计 [J]. 建筑施工，2013，35（2）：146-147.

[54] 谭民，王硕. 机器人技术研究进展 [J]. 自动化学报，2013，39（7）：963-972.

[55] 陶雨濛，张云峰，陈以一，等. 3D 打印技术在土木工程中的应用展望 [J]. 钢结构，2014，29（08）：1-8.

[56] 陶飞，戚庆林，王力翚，等. 数字孪生与信息物理系统：比较与联系 [J]. 工程，2019，5（4）：132-149.

[57] 张冰，李欣，万欣欣. 从数字孪生到数字工程建模仿真迈入新时代 [J]. 系统仿真学报，2019，31（3）：369-376.

[58] 陶飞，刘蔚然，张萌，等. 数字孪生五维模型及十大领域应用 [J]. 计算机集成制造系统，2019，25（1）：1-18.

[59] 李霞，吴跃明. 物联网＋下的智慧工地项目发展探索 [J]. 建筑安全，2017，32（2）：35-39.

[60] 王晓波. 基于物联网技术的电网工程智慧工地研究与实践 [J]. 电力信息与通信技术，2017，15（8）：31-36.

[61] 曾凝霜，刘琰，徐波. 基于 BIM 的智慧工地管理体系框架研究 [J]. 施工技术，2015，44（10）：96-100.

[62] 张爱琳，王翔羽. VR 技术在建筑安全培训中的应用 [J]. 居舍，2019（33）：198.

[63] 郑聪，张浩. 基于信息物理系统的生产建造系统架构 [J]. 施工技术，2017，46（S2）：1299-1304.

[64] 王景. 智慧工地：推动精益建造 [J]. 中国建设信息化，2016（22）：14-17.

[65] 钱志鸿，王义君. 物联网技术与应用研究 [J]. 电子学报，2012，40（5）：1023-1029.

[66] 孙其博，刘杰，黎羴，等. 物联网：概念、架构与关键技术研究综述 [J]. 北京邮电大学学报，2010，33（3）：1-9.

[67] 梁贵才，潘伦发，代广伟，等. 创新型二维码技术在项目施工管理中的应用 [J]. 建筑技术，2015，46（S1）：159-160.

[68] 李欣，刘坦. 基于 BIM 的二维码技术在智能化施工管理中的应用 [J]. 智能建筑，2016（10）：41-43.

[69] 刘军，阎芳，杨玺. 物联网技术 [M]. 2 版. 北京：机械工业出版社，2017.

[70] 彭宇，庞景月，刘大同，等. 大数据：内涵、技术体系与展望 [J]. 电子测量与仪器学报，2015，29（4）：469-482.

[71] 刘智慧，张泉灵. 大数据技术研究综述 [J]. 浙江大学学报（工学版），2014，48（6）：957-972.

[72] 钟义信. 信息科学与技术导论 [M]. 北京：北京邮电大学出版社，2007.

[73] 赵雪锋. 建设工程全面信息管理理论和方法研究 [D]. 北京：北京交通大学，2010.

[74] 乐云，陈伟华. 项目管理信息系统（PMIS）与项目信息门户（PIP）[J]. 建设监理，2003（5）：56-57.

[75] 沈强. 基于 BIM 的施工质量因素和风险管理整合研究 [D]. 厦门：厦门大学，2018.

[76] 杨善林. 信息管理学 [M]. 北京：高等教育出版社，2003.

[77] 薛华成. 管理信息系统 [M]. 6 版. 北京：清华大学出版社，2012.

[78] LEE S K, YU J H. Success model of project management information system in construction [J]. Automation in Construction, 2012, 25: 82-93.

[79] 赵树宽，丁荣贵，周国华，等. 信息系统项目管理 [M]. 北京：电子工业出版社，2009.

[80] WANG J, SUN W Z, SHOU W C, et al. Integrating BIM and LiDAR for real-time construction quality control [J]. Journal of Intelligent & Robotic Systems, 2015, 79 (3-4): 417-432.

[81] 姚彬峰，马小军. BIM 和 RFID 技术在开放式建筑全生命周期信息管理中的应用 [J]. 施工技术，2015，44（10）：92-95.

[82] 胡宏炜. 施工总承包企业信息系统规划研究 [D]. 武汉：武汉理工大学，2010.

[83] 吴松榕. 基于 CBIMS 框架的地铁区间施工信息建模标准研究 [D]. 厦门：厦门大学，2018.

［84］金和平．大型集成化工程管理系统 TGPMS 设计开发与实施［J］．中国工程科学，2004（3）：80-85.

［85］乐云．大型复杂群体项目实行综合管理的探索与实践［J］．工程质量，2011，29（3）：27-31.

［86］雷素素，李建华，段先军，等．北京大兴国际机场智慧工地集成平台开发与实践［J］．施工技术，2019，48（14）：26-29.

［87］安德锋．建设工程信息管理［M］．北京：北京理工大学出版社，2009.

［88］骆汉宾．工程项目管理信息化［M］．北京：中国建筑工业出版社，2011.

［89］杨亚旭．建筑工程项目管理系统设计与实现［D］．大连：大连理工大学，2016.

［90］陈云忠．项目管理软件在建设工程管理中的应用［D］．北京：北京交通大学，2011.

［91］张国平．项目管理软件的应用探析［J］．中国建设信息，2012（4）：48-52.